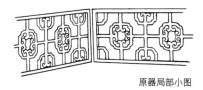

明式家具研究

明式家具研究

王世襄編著
袁荃猷製圖

一九六八年夏
啓功題

中國古代家具

王暢安著

紫江朱啟鈐

一九六〇年《中國古代家具——商至清前期》初稿草成，承蒙朱桂辛先生賜題書簽。今本篇時代雖已縮短到明至清前期，並名曰《明式家具研究》，仍請影印桂老題簽於卷首，以志不忘前輩勉勖之意。

一九八七年三月暢安王世襄謹識

明式家具研究

王世襄编著·袁荃猷制图

生活·讀書·新知三联书店

图书在版编目（CIP）数据

明式家具研究 / 王世襄著 .– 北京：生活·读书·新知
三联书店，2007.1（2024.4 重印）

ISBN 978-7-108-02120-5

Ⅰ.明… Ⅱ.王… Ⅲ.家具 – 研究 – 中国 – 明清时代
Ⅳ.TS666.204

中国版本图书馆 CIP 数据核字（2004）第 041457 号

明式家具研究

著　　者　王世襄
制　　图　袁荃猷
书名题签　王振铎
扉页题签　启　功
责任编辑　张　荷
装帧设计　宁成春　曲晓华　韩　宇
电脑制作　1802 工作室
责任印制　李思佳
出版发行　生活·讀書·新知三联书店
　　　　　北京市东城区美术馆东街 22 号
邮　　编　100010
网　　址　www.sdxjpc.com
经　　销　新华书店
印　　刷　天津裕同印刷有限公司
版　　次　2007 年 1 月北京第 1 版
　　　　　2024 年 4 月北京第 7 次印刷
开　　本　635 毫米 ×965 毫米　1/8　印张 56.25
印　　数　19,401–20,900 册
书　　号　ISBN 978-7-108-02120-5
定　　价　548.00 元
　　　（印装查询：01064002715；邮购查询：01084010542）

袁荃猷先生七十小像

君曾一再言平生有二好訪古
暮飾文游山寫石貌一自助
著書製圖燕編校伏案辛
復年勤勞致衰耗二好顧来
籌我痛難償報
二千又四年十月荃獻逝世已一年兵
暢安王世襄於芳草地時年九十

明式家具研究書中線圖數百幅皆出荃猷之手今將再版更使襄憶及酷暑嚴寒畫至深夜情景謹書近作兩首藉表苦苦思念無以償報之痛

哲匠從柔擅巧思每經圜團
解見神奇陰陽枘鑿縱
橫線丕到西窗月落時

凡　例

一、本书一些专有名词和术语，因是匠师习用或古籍常见的词语，故一律照旧，不予改动。如：坐墩的"坐"字；一木连做、两木分做、三木分做和裹腿做的"做"字等，皆不改作"座"和"造"。

二、本书分有多种图号，兹说明如下：

① 收录之家具共分五大类，以甲、乙、丙、丁、戊别之。各类举家具若干例，依器形之由简而繁、造型之由基本形式到不同变体为序，编排出各家具之图号，如甲1、乙2、丙3、丁4、戊5……遇有因版面设计的需要而引致家具不能按图号顺序载出时，仍以学术系列为准，宁越位而不改图号。

② 各章节之插图以1·2、2·3、3·4……示之。中圆点前之数字乃分章顺序，中圆点后之数字则是章内的插图顺序。以上两类图在文中互见时，以〔 〕括出，读者可参阅。

③ 附录二之插图分十六品八病，其中尽管有部分与正文所载家具照片相同，但因侧重点不同，故说明亦有异。

④ 附录三之插图以图一、图二、图三……表之。附录四至附录六之家具图版径以1、2、3……编序。

⑤ 图版卷《图版检索》备注栏内所载《明式家具珍赏》、《中国美术全集·竹木牙角器》和《中国古代漆器》后面有阿拉伯数字号者，即为该三书的图版号码，注出以便读者参阅。

三、《图版检索》仅收甲、乙、丙、丁、戊五大类家具及附录新增家具实例的图版，并不包括任何插图。《插图目录》仅收正文各章节之插图，并不包括家具图版和附录诸文的插图。

四、有关附录一《名词术语简释》的使用事项，详见《简释》当页的说明。

总 目

总目

序

1985 年 9 月，王世襄兄编著的《明式家具珍赏》经香港三联书店、文物出版社联合出版，填补了此门学问过去只有外国人有专著、中国人却没有这一令人遗憾的空白。一年之后，该书的英文版、法文版已经问世，德文版今年亦将付梓，在台湾亦已正式出版中文本，它得到了中外学术界的广泛重视。

世襄对古代家具的研究我是知之颇审的。他首先脱稿的是用了二三十年才写成的近三十万字、有七百多幅图的《明式家具研究》；而《明式家具珍赏》则是应香港三联书店之请，从前一稿中摘录出部分内容，把可以拍到彩色照片的实物收入图版编著成册的。所以真正能体现世襄研究成果的是《明式家具研究》。现在此书也将出版，我认为必将更加得到学术界的重视，所以感到特别高兴。

世襄之所以能完成这样一部皇皇巨著，是因为他具备一些非常难得的条件。所谓难得的条件并不是说他有坚实的文史基础和受过严格的科学训练，因为这只能算是研究我国古代文化必须具备的条件。难得的是他能实事求是，刻苦钻研，百折不挠，以惊人的毅力，扎扎实实的劳动，一点一滴，逐步积累创造为撰写此书所需要的各种条件。

世襄在文物研究上一向把实物放在首位。1945 年他从四川回到北京，便已开始留意家具资料。1949 年从美国回来，他更是一有时间便骑着车到处去看家具，从著名的收藏家到一般的住户，从古玩铺、挂货屋到打鼓人的家，从鲁班馆木器店到晓市的旧木料摊，无不有他的足迹。他的自行车后装有一个能承重一二百斤的大货架子，架子上经常备有大小包袱、粗线绳、麻包片等，以便买到家具就捆在车上带回家。我曾不止一次遇到他车上带着小条案、闷户橱、椅子等家具。只要有两三天假日，他便去外县采访，国庆和春节他多半不在家，而是在京畿附近的通州、宝坻、涿县等地度过的。遇到值得研究或保存的家具，原主同意出售而又是他力所能及的，便买下来。买不到便请求准许拍照。拍不成，则请求准许量尺寸，绘草图。拍照工作的进行，以他二十多年前拍摄我家木器的情况来说，就可以想像到他去各处拍照所付出的劳动。记得 1959 年冬天，他腋下夹着一大卷灰色幕布，扛着木架子和受邀请的摄影师来到我家，逐件把家具抬到院里，支上架子，绷上幕布，一件件拍完再抬回原处。紫檀、花梨木器都是很重的，一般至少需要两三人才能抬动。在我家有我们弟兄和他一起搬抬，每件木器又都在适当位置陈设着，没有什么障碍。我的母亲也很喜欢他有一股肯干的憨劲，一切都给他方便，工作当然就比较顺利，但力气还是要费的。可是去别处就不尽然了。譬如有的人家或寺院，想拍的

1959年冬，王世襄到我家拍摄家具后留影。先慈坐黄花梨嵌楠木宝座上。后立者自右起为王世襄、朱家溍、笔者。刘光耀摄

就全国乃至世界上的私人收藏来说，世襄所藏即使不是数量最多，也是质量最好、品种较全的。他拥有如此一大批珍贵硬木家具，多年来供他观察研究、拆卸测绘、欣赏摩挲，别人是不具备这样条件的。

过去一说起明清家具产地调查，世襄总是感到遗憾，1949年后的二三十年中，他竟连一次机会也得不到。而社会在不断地变革，越推迟调查，必然收获越小。可喜的是待他年逾六旬，这个过去不可能具备的条件终于被争取到了。1979年冬，他到苏州地区的洞庭东山，1980年冬，去广东之后再度到苏州地区。尤其是后一次，见到"广式"家具六七千件之多，而洞庭东、西山则是在当地人士的带领下，几乎逐村、逐户进行采访的。像这样目的明确、态度认真的家具调查，似乎做过的人还不多。世襄这几次采访，备极辛苦，但对他的研究和撰述，是必不可少、至关重要的。

世襄十分重视木工技法和保存在匠师口语中的名词、术语，因为这样的活材料是不可能在书本中找到的。他和鲁班馆的老师傅们交上了朋友，恭恭敬敬地向他们请教，面对着不同的家具，一个个部位，一桩桩造法，仔细询问，随手记在小本子上，回家再整理，不懂则再问再记，直到了了于心。我从他那里也间接知道了不少鲁班馆使用的名词和术语。

对于重要的文献古籍，世襄也下过很深的功夫。例如《鲁班经匠家镜》是明代惟一记载家具规格并有图式的工匠手册，惟讹误甚多，很难读懂。他将有关家具条款辑出，通过录文、校字、释辞、释条、制图，作了深入浅出的解说，写成《〈鲁班经匠家镜〉家具条款初释》一文（见本书附录三）。他还集中了七十多种清代匠作《则例》，将有关装修、陈设、家具的条款汇辑到一起，编排标点后交付油印。可惜遭到了"文革"的扼杀，只印了一半，未竟全功！诸如上述的工作，有人认为是世襄写明式家具专著的副产品，其实应该说是

不是在地面上使用着的，而是在杂物房和杂物堆叠在一处，积土很厚，要挪移很多东西才能抬出目的物，等到拍完照就成泥人儿了。还要附带说明一下，就是揩布和鬃刷子都要他自己带，有些很好的家具因积土太厚已经看不出木质和花纹了，必须擦净，再用鬃刷抖亮，才能拍摄。这还属于物主允许搬动、允许拍摄的情况。若是不允许，白饶说多少好话，赔了若干小心，竟越惹得物主厌烦，因而被摒诸门外，那就想卖力气也不可能了。但世襄也不计较，还是欣然地进行工作，好像永远不知疲劳。像这样全力以赴地搜集资料，一直到60年代中期，人人都无法正常生活时才完全停止。经他过目的明清家具，或整或残，数量当以万计。他收集到的实物，只不过是所见的极少一部分，而经过十年浩劫，幸存下来的尚有八九十件。

为撰写家具专著所必须准备的重要条件。

世襄十分幸运的是有一位贤内助袁荃猷夫人。由于世襄把大部分的钱买了木器，使得她衣着十分节俭，手头经常拮据，但她全无怨色，而是怡然和世襄共享从家具中得到的乐趣。难得的是她并未学过制图，但目明手巧，心细如发，而且年岁越老，竟画得越好。前后两部家具专著数以百计的线图，不论是家具的全形或局部，纵横斜直，接合繁复，必须用透视才能表现的榫卯结构，乃至勾摹古代图绘或版画，无不出自她手。

世襄的这部专著，把明及清前期的家具研究提高到一个新的水平，其成就表现在他做了许多过去没有人做过或做得很不够的工作。

明及清前期家具生产的时代背景，在已出版的中外著述或文章里很少叙及，而世襄却做了比较深入的探索。根据传世及出土的实物，结合多方面的史料，他第一次提出明代家具的质和量达到历史高峰是在明中期以后的论证。通过实地调查，他确信当时的生产中心在苏州地区，而入清以后，广州始逐渐成为重要产地之一。过去虽有人道及"苏式"、"广式"，但只是泛论而已，并未联系实例。世襄不仅对遗留在两地的家具做了调查，拍摄了照片，而且在苏州地区收集到与明黄花梨家具制作如出一手的榉木家具（即北京所谓的"南榆家具"），为流传在北方的黄花梨家具原为苏州地区的产物的论点，提出了有力的证据。

从前出版的几本中国家具图册都曾讲到分类，但器物品种及图版排列并不能体现其分类，甚至某一大类连一件实物也没有，至于缺少的品种就更多了。它们未能使读者看到某一大类有哪些品种，某一品种又有哪些形式。世襄则由于他多年来积累了大量的实物、实物照片和线图，故能专辟一章（第二章《明式家具的种类和形式》），先分门类，再分品种。而且同一品种的器物排列，从最基本的造型开始，由简而繁直至其变体。这样就不仅比较完整而系统地展现了明及清前期家具的概貌，而且还显示了形式的发展和变化。这种编写方法，前人不仅不敢这样做，恐怕连想都不敢这样想。经过分析和归纳，将传统家具分为无束腰、有束腰两大体系，通过上溯其源来解释何以在造型上各具特征。这是对家具造型规律的探索，把表面现象提到理论的高度来认识，体现了他精湛的研究成果。

世襄使用的一套描述家具形态、制作的语言，有一部分过去只存在于工匠的口语中，并未完整地形成文字。他曾告诉我名词、术语得自匠师口授的居多，旁及清代匠作则例用语，意在与匠师口语相印证。只有在不得已时，才借用现代木工用语，或自己试为

王世襄与祖连朋师傅合影

拟定名称，而随即说明为借用或杜撰。匠师口语和则例名词都简练明确，概括性强，匠师一听就懂，所以用起来十分方便。世襄用它来描绘实物，叙述造法，等于把工匠口语用文字固定了下来。此外，功德无量的还有他把一千多条的名词、术语汇编成索引，各附简释，读者一检便得。从这个意义上说，世襄的这本专著又是前所未有的我国古代家具工具书。

榫卯结构在书中是极有分量的一章。世襄把榫卯分为四大类：基本接合（即各种构件本身的拼制接着合），腿足与上部构件的结合，

腿足与下部构件的结合，另加的榫销。由于将部位和功能近似的榫卯归纳到一起，故只须参较异同，便能触类旁通，辨认何种造型使用何种榫卯，使深奥繁复的结构浅显易懂。而且家具制造不论是仿古或创新，都可根据所采用或设计的造型来选用榫卯，极大地增加了实用价值。全章约一万五千言，线图八十余幅，内容详尽，论述具体，信属空前。

书中辟专章叙述明代家具装饰，分为：选料、线脚、攒斗、雕刻、镶嵌、附属用材等六个方面详加阐述，是迄今所知对家具装饰的技法工艺、花纹题材最全面的总结。件件举实例，事事有插图，是长期积累资料的结果。家具用材一章，分为木材及附属用材两部分。内容丰富，考证翔实。木材部分还体现了作者的科学态度。有些树种、科、属小异而名称相同，成器之后，惟有通过微观考察，或能分辨。他不强作解人，妄下结论，而提出有待植物学家来作出答案。附属用材部分包括石材、棕藤、铜铁及髹饰、黏合、涂染、光亮用料。与这两部分有关的历代文献，尽量汇辑，作为附录。这又是一项有益的工作。

家具的准确断代，是一个有待深入研究才能较好解决的问题。他列举了许多条极有参考价值的经验。我完全同意他认为家具上雕刻的花纹应当是断定年代最好的依据。他取常见题材的若干实例，依时代排列，以寻其早晚之异。这是一项有意义工作的开始，为今后的断代研究提出了一条值得注意的途径。

关于家具修配改造的知识，有的是作者自身上当受骗的经验，有的是匠师口授的不传之秘，有的则得自实地的观察。历年他收集到的家具并非全部完整，或许这件缺一条腿，那件面板破裂。他把修配需用的木料尺寸记在小本子上，到处寻找，往往要物色一两年。买到后就亲自给匠师打下手，观察修理全过程。因此书中对于修和改的阐述，精辟恳切，底蕴尽泄。例如他指出凡椅、凳、床、榻用台湾草席粘贴在薄板上作为硬屉，是近几十年才有的。因原来用细藤编织的软屉，年久损坏，找不到艺高的藤工补换复原，家具店才想出这种表面上光洁，但须刨剔屉边，撤换弯带，实际上具有破坏性的修配方法。这一揭示可以纠正许多中外明式家具鉴赏家、收藏家的误解和误信。

综上所述，可以认定这是一部划时代的专著。但世襄本人并不满意，在后记中检讨了缺点和不足之处。他承认自己的条件是好的，但他又说：如果别人具备同样的条件，会比他写得更好。这是他的谦逊。任何著作都很难十全十美，即使这部书存在着缺点和不足之处，但大概谁也不能否认已经超越了前人。至于条件相同，由于人的资质高下有别，可能有人比世襄写得更好。不过，重要的是一切条件都必须付出辛勤劳动才能取得，而在条件具备之后，仍须辛勤劳动才能有所作为，做出贡献。世襄为了撰写这部专著，确实付出了足以使人感动的长期劳动，也为有志研究工艺美术史的同道树立了榜样。

四年前，为了评介世襄兄的家具书稿，撰写了《两部我国前所未有的古代家具书》一文，刊登在《读书》1985年第3期。今又应世襄之请，修改上文，作为本书的序。

1988年夏　朱家溍识

第一章 明式家具的时代背景和制造地区

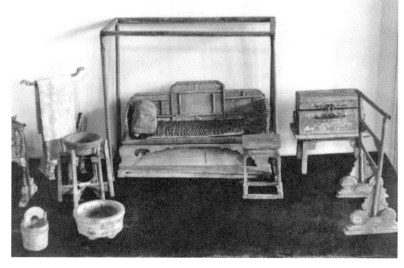

1·1 苏州吴王张士诚母曹氏墓出土银镜架拓本（局部）《考古》1965 年第 6 期

1·2 明朱檀墓出土明器家具　山东省博物馆藏《文物》1972 年第 5 期

❶〔明〕曹昭著，王佐增编《格古要论》卷八《螺钿》条，据《惜阴轩丛书》本。

❷苏州市文物保管委员会、苏州博物馆：《苏州吴王张士诚母曹氏墓清理简报》《考古》1965 年第 6 期。

❸山东省博物馆：《发掘朱檀墓纪实》《文物》1972 年第 5 期。

❹朱棣（永乐帝）召名漆工张成之子德刚，授营缮所副。朱瞻基（宣德帝）授漆工包亮营缮所副。见康熙二十四年修《嘉兴府志》。

"明式家具"一词，有广、狭二义。其广义不仅包括凡是制于明代的家具，也不论是一般杂木制的、民间日用的，还是贵重木材、精雕细刻的，皆可归入；就是近现代制品，只要具有明式风格，均可称为明式家具。其狭义则指明至清前期材美工良、造型优美的家具。这一时期，尤其是从明代嘉靖、万历到清代康熙、雍正（1522—1735 年）这二百多年间的制品，不论从数量来看，还是从艺术价值来看，称之为传统家具的黄金时代是当之无愧的。本书范围只限于后者，即狭义的明式家具。

关于明代早期家具的文献和实物，今知之甚少。《格古要论》载："洪武初，抄没苏人沈万三家条凳、桌椅、螺钿、剔红最妙。"❶可以视为考究木制和髹饰家具的一条史料。沈是苏州人，平江至迟到南宋时已是手工艺中心，这些家具应当就是元末明初的苏州产品。

元末，张士诚母曹氏葬于至正二十五年（1365年），下距元亡仅三年❷。墓中发现镜架，虽为银制，却完全反映了有高度雕饰的木器工艺〔1·1〕，又为我们提供了元明之际的苏州家具资料。因为张士诚据有吴中，曹氏墓就在苏州盘门外南郊。

镜架模仿直靠背交椅形式，后背忠实地造出攒框打槽内装雕花绦环板的式样，不仅浮雕、透雕花纹与明式家具甚为接近，就是横材两端上翘的云头，也和衣架、高面盆架搭脑上的圆雕装饰十分相似。

卒于洪武二十二年（1389 年）的朱檀，墓中发现了大量家具，既有用具，也有明器❸。用具有云龙纹铯金朱漆盝顶箱〔戊 18〕、高翘头供案〔乙 138〕各一，带吊头的素木及朱漆石面心半桌〔乙 38、39〕各四具。后者腿足打洼，牙条、牙头、枨子均有雕饰，制作较精，手法也很娴熟。明器有攒框围子五屏风三弯腿罗汉床，有束腰带托泥方香几，夹头榫平头案及长凳，六足矮面盆架及衣架等〔1·2〕。值得指出的是以鲁王朱檀的豪富烜赫，封地四州二十三县之广，墓中并未发现用硬木制造的家具。

有年款的明代早期硬木家具，尚待访求，漆木家具则仍有一些传世品，如清宫旧藏"大明宣德年制"款的一对一封书式龙纹雕填漆柜〔丁 36〕，现在英国的宣德款龙凤纹剔红供案乙 139〕等。它们都制作精良，髹工华美，富丽中有凝重的气息。此类宫廷制品，只有封建帝王朱棣（永乐帝）、朱瞻基（宣德帝）等对漆木工艺有特殊爱好，成立了像果园厂那样的官家作坊，延致了张德刚、包亮那样的名匠，才能制造出来❹。至于无款的硬木家具，只有凭其造型，更主要的是雕刻题材和刀法来判断其年代。可放在这一时期的只有莲花纹紫檀宝座〔甲 100〕、牡丹纹开光紫檀扶手椅〔甲 77〕、透雕灵芝兔石纹挡板的铁力案〔6·29〕等少数几件。但它们毕竟是传世之物，与出自有确实年代墓葬的不同，故断代只能说有一定的依据而已。

明前期在漆木家具方面有这样的成就，

和朱元璋统一中国后，采用了屯田、移民、兴水利等一系列符合人民利益的政策，改变了元代手工业者的终身服役制为"轮班"和"住坐"制，推动了社会经济发展，带来了15世纪出现的繁荣是有密切关系的。

从正统到正德的七八十年中，大小统治阶级层层兼并土地，赋税徭役日重，农民流亡，多次爆发起义。同时宦官专政，祸国日深。北方部落入侵，明军御战屡败，明王朝陷入了内忧外患双重危难之中。这样的局势，必然影响工艺生产。仍就漆器而言，刻有正统、景泰、天顺、成化、弘治、正德几朝年款的器物，几乎没有，到嘉靖有年款的才又多起来。我们当然不能据此就得出这段时期宫廷停止生产及置办漆器的结论，但受到严重影响则是可以肯定的。木制家具也不例外，这一时期的实物似乎特别少，甚至少于明前期。文献记载只在《格古要论》中见有天顺时王佐后增的《异木论》[⑤]，列举了紫檀、乌木、骰枸楠、瘿木、花梨木、铁梨木、香楠木等，可看出当时对名贵木材的重视和要求。至于实物，还是把希望寄托在有年款家具或有年代墓葬家具的发现。否则将有待我们断代知识的提高或突破，把这时期传世的无款家具甄别辨认清楚，才能使材料逐渐丰富起来。

自嘉靖以后，尽管统治阶级更为腐朽，政治愈加黑暗，商品经济却有较大的发展，并出现了资本主义的萌芽。这时期农业和手工业生产水平有所提高，工匠获得更多的自由，从业人数增加，商品大量增多，货币广泛流通，海禁开放后，对外贸易频繁，它们都是促进商品经济发展的原因。从而使大城市日益繁荣，市镇迅速兴起，尤以江南和南海地区最为显著。明清之际，这两个地区的某些城镇能成为家具的重要产地，是和商品经济的发展分不开的。

我们有理由相信在明中期以后的一百多年中，明代家具的质和量达到了高峰，它是由多方面的原因造成的。

首先是城市经济的发展。据《明史·食货志》，宣德时全国设有钞关（税收机构）的大工商业城市，包括北京和南京在内共有三十三个[⑥]。明中叶以后，不仅又有二三十个市镇上升到大城市行列，原来的大城市也更加繁荣。以南京为例，万历以后，商业兴旺，人口大增。谢肇淛《五杂俎》称："金陵街道宽广，虽九轨可容。近来生齿渐繁，居民日密，稍稍侵官道以为廛肆。"[⑦]再就江南一带新兴市镇而言，《乌青镇志》记载："乌镇与桐乡之青镇，东西相望。升平既久，户口日繁。十里以内，居民相接，烟火万家，地大户繁，百工之属，无所不备。"[⑧]以丝织为中心行业，且是货物集散地的震泽、平望、双杨、严墓、檀丘、梅堰等镇，到嘉、万年间，居民和商业比过去都数倍或十倍地增长[⑨]。地方志虽没有提到当时当地的家具制造业，但家具既然是人民的必需品，它必然和其他手工业一样有很大的发展。

明代后期，由于商品经济的发展，货币交易日益盛行，银两的价值也愈高。加上过

⑤ 同❶卷八。

⑥ 清傅维麟：《明书》卷八十一志二十。据《畿辅丛书》本。

⑦ 明谢肇淛：《五杂俎》卷三《地部》，据中华书局排印本。

⑧ 清董世宁纂：《乌青镇志》卷二《形势》，据乾隆二十五年修本。

⑨ 见清陈和志纂，光绪十九年重刊本《震泽县志》卷四《镇市村》。

1·3a　明潘允征墓出土明器家具　上海博物馆藏　《考古》1961年第8期

1·3b　明潘允征墓出土明器家具

去实行的"轮班"和"住坐"制，工匠以逃亡来反抗，迫使封建主不得不放弃限制人身自由的榨取方式，逐步准许工匠以银代役。到嘉靖四十一年（1562年），全国班匠已一律缴银，代替服役。这一改革，使工匠获得更多的人身和工作自由，提高了他们劳动生产的主动性和积极性。他们的产品可以自由拿到市场上出售，也可以承揽顾主的加工定货。以银代役这一改革，对当时各种手工业生产，都起到了推动的作用。

自隆庆初年（1567年）开始，明政权为了缓和财政危机，开辟税源，采用开放"海禁"的办法。周起元《东西洋考》序说："……我穆庙（指隆庆帝朱载垕）时除贩夷之律，于是五方之贾，熙熙水国，……捆载珍奇，故异物不足述，而所贸金钱，岁无虑数十万，公私并赖，其殆天子之南库也。"❶所谓"除贩夷之律"，就是开放海禁，允许私人海外贸易。开放海禁直接促进了家具生产，因南洋各地，盛产各种贵重木材。无可置疑，明清硬木家具，有很大一部分是用进口木材造成的。硬木家具制成后，又成了重要的出口商品。它和瓷器、漆器等一样，都是我国传统的外销商品，对销往国的工艺品也产生显著的影响。

有嘉靖年款的漆木家具可举出小箱、官皮箱〔戊36〕、盒等多件。隆庆年款的木制家具有雕云龙纹的圆角柜〔丁28〕。万历时制有年款的箱、柜、桌、案漆木家具为数更多。故宫藏品中有旋转抽屉的描金药柜〔丁38〕和蜩沙地描金龙纹架格〔丁4〕，都是广为人知的精品。说明这一时期宫廷的家具制造比以前有较大的发展。

万历时太监刘若愚的《酌中志》开列御用监的职掌是："凡御前所用围屏、摆设、器具，皆取办焉，有佛作等作。凡御前安设硬木床、桌、柜、阁及象牙、花梨、白檀、紫檀、乌木、鸂鶒木、双陆、棋子、骨牌、梳栊、螺钿、填漆、雕漆、盘匣、扇柄等件，皆造办之。"❷明何士晋汇辑的《工部厂库须知》卷九记载了万历十二年宫中传造龙床等四十张的工料价格："御用监成造铺宫龙床。查万历十二年七月二十六日，御前传出红壳面揭帖一本，传造龙凤拔步床、一字床、四柱帐架床、梳背坐床各十张，地平、御踏等俱全，合用物料，除会有鹰平木一千三百根外，其召买六项，计银三万一千九百二十六两，工匠银六百七十五两五钱。此系特旨传造，固难拘常例。然以四十张之床，费至三万余金，亦已滥矣！"❸御用监的设置虽不自万历时始，但以上两条至少比较具体地记述了明晚期宫廷家具的品种、用材及工、料费用等。《酌中志》还有关于明熹宗（朱由校）的记载，称其性巧多艺能，善木工营造，"自操斧锯凿削，即巧工不能及也。又好油漆匠，凡手使器具，皆御用监、内官监办用"。❹上文只能说明帝王爱好宫屋器用到了成癖的程度，否则四体不勤、好逸恶劳的统治者，是不会亲自去参加劳动操作的。

上有所好，下必有甚者，刘若愚对晚期太监的家具使用，也有一段生动的描写："大抵天启年间，内臣更奢侈争胜。凡生前之桌、椅、

❶ 明张燮：《东西洋考》，据《丛书集成初编》本。

❷ 明刘若愚：《酌中志》卷十六，据《丛书集成初编》本。

❸ 明何士晋汇辑：《工部厂库须知》，据《玄览堂丛书续集》影印本。

❹ 同❷卷十四。

上海博物馆藏《考古》1961年第8期

1·4a　明王锡爵墓出土明器家具　苏州博物馆藏《文物》1975年第3期

床、柜、轿乘、马鞍，以至日用盘盒器具，及身后之棺椁，皆不惮工费，务求美丽。"又"万历、天启年间所兴之床，极其蠢重，十余人方能移，皆听匠人杜撰极俗样式，为耗骗之资。不三四年，又复目为老样子不新奇也"。[5]

欲知当时宫廷以外达官贵人的家具陈设，可以看一看《天水冰山录》，它是1565年严世蕃获罪后的一本抄家账。中有大理石及金漆等屏风389件，大理石、螺钿等各样床657张，桌椅、橱柜、杌凳、几架、脚凳等共7444件。[6]严嵩父子当然是吸尽人民膏髓、一代最大的贪官权相，家业大、器用多是必然的。但上列数字也足够令人惊愕了！

张岱《陶庵梦忆》卷六《仲叔古董》条："葆生叔少从渭阳游，遂精赏鉴。……癸卯道淮上，有铁梨木天然几，长丈六，阔三尺，滑泽坚润，非常理。淮抚李三才百五十金不能得，仲叔以二百金得之，解维遽去。淮抚大恚怒，差兵蹑之，不及而返。"[7]亦可知当时官员对硬木家具之爱好及价格之昂贵。

在晚明文人的著述中也可以从另一个侧面看到家具的发展和使用。万历时屠隆《考槃余事·起居器服笺》列举了家具数件。[8]高濂《遵生八笺·起居安乐笺》有类似的叙述。[9]而长洲文震亨《长物志》的记述更详，比屠隆又增列了天然几、书桌、壁桌、方桌、台几、椅、杌、凳、交床、橱、架、佛橱、佛桌、床、箱、屏等十多种。[10]明人积习，喜欢互相抄袭。三者孰创孰因，姑勿究论，仅起居器用，各书都津津乐道，足见一时的风尚。

内容最多的《长物志》，不妨看作是晚明江南文人列举家具品种，兼及使用、鉴赏和带有理论性的一篇文字。沈春津《长物志》序："几榻有度，器具有式，位置有定，贵其精而便，简而裁，巧而自然也。"室内家具陈设的旨趣，在这几句话中阐发得很清楚了。这和达官豪绅，利用家具来炫奇斗富，气氛与格调又是大不相同的。还有万历时戈汕著的《蝶几谱》[11]，详述可用特制的十三具三角形几，错综变化，摆出一百多个式样来，相信是由更早的燕几演变而成的。它等于大型的七巧板，好事文人已经把家具的使用发展成为一种家具游戏了。

与文人著作大异的是工匠们的做法手册——《鲁班经》。它的早期刻本《鲁班营造正式》，只有木结构建筑造法，无一语道及家具。到了万历增编本《鲁班经匠家镜》[12]，才加入了有关家具的条款五十二则，并附图式。这也足以说明到此时家具的需要量大增，要求传授家具造法的人也多起来。匠师们遂根据社会的需要作了这次增补。

上海卢湾潘允征墓[13]和苏州虎丘王锡爵墓[14]都发现了大批家具明器。潘死于万历十七年（1589年），王锡爵葬于万历四十一年（1613年）。这两批模型真实地反映了当时的实物〔1·3 1·4〕。尤其是后者，明器放在椁上，未被扰乱，还可看出当时室内陈置使用的状况。潘、王二人的地位无法和明太祖十子鲁王朱檀相比，但随葬的家具明器，质量、数量竟有过之而无不及，明晚期家具使用多于明前期，似乎从这里也可以得到一个旁证。

[5] 明刘若愚著、吕毖编次：《明宫史·火集·饮食好尚》，据北京出版社1963年排印本。

[6] 依明人编《天水冰山录》所记家具数目统计积累，据《知不足斋丛书》本。

[7] 明张岱：《陶庵梦忆》，上海古籍出版社1982年排印本。

[8] 明屠隆：《考槃余事·起居器服笺》，《美术丛书》二集第九辑。

[9] 明高濂：《遵生八笺·起居安乐笺》，清刊本。

[10] 明文震亨：《长物志》，《美术丛书》三集第九辑，民国排印本。

[11] 明戈汕：《蝶几谱》，见朱启钤辑《存素堂校写几谱三种》，据民国排印本。

[12] 参阅拙著《〈鲁班经匠家镜〉家具条款初释》，原载《故宫博物院院刊》1980年第3期、1981年第1期，1987年修改补充，今已收作本书附录三。

[13] 上海市文物保管委员会：《上海市卢湾区明潘氏墓发掘报告》，《考古》1961年第8期。

[14] 苏州博物馆：《苏州虎丘王锡爵墓清理纪略》，《文物》1975年第3期。

1·4c　明王锡爵墓出土明器衣架　苏州博物馆藏

1·4b　明王锡爵墓出土明器家具　苏州博物馆藏　《文物》1975年第3期

这一时期的笔记最能说明家具发展的，可能要数范濂《云间据目抄》中的一条："细木家伙，如书桌、禅椅之类，余少年曾不一见。民间止用银杏金漆方桌。自莫廷韩与顾、宋两家公子，用细木数件，亦从吴门购之。隆、万以来，虽奴隶快甲之家，皆用细器，而徽之小木匠，争列肆于郡治中，即嫁妆杂器，俱属之矣。纨袴豪奢，又以椐木不足贵，凡床橱几桌，皆用花梨、瘿木、乌木、相思木与黄杨木，极其贵巧，动费万钱，亦俗之一靡也。尤可怪者，如皂快偶得居止，即整一小憩，以木板装铺，庭蓄盆鱼杂卉，内则细桌拂尘，号称书房，竟不知皂快所读何书也。"**❶**

这一段文字为我们提供了不少有关苏松地区明晚期家具的情况：

1. 范濂生于嘉靖十九年（1540年），若以20岁为他的少年时期，则为嘉靖三十九年，即1560年。那时书桌、禅椅等细木家具，

松江还很少见。民间只用银杏木金漆方桌。

2. 松江从莫廷韩（号是龙，万历时人）和顾、宋两家公子开始，才从苏州购买了几件细木家具。细木家具可以理解为木材致密、方桌以外的一些品种，其中可能包括椐木（即榉木）家具，当然更包括各种硬木家具。这里已明确说出细木家具是从苏州买来的。

说到这里，还可以引明王士性《广志绎》中的几句话："姑苏人聪慧好古，亦善仿古法为之。……又如斋头清玩，几案床榻，近皆以紫檀、花梨为尚。尚古朴不尚雕镂。即物有雕镂，亦皆商、周、秦、汉之式。海内僻远，皆效尤之，此亦嘉、隆、万三朝为始盛。"**❷**所讲的年代和情况，与《云间据目抄》正合。

3. 隆庆、万历以后，连奴隶快甲之辈，都用细木家具。豪奢之家，连榉木都嫌不够好，要用花梨、瘿木、乌木、相思木（即鸂鶒木）、黄杨等材料造的床、橱、几、桌等价值万钱的家具。

4. 徽州也有小木匠，到松江来开店摆摊，出售嫁妆杂器。

5. 这时连皂快家中都有所谓的书房，布置细木器及花木盆鱼等。说明此时的社会风气已普遍讲究家具陈设。

以上充分说明贵重家具在16世纪后半叶大量生产和销售的情况。南京博物院藏的一件黄花梨夹头榫式素牙头铁力面心画案，可以为上述情况作佐证。〔乙113〕该案的一足上端刻有篆书铭及题识。文曰："材美而坚，

❶ 明范濂：《云间据目抄》卷二，据民国石印本《笔记小说大全》第三辑。

❷ 明王士性：《广志绎》卷二，据《台州丛书》，嘉庆间宋氏刊本。

1·4d　明王锡爵墓出土明器拔步床　苏州博物馆藏

1·5　万历乙未（1595年）充庵铭黄花梨画案铭文拓本　画案现藏南京博物院

1·6　清初张远绘刘源小像（局部）浙江博物馆藏

工朴而妍，假尔为冯，逸我百年。万历乙未元日充庵叟识。"〔1·5〕按乙未为万历二十三年，即公元1595年。案为苏州老药店雷允上家故物，用材、造型、时代、地点都与上引的一段文字吻合。苏州地区很早以来就以手工艺品著称，到了明晚期更是制造贵重家具的中心，这是可以确信无疑的事实。

清初灭明，对人民的反抗斗争进行了残酷的镇压，经济文化遭受了一次浩劫。但不久，便认识到要巩固政权必须改变种种不利于统治的政策。康熙帝在位六十一年，当统一全国后，即予民生息，使生产力不仅得到恢复，而且又有很大的提高。国内商业更加繁荣，海外贸易规模扩大，手工业品的产量增加和品种更加丰富。这段时期内的家具，是明式家具继续流行，大量制造，同时又孕育着清式家具的生产。

清前期的家具可以分为三类：第一类是悉依明式的矱矩法度，造型结构，全无差异，以致现在不容易判断其确切年代是明还是清，但其中肯定有清代的制品。第二类是形式大貌仍为明式，但某些构件或局部的工艺手法出现了清式的意趣。实例如无束腰直足罗锅枨云纹牙头方凳〔甲6〕、海棠式开光坐墩〔甲36〕、有束腰带托泥雕花圈椅〔甲86〕、高束腰浮雕炕桌〔乙9〕、有束腰矮桌展腿式方桌〔乙59〕等。类似的制品我们把它们的时代定为清前半期，是不致有大误的。第三类是造型与装饰和明式有显著的变化，因而不能再称之为明式，不过在清代家具中

还算是出现得较早的。曾在《紫禁城》第20期刊出的雍正时美人画中的多宝格、有束腰黑漆描金方桌等家具，即属于此类。本书侧重在明式，故只收第一、二两类，不收第三类。

谁是这三类家具的制造者？由于缺少这方面的记载，无法说得准确具体。不过当时的家具生产者不外乎城市和乡镇上的作坊及个体工匠，以及开设在城市内的较大家具店铺和宫廷中的营造机构。三类家具中的第一类，因遵古制，各处都有可能生产，而乡镇比较保守，可能造得较多一些。第二类家具，局部出现了变化，或出于工匠自发的改革，或为了符合主顾的需求。第三类有的是造办处匠师为了迎合帝王爱好，刻意创新的结果；有的则由于学士名流参与了设计，指挥工匠，造出了前所未有的式样。匠师的姓名传下来的几乎没有，学士名流和开创清式家具有关的人物，则可以举出三人，他们是刘源、李渔和释大汕。

关于刘源等人的家具设计，今后如编写《清式家具》自可作较详的阐述。这里只简略地谈一谈何以知道他们的设计有别于传统的明式。

刘源，祥符人，字伴阮，是清初的一位有多种才能的艺术家〔1·6〕。故李笠翁称他："人操一技以成名，此擅百长而著誉。"❸他能诗、工书画，曾为康熙御窑设计并监烧瓷器，超越前代；又精制墨，制木器、漆器及用拨蜡法范铜铸造等，供奉内廷，备受玄烨的重视。值得注意的是自幼与刘源有密切交

❸李渔题刘源像赞："此像极奇，人中难觅。挺然一身，铜筋铁脊。其醇可饮，其清欲滴。若非子房之幻形，定是邺侯之真迹。谛询其人，知为李子笠翁神交未觏之相识。其姓刘氏，其字伴阮，其于五车二酉之藏无所不窥，其于圣贤豪杰之事无一不勉。人操一技以成名，此擅百长而著誉。大而经济文章，中则丹青篆隶，细至刻鹄雕虫，无不穷神极秘。夫子圣者坎？何其多能也！吾观斯像而识其从来，盖集古来名贤才士之耳目手足于一身，故能各擅其长尔。是耶非耶？请以质之伴阮。湖上李渔拜草。"像为张远所绘，作于康熙四年（1665年）。现藏浙江省博物馆。见《浙江省博物馆藏品选》，上海人民美术出版社，1982年。

1·7　释大汕读书图
　　清初刊本《离六堂集》
　　北京图书馆藏

1·8　释大汕卧病图
　　清初刊本《离六堂集》
　　北京图书馆藏

❶ 清刘廷玑《在园杂志》卷一.
康熙刊本。

❷ 清李渔《笠翁一家言全
集·器玩部》，清刊本。

❸ 据李放《中国艺术家征
略》引文。

❹ 明张瀚：《松窗梦语》卷四
《百工纪》，据《武林往哲
遗著》本。

❺ 据光绪修本《苏州府志·杂
记》引文。朱启钤辑《哲
匠录》有蒯祥传，载《中
国营造学社汇刊》三卷
三期。

❻ 清徐嵩先：《香山小志·物
产》，北京图书馆清抄本。

❼ 见本书所收来自东山的榉木
明式家具共五件〔甲44、甲
57、乙102、丙7、丁25〕。

往的刘廷玑写入《在园杂志》的几句话："近日所用之墨及瓷器、木器、漆器，仍遵其旧式，而总不知出自刘伴阮者。"❶他告诉我们伴阮在各种工艺上都有自己创制的格式，而且为后人所遵守。如果他没有创新，也就不存在所谓出自伴阮的旧式了。

李渔，钱塘人，字笠翁，是一位戏曲家兼园林设计和室内装饰家，在所著《笠翁偶集》中提出了关于家具的一些见解。他主张家具必须多安抽屉，造立柜要多设隔板和抽屉。❷我们知道多抽屉的书案，正是清中叶才开始流行的。架格明式只有通长的分层横板，多加隔板和抽屉，正是向清式的多宝格发展。在铜饰件方面，他也提出了不少小巧而隐蔽的设计式样来。

释大汕，据《萝窗小牍》："字石濂，东吴僧，后主广州长寿寺。多巧思，以花梨、紫檀、点铜、佳石作椅、桌、屏、柜、盘、盂、杯、碗诸物，往往有新意。持以饷诸当事及士大夫无不赞赏者。"❸大汕曾应安南王之聘前往越南，著有《海外纪事》一书。他的出海航行也和贩运硬木材料有关。在所著的《离六堂集》，书首有近似画传或行乐图版画数十幅。其中的《读书图》，大汕所坐的书桌是一具有束腰有托泥的长桌，除束腰外，全部雕回文，而且四面有用花牙子造成的圈口〔1·7〕。在《卧病图》中，大汕蜷卧在一具宝座上。宝座围屏为三扇式，边框内装板满雕细云纹，座面下安镂花角牙〔1·8〕。这两件家具不论造型或装饰都已接近乾隆时期宫廷中使用的紫檀器。

由于刘源、李渔、大汕都是当时的知名人士，他们的家具设计自然会产生影响，改变社会上的一些家具面貌。尤其是刘源，供奉内廷，对造办处的家具，影响更巨。到了雍、乾之际，经济繁荣，可谓空前，而统治者的靡费奢侈亦随之日益滋长，无休止地追求精巧新奇，纤琐繁缛的制作，破坏了朴质简练的优良传统。风尚所及，使民间也受到了影响，清式家具逐渐形成主流，明式家具遂日益式微了。

明及清前期家具的产地也是我们应当注意的问题。如泛言一般的家具，产地可谓遍于全国；如言精制的家具，据现知的文献和实物资料来看，有苏州、广州、徽州、扬州几个地区，其中自以苏州最为、重要。

有关苏州的史料是比较多的。除前面已引的《云间据目抄》等条外，明张瀚《松窗梦语·百工纪》还讲到："江南之侈，尤莫过于三吴。……吴制器而美，以为非美弗珍也。……四方贵吴而吴益工于器。"❹所谓三吴，自以苏州居首；所谓制器，自然包括木器家具。明皇甫录《皇明纪略》在木工蒯祥条中讲到："今江南木工巧工皆出于香山。"❺徐嵩先《香山小志·物产》称："香山梓人坊者居十之五六。……织工居十之三，藤工不及十之一，制藤枕、藤榻、藤椅等器。"❻徐为清时人，但香山各种工匠行业，明代早已如此。藤工和家具制作有密切关系，因凳、椅、床、榻等都要藤工编制软屉才能成器。苏州地区制造的明式家具多为藤屉，从这里

1·9 吴县洞庭东山、西山村镇略图

也可以得到一个旁证。

　　比文献史料更为可信的是在实地观察到的情况。笔者晚到1979年和1980年才得到两次去苏州洞庭一带调查的机会，虽因社会迭经变革，旧家故物，所剩无几，但走访洞庭东、西山各村镇，每处都能看到若干件明代风格的家具〔1·9〕。仅东山街上一家茶馆，就有夹头榫平头案五件之多〔1·10〕。这里的家具绝大多数已损缺不全，惟据其残存部分，完全可以看到它们的原貌。东、西山的家具几乎全部都是榉木（即北京所谓的南榆）制的，从品种到形式，线脚到雕饰，乃至漆里、藤屉、铜饰件等附属用材和构件，与流传在北京地区的大量黄花梨家具全无二致❷。南北所见实物，有的竟相似到如出一手，如东山石桥头村民居中所见的圆角柜〔丁25〕，和北京鲁班馆见到的两具，仿佛是同一施工图制成的。因而使人相信它们是同一地区乃至同一作坊的制品。即使有的东、西山榉木家具可能时代较晚，惟手法不变，典型俱在，只能说明明式风格在此地绪远流长，延绵不替。我们不妨说，来到了东、西山，找到了明及清前期榉木家具的根源。又因榉木家具和黄花梨家具的手法全同，只不过是用料上的差异，所以也就找到了明及清前期黄花梨家具的制造之乡。

　　说到这里，有必要回答这样一个问题：既然在东、西山找到了榉木和黄花梨等明及清前期家具的根源，为什么当地只见大量榉木家具呢？经过调查采访，回答是这样的：

　　榉木是当地生产的上等家具材料，过

1·10a-c 吴县洞庭东山茶馆中的三件榉木平头案

1·11 吴县洞庭东山饭馆
中的铁力灯挂椅

1·12a 广东双水所见的三
件硬木家具（之一）

❶ 1956年笔者渴望能与阿龙
同往洞庭东、西山调查采
访家具，奈当时在音乐研
究所任职，无此工作任务，
不克前往，至今深以为憾。

去太湖一带多合抱大树，本世纪初才被砍伐殆尽。这里用榉木做家具，乃就地取材，故理应多于用硬木制成的家具。

东、西山过去本有相当数量的硬木家具，因比榉木价高而珍贵，容易先被卖去。1956年到苏州，承顾公硕先生见告，旧货商贩阿龙经常从东、西山收买明式家具运到苏州出售，其中便有硬木家具❶。50年代，南京博物院从东、西山搜集到约一百件明及清前期家具，其中有硬木器十来件，如㸌鸂木四出头大椅〔甲71〕、四具成堂的黄花梨扶手椅等。甚至最近，硬木家具在东山也未完全绝迹。1980年冬，笔者在一家饭馆中看到铁力灯挂椅〔1·11〕；在老中医严宇尘家看到㸌鸂木小扶手椅；在杨湾王定仙家看到黄花梨椅，只是靠背、扶手均被锯去，仅剩下椅座而已。

介绍了东、西山家具之后，有必要谈一谈苏州的情况。

现陈设在苏州园林的硬木家具，骤眼看去，颇令人失望，因几乎全部都是清式，仿佛这里从未出现过明式家具。这种看法，当然是不对的。首先是城市的风尚爱好，改变得比乡镇快。清式家具风靡后，取代了明式，不仅苏州家庭用具如此，园林陈置也不例外。又据世代在苏州经营硬木家具的谢耀锡先生和苏州文物商店黄尚志先生的介绍，苏州过去硬木家具甚多，解放前后遭大量拆毁用料。由于明式的朴质无文，显得粗笨，但便于改制它器；清式的雕工繁细，既入时人之目，又难拆出料来，故保存下来的硬木家具，

清式多于明式。以上是苏州的明式家具存世品很少的主要原因。不过，我们若留心寻找，还会有所发现。如曾陈置在西园的"千拼台"大画案；虎丘致爽阁内的㸌鸂木扶手椅、黄花梨玫瑰椅等，都是明至清前期的硬木家具。结合上面已经述及的，苏州人好古，几案床榻，近皆以紫檀、花梨为尚，此亦嘉、隆、万三朝为始盛；自嘉、万间松江富户从苏州购买细木器，此风日盛；苏州雷允上家曾藏万历铭黄花梨夹头榫平头案〔乙113〕等，史料和实物都足以说明苏州过去盛行生产并使用明式硬木家具，而且数量是很多的。

通过对苏州地区的调查采访，联系到明及清前期硬木家具在北京地区曾大量存在这一事实，现在得出如下的认识：明晚期到清前期，苏州地区有相当大的作坊和相当多的工匠用硬木及榉木制造明式家具。他们或承揽加工，或出售成品，主顾不同，销路有别，货色亦异。洞庭东、西山虽很富庶，终究是村镇，材料以榉木为主。某些老人还记得祖辈曾讲到招延工匠住在家中造家具。考究的硬木家具，有的供应苏州或江南其他大城市，有的出口外销，更多的则通过漕运，远销直隶、北京。某些品种，例如炕桌，南方使用得不多，但黄花梨炕桌北京地区曾大量发现，原因是当时专门造来运销北方。京师是全国的都城，四方奇货，荟萃于此，应不止家具一项。如果不是这样的话，将无法解释何以会在北京地区聚集了如此之多的苏州家具。以明及清前期的黄花梨家具来说，据笔者估计，流传

1·12b 广东双水所见的三件
硬木家具（之二）

1·12c 广东双水所见的三件硬木家具（之三）

到北京地区的数量要大于留存在南方的数量。

在广东，16 世纪的西洋人虽已在著作中讲到有巧匠用硬木制架子床等家具❷，刻有崇祯庚辰（1640 年）制于康署（德庆县，属肇庆府）款识的铁力大案〔乙 92〕是很好的证例。但广州成为硬木家具重要产地则晚于苏州。文献记载有屈大均《广东新语·木语·海南文木》条❸讲到："紫檀，一名紫榆，来自番舶，以轻重为价。粤人以作小器具，售于天下。花榈稍贱，凡床几屏案多用之。"长寿寺僧大汕，常指挥工人制造硬木家具，用以结交权贵，并出售牟利。李渔《笠翁偶集》也讲到："予游粤东，见市廛所列之器，半属花梨、紫檀。制法之佳，可谓穷工极巧。"❹屈大均、大汕、李渔都是康熙时人。广州家具业的更大发展是在清中期以后，它在制造清式家具上所占的地位，远比生产明式家具来得重要。它的家具出口量也大于苏州地区。

1980 年 11 月，为了调查明式家具产地，巡视了集中在广州、新会、双水、石岐等处外贸仓库，喜获尽观六七千件硬木家具。它们是七八年来几处收购点的积累，数量可观，足以代表珠江三角洲的广式硬木家具。如据其风格加以类分，最早的制作年代可能早到 18 世纪初，差可视为明式的，仅占百分之三四〔1·12〕，其余悉为清式，包括不少具有殖民地色彩的晚清和民国制品。所用木材，大多数为红木与新花梨，部分为铁力木，纯属明式的黄花梨、紫檀家具连一件也没有，亦未见有榉木制者。这一批家具过目后，

得出如下的看法：时代较早的广州硬木家具，即使堪称明式，和流传在北京的及东、西山所见的，不是一家眷属。例如同为靠背椅，苏州多灯挂式，广州多一统碑式。苏州的椅盘下多安券口，广州的椅盘下只安一根直牙条。苏州用棕藤编软屉，广州用木板造硬屉。因此我们认为那些艺术价值很高，明式风格鲜明，具有代表性的明及清前期家具，它们的产地在苏州而不在广州。

徽州在晚明也是一个生产家具的地区。《云间据目抄》讲到徽州小木匠列肆松江郡治，出售嫁妆杂器，其技艺水平想不致太差，否则苏松接壤，他们将无法与苏州工匠竞争。另一方面，晚明徽刻版画所反映的室内陈设，也是当时使用细木器的有力旁证。1956 年我访书皖南，考究的硬木家具已很难见到，只是宽广而又深邃的民居，安装着制作精美的门窗棂格，不由得使人相信当时一定陈置过许多明式家具。至今尚有深刻印象的是在歙县塌田村鲍家厅堂看到的一丈四尺长独板面铁力夹头榫大条案，制作浑厚，图案疏朗，是一件明代家具，惟线条处理予人一种生硬、不够娴熟的感觉。它尺寸巨大，搬运不便，故有可能是当地的制品。

婺源与徽州毗邻，同属皖南地区，近年始划归江西省，惟其文化、历史渊源，与徽州实不可分割。1956 年过屯溪时本拟往访，因交通不便而未果。直到 1986 年 9 月，全国文物鉴定会议在婺源举行，始偿凤愿。与会期间，参观县博物馆藏品及民居多处，

❷ 葡萄牙修道士 Gasper da Cruz 于 1556 年来广州，在他所写的游记中有如下一段："There are also many bedsteads very pleasant and very rich, all close round about, of wood finely wrought. I being in Cantam, there was a very rich one made wrought with ivory, and of a sweet wood which they call Cagolaque, and of sandal wood, that was priced at four hundred crowns." 载 C.R. Boxer 编 *South China in the Sixteenth Century*, p.125. London：The Hakluyt Society, 1953.

❸ 清屈大均：《广东新语·木语·海南文木》，康熙刊本。已收入本书第五章丙部分。

❹ 同页 12 ❷。

1·13　明程汝继家圈椅
婺源县博物馆藏

有三件明式家具值得一记。

其一延村金姓家罗汉床。床身有束腰，鼓腿彭牙，内翻马蹄。沿牙条及腿足边缘起皮条线，在牙条上浮雕简单的拐子纹。床面板心硬屉。围子五屏风式，攒框装板，落堂踩鼓。两侧扶手围子前端不到床边，缩进数寸，而底框伸出，做成半个云头。清代中、晚期南官帽椅扶手，有的采用相似的造法。床通体髹紫色笼罩漆，木材非硬木，纹理细而匀，可能为楠木或银杏，隔漆不易辨认，但可以断定不是榉木，制作年代在清中期。其二豸峰村潘姓家铁力翘头案。案置放中堂迎面屏门前，长约六尺，高度则超过常规。夹头榫结构，安管脚枨，透雕挡板。案面独板，另拍翘头。牙条特宽，殊觉笨拙，铲地浮雕拐子式螭纹，其年代当为清前期。其三婺源县博物馆藏圈椅（椅面50×60厘米，高56厘米，通高108厘米）〔1·13〕。椅成对，前有大方脚踏，据称得自溪头村程汝继家。程万历时人，曾任江西袁州知府。椅座有束腰，束腰上挖宽大的鱼门洞。管脚枨上三面安装壸门式券口，券口用料甚宽。座面板心硬屉。椅背及扶手特高，高到坐者须抬臂膀始能搭在扶手上。椅圈正面平直，圆中带方，既不美观，也不舒适。靠背板整板透雕云纹一朵，下有亮脚。后腿上截高出椅座部分，两旁安长条花牙。通身髹紫黄色漆，从剥落处可知其非硬木，亦非榉木。惟究系何种木材，尚待辨认。其制作年代为晚明。

如上所述，可见苏州地区的明式家具

与皖南的明式家具有许多不同之处。前者多用榉木，后者未见用榉木；前者素木不上漆，后者多上色漆。前者床、椅多为藤编软屉，后者多为板心硬屉。尤其在整体造型和各个部位的比例权衡上，后者无法与前者相比。翘头案和圈椅背尺寸过高，看上去很不习惯，产生别扭感。过宽的牙条和弧度弯得不够圆转自如的圈椅月牙扶手，以及鱼门洞、壸门券口轮廓等都予人一种生硬、欠成熟、土头土脑，即北京匠师所谓的"怯"的感觉。于此我们又可以得出结论：造型优美、手法娴熟的明代黄花梨和榉木家具的产地在苏州地区而不在徽州地区。

扬州工商业繁盛，清胜于明，但手工业早就达到了很高的水平。李渔《笠翁偶集》称：椅、杌、凳"三者之制，以时论之，今胜于古；以地论之，北不如南。维扬之木器，姑苏之竹器，可谓甲于古今，冠乎天下矣"。[1]他推崇扬州木器为古今第一，甚至超过苏州，可见评价之高。清初画家萧晨，扬州人，以人物著称，画史称他"隐梓人中"[2]。所制器物虽无由得见，应当是有较高成就的。1979年夏，曾到扬州调查明式家具，匆匆旬日，收获不大，只在韦金笙处见到一对无束腰直枨加卡子花柞木方凳〔甲10〕而已。

最后想谈一谈北京地区的明及清前期家具。现在的认识是一般民间日用品，就是当地制造的。至于黄花梨、紫檀等几种硬木家具，除明、清宫廷作坊如御用监、造办处在京制造过一部分外，大多数是从南方

❶ 同页12❷。

❷ 清彭蕴灿：《画史汇传》卷十九，据清刊本。

壹　明式家具的时代背景和制造地区

1·14　乾隆五年（1740年）金昆等绘《庆丰图》中的家具店
　　　故宫博物院藏

运来的。张瀚《百工记》有一段讲到明代的北京器用："自古帝王都会，易于侈靡。燕自胜国及我朝皆建都焉，沿习既深，渐染成俗，故今侈靡特甚。余尝数游燕中，睹百货充溢，宝藏丰盈，服饰鲜华，器用精巧，宫室壮丽。此皆百工所呈能而献技，巨室所罗致而取盈。盖四方之货，不产于燕而毕聚于燕。"❸他的说法是符合当时的实际情况的〔1·14〕。

　　自清中期以来，北京重紫檀、红木而贱花梨，以致许多黄花梨器都被染成深色。到20世纪三四十年代，黄花梨家具逐渐受到人们的重视，鲁班馆、南晓市的家具店、

旧木商，乃至打鼓商贩，四出搜罗明式家具，主要是黄花梨器，所获甚多。至1949年后才逐渐稀少起来。记得至少有五六个商贩告诉我同一情况，即黄花梨等明式家具不仅北京居民家中有，远近郊乃至京东的几个县也有，尤以运河经过的城镇，或有水道与运河相通之处较多。后来经过亲身调查，证明他们的话是正确的。据某些出售家具者回忆，听祖辈讲过，这些木器乃由运粮船从南方载来沿途出售的。通县一地过去就发现过许多件黄花梨家具。笔者所藏的一对黄花梨机凳〔甲3〕，即由打鼓贩王四从通县

❸同页12❹。

买来。同时，我亦曾在通县买到黄花梨架子床上的透雕螭纹床围子（见《明式家具珍赏》图127）。连宝坻县的临河市镇林亭口，过去打鼓商贩也从那里买到很多件黄花梨家具。

查明清史料，自明初到康、雍间，各朝均有明文规定，漕船军夫可以随船携带货物，在沿途自由贩卖，而且准许携带的数量，越到后来越放宽，由弘治时的十石一直增加到雍正时的一百石❶。漕船搭载客商，代客销售货物，虽有明令禁止❷，但恰好从反面证明此种情况极为普遍。随着许可定额的放宽，禁令只会日趋松弛。故漕运实际上对南北物产交流，促进沿河城镇的经济繁荣起过很大的作用。三百年的史料，和近年我们从运河故道居民了解到的情况相印证，完全符合，可以说明北京地区的明式硬木及榉木家具，大部分为南方制造，利用漕运销售到北方来。

概括地说，生产精制的硬木明式家具的时代和地区，可以缩短成一句话——它主要是晚明至清前期，尤其是16、17两个世纪苏州地区的制品。当然，从全国范围来讲，我们对传统家具的调查研究，实在做得太少了，今后如能在这方面多做一些工作，相信会有重要发现，得到现在难以预测的收获。

❶ 明、清各朝准许漕运船只携带土宜货物数量，列举如下：（一）"洪熙元年，今运军除正粮外，附带自己什物，官司毋得阻挡。"（二）"成化元年奏准，各处运粮旗军，附带土宜货物，河西务、张家湾等处，免其税课。"（三）弘治"十五年题准，附带土宜，不得过十石"。（以上均见申时行《重修大明会典》卷二十七《漕运》页四十至四十一，万历十五年表进本。）（四）嘉靖元年："每粮船一只，许带土宜二十石。"（五）嘉靖二十二年："议单内粮船，每只许带土宜二十石，以为在途易换盐柴之用。"……"近访得各总旗甲人等，在运艰苦备尝，贫困已极，相应宽恤。今后各船自土宜正数之外，凡装带应抽竹、木等货觅取微利者，一并免税。"（以上均见席书撰、朱家相增修《漕船志》卷六《法例》页二十三，卷七《兴革》页三十四，《玄览堂丛书》影印嘉靖刊本。）（六）"嘉靖三十九年题准，工部抽分厂，凡遇粮船，除土宜四十石外，许验客货。如数放行。"（见《重修大明会典》卷二十七，页四十一。）（七）万历七年九月："总督仓场尚书汪宗伊上言，旧例粮船各带土宜，所以优恤旗军，使之食用有资，不至侵损正粮。然议单开载，止限以四十石者，诚恐船重难行，稽迟粮运。故间有多带，即追没入官。今议每船许带土宜六十石。盖以军食既先，则正粮无损，故量益其数，稍宽其罚。无非体恤漕卒，求济运务之意。得旨。"（见《明神宗实录》卷九十一，台湾影印本，册一百，总页一八七四。）（八）康熙二年八月甲寅："户部议复，漕运总督林起龙条奏：……运丁旧例每船许带土宜六十石。恐南北关司概作私货。查每船土宜，载在议单，应仍许带，以恤运丁劳苦。从之。"（见《康熙实录》第一册，页一六六，台湾华文书局1964年影印本。）（九）"雍正七年奉上谕……又查向来之例，每船北上，许带土宜六十石。朕思旗丁驾运辛苦。若就粮艘之便，顺带货物至京贸易，以获利益，亦情理可行之事。着于旧例六十石之外，加增四十石，准每船携带土宜一百石，永着为例。"（见杨锡绂编《漕运则例纂》卷十六，页五十九，乾隆三十二年自序本。）

❷ 明、清两代有关漕船搭载客商，代客销售货物的禁令，举例如下：（一）嘉靖元年，"漕运船只，除运军自带土宜货物外，若附搭客商势要人等，酒曲、糯米、花草、竹木、板片、器皿货物者，将本船运军并附带人员参问发落，货物入官。"（二）嘉靖二十二年，"如有附搭客商，夹带私货者，查出定行照例没官，仍治以罪。"（以上见席书撰、朱家相增修《漕船志》卷六，页二十三，卷七，页三十四，《玄览堂丛书》影印嘉靖刊本。）（三）康熙二年八月甲寅："户部议复，漕运总督林起龙条奏。漕运重船，原令各关盘诘夹带私货。但关口甚多，处处盘诘，必多误运。应如所议，止于仪真、瓜洲、淮安、济宁、天津等五处地方，严加盘查。……从之。"（见《康熙实录》第一册，页一六五，台湾华文书局1964年影印本。）

第二章 明式家具的种类和形式

甲、椅凳类

椅凳类包括不同种类的坐具,分列如下:

壹·杌凳　　贰·坐墩
叁·交杌　　肆·长凳
伍·椅　　　陆·宝座

壹·杌凳

"杌"字见《玉篇》:"树无枝也。"[1]从此义可以想到以"杌"作为坐具之名,是专指没有靠背的一类,以别于有靠背的"椅"。在北方语言中,"杌"仍惯用于众口,如称一般的凳子曰"杌凳",称小凳子曰"小杌凳"等。

传统家具,凡结体作方形的或长方形的,一般可以用"无束腰"或"有束腰"作为主要区分。下面列举杌凳实例,除个别形式外,都分入这两类。每类将最基本的形式放在前面,以下由简而繁,依次介绍在结构、构件或装饰上出现变化的例子。

杌凳共举三十二例:

一、无束腰杌凳

在无束腰杌凳中,圆材直足直枨的是它的基本形式。其结构吸取了大木梁架的造法,四足有"侧脚"。所谓侧脚就是四足下端向外撇,上端向内收,在《鲁班经》中称之为"梢"。北京匠师则称之为"挓",取向外张开之意(如手张开曰"挓挲着手")。凡家具正面有侧脚的叫"跑马挓",侧面有侧脚的叫"骑马挓",正面、侧面都有侧脚的叫"四腿八挓"。此种无束腰杌凳,在北宋白沙宋墓壁画〔2·1〕和南宋人绘《春游晚归图》〔2·2〕中已能看到其较早的形象。明代实物一般装饰不多,用材粗硕,侧脚显著,予人厚拙稳定的感觉。下面举四例:

[1]《玉篇》卷十二木部第一五七,道光三十年邓氏仿宋重刊本。

2·1　白沙宋墓壁画中的杌凳 《白沙宋墓》图版贰柒

2·2　宋人《春游晚归图》中的杌凳 《宋人画册》71

明式家具的种类和形式

甲1、无束腰直足直枨长方凳

此为圆材，边抹素混面，牙子光素，每面枨子一根，在同一高度上与腿子结合。这是由于腿材粗硕，即使不避开凿榫眼，也不至于影响其坚实。凳面木板平镶，不落堂。整体结构简练，朴质无文，淳厚耐看。

甲2、无束腰直足直枨小方凳

此凳与上例造法相同而形制特小，用材在比例上更为粗硕，在淳朴的格调之外又增添了几分顽稚的气息，弥觉可爱。它原非厅堂中器物，乃居室中的日常用具。

黄花梨　28×28cm，高26cm

甲3、无束腰直足直枨长方凳

此凳边抹素混面压边线，素牙子起边线，牙头有小委角。足材外圆里方，也起边线。直枨正面一根，侧面两根。与前两例相较，可见它在边抹、牙子、腿足上都稍稍采用了一点加边、起线的装饰，但彼此呼应，甚为和谐。它如同某些乐曲似的，虽在基调上加了几个装饰音，而骨格俱在，丝毫也没有减弱原有的淳朴风格。这是一对我们确信为明代精制的黄花梨杌凳，50年代商贩从通州故家购得。原有细藤软屉，惜早已破损。所幸未落入家具商之手，否则将踩深边口，换掉弯带，改为木板席面硬屉，致令古器面目全非。今依原式重穿藤屉，只藤工较粗，无法完全复其旧观了。

黄花梨　51.5×41cm，高51cm

甲4、无束腰直足直枨方凳

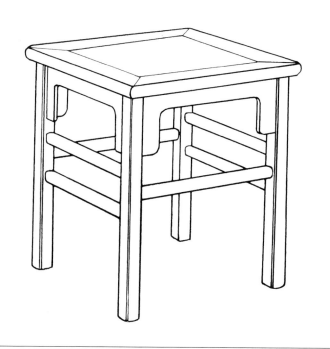

此凳与前例造法基本相同，只用料较小，边抹用料太薄，气势显得稍弱。木板面心。四足在转角处起阳线加"洼儿"（即在阳线上又造出凹面），遂使线脚处理上又有所不同。

值得注意的是以上四例的枨子都非圆形，而作◯形，它是用断面为长方形的直材倒棱后又将底面刨平造成的。其目的在加大看面，使枨子和用材较大的边抹及腿子分量协称。不然的话，如用圆枨，看面若造得与边抹厚度近似，便显得粗笨不堪；若细了，却又与边抹及腿子的分量失调。所以将枨子的断面做成上述形状，效果最好。这是经匠师

❶ 如清写本《奉先殿宝座供案陈设则例》凤宝椅条："罗锅弯枨二根，各长一尺，荒径二寸五分，实径一寸六分。"

们长期实践才总结出来的一种手法。

在上述形式基本不变的基础上，将直枨改为罗锅枨，素牙头改为云纹牙头，也是明式杌凳常见的式样。所谓"罗锅枨"就是中部向上高起的枨子，言其像人驼背（北方通称罗锅子）而得名。罗锅枨见清代匠作《则例》❶，并经北方匠师广泛使用。罗锅枨云纹牙头杌凳下举两例：

甲5、无束腰直足罗锅枨云纹牙头方凳

凳为边抹混面压边线。牙头镂出云纹，边缘起锐利的"荞麦棱"线。腿子外圆里方。罗锅枨看面起"剑脊棱"，与枨子顶面的交接处也隐起线棱，两条线棱之间枨面微凹。此凳由于镂镂和线棱的应用，淳朴的格调因此减少而出现了犀利流畅的意趣。

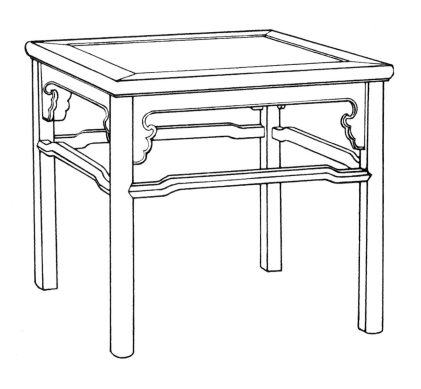

甲 6、无束腰直足罗锅枨云纹牙头方凳

此凳边抹混面压边线，腿子仍为外圆内方，但圆中又带有方意。每足用三条带洼儿的阳线界出两个混面。牙子起线，牙头挖成云头形，牙条正中留做下垂的双尖。罗锅枨两端刻卷云，中部微凹，略具弓形，与一般罗锅枨不同。此凳四具一堂，细藤密编软屉，木色浅淡而纹理细密，不类一般的黄花梨，为清宫故物。在清宫及颐和园的家具中有若干件是用这种黄花梨制成的。它可能是黄花梨中的某一品种，或由于取材只用树木的某一部位而使然。有关此问题，尚待进一步研究。从造型及装饰看，显然出于特殊设计，牙头及枨头的云纹雕刻，意趣已晚于明，应当是康、雍年间的制品。

黄花梨　63×63cm．高 51cm

下面举一例这类机凳的变体：

甲 7、无束腰直足双罗锅枨劈料方凳

此机凳全身劈料造成，边抹双混面，腿足四个混面，断面作⸝形，牙子也用劈料罗锅枨来代替，出现重叠使用的双罗锅枨。此凳亦为四具一堂，凳面软藤屉尚完整，但较前例粗疏得多。

黄花梨　70×70cm．高 51cm

2·3 大同卧虎沟辽墓壁画中的桌（有矮老）《考古》1960年第10期图版十图2

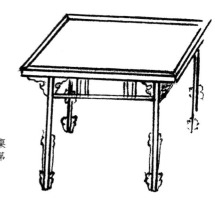

2·4 辽宁朝阳金墓壁画中的桌（有矮老）《考古》1962年第4期页183图4

❶ "摺柱"，清代《则例》或写作"折柱"，这是屡见不鲜的。"童柱"指放在大木构架横梁上的短柱，见雍正刊《工程做法则例》。"侏儒柱"见宋李诫《营造法式》卷五。

❷ Orientations，Jan.1991，p.66.

❸《文物》1992年第6期图版一、二。

上述三例，就造型效果而言，第一例最为成功。第二例牙条和枨子造法似很新颖，但已显得造作不自然。第三例用料不够匀称，边抹太薄。在上的一根罗锅枨，也四面劈料，实嫌繁琐。从以上三例可见明式家具未必造法别致的效果就好。相反的是，多数别出心裁，企图以新奇见胜的，难免弄巧成拙，其效果是无法与常见的基本形式相比的。

无束腰直足机凳的另一种常见形式是不用牙条而在直枨或罗锅枨上加北京匠师所谓的"矮老"或"卡子花"。所谓"矮老"，就是短柱，清代《则例》称之曰"折柱"和"童柱"，古代则有"侏儒柱"之称❶。"侏儒"、"童"与"矮"

都言其短，义均相通。家具上用"矮老"，据现知材料，似最早出现在辽金图画〔2·3 2·4〕及砖雕家具的形象上。矮老于辽金家具上开始流行，此说当能成立，现在发现材料日益增多。如房山岳各庄辽塔（公元1110年）中发现的供案❷，宣化下八里辽韩师训墓壁画中之桌案多数有矮老❸。至明代已成为一种常用的构件。所谓"卡子花"，实为装饰化了的矮老，即用雕花的木块来代替短柱。由于它是卡夹在两根横材之间的雕花构件，故北京匠师称之曰"卡子花"。在苏州地区则称之曰"结子花"。下面举有"矮老"及"卡子花"的机凳各两例：

甲8、无束腰直足罗锅枨加矮老方凳

凳的边抹用常见的"冰盘沿"线脚。腿足、罗锅枨均是圆材。矮老每面两根，属于最常见的造法。

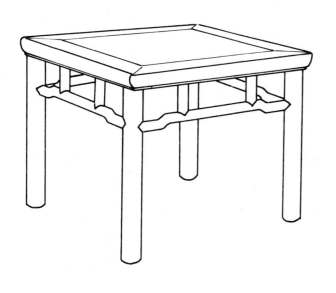

甲9、无束腰直足裹腿罗锅枨加矮老方凳

黄花梨　52.5×52.5cm，高51cm

此凳与上例有两点不同。一为罗锅枨采用"裹腿做"，即四枨相交处高出腿足的表面，仿佛缠裹着腿一样。二是边抹采用"垛边"的造法。有关垛边的解说详后。

甲10、无束腰直足直枨加卡子花方凳

柞木 55×55cm，高46cm

这是一件用柞木造成的民间日用家具，每面用两枚双套环卡子花来代替矮老。

在用材比例上，〔甲8〕与此例的凳面都显得单薄，而且整体不够协调。从这里可以悟出为什么此类杌凳的边抹要采用垛边的造法。

此凳的造法除采用垛边外，与前例完全相同，但工料有精粗高下之别。对比之下，更可知前者为民间用品。

甲11、无束腰直足裹腿直枨加卡子花方凳

黄花梨 50.5×50.4cm，高46.5cm

由上举四例，可见此类杌凳枨子有的裹腿，有的不裹腿。不用裹腿的，边抹往往比较薄；裹腿的，边抹往往比较厚。或边抹虽不厚，但采用了"垛边"的造法来增加外观的厚度。所谓"垛边"，即沿着边抹的边缘加一条木材，使人看上去，仿佛边抹是用厚材造成的。垛边的使用，还便于将劈料的造法运用到边抹上。一般说来，此类杌凳的枨子如是裹腿做的，属于比较考究的造法；如非裹腿做的，则属简易的造法。

无束腰杌凳的又一种形式是足间施"管脚枨"。"管脚枨"或称"锁脚枨"，又名"落地枨"，即安装在靠近腿足下端的枨子。有此构件，杌凳便形成一个完整的立方结体。在结构上，它使杌凳更为坚实。在造型上，也由于下有横枨，使"券口"或"圈口"有地方可以安装交待，为装饰准备了条件。有管脚枨的杌凳以下举三例：

甲 12、无束腰罗锅枨加矮老管脚枨方凳

紫檀 52.5×52.5cm. 铜足高5.5cm. 通高47cm

此为紫檀制，全身圆材，四足侧脚显著。边抹线脚近似冰盘沿，而中间起阳线。以下施罗锅枨加矮老，矮老每面四根，分成两组。凳面原用藤材编成，细如丝织，因残破太甚，不得不重编。当代藤工，用料甚粗，已无法复原。足下有铜套，残存两枚，各高5.5厘米，中有方形铜钉，纳入足底的方形卯眼内。如去掉铜套，凳高仅42.5厘米。尝见与此形式、尺寸全同的红木方凳一对，凳面换成铺席硬屉，铜套全部失去，故知此种装置，年久容易脱落。美国埃利华斯著《中国家具》❶图105收此种方凳一具，因铜套尽失，又见足端有孔，定名为轿凳，认为方孔是为了插入轿子底盘的榫子而凿的，实出臆测。鉴于类此方凳传世尚多，应是一种流行的形式，其制作年代可能晚至清中期。

❶R.H.Ellsworth：*Chinese Furniture*，New York：Random House 1970.

甲 13、无束腰直枨加矮老带券口管脚枨方凳

凳的腿足和管脚枨用劈料造成，在管脚枨下另加细罗锅枨。约在凳高四分之三的部位安直枨，上加矮老四根，分为两组。直枨之下安设用圆材造成的券口。直枨和券口并非劈料，但在它们平行的地方，两个混面并列在一起，自然予人劈料的感觉。券口的弯转处是圆的，上角透露小小的空隙，恰好和足端罗锅枨的空当上下呼应。

甲 14、无束腰带圈口管脚枨长方凳

此凳边抹劈料，管脚枨裹腿做。在杌凳立面的大方形空当中，安圈口两道。靠外一道作方形，靠里一道则方形抹角，使四角露出透空的三角。三角所占面积不大，却有效地分割了方形的大空当，破除了层层套方的单调重复。经观察，圈口的造法有两种。一种是用两根木材胶粘拼而成。一种是在一木上劈料制造。刨出双混面，只在靠里的一道抹角处，才另用短材攒接。就工艺而言，后者不仅省工，而且坚实，只是用料要大些；前者的造法则不太合理。此凳所用的造法却是前者。

黄花梨 74×63cm. 高52.5cm

以上两例和第一例相比，似乎是在管脚枨的基本形式上又发展了一步。但从它们的线脚处理、制作手法及所用木料来看，却早于第一例，当为晚明或清初的制品。明式家具的断代，不能单纯就其形式来断定时代的早晚，此是一例。

木制家具有的是模仿竹器制成的，几千年来，竹工利用竹子的性能，把它弯成圈，或在竹器上缠裹使用〔2·5〕。木制家具上的券口、圈口、裹腿及劈料等造法，看得出是从竹器得到启发而运用到木器上来的。

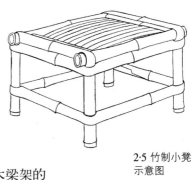

2·5 竹制小凳
示意图

二、有束腰机凳

有束腰的机凳，绝大多数用方材，足端有马蹄。从分类上来看，它和渊源于大木梁架的无束腰机凳不是一家眷属。下举十四例。

甲 15、有束腰马蹄足直枨方凳

此凳方材，直枨，用格肩榫与腿子相交。束腰与牙子用一根木条造成，即所谓一木连做，均光素无纹饰。足端内翻马蹄，矮扁而兜转较多，造型劲快有力。它是有束腰机凳基本的式样，并具备明代木工的手法。

甲 16、有束腰马蹄足罗锅枨长方凳

方材，束腰与牙子一木连做，马蹄亦为明式。四足并非完全垂直，下端略向内兜转，弧线柔和悦目。罗锅枨稍稍退后安装，不与腿子外皮交圈，因此不须用格肩榫而采用了"齐头碰"的造法。

黄花梨　48.5×42.5cm，高50cm

甲 17、有束腰马蹄足罗锅枨加矮老方凳

有束腰机凳和无束腰机凳一样，常用罗锅枨加矮老来制作。无束腰机凳的矮老，上端交代在凳盘的边抹的底面，而且要靠里一些，故多用齐头碰。有束腰机凳矮老上端须与牙子交圈，故多用格肩榫。此凳每面双矮老，和上下的构件都用格肩榫相交。

从这里我们可以看到这样一个规律：传统家具，凡是横竖材相交而又在一个平面上的，只有用格肩榫相交才是正规的造法；齐头碰只能算是简易而非正规的造法。

甲18、有束腰马蹄足罗锅枨加卡子花长方凳

此凳方材，内翻马蹄，正面枨子上加卡子花两枚，侧面一枚，都是用"栽榫"的造法使卡子花固定在上下横材之间的。此种杌凳时代有早有晚，主要依靠其马蹄形态及卡子花的雕工图案来判断。

甲19、有束腰直足攒牙头方凳

有束腰的家具足端大都有马蹄，这是一种规律。有束腰而足端无马蹄的不是绝对没有，只能算是变体。所见实例，边抹、牙条、腿足均为打洼造，边缘起委角线，而且牙条下多安装用攒接法造成的牙头。这种造法不仅杌凳有，方桌、条桌也有，但毕竟不能算是常见的形式。

黄花梨　62×62cm，高50cm

凳为方材，束腰和牙子一木连做。牙子透雕云纹，分成三组。沿着腿子、牙子及透雕花纹起阳线。在结构上它改变了四面用枨子的习惯造法而代之以交叉的十字枨。腿子中部突出的卷转花纹，既与牙子上的雕饰相呼应，又起了遮掩腿枨相交的榫缝作用；同时也加大了腿材，不致因在此开凿榫眼而影响腿子的坚实。有关十字枨的造法，早在汉代的磨漏斗座上已有类似的装置〔2·6〕。明代常用在面盆架上，其他家具上则较少见。

束腰杌凳有的足下端也安管脚枨。

甲20、有束腰马蹄足十字枨长方凳

黄花梨　55.2×46.3cm，高48.5cm

2·6　山东高唐东固河绿釉陶漏斗及座
《山东文物选集》图176

明式家具的种类和形式

甲 21、有束腰管脚枨方凳

红木　54.5×54.5cm，高 52cm

此凳红木制，制作年代已入清，但还保留着明代的形式。

有束腰杌凳有的足下有"托泥"。管脚枨在邻近地面处与足相交，而托泥则在足下形成方框，承托着四足，这是二者的不同之处。

甲 22、有束腰三弯腿罗锅枨长方凳

此种杌凳有的用直牙条，直枨，而此具则牙条锼出门式轮廓，下为罗锅枨，虽在基本形式上稍增装饰，仍是常见的造法。

黄花梨　51×42cm，高 51cm

甲 23、有束腰三弯腿罗锅枨方凳

在《明式家具珍赏》(图 24) 及本书 1989 年香港三联书店版 (甲 22) 中都曾收与此同属多具一堂的方凳。由于所收者腿足下端被截短并装上了托泥，故以为它原来即如此。待见此对，乃知失察，它们本无托泥而是落地的三弯腿。从这里得到教训，如器物残缺不全，宜存疑待查，不可主观推测下结论，这样可以免犯错误。

杌凳雕饰甚繁，卷草两侧相对的双龙，观其尾，乃是"草龙"。肩部两目炯然的动物花纹或称之为饕餮。看来还是从象纹变化出来的一种兽面。

黄花梨　48×47.7cm，高 54cm

甲 24、有束腰三弯腿罗锅枨加矮老方凳

黄花梨　52×52cm，高 54cm

此凳与甲 22 的主要不同在每面安装矮老两根。矮老在这里对增强结构的意义不大，而对圆婉流畅的壶门轮廓则起破坏作用，有"画蛇添足"之憾。举此例用以说明明代的黄花梨家具并不是每一件的设计都是成功的。

甲 25、有束腰三弯腿霸王枨方凳

此凳因不用直枨或罗锅枨，由牙条与腿足形成的门轮廓显得更加圆婉而完整，从这里也可以看到有束腰家具和隋唐门床的渊源关系。为了保证坚实，采用了霸王枨。腿子上部内向的一角用倒棱法将直角抹去，出现了一个平面，以便安装霸王枨。枨下端与腿子相交，采用"勾挂垫楔"的榫卯。上端则交代在凳面软屉下的两根弯带上。

以上四例有束腰杌凳均腿足弯曲，它是先向内弯，再向外翻出，清代《则例》称之为"三弯腿"❶，供桌及文玩陈设的架座往往用此造法。北京匠师则称之为"大挖外翻马蹄"。

❶乾隆十四年纂刊《工部则例》卷十七《木作用料则例》："凡楠椴等木取做三弯腿子，内务府并无定例，制造库系总核木料，今拟每件加长荒五分，加厚荒一倍。"

黄花梨　55.5×55.5cm，高 52cm

❷明文震亨：《长物志》，见《美术丛书》三集第九辑，民国排印本。下同。

❸乾隆十四年纂刊《工部则例》卷十七《木作用料则例》："凡楠椴等木取做彭牙，内务府无定例，制造库系总核木料，今拟每件加长荒一寸，加宽荒五分，加厚荒一倍。"

有束腰杌凳有的是采用"鼓腿彭牙"的造法。按"鼓腿"是腿向外鼓的意思。"彭牙"是牙子向外彭出的意思。此种凳式，在宋代或更早的绘画中早已出现。但"鼓腿彭牙"一称的使用，可能要晚一些。明文震亨《长物志·杌》一条中讲到："圆杌须大，四足彭出"❷，即指此式。清乾隆时编的《工部则例》还明确规定造彭牙所用的料例❸。其他《则例》有时写作"棚牙"或"篷牙"，其义则一。"鼓腿彭牙"一称，现北京匠师广泛使用。

鼓腿彭牙杌凳，足下有的不带托泥，有的带托泥。

甲 26、有束腰马蹄足鼓腿彭牙方凳

基本形式的鼓腿彭牙杌凳，边抹多用素混面，或简单的冰盘沿，素牙子，大挖腿内翻马蹄。这样造法的炕桌〔乙 2〕或床榻〔丙 6、丙 9〕，颇为常见。此凳在牙条正中略施雕饰，转角处安角牙，用以加强联结。这是在基本形式上稍加装饰的例子。

凳用紫檀制成，面板落堂安装。边抹背面无穿孔痕迹，说明自始即为硬屉。

紫檀　57×57cm，高 52cm

甲 27、有束腰马蹄足鼓腿彭牙大方凳

黄花梨　64×64cm，高 55cm

此凳硕大，是摆在厅堂明间靠近四根金柱的家具。它虽与前例造型基本相同，但牙子下不是角牙，而是形如"券口"的拐子纹镂空花牙。它比角牙华丽，联结加固的作用也更强，在厚重中并有妍美之致。

甲 28、有束腰马蹄足鼓腿彭牙带托泥长方凳

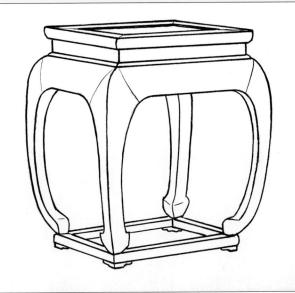

托泥的装置适宜施之于鼓腿彭牙的家具上。这是因为此式足端向内兜转较多，托泥不致占用比凳身更大的地面。我们不妨设想如把托泥安在无束腰四腿八的杌凳上，则底盘太大，既不美观，也不实用。

线图所示是比较简练的一种。故宫藏有与此相似的紫檀凳多具，牙条浮雕俯仰云纹，基本上保留明式，制作年代当在清前期。

三、四面平杌凳

杌凳的造型归入无束腰或有束腰两类均不相宜的是"四面平式"。它虽无束腰，但用方材，而且足端多带马蹄。从这些形态来看，它仍应属有束腰一类。

四面平的造法可以分为两种。一种将边抹造成凳盘，再把它安装到由四足及牙子构成的架子上，中间加裁榫联结。一种是边抹和四足用"粽角榫"的造法把它们联结在一起，牙条省略掉了，被边抹代替。下面各举一例：

甲 29、四面平马蹄足直枨方凳

凳为方材，内翻马蹄，直枨，采用凳盘和四足及牙条分别构成的造法。由于边抹与牙条两道横材并列在一起，看面显得厚重，结构也较坚实。

甲 30、四面平马蹄足罗锅枨方凳

紫檀，黑漆面心　63.5×63.5cm，高 49cm

此凳紫檀制，采用边抹和四足用粽角榫联结在一起的造法。四具一堂，黑漆面心，内翻马蹄，用材重硕。比较罕见的是方材而全身倒棱，呈现圆浑的意趣，与一般见棱见角的粽角榫外观大异。另一特点是边抹中部下垂，造成"洼堂肚"。洼堂肚一般多用在家具的牙条上。此凳由于牙条并不存在，于是就把洼堂肚用到相当于牙条部位的边抹上来了。从整体看，它保持着相当多的明式风格，惟观察面心漆质似不能早于清前期。

四、其他形式的机凳

我们把方形及长方形以外的机凳作为其他形式的机凳，如圆凳、椭圆凳、六方凳、海棠式凳、扇面式凳等等。这些形式在明及清前期实物中肯定存在，绘画中也能看到它们的形象，惟传世实物中，堪称明式的极为罕见。

其中有时能遇到的是圆凳，一般都有束腰，腿足或三、或四、或五、或更多。往往采用插肩榫结构，足下或有托泥，或无托泥，实际上就是鼓腿彭牙式。下面举二例：

甲31、有束腰鼓腿彭牙带托泥圆凳

木料待查，青花瓷面　面径41cm，高49cm

镶有青花瓷片的圆凳面

此凳全身光素，只牙子锼成壸门式轮廓，线条柔婉。四足带托泥，实系由管脚枨联结而成，等于上下端都采用了插肩榫，与一般的托泥和腿子在足端联结的造法不同。面心镶青花瓷片中有一团螭虎灵芝，是故意留出很宽的白边，予人跳脱清新的感觉。此种圆凳故宫博物院及颐和园各有四具，为清宫旧物。颐和园的四具已被刷成黑色，故宫的则为本色烫蜡。瓷片年代当为康熙，圆凳亦应为同时制品。至其用料为深黄色软性木材，木质细而匀，可以肯定非楠木或樟木，亦无榉木特有的纹理。究竟是何木材，尚待进一步鉴定。

黄花梨　面径26cm，腹径45cm，高49cm

甲32、八足圆凳

这是介乎圆凳与坐墩之间的一件坐具，因不具备开光、鼓钉等一般明式坐墩的特征，故今称之为圆凳。它的结构简单，只用八根"劈料"的弯足，上承圆框，下与托泥联结。托泥下原有小足，脱落后未及补配。

明式家具的种类和形式

其他形状的杌凳，绘画、版画中常可见到，如约绘于康熙年间的《䌽美图》中便有多具〔2·7〕。惟其结构不一定画得准确，也不能排除画手有夸张或以己意为之的地方，故只选一些式样作参考，不能与实例同等看待。

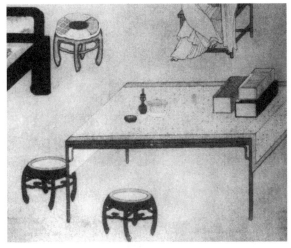
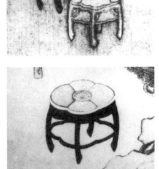

2·7 清初人绘《䌽美图》中所见方形、长方形以外的几种杌凳 见册二第二十八、第四十二，册四第四、第十三

贰·坐　墩

坐墩不仅用于室内，更常用于室外，故传世实物，石制的或瓷制的比木制的还多。它又名"绣墩"，这是因为墩上多覆盖锦绣一类织物作为垫子，借以增其华丽。石制绣墩往往上雕方褥，四角还各坠铜钱一枚，可以反映古时使用情况。不过作为一种坐具，依其功能，还是称之为"坐墩"较为确切。

从宋代的坐墩上我们看到它往往保留着两种物体的痕迹，即来自藤墩的圆形开光，和来自鼓腔钉蒙皮革的鼓钉。在多数的明式木制坐墩上，依然有这些痕迹，就是瓷制的坐墩也不例外〔2.8〕。由于它像鼓，故又名"鼓墩"。

明代坐墩实物，传世极少。即使是清制而具有明式风格的也为数寥寥。现在只能举出开光、直棂、瓜棱三种形式。清代的坐墩，尤其是乾隆宫廷制品，造型装饰，处处翻新，有的还加上了束腰，成了非凳非墩的坐具。

坐墩共举六例：

2·8 明龙泉窑瓷坐墩

甲33、四开光弦纹坐墩

墩的腹部开光作圆角方形，开光边缘及开光与上、下两圈鼓钉之间，各起弦纹一道。鼓钉隐起，非常柔和，绝无雕凿痕迹，那是用"铲地"的方法起出来的，与清代宫廷某些制品用挖嵌的方法来栽镶高而尖的鼓钉，造法既殊，趣味亦异。腿子上下格肩，用插肩榫的造法与牙子相交，严密如一木生成，制作精良。此墩造型矬硕，文饰简朴，圆浑可爱。在所见坐墩之中，它可以说是最足以代表明代的基本形式的。

紫檀　面径39cm，腹径57cm，高48cm

甲34、五开光弦纹坐墩

紫檀　面径34cm，腹径42cm，高48cm

此器两具成对，式样与上例基本相同，但为五开光。不过更显著的差别则在体形和用材都缩小许多，重拙而简朴的风格大为减弱。鼓钉亦较密，面心装板采用落堂踩鼓，并非平镶，造法亦较晚。面心板用的是有旋卷纹理的瘿木，选料甚精。其制作时代可能在清前期。

甲35、海棠式开光坐墩

此墩为五开光，开光作四瓣海棠式，除弦纹和鼓钉外，别无雕饰，颇具明风。惟此墩的造型细而高，已是清代常有的式样。

紫檀　面径28cm，高52cm

甲36、海棠式开光坐墩

此为四开光，造型与前例相同，惟开光上下各加铲地浮雕仰俯缠莲纹一道。虽造型更细而高，且增加雕饰，但其时代不致相去太远，仍为清前期。

紫檀　面径25cm，腹径37cm，高42cm

甲37、直棖式坐墩

紫檀　面径29cm，高47cm

实物仅见一对，体形亦细而高，时代似比前两例更晚，但与清式坐墩差别还是十分显著。腔壁用二十四根木条中夹短材斗合而成，实际上吸取了直棖窗及鸟笼的造法。此墩主要用细小的紫檀木条制成，在木材的合理使用上有值得借鉴的地方。

式

明式家具的种类和形式

甲38、瓜棱式坐墩

坐墩造成瓜瓣的样式，整体外实中空。设计者从天然瓜果找到造型素材，抛弃了开光加鼓钉的传统造法。

老匠师李建元当年在鲁班馆设店时，购得此坐墩，腔壁钉有小铜环四枚，原为系结丝绦而设，以便提挈。后来他依此式仿制若干具，但将铜环略去。德人艾克《中国花梨家具图考》[1]所收，即其仿制者之一，杨耀亦藏有一具。今经李师傅指示，依其仿制者绘图而保留铜环，使复旧观。

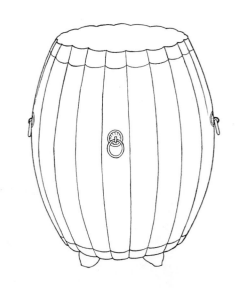

[1] G.Ecke：Chinese Do-mestic Furniture, Peking: Editions Henri Vetch, 1944.（北京法文图书馆，1944 年。）

黄花梨　面径26cm，腹径37cm，高41cm

叁·交杌

交杌，即腿足相交的杌凳，俗称"马扎"。"扎"或写作"剳"，就是古代所谓的胡床[2]。由于它可以折叠，在携带、存放上都比较方便，所以千百年来广泛被人使用。尤其是小型的交杌，更是居家常备。

明式的交杌，最简单的只用八根直材构成，杌面穿绳索或皮革条带。比较精细的则施雕刻，加金属饰件，用丝绒等编织杌面；有的还带踏床。也有杌面用木棍造成，可以向上提拉折叠，它是交杌中的变体。

交杌共举四例：

[2] 胡床原是游牧民族用具，约在东汉时由西北的少数民族传至中土。应劭《风俗通义》："灵帝（公元168—189 年在位）好胡床"；《后汉书·五行志》："灵帝好胡服、胡帐、胡床、胡座、胡饭、胡箜篌、胡笛、胡舞，京都贵戚皆竞为之。"以上为有关胡床的较早记载。

甲39、小交杌

小交杌一般用柴木制成，偶见用黄花梨制者，圆材，支平后杌高约 30 厘米，约为清中期制品。其形制和名画《北齐校书图》中所见的一具〔2·9〕极相似，可见千百年来，交杌一直保持着它的基本形式。

黄花梨　面支平 47.5×39.5cm，高43cm

2·9　《北齐校书图》中所见的交杌　《波士敦美术馆藏支那画帖》图版47

甲40、无踏床交杌

黄花梨　面支平 66×29cm，高 55cm

此为宫廷用具，比民间一般交杌考究得多。着地面的两根横材，断面作⌂形，有如古代石磬。底平而宽，可以摆得很稳。凡是交杌出头的地方，都用錽金的铁叶包裹衔套，并用钉加固。轴钉穿铆的地方则加垫护眼钱。杌面用蓝色丝绒织成回纹软屉，密无孔隙。一件结构简单的交杌，却由几种工艺配合制成，取得了精工绚丽的效果。

甲41、有踏床交杌

黄花梨　面支平 55.7×41.4cm，高 49.5cm

交杌杌面及杌足之下的横材共四根，用方材。杌足四根用圆材，但在穿铆轴钉的一段，杌足断面亦作方形，这是特意留料不削来增加其坚实。杌面的横材立面浮雕卷草纹，正面两足之间，添置踏床。踏床面板，两端留造探出的圆轴，插入足端的卯眼，使踏床成为一个可以装卸，也可以掀起、放下随意转动的附件。交杌在折叠时，踏床可以翻转过来，使它便于携带。据古画所绘，唐、宋时的椅子常有踏床，至明代则一般椅子已不再有，杌凳带踏床的更为罕见。交杌而有踏床，足见犹存古意。交杌、交椅因古人出行时常用，流动性较大，所以踏床和坐具本身连在一起，免得分别携带，有其便利之处。可能正因如此，使交杌上的踏床一直保留到明代。

黄花梨　面支平 56×49cm，高 49cm

交杌杌面不用织物造软屉，而代之以两扇可以折叠的、中间安有直枨的木框。木框中缝之下有支架，用铜环与木框联结。当木框放平可以就坐时，支架恰好落实在杌腿相交处，使杌面得以保持平正，承荷重量。正因其结构如此，故交杌

折叠时，杌面必须向上提折，和一般的交杌折叠时杌面软屉向下折夹在杌腿之间，方向恰好相反。这种交杌，折起后要比一般交杌高出一截，空间占得多些。但由于杌面为木制，比软屉坚固耐用，不必数年即须更换一次织物，有其可取之处。

肆·长凳

长凳是狭长无靠背坐具的统称，可分为三种：

一、条凳　大小长短不一致，最常见的日用品，尺寸较小，面板厚寸许，多用柴木制成，通称"板凳"，北宋时已定型。尺寸稍大，面板较厚的，或称大条凳，除供坐人外，兼可承物。最为长大笨重，因放在大门道里使用而被称为"门凳"的，亦可归入此类。

二、二人凳　凳面宽于一般条凳，长三尺余，可容二人并坐，故名。它在南方被称为"春凳"。

三、春凳　长五六尺，宽逾二尺，可坐三五人，亦可睡卧，以代小榻，或陈置器物，功同桌案。南方、北方，均称此为"春凳"，明清小说及清代匠作《则例》中也有记述❶。今取此作为宽大长凳的专用名称。

今举条凳四例，二人凳六例，春凳一例：

一、条凳

❶ 如清写本《圆明园则例》方壶胜境续添家具条："琴腿春凳长六尺至五尺，宽二尺至一尺五、六寸，每张用：楸木一料，鱼胶一两，木匠四工。长四尺五寸至三尺，每张用：楸木七分五厘，鱼胶一两，木匠三工。"又嘉庆本《工部则例》："春凳每条长八尺，宽三尺，高一尺六寸，安牙带，横枨，荷包牙子，松木成造。"

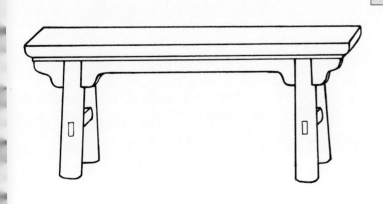

明代家庭日用条凳，或饭馆酒肆使用的条凳，可从明潘惠墓出土的明器见其形制❷。它与五代关仝《关山行旅图》及宋张择端《清明上河图》❸中所见的板面凿四榫眼安足加横枨者并无差异。

❷ 见《考古》1961年第8期，图版贰图6。图下注明为"天然几"，疑误，当为条凳。

❸ 关仝《关山行旅图》，见《故宫名画三百种》，台北故宫博物院印本。张择端《清明上河图》，文物出版社影印本。

甲 44、小条凳

此凳购自洞庭东山杨湾，乃榉木制，独板厚面，四足侧脚显著，腿上线脚及牙头均造得纯朴可爱。面板下两侧面无牙条，不交圈，任其空敞，是民间简易的造法，犹存古意。

榉木　49.5×15cm，高 40cm

甲 45、大条凳

家庭及店肆中有一种比上述拙重的条凳，原因是它们有时用以支垫沉重的物品，不经常移动。常见的造法为加大条凳用材，腿足上端开口甚深，可以衔夹宽大的牙条和牙头，用加大衔夹接触面的办法来取得牢稳的效果。牙头加大了，也为雕饰花纹增添了面积。

甲 46、门凳

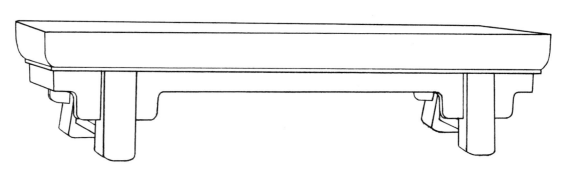

门凳是长凳中最笨重的一种，固定放在大门门道两旁，极少移动。它的面板极厚，有时甚至用方木造成。有的牙条下还安长枨，加强联结，使四足更为稳固。

二、二人凳

二人凳和条桌、条案的形制基本相同，只高矮有别，因而它们的形式是相通的，可以彼此参照。明式的二人凳即依条桌式和条案式来类分。所谓条桌式指不带"吊头"，凳足位在凳面四角；条案式指带"吊头"，凳足缩进，并不位在凳面的四角。

条桌式二人凳和机凳一样，也有无束腰、有束腰、四面平等式。

甲47、无束腰直足罗锅枨加矮老二人凳

柞木，竹片面　83×31cm，高39cm

此凳用柞木制，凳面铺竹片以代藤编软屉，是南方民间简易的造法。类似此形式的二人凳，洞庭东山一带仍颇常见，并统称为"春凳"。

甲48、有束腰马蹄足罗锅枨二人凳

有束腰二人凳的基本形式可以此件为代表。其工料均比前例考究，故已不是一般民间用品，而是官宦或乡绅之家的家具。原有藤编软屉已被改为草席贴面硬屉。

黄花梨　102×42cm，高49cm

榉木　111×44cm，高48.5cm

甲49、有束腰马蹄足霸王枨二人凳

此为榉木制，牙子与束腰一木连做，马蹄兜转矮而有力。四根霸王枨上端承托弯带，藤编软屉，甚细密，纯是明式风格。此凳现在洞庭东山雕刻大楼，当地人称之为"春凳"。

甲 50、四面平马蹄足二人凳

凳为四面平式，有马蹄，边抹攒成的凳面，安在由腿子与牙条构成的架子上。直枨缩后安装，故不用格肩而为齐头碰。

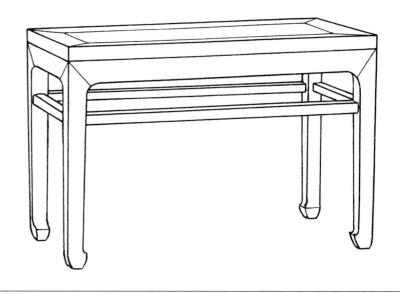

以上四凳的造法，都可以在长方机凳中找到，二人凳只是在长度上加长而已。此类长凳和机凳一样，也有在枨上加矮老或卡子花的。

条案式二人凳离不开夹头榫和插肩榫两种造法。这里有必要首先讲一讲这两种基本结构。

夹头榫和插肩榫都是把紧贴在案面下的长牙条嵌夹在四足上端的开口之内，但夹头榫腿足的表面高出在牙条之上，而插肩榫则因腿子外皮在肩部削出八字形斜肩，和牙条上削去的部分嵌插安装，故表面是平齐的。具体造法可参阅结构章中的线图〔3·34a 3·35a〕。

甲 51、夹头榫二人凳

凳用素牙子素牙头，起灯草线，腿子混面压边线。两根横枨间装绦环板挖"鱼门洞"，挡板部位安方圈口，足端落在托子上。从整体比例来看，颇似一件厚重的大型平头案。

甲 52、插肩榫二人凳

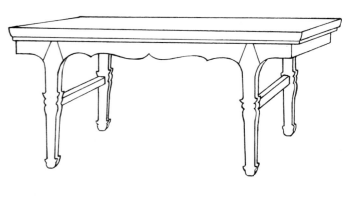

凳的边抹造成冰盘沿线脚，牙条挖壶门式轮廓与腿子相接，腿间安横枨一根。全身不起线，腿子的造法也属于比较简洁的一种。

明式家具的种类和形式

三、春凳

春凳的形制也与条桌、条案基本相同，可参阅二人凳及条桌、条案所举各例。

春凳的形象资料在明人画本中常可见到〔2·10〕，其实物资料，这里只举一例。

2·10　明刊本《金瓶梅词话》第二十一回插图中的春凳

甲 53、夹头榫春凳

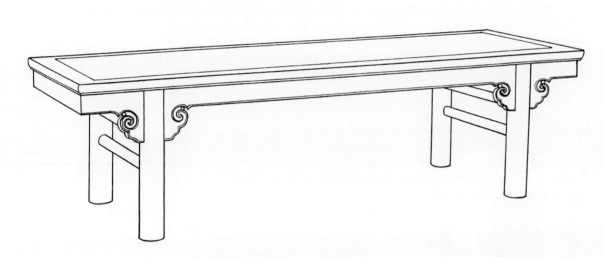

它大如小榻，木板面心。边抹造出冰盘沿，圆腿，牙条沿边起灯草线。牙头镂成卷云纹，为了防止镂空后容易断裂，留出一小段不镂，削成圆珠，增强联结。此珠虽小，却能起很大的加固作用，同时也有它的装饰意义。乍看起来，它仿佛是一件截了腿的小画案（参阅乙114），但它确是一件春凳。倘系画案截腿，横枨不可能安得如此之高，同时在枨子之下，还应找到被撤掉的横枨榫眼的痕迹。

艾克《图考》中也有一件与此相似的黄花梨春凳（见该书图版56），近年曾在硬木家具厂见到实物。它牙头不镂空，但从沿边的灯草线翻上了一朵浮雕云纹，被腿足分隔成两半，雕饰新颖悦目。凳面的一根大边和一根抹头有凿榫眼后又被堵没的痕迹，说明曾被人装过两块围子成为俗称"美人床"小榻。不过从它的宽度为64厘米来看，较一般小榻为窄。而且美人床流行较晚，多为清中晚期物，更从未见有黄花梨制者。因此它不是一件美人床，而是春凳。

伍·椅

椅子是有靠背的坐具，式样和大小，差别甚大。除形制特大，雕饰奢华，成为尊贵的独座而应称为"宝座"外，余均入此类。

明式椅子依其形制大体可分为四式：

一、靠背椅

二、扶手椅

三、圈椅

四、交椅

上述四式椅子共举四十三例：

一、靠背椅

所谓靠背椅就是只有靠背、没有扶手的椅子。靠背由一根"搭脑"、两侧两根立材和居中的靠背板构成。进一步区分，又依搭脑两端是否出头来定名。据传世实物及画本所见，我们知道在搭脑出头的靠背椅中，一种面宽较窄、靠背比例较高、靠背板由木板造成的椅子是最常见的形式，北京匠师称它为"灯挂椅"。搭脑不出头的靠背椅，北京匠师称之为"一统碑"椅，而其中以直棍作靠背的，另有专门名称叫"木梳背"椅子。据笔者在广东及苏州地区调查所得，前者一统碑式居多，后者则灯挂式居多。这亦可说是地区的差异。概而言之，靠背椅是一切有靠背无扶手椅子的统称，其中包括上述几种有专门名称的椅了。

按"灯挂"之名，不见清代匠作《则例》（《圆明园则例·方壶胜境续添家具》条款中，仅有"美人肩椅子"之名，据其形象，所指疑即灯挂椅），北京语汇中亦无此名词，究指何物，不得其解。1960年，承苏州友人见告，"灯挂"，即用来挂油灯灯盏的竹制座托，可挂在灶壁，过去为家家必备之物。灯挂的座托平而提梁高，靠背椅中造型和它近似的即以"灯挂椅"名之。1980年去洞庭东、西山调查，看到此种灯挂实物，并询知当地称此种坐具曰"挂灯椅"或"灯挂椅"。这样不仅弄清了名称的来源，同时还证实此种椅式及名称都是从南方传到北方来的，可以视为苏州地区是明式家具主要产地的又一个旁证。

明代使用灯挂椅往往加搭椅披，高耸的椅背能将华美的锦绣突出地展示出来。即使不加椅披，露出天然纹理或有团窠雕刻的背板，也很耐看。尤其是它的外形轮廓，显得格外挺秀，和其他形式的椅子相比，别具风格。至其实用，因无扶手，就坐时反觉左右无障碍。灯挂椅之所以成为古代最流行的椅式之一是可以理解的。近年欧、美、日本餐厅中的家具，吸取了这种形式，多用灯挂式的餐椅，主要原因是取其体积较小，轻便适用。在现代家具设计中，它无疑是一种有参考价值的椅式。

灯挂椅下举四例：

甲 54、灯挂椅

黄花梨　51×41cm，座高46.5cm，通高107cm

椅为直搭脑，一木而刻出三段相接之状。靠背板从侧面来看，最下一段接近垂直，中段渐向外弯出，到上端又向内回转。弧度柔和自然，适合人背的曲线。靠背立柱与后腿一木连做。椅盘以上是圆的，以下则为外圆内方，便于和枨子相交；圆形以外的方角，更能起支承椅盘的作用。四根管脚枨，正面的一根最低，便于踏足，后面的一根次之，两侧的两根最高，匠师称之为"赶枨"，目的在避免纵横的榫眼开凿在腿子的同一高度上，以致影响它的坚实。椅盘以下，正面用素券口牙子，侧面及背面用素牙子，也能看出虚实变化。除搭脑造法较少见外，它在灯挂椅中可视为基本形式。

甲 55、灯挂椅

此椅弯搭脑，两端向上翘，中部削出斜坡，以便头部倚靠。靠背板光素。椅盘以下用罗锅枨加矮老，正侧面各两根，后面则为牙条。管脚枨除后面一根外，其下皆安牙条。

甲 56、大灯挂椅

此椅尺寸与常见的灯挂椅相比，椅盘纵深相差不大，但面宽达 57.5 厘米，已接近中型的扶手椅，予人一种异乎寻常的感觉。椅盘以下，三面用微有洼堂肚的素券口牙子，手法简洁。它的四根管脚枨，前面的一根最低，两侧的两根次之，最后的一根最高，是"赶枨"的另一种造法。匠师称之为"步步高"。

黄花梨　57.5×41.5cm，通高117cm

甲57、小灯挂椅

灯挂椅有矮小的一种。其椅盘高仅37厘米，是卧室内的用具，给人一种天真而有稚气的感觉，极为可爱。椅为榉木制，软藤屉，椅盘下用直牙条镂出曲线。它来自洞庭东山杨湾。

榉木　43×37cm，座高37cm，通高83.5cm

灯挂椅有多种多样的变化，或方材，或圆材。各个局部除已见上例外，还有不同的造法。略述如次。

搭脑：用直棍圆材。

靠背板：浮雕或透雕花纹一朵，花纹作云纹、花卉或寿字等。

椅盘下构件：直枨加矮老，素壶门式券口牙子，浮雕卷草纹壶门式券口牙子等。

各种变化和下面将要讲到的扶手椅、圈椅等是相通的，可以参阅。

搭脑出头的靠背椅下面再举两例：

甲58、背板开透光靠背椅

它在比例上比灯挂椅宽而矮。背板虽亦是独板造成，但上部开圆形透光，沿着透光边缘起阳线，借以加强它的轮廓。背板弧度由下端起越向上越向外弯出，也与一般灯挂椅不同。椅盘下安用木条镂成的角牙，也比券口牙子或枨子加矮老来得疏透，整体予人一种空灵的感觉。

明式家具的种类和形式

甲 59、小靠背椅

此椅为红木制，藤屉，属清中期或更晚的制品，但还保留着明式家具的简练风格。搭脑中弯，至两端又微微向后兜转，或据其形态称之为"牛头式"小椅。背板独木制成，几乎垂直，至上端始向后弯。椅盘下用罗锅枨加矮老，部位稍稍缩进，不与腿子交圈，故可以采用比较简易的"齐头碰"造法。它是民间使用得较多的一种式样，曾见几种不同尺寸，形式、造法完全相同。即以其中最大的一号来说，靠背只高及人的腰际，还是小于一般的椅子，有轻便灵巧、省工省料的特点。因此它的流行时代可能延续较久，并曾成批生产。

红木　48×44cm，通高85cm

椅背弯度小、搭脑不出头的靠背椅，形象有点像矗立的石牌，因而有"一统碑"之称。按碑碣一座曰"一统"，北方语言中尤为常用，如《元曲选》："着后人向墓门前高耸耸立一统碑碣。"有人将此椅名称写成"一统背"，疑误。下举两例：

甲 60、一统碑椅

椅的搭脑两端下弯，用所谓"挖烟袋锅"的造法与后腿联结。背板独木造成。椅盘以下，三面用券口牙子，后面用牙条。

广东珠江三角洲地区靠背椅常作一统碑式，搭脑与后腿格角相交，不用挖烟袋锅。椅盘下不用券口牙子而用直牙条。椅盘均用装板，未见有软屉者〔1·12b〕。这些可视为广东手法，与苏制不同。它们的用材非红木即铁力。形制虽还简洁，但时代最早恐亦在清中期。

甲61、一统碑木梳背椅

此种靠背椅洞庭东、西山颇多清代制品，搭脑或直，或中部高起如罗锅枨，椅盘下一般用券口牙子，绝大多数为榉木制。

二、扶手椅

扶手椅是指既有靠背、又有扶手的椅子。常见的形式有："玫瑰椅"和"官帽椅"。"官帽椅"又有"四出头官帽椅"和"南官帽椅"之分。"四出头官帽椅"又称"四出头扶手椅"。

玫瑰椅

玫瑰椅，江浙地区通称"文椅"，指靠背和扶手都比较矮，两者的高度相差不大，而且与椅盘垂直的一种椅子。"玫瑰"两字，可能写法有误，名称来源亦待考。《扬州画舫录》讲到"鬼子椅"❶，不知即此椅否？

论其形制是直接上承宋式的。

玫瑰椅是各种椅子中较小的一种，用材单细，造型轻巧美观，多以黄花梨制成，其次是鸂鶒木和铁力，紫檀的较少。从传世实物数量来看，它无疑是明代极为流行的一种形式。在明清画本中可以看到玫瑰椅往往放在桌案的两边，对面而设；或不用桌案，双双并列；或不规则地斜对着；摆法灵活多变。由于它的后背矮，在现代有玻璃窗的屋子中，宜背靠窗台置放，不致阻挡视线。但也正因为它的后背不高，搭脑部位，正当坐者的后背，倚靠时不舒适，这是它的主要缺憾。

下举七种不同的玫瑰椅：

❶ 清李斗《扬州画舫录》："椅有：圈椅、靠背椅、太师、鬼子诸式。"见卷十七，清刊本。以下引用此书家具材料，均在此卷。

甲 62、独板围子玫瑰椅	甲 63、直棖围子玫瑰椅

曾见铁力制的一对，靠背及扶手用三块寸许厚的独板造成。板外面光素，里面各浮雕寿字花纹一组。看到它立即使人想到三屏风式独板围子的罗汉床〔丙 5、丙 6〕。

椅的后背和扶手之内都安直棖，故不妨称之为带扶手的木梳背椅。洞庭东、西山常见用榉木制者。另一种造法是在搭脑及扶手横材以下一寸多的部位安横枨，横枨以下安直棖，横枨以上安卡子花。或在距椅盘约一寸多的部位安横枨，横枨以下安卡子花，以上安直棖。或在靠背及扶手的中部安横枨，横枨上下都安直棖，形成品字的笔管式栏杆。这种造法在罗汉床围子上〔丙 8〕同样可以看到。

甲 64、冰绽纹围子玫瑰椅

"冰绽纹"或称"冰裂纹"，是支窗、槅扇常用的图案，有时也用到家具上，此椅就是一例。具体造法为先制成"扇活"，然后再安装到靠背和扶手中去。所以冰绽纹木条交代在扇活边框上，不直接交代在靠背或扶手上。椅盘混面压边线，椅盘以下正面安素券口牙子，其余三面安牙条。

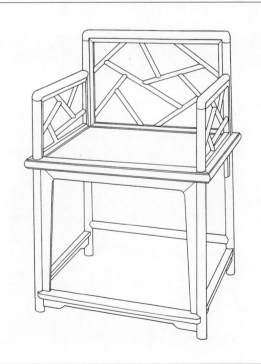

上述三种玫瑰椅都比较简单，雕饰不多，在实物中反不是最常见的式样，不及以下两例容易见到。

甲65、券口靠背玫瑰椅

在靠背和扶手内，距离椅盘约二寸的地方施横枨，枨下加矮老。靠背在横枨和外框所形成的长方形空当中，用板条攒成壶门式券口牙子，再施以极简单的浮雕卷草纹。牙子下脚，即交代在横枨上。椅盘造成冰盘沿线脚，下面用罗锅枨加矮老，管脚枨以下有素牙条。在玫瑰椅中，它是最常见的式样。

黄花梨　57.5×43.5cm，座高50.2cm，通高84.5cm

甲66、雕花靠背玫瑰椅

此椅的靠背和扶手施横枨的造法如前例，但枨下以卡子花代替矮老，枨上居中安透雕螭纹花板。在靠背的长方形框格的处理上，恰好和前例相反，中间实而四角是虚的。椅盘下安浮雕螭纹券口牙子，用料太宽，雕饰也过繁，对玫瑰椅轻巧玲珑的形象，有所损害。

黄花梨　57.7×45cm，座高49.5cm，通高83cm

甲67、攒靠背玫瑰椅

椅的靠背板由两根立材作框，中加横材两道，打槽装板，分三截攒成。透光上方中圆，浮雕抵尾双螭，翻成云纹，最下造成"亮脚"。此椅当为清早期制品。

黄花梨 57.7×45cm，座高51.5cm，通高85.5cm

甲68、通体透雕靠背玫瑰椅

此椅在搭脑、后腿及靠近椅盘的横枨打槽，嵌装透雕花板。正中图案由寿字组成，两旁各雕螭龙三条，长尾卷转，布满整个空间。扶手下安花牙。椅盘以下安浮雕螭纹及拐子纹的券口牙子。在玫瑰椅中，这是雕饰用得最多的一种，但过于繁琐，并不是一件成功的作品。

扶手特写

黄花梨 61×46cm，座高52cm，通高87cm

官帽椅

　　顾名思义，官帽椅是由于像古代官吏所戴的帽子而得名。古代冠帽式样很多，但为一般人所熟悉的是在画中和舞台上常见的，亦即明王圻《三才图会》中附有图式的幞头〔2·11〕。幞头有展脚、交脚之分，但不问哪一种，都是前低后高，显然分成两部。倘拿所谓官帽椅和它相比，尤其是从椅子的侧面来看，那么扶手略如帽子的前部，椅背略如帽子的后部，二者有几分相似。也有人认为椅子的搭脑两端出头，像官帽的展脚（俗称"纱帽翅"），故有此名。其说似难成立。因官帽椅的进一步区分即有"四出头"（搭脑和扶手都出头）和"南

官帽"之别。而所谓"南官帽椅"是四处无一处出头的。可见名为官帽，并不在搭脑出头或不出头。椅子和官帽之间的联系，应从形象的整体进行比较，而不宜拘凿于某一局部的似与不似。

　　下面举"四出头官帽椅"四例：

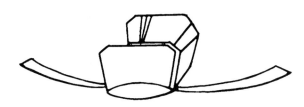

2·11　明刊本《三才图会》衣服二卷页二十一下的幞头

甲 69、四出头素官帽椅

铁力　74×60.5cm，座高 52.8cm，通高 116cm

　　此椅代表四出头官帽椅的基本式样。搭脑和扶手都是直的，"联帮棍"（或称"镰刀把"，一般安在扶手正中的下面，下端与椅盘的抹头交接）也不弯，只是下粗上细，用所谓"耗子尾"的造法。各个构件仅靠背板、后腿的上半段和前腿伸出椅盘之上的一段所谓"鹅脖"微微有弯。椅盘下用罗锅枨单矮老。如果说此椅也多少用了一点装饰手法的话，那就是管脚枨不用素圆混，而中间起剑脊棱，似乎是在平易之中稍见变化。但此椅并不因其制作简单而使人感到单调乏味，相反的是予人隽永大方的感觉。这样的效果，是靠它简练的结构和协调的造型所取得的。

甲 70、四出头弯材官帽椅

此椅和上例显著的不同是在弯材的使用。它各个构件弯度大，可知当时下料一定不小，因而椅子本可以造得很粗硕，但却造得很单细，这是为了借用曲线来取得柔婉的效果。椅盘下用门券口牙子而不用罗锅枨加矮老，也是经过有意识的选择。背板浮雕朵云双螭纹，券口正中造出卷草纹，这一切使它和前例静穆凝重的风格判然异趣。

黄花梨　58.5×47cm，座高52.5cm，通高119.5cm

甲 71、四出头大官帽椅

此椅形制特大，超出一般官帽椅甚多，近似宝座。据其尺寸，当为单独的坐具而非四件成堂。椅为鸂鶒木制，原来的藤编软屉尚存，乃南京博物院于50年代从洞庭东山征集得来的。扶手椅有的不用联帮棍，此是实例之一。

鸂鶒木　宽78.5cm，通高109.5cm

甲72、四出头攒靠背官帽椅

此椅成对，靠背板三段攒成，装板分别透雕云鹤、麒麟及双龙。鹅脖在椅盘抹头上凿眼后另行安上，不与前腿一木连做。椅盘以下加横枨，枨上装绦环板，正面透雕花卉，侧面平列云纹三朵，枨下安门券口牙子。这种造法可能是楼台平座在家具上的再现，椅子中并不多见。联帮棍镟作葫芦形，与整体极不调和，但细审确非后配。明代交椅的联帮棍有此造法，所以还是有其来历的。此椅为明制，但艺术价值不高。雕工刀法与一般黄花梨家具不同。装饰虽繁，却带几分"土"气。用北京匠师的口语来说叫做"怯"。木材为榉木，与洞庭东、西山的雕花榉木家具又不相似，产地尚难肯定。由于此种风格的明式家具为数甚少，收之以备一格。

榉木　63×48cm，座高50cm，通高120cm

甲73、素南官帽椅

四出头官帽椅的局部变化甚多，约略言之，如搭脑弯度的变化，扶手及鹅脖弯度的变化，以及靠背板独板上的浮雕、透雕、挖透光和攒靠背各段或素或雕、或虚或实的变化等等。还有搭脑与后腿、扶手与鹅脖的相交处，或有"角牙"，或无"角牙"。联帮棍或有或无（凡鹅脖不与前腿一木连做而退后安装，因距离缩短，故联帮棍往往省去不用）。至于椅盘以下各构件，变化更多，可参阅靠背椅、玫瑰椅的各种造法，不复赘述。

南官帽椅

北京匠师对搭脑、扶手都不出头的官帽椅叫"南官帽椅"，名称来源尚待考。以下举八例：

黄花梨　61×48cm，座高48.5cm，通高92cm

椅为圆材，全身光素，尺寸适中。此椅除去三面管脚枨用双枨中加矮老并非一般椅子所常有外，可视为矮型南官帽椅的基本形式。

明式家具的种类和形式

靠背板特写

黄花梨　56×47.5cm，座高48cm，通高93.2cm

侧面

椅用三段攒靠背，上段用瘿木落堂作地，嵌镶雕龙纹玉片，雕工审是明制。中段平镶黄花梨板，下段镶落堂卷草纹亮脚。三段上、下落堂而中段平镶，是从适宜倚靠而有此设计的。鹅脖另木安装，联帮棍省略不用，扶手后部特高，仅比搭脑稍低，几乎接近圈椅，成为此椅的造型特点。椅盘以下，四面用素直券口牙子，也不多见。软屉编织细密，未经修补改换。此椅尺寸不大，而工艺细腻谨严，线脚明快利落，给人留下深刻印象。1980年笔者在洞庭西山曾见与此造型十分相似的椅子，乃榉木制，惟造工远逊。此则为黄花梨制，色淡而致密，与清宫旧藏的某些黄花梨家具〔甲6〕相同，而与一般常见的纹理较粗的黄花梨有别。解答其差异的原因，尚待作进一步研究。

甲74、三根矮靠背南官帽椅

此椅外形接近玫瑰椅，但靠背、扶手不与椅盘垂直，故只能视为矮型南官帽椅的一种。

黄花梨　59×47cm，座高49cm，通高82cm

甲76、高靠背南官帽椅

靠背板的螭纹浮雕

前述三例都属于矮靠背一类，而传世南官帽椅中，高靠背的为数也不少，此是所见较好的实例。它造型优美，工料皆精，浮雕螭纹开光，形态生动，刀法快利，寓遒劲于柔婉之中，是明代木雕的上品。

黄花梨　57.5×44.2cm，座高53cm，通高119.5cm

紫檀　前宽75.8cm．后宽61cm．深60.5cm．座高51.8cm．通高108.5cm

靠背板的牡丹纹浮雕

侧面

　　椅的四足外挓，侧脚显著，椅盘前宽后窄，相差几达15厘米。大边弧度向前凸出，平面作扇面形。搭脑的弧度则向后弯出，与大边的方向相反，全身一律为素混面，连最简单的线脚也不用，只在靠背板上浮雕牡丹纹团花一窠，纹样刀工与明代早期的剔红器十分相似。椅盘下三面安"洼堂肚"券口牙子，沿边起肥满的"灯草线"。设计者特意采用这种回婉的曲线，使上下和谐一致。管脚枨不但用明榫，而且索性出头少许，坚固而并不觉得累赘，在明式家具中殊少见。它可能是一种较早的造法，还保留着造大木梁架的手法。此椅四具一堂，尺寸硕大，紫檀器中少见，造型舒展而凝重，选材整洁，造工精湛，不仅是紫檀家具中的无上精品，更是极少数可定为明前期制品的实例。

甲78、方材南官帽椅

此椅不仅全身用方材，在造型上也和一般南官帽椅不同。搭脑两端下弯，突出椅背正中的高耸部分。鹅脖缩入另安，但上端探出较远，并未减短扶手的长度。靠背板攒框打槽装板，分为两段。上段为平镶黄花梨素板，下段为瘿木，挖成马鞍形的空当，作为亮脚。这个空当和耸起的搭脑、探出的扶手都相呼应，就是安装在后背和扶手上的角牙，也经过精心设计，与整体造型和谐而协调。此椅用料比一般椅子粗大，椅盘下又三面都用到底的券口牙子，加重了下部的分量。它侧脚显著，由足端一直收分到椅背的搭脑，使人觉得形象稳重，又无呆拙之憾。椅子四具一堂，曾经艾克收入《图考》（图105左）。1960年，笔者于人民市场发现，亟驰请故宫收购保存。

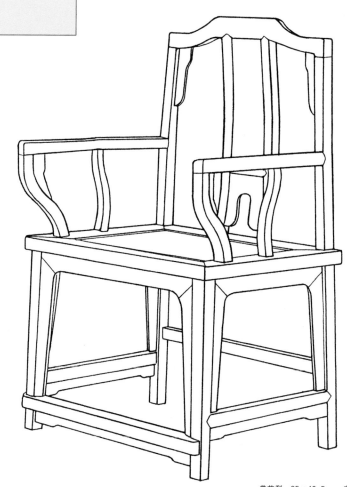

黄花梨　65×49.5cm，座高50cm，通高105cm

甲79、矮南官帽椅

椅为榉木圆材，腿子外圆里方。搭脑向后弯度较大，两端与腿子相交处安角牙。鹅脖另安，不与前腿连造，与扶手相交处也安角牙。椅盘原来软屉，未经改换。椅盘以下，四面直券口牙子，缘边起灯草线。

椅盘高度略为超过一般明式椅子的一半，如果加上一个垫子，有坐在沙发上的感觉，比较适合现代生活，对今天的家具设计有参考价值。明清坐具中，矮者甚少，近年市上所见，多为截腿改造。此椅则确是原制，很可能是某寺院的禅椅，专为跌坐而制的。

靠背板浮雕，采用大长方形的图案，亦见匠心。因为椅子矮了，方形的靠背就显得更加突出，如果用一般的圆形图案，在气势上不容易将这块空间充填起来。花纹的刻法为铲地浮雕，图案是从凤纹变化出来的，有宋代仿古铜花纹的意趣，与一般的黄花梨雕刻风格不同。

这是一件值得重视的家具，据鲁班馆的匠师见告，美国家具商杜乐门兄弟（Drummond）在40年代曾多次请人用黄花梨仿制，但未能达到此椅的艺术效果。

榉木　71×58cm，座高31.5cm，通高77cm

甲80、六方形南官帽椅

此椅六方形，六足，是官帽椅中的变体。椅盘以上，搭脑、扶手、腿子和联帮棍都造出瓜棱式线脚，椅盘以下，腿子外面起瓜棱线，另外三面则是平的。椅盘边抹采用双素混面压边线，管脚枨劈料造，都是为了取得视觉上的一致。靠背板三攒框打槽装板，边框也刨出双混面。下段为云纹亮脚。上段透雕云纹，故意将部位压低，使火焰似的长尖向上伸展，犀利有力。笔者曾以为这是工匠的一种别出心裁的装饰手法。1981年初，在南京博物院看到50年代他们在洞庭东山征集到的明式家具，其中有一对扶手椅，三段攒靠背，最上一段装板为木雕髹黑漆，云纹和火焰似的长尖和六方椅十分相似，始知吴县地区有此手法，并为六方椅的制作地点提出了线索。椅盘以下，正面为直券口牙子，其余五面为素牙条。

此椅的造型未见有相似的实例，其可贵在虽是变体，意趣清新，而自然大方，无矫揉造作之憾。倘取艾克《图考》中的六方椅（图110右）与此相比，则优劣相去悬殊。椅共四具，所用木材也是质地致密而色泽浅淡的黄花梨。

黄花梨 78×55cm，座高49cm，通高83cm

应在这里附带提到的是明代绘画中可以看到扶手椅式的躺椅。仇英在《饮中八仙歌图卷》〔2·12〕中所画的一具，其结构尤为复杂。椅背有伸出可供枕靠的托子，椅下有搁脚用的、可以抽出或推入的几子。它是从宋刘松年《四景图》中的椅子发展出来的，而和今天的藤竹制躺椅竟多相似之处。

三、圈椅

圈椅之名是因圆靠背其状如圈而得来。宋人称之为"栲栳样"[1]。明《三才图会》则称之曰"圆椅"[2]。"栲栳"，就是用柳条或竹篾编成的大圆筐。圈椅古名栲栳样乃因其形似而得名。它的后背和扶手一顺而下，不像官帽椅似的有梯级式高低之分，所以坐在上面不仅肘部有所倚托，腋下一段臂膀也得到支承。据清嘉庆间编印的《工部则例》，可知当时的圈椅造法和明式的没有多大差别。就是到现在民间也继续生产，广泛使用。其中用竹子或柳木造的圈椅尤为常见。

明式圈椅多用圆材，方材的少见。扶手一般都出头，不出头而与鹅脖相接的也少见。

2·12 明仇英《饮中八仙歌图卷》中的扶手式躺椅 见《董盦藏书画谱》

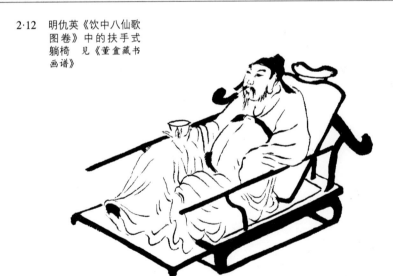

圆形的扶手，鲁班馆匠师称之曰"椅圈"，清代《则例》则称之曰"月牙扶手"[3]。它的造法有三接或五接之分。术语称前者为"三圈"，后者为"五圈"。三圈可以减少两处榫卯结合，但须用较大较长的木料才能制成，所以是比较考究的造法。接扶手所用的榫卯是极为巧妙的"楔丁榫"，详结构章〔3·22a、b〕。

圈椅下举八例：

[1] 见宋张端义《贵耳集》，据《丛书集成初编》本。

[2] 见明王思义《三才图会》器用十二卷什器类。明刊本。以下引用此书有关家具材料，均在此卷。

[3] 乾隆十四年纂刊《工部则例》卷十七《木作用料则例》："凡楠椴等木，取做圈椅上月牙扶手。"

甲81、素圈椅

此椅大体光素，椅盘以上为圆材，以下外圆里方。三面素牙条，除靠背板有浮雕、扶手鹅脖之间有小角牙外，可视为圈椅的基本形式。

黄花梨　54.5×43cm，通高93cm

甲82、素圈椅

此椅通体无雕饰。椅盘以下三面用"洼堂肚"券口牙子，也是常见的造法。其特点在扶手不出头而与鹅脖相接，联帮棍也略去不用。

甲83、矮素圈椅

此椅与一般圈椅相较，座高仅及其半，椅盘进深也浅约10厘米。进深既浅，椅圈就不得不成为椭圆形。椅为清宫旧物，当时是否有何特殊用途尚待考，可能是肩舆一类的轿椅，或为皇子的专用坐具。它和矮官帽椅一样，对今天的家具设计颇有参考价值。

紫檀　59.8×36.7cm，座高25.7cm，通高59cm

黄花梨　60.7×48.7cm，座高 53.7cm，通高 107cm

059 ●

椅圈三接，圆中略带扁形。靠背板上造出壶门形开光，透雕麒麟纹图案，张吻吐舌，鬣鬛竖立，火焰飞动，从动物的形象及刀工即可断定为明制，年代不晚于明中期。背板上端，两旁用木条接出，雕卷草纹，加强了装饰效果。实际上它就是和靠背板连造的托角牙子。由于前后腿和扶手相交处都有此种装置，就使它并不显得过分突出。靠背板下端镂出亮脚。按亮脚一般用在分截攒框的靠背上，整板靠背下雕亮脚比较少见。椅盘下的券口牙子，曲线也圆劲有力。就艺术价值言，所见明代圈椅以此对为第一。

甲 85、仿竹材圈椅

椅圈五接。除迎面的一根落地枨外，全部雕竹节纹，模仿竹材。攒靠背，三截。上截用攒斗的方法，造成四瓣形图案，中为圆形龙纹透雕，取意古玉图案。中截镶素瘿木板。下截亮脚，有如竹管攒成。扶手之下，前、后腿都有托角牙子，外形宛似细竹竿。其上端并不紧贴前后腿而离有空隙。值得注意的是在后腿上呈现的空隙，左右一长一短，并不对称。倘非安装有误，就是出于工匠的大胆变化。椅盘以下，券口用三根紧贴腿和椅盘的直材造成。

此椅年代当为清前期，四具一堂，选材精美，造工细致。模拟竹材，竹节皆下短上长，四足足端还造出竹根形状。种种手法，看得出制者的意匠经营。惟椅盘下出现大方空当，在感觉上仿佛脱落了一些构件，不够完整。倘若改用仿竹材的罗锅枨，或重复使用后腿和扶手上的角牙，效果可能更好。

黄花梨　61.6×47.6cm，通高 98.4cm

甲86、有束腰带托泥雕花圈椅

这是有束腰带托泥并采用了高度雕饰的圈椅，其制作年代可能晚到雍、乾之际，但其主要构件和格局还具有明式的风貌，故仍收作实例。靠背板用攒框造成，上截雕开光镂空花纹，是卷草纹的变体；中截镶瘿木，任其光素；下截亮脚，轮廓近似倒挂的蝙蝠，使人感到已是清中期的纹饰。靠背板和椅圈及椅盘相交的地方使用了四块面积较大的镂空角牙，加强了从正面观看的装饰效果。扶手出头和四足马蹄以上，借用本来要镂剔掉的木材，镂雕卷草纹，手法比较别致。这四具紫檀椅选料精，造工细，雕饰多，但并不显得过于繁琐，原因是制者把圈椅的主要构件都亮了出来，交代得干净利落，令人感到它并不是故作堆砌。

紫檀　63×50cm，座高49cm，通高99cm

甲87、高束腰带托泥雕花圈椅

椅的靠背板四截攒成，都有雕饰。靠背板及后腿两旁均有通长的牙条，椅盘上加透雕的绦环板，造成三面栏杆的式样。束腰特高，托腮肥厚，几与边抹相等，中间也装雕花绦环板。托腮下的牙子为齐头式，腿上雕兽面，三弯腿，外翻马蹄制成虎爪，落在托泥上。托泥下还加起线的雕花牙条。此椅为晚明时物，比前一例紫檀椅要早，但结构繁冗，雕花庸俗而漫无节制，使人望而生厌。这里是作为庸俗的例子而收入的。

黄花梨　60.5×45.4cm，座高55.5cm，通高112cm

类此的圈椅颐和园亦有收藏，当时宫廷是否有特殊用途，待考。

上面收了两件带束腰的椅子，在明式家具中较少见，及至清代，宫廷家具中才多起来。不论为明式抑清式，带束腰的椅子一般都不成功。这是因为：（一）有束腰便破坏了腿子和扶手一木连做的合理结构和简洁的形式。（二）有束腰就要有马蹄，有马蹄就不免要加托泥。但椅子实在没有挖马蹄和加托泥的必要。二者不仅耗费工料，而且使简练的结构复杂化。

甲88、后背装板圈椅

此椅为美国费城美术博物馆的藏品，照片曾经该馆馆刊及埃氏《中国家具》（图21）印出。其造型纯属圈椅，但特别宽大（椅盘99×64.8厘米），相当于宝座的尺寸。由于它可容坐者结跏趺坐，又因管脚枨未经脚踏磨损，故可能原为寺院中的禅椅。

圈椅的扶手五接，下由六根立材及两根鹅脖支承。六块板片嵌装在这些立材侧面及扶手下、椅盘上的槽口中，形成完整的装板后背。圈椅下部宛如一具大杌凳，前后足并不穿过椅盘和上面的立材相连。这是由于下部侧脚显著，而上部又要椅背向外开张取势，故上下一木连做是不相宜的。

本图据圈椅照片绘制，但作了一些改动。主要的改动在把后背正中的一块装板加宽。原件此板太窄，使整个后背显得气势局促。还有正中一块为平板，加宽后可以缩小相邻两块弧形装板的宽度。在用材上也只有这样制作才合理。正中一块板上有浮雕花纹两朵。上为云头纹，下为圆寿字。且不说独板靠背板上花纹重叠使用，明代椅具很少如此。更有甚者，云头纹为明代图案，圆寿字为清代中晚期图案，放在一起，极不调和。故很可能圆寿字为后人画蛇添足之作。这次改画，将它去掉，使整个圈椅焕然改观。此外，还把牙条上的分心花也简略掉了。

如此改画肯定有人会认为笔者在主观臆造，并无确据，故不足取。但笔者认为不妨作一尝试。因为读者尽可取照片与线图对照，看经过改画，是否更能看到明式家具应有的风采。

四、交椅

明代交椅，上承宋式，可分为直后背和圆后背两种。尤以后者是显示特殊身份的坐具，多设在中堂显著地位，有凌驾四座之势，俗语还有"第一把交椅"的说法，都说明它的尊贵而崇高。入清以后，交椅在实际生活中渐少使用，制者日稀，成为被时代淘汰的一种家具。

直后背交椅，《三才图会》名之曰"折叠椅"〔2·13〕，《鲁班经》中也有记载，但讲得不甚详细。其形象常见于明人画本中，如《麟堂秋宴图》中在屏风前的三人，坐的都是直后背交椅〔2·14〕。惜明制实物，传世不多。

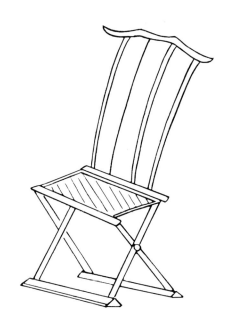

2·13 明刊本《三才图会》器用十二卷页十四下的折叠

2·14 明人绘《麟堂秋宴图》中的直后背交椅 中国历史博物馆藏

甲 89、直后背交椅

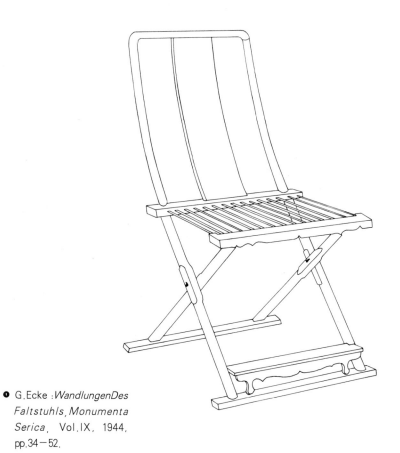

❶ G.Ecke : WandlungenDes Faltstuhls, Monumenta Serica, Vol.IX, 1944, pp.34—52.

交椅直搭脑，两端下扣与腿足相交。通体无雕饰，只座面横材的立面及踏床牙条刬出曲线，可视为直后背交椅的基本形式。艾克在其《交椅》❶一文中，有直后背交椅照片，与此大体相似，只是搭脑两端下垂，靠背板有浮雕草龙圆形花纹。可参阅。

圆后背交椅的结构是服从它的折叠需要而形成的。为了折叠，它不能和一般椅子似的扶手可与下面的构件（鹅脖及联帮棍）相交，而只能由安在后腿上端的、弯转而向前探伸的构件来支撑。后腿和弯转的部分，不问榫卯造得如何紧密，是不可能承重得好的。补救的办法是：1.在转角处安角牙，起垫塞空间的作用。2.弯转处安金属或木旋的棍柱，使它起到支撑的作用。这样椅圈就可以有五个支撑点。3.接榫处用金属叶片包裹，起加固作用。正因为如此，交椅都有金属饰件，或铜或铁，在许多构件相交的地方使用。凡是铁饰件，多数上面有锓金或锓银花纹。锓金、锓银是明清时很流行的一种工艺，在剁有网纹的铁片上，用金丝或银丝锤嵌花纹，效果有如古代的金银错或后代的金银丝镶嵌。它不仅绚丽夺目，而且不像铜饰件那样会散发出铜臭。因而锓金或锓银的铁饰件，胜过铜饰件。

　　交椅的差异主要表现在靠背板上，有的用独板造成，有的分段攒成；有的比较朴质，有的雕饰繁缛。金属构件使用的多少，有时也有一些差异。

　　圆后背交椅下举六例：

甲90、圆后背交椅

黄花梨　座面支平 67.5×53cm，通高 94.8cm

侧面

　　椅用独板靠背，下无亮脚，只浮雕如意头形花纹一朵，由朵云双螭组成，有铁锓银缠莲纹饰件。后腿弯转处，用硕大的雕螭纹角牙填塞支撑。扶手下安镂空托角牙子。原来编织的软屉，早已无存。补穿的平行线绳，只是一种临时设置，也已糟朽，不能承重。它雕饰不多，从用材大小和整体比例来看，极为匀称，可视为交椅的基本形式。构件表面，每见磨蚀，铁饰件也锈花斑驳，可知曾长期使用。在所见的同类交椅中，自以此器年代最早。陈梦家先生定为元代制品，当有所据，惜未闻其具体论证。

甲 91、圆后背雕花交椅

此为独板靠背满施浮雕花纹的例子，它在三个山峰上生出左右旋转的缠枝花。扶手出头处、椅盘横材立面、踏床立面及贴地的横材立面，都雕卷草纹。与上例相比，雕饰大增。并有铁金饰件。螭纹角牙前，附加铁制竹节纹弯柱〔4·40b〕，这个构件是许多交椅都没有的。

黄花梨，铁金饰件　68.6×45.1cm，座高52.6cm，通高101.6cm

甲 92、圆后背雕花交椅

此为透雕独板靠背的例子，它镂出两块长方形图案，上为蝠磬流云，下为双螭捧寿。迎面横材立面浮雕螭纹寿字。有铜饰件。扶手下安有木旋的立柱。

此椅在埃氏的《中国家具》中印出（彩版26）。惟因刻工甚细，不容易看清，故特制线图，相信对家具爱好者会有参考价值。更为重要的是想通过线图说明笔者对该椅踏床的一些看法。笔者虽未见交椅实物，但从彩色图版已可看出踏床的木质及纹理和交椅本身不一致，它不像是黄花梨。且交椅有铜饰件，而踏床却无铜饰件，显与明代交椅的形制不符。同时造工简陋，和精雕细琢的椅身也不配称。因而笔者认为此具踏床乃经后配，并非原物。交椅线图下所绘的踏床，上钉方胜及云纹铜饰件，可能更加接近此椅原有的一件。

原踏床式样

甲93、圆后背雕花交椅

此为攒后背交椅之例，透雕分三截，上为如意形蟠螭纹，中为麒麟葫芦，山石灵芝。下为亮脚，起卷草纹阳线。有铜饰件。此椅用料粗硕，和靠背板、踏床等在比例上不甚协调。

以上两例，和更前的两例相比，花纹制作，都显得要晚些，恰好前两例为铁饰件，后两例为铜饰件。有人曾提出这样的看法：铁饰件的交椅早于铜饰件的交椅，这可能有一定的道理。

黄花梨，铜饰件　70×46.5cm，通高112cm

甲94、圆后背剔红交椅

在明人影像中，我们常见剔犀交椅，而这是一件剔红的实例，从花纹刀法看，当为明中期的宫廷制品。扶手、靠背及椅足均雕龙纹，余地布满云纹。靠背貌似四段攒成，但边框并不高起，故当为一块木板造成，而只是在漆面剔出分段攒装的式样。这样造便于髹饰制作。漆木家具和木制家具往往造法不同，于此可见。此外，它和木制交椅不同之处尚有：1.不用金属饰件加固各构件交接处。2.扶手与后足弯转处，无立柱支撑。

木胎剔红　通高91.5cm

甲95、圆后背金漆交椅

这是一件漆木家具，主要构件部分髹黑漆，雕饰部分上金漆。靠背板正面雕五爪云龙，背面雕五岳真形，可能是道家醮坛的用具，清宫藏有十数具之多。它的造法与明代的基本形式大异。如椅圈并非一顺而下，出现了六处弯曲，而且造出瓜棱线脚。后背扶手以下及靠背两侧加了许多云纹雕饰。前腿的空当和两侧加雕螭纹的花牙，使整体显得十分繁琐。踏脚加宽，殊嫌笨拙。从造型设计来看，它不是一件成功的作品。按清室并不崇奉道教，故有人认为交椅乃明宫遗物。不过据雕刻花纹，尤其是龙的造型，似不能早于清前期。它是否曾吸取明代醮坛家具的某些特殊装饰，是一个值得探索的问题。正是由于这一点，才把它收入本书。

木胎黑漆加金髹　92.5×74.5cm，座高52.3cm，通高99cm

甲96、交椅式躺椅

明代躺椅，也有采用交椅形式的，并有"醉翁椅"之名，见《三才图会》〔2·15〕，所绘图式与仇英《梧竹草堂图》〔2·16〕中的一具十分相似。50年代，南京博物院在洞庭东山征集到一具，软木髹黑漆，制造年代约为清中期，与明人所绘的形式基本相同。

除上述四类椅子外，还讲一下靠背条椅。

木胎黑漆　宽79.5cm，通高113cm

明式家具的种类和形式

2·15 明刊本《三才图会》器用
十二卷页十四下的醉翁椅

2·16 明仇英《梧竹草堂
图》中的交椅式躺椅
《支那名画宝鉴》图 575

甲 97、靠背条椅

木胎黑漆 373×55cm，通高 116cm

《鲁班经匠家镜》中有"琴凳"❶，它面厚而长
逾丈，有的还有靠背，是厅堂中用具。我们在曲阜
孔府中见到了有靠背的实例，即放在大堂、二堂之
间廊中的一对所谓"阁老凳"，相传严嵩曾在此坐过。
它为柴木制，经多次上漆，长 373 厘米，宽 55 厘米，
有六根立木上承搭脑构成靠背，颇似今日公园中物。
严格说来，它是椅而不是凳。因明代实物传世绝少，
故在各种椅子之后附带述及。

❶ 有关《鲁班经匠家镜》中
家具材料，请参阅拙稿《〈鲁
班经匠家镜〉家具条款初
释》，已收作本书附录三。

陆·宝座

宝座不是一般家庭的用具，只有宫廷、府邸和寺院中才有，而佛座毕竟和宝座还有所不同。明代的宝座形象，今天主要在壁画和卷轴画中才能看到，实物则罕见。画家所绘，形式和装饰都难免夸张。因此，这里不收画例而只以实物为限。

宝座下举三例：

甲98、四出头官帽椅式有束腰带托泥宝座

楠木彩漆　74.4×57.8cm．座高56.6cm．扶手高82cm．通高124cm．脚踏80.6×27.5cm．高27.6cm

靠背板上高浮雕的牡丹和修竹

藤编软屉特写

脚踏面

搭脑两端上翘，正中大朵云纹，直行阴刻"元符年造"宋体四字。按元符 (1098—1100 年) 为北宋哲宗年号，显系后人妄刻。

靠背板厚寸许，高浮雕牡丹、修竹，下有山石流泉，左右镶长条花牙。搭脑下的两根立柱、扶手、鹅脖、联帮棍及三面矮栏杆，一律透雕灵芝、竹叶，间用竹枝竹茎穿插或镶边。

座面的大边和抹头也以灵芝、竹叶为装饰，乃浮雕而非透雕。因边框须承重，故不镂空以免损其坚实。框内为胡椒眼软屉，眼径不过 3 毫米，用藤皮劈成极窄长条编成，保存完好。压边木条经藤席包裹后才钉盖屉边穿孔，故与屉心浑然一色，整洁悦目。

束腰四面装板，三面透雕。正面为菊花纹，两侧为荷花纹，背面光素。

束腰以下有托腮。托腮、牙子及四足均透雕灵芝、竹叶。足端内翻马蹄，落在浮雕云纹的托泥上。

上述各部位，因透雕不便刷灰糊布，故直接在木面髹彩漆，花红叶绿，灵芝则红、黄相间，红多于黄。故整体红、绿为主调，黄色为副彩。靠背、座面、束腰等起棱线处贴金箔，惟年久磨残，已黯褪失色。

宝座背面光素无雕刻，刷灰糊布后髹朱漆。

正因下有灰布，表面断纹灿然。经谛视，始见有金理钩彩绘。靠背板为兰竹蝴蝶，大边、束腰、牙子为各色花卉。

脚踏面上满幅浮雕，中为双狮戏绣球，四周灵芝，竹叶镶边。四足亦透雕，下有托泥，花纹色彩与宝座同。

宝座左扶手有断裂处，木质褐而有光，审为楠木。

按宝座造型为标准明式。楠木为明代宫廷常用的上等木材。漆质坚好，断纹自然。软屉原编未经修配，工艺精绝，晚近工匠无从措手。凡此均可断定宝座确为明制。惟其最显著的特征乃在灵芝、竹叶的雕刻花纹，红、绿、黄三色的组合配搭，和嘉靖时代的剔彩漆器完全一致，很可能当时的雕漆工匠参加宝座的设计和制作，故可进一步准确断代，定为嘉靖年制。第六章讲到家具断代最可靠的依据是它的雕饰花纹，宝座可以为证。

传世明代宝座有硬木的、朱漆的、罩金髹的、剔红的诸般实物，楠木胎透雕彩漆的则前所未见，堪称孤例。尽管其雕饰设色，失诸繁琐，但时代风格鲜明，极有代表性，其历史价值超过艺术价值；且制作精良，保存完好，故为稀世之珍。宝座当从明大内或府邸中散出，流落民间，幸经刘符诚先生收得，于 1953 年捐赠给中国历史博物馆。

甲99、列屏式有束腰马蹄足宝座

黄花梨嵌楠木　107×73cm，座高50cm，通高102cm

宝座用五屏风围子，后背三扇，两侧扶手各一扇。后背正中一扇，上有卷书式搭脑，下有卷草纹亮脚，高约半米。左右各扇高度向外递减，都以厚材攒框，打双槽里外两面装板造成，再用"走马销"将各扇联结在一起。这种分扇造的后背和扶手或称"列屏式"。中间三扇仅正面嵌花纹，扶手两扇则里外两面都嵌花纹。花纹分四式，图案各异，但都是从如意云头纹变化出来，用楠木瘿子填嵌而成的，故又有它的一致性。宝座下部以厚重的大材做边抹及腿子，宽度达10厘米，同样以楠木瘿子填嵌花纹，有的显然是在模仿古铜器的图案。座面还保留着原来用黄丝绒编织的菱形花纹软屉，密无孔目，因长期受厚铺垫的遮盖保护，色泽犹新。整体气势雄伟，装饰富丽，设计者达到了当时封建统治者企图通过坐具来显示其高贵身份的要求。据旧藏宝座的朱氏昆仲称，它原是盘山行宫中物。

甲100、有束腰带托泥宝座

宝座的围子由后背、扶手三扇构成，但造成七屏风（后三、左右各二）的式样，除座面及束腰外，全身布满了用莲花、莲叶、枝梗及蒲草构成的图案。刻工圆浑，不见雕琢痕，刀法接近元明之际的剔红器，和张成造的水禽莲花菰蒲雕漆盘颇有相近之处。难得的是花叶的向背俯仰，枝梗的穿插回旋，与宝座的造型巧妙地结合起来，毫无牵强生硬之憾，足见制者的意匠经营。座前还有同一花纹题材的脚踏，制作亦精。如此雕工的家具，不仅在宝座中是孤例，就是在其他品种中也未见到。故宫藏有一具浮雕莲纹的条桌，似为配合这具宝座而作，但图案设计及雕刻技艺低劣不堪，无法相比。

此莲花宝座倘从图案刀工的风格来看，当为明前期的制品。

紫檀　98×78cm，座高56cm，通高109cm

乙、桌案类

桌案类包括各种桌子和几案，是五大类中品种最多的一类。为了避免分得太细，将形制及功能相近的品种试为合并，分列如下：

壹·炕桌

贰·炕几、炕案

叁·香几

肆·酒桌、半桌

伍·方桌

陆·条形桌案——条几、条桌、条案、架几案

柒·宽长桌案——画桌、画案、书桌、书案

捌·其他桌案——月牙桌（附圆桌）、扇面桌（附六方桌）、棋桌、琴桌、抽屉桌、供桌、供案

壹·炕桌

炕桌是矮形桌案的一种，有一定的宽度，一般超过它本身长度的一半，多在床上或炕上使用，侧端贴近床沿或炕沿，居中摆放，以便两旁坐人。在温暖的季节里，北方一般家庭有时也将炕桌移至室内地上或院内，坐在小凳或马扎上就着炕桌吃饭，因而炕桌在北方又有"饭桌"之称。在南方家庭，炕桌的使用似不及北方那样普遍。

炕桌共举十四例：

炕桌形式也可分为无束腰和有束腰两种。

无束腰炕桌的基本式样仍为直足，足间施直枨或罗锅枨。其造法可参阅式样相同的杌凳、半桌或方桌。这里只举此种式样的变体一例。

乙1、无束腰直足井字棂格炕桌

此桌正侧两面在直枨上均安井字棂格，近代或称之为风车式。腿子劈料造，惟混面里小外大。边抹之下，另加一道与棂格同宽的横材，目的是把棂格压低一些，将它亮出来，使图案得以完整交圈，并能将炕桌的立体构件——腿子，和装饰构件——棂格，区分开来，不相混淆。井字棂格取材于古代栏杆的栏板。其他栏板图案，如仰俯山字、曲尺等也可以在此种无束腰的炕桌上出现。

黄花梨　90.5×55cm，高28.2cm

有束腰炕桌的基本形式为全身光素，直足，或下端略弯，内翻马蹄。其造型可参阅式样相同的床榻及脚踏、滚凳等。下面只举基本形式以外的六件有束腰炕桌实例。

乙2、有束腰马蹄足鼓腿彭牙炕桌

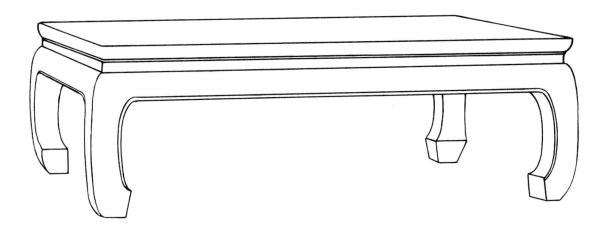

此炕桌全体光素，只沿着牙腿的轮廓起阳线。腿向外鼓，马蹄兜转较多，故已不是一般的有束腰炕桌，而是鼓腿彭牙式。牙条与束腰多一木连做，是一种用料较多的式样。

值得提到的是美国史协和先生 (L.Sickman) 藏有此种造型的黄花梨炕桌，在两个看面的牙条中部偏上地位，连同束腰，裁切出一扁方作为暗抽屉脸，抽屉即贴在炕桌面心之下。有此装置，更为罕见，但只能算是鼓腿彭牙炕桌的变体。此桌经艾克收入《图考》（图版3上），可参阅。

乙3、有束腰马蹄足鼓腿彭牙炕桌

此桌肩部向外彭出，足底向内兜转都超过一般的鼓腿彭牙家具，故又是此种形式的变体。内翻马蹄近似圆形球状，亦甚罕见。牙条雕饰亦繁，随着卷转的轮廓，为居中的莲纹及相向的草龙作妥适的安排。铲地浮雕，花纹饱满，颇为富丽。

黄花梨 84×52cm，高29cm

三弯腿是炕桌中的另一种式样。所谓三弯，是先向外，次转内，至足底再向外翻，故多为外翻大挖马蹄。但其弯转和马蹄，又颇有变化，兹举诸例。

乙4、有束腰三弯腿炕桌

是桌光素无文饰，线脚比较简单，桌面拦水线、冰盘沿、牙腿起阳线等都是常见的造法。惟马蹄外翻，粗拙而起棱，造型古朴。牙条上壸门弧线圆转自如，抑扬有致，亦见神采。

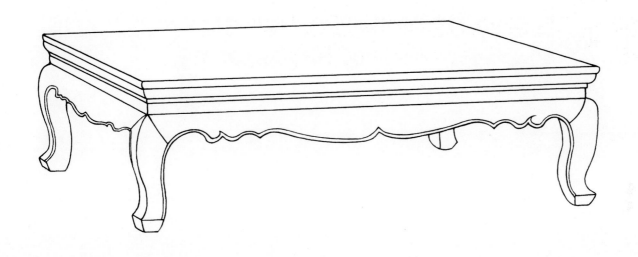

乙5、有束腰三弯腿雕花炕桌

此桌的牙腿均铲地雕龙纹及朵云，是雕饰较繁的例子。虽有束腰，狭成一线，给人肩耸颈缩的感觉，殊欠舒展。马蹄与上例虽属同一类型，而下部平扁，且雕卷草，近似虎爪模样，有损古朴之趣。总的说来，它不是一件成功的作品。

黄花梨 尺寸遗失

乙6、有束腰三弯腿炕桌

　　这是最罕见的一种三弯腿，仿佛是在大挖鼓腿彭牙的腿上又增加了一截向外翻的腿足。它造型奇特，但对于木材的使用不尽合理，其弊病是容易在卷转处断折。此桌即有一足断后又经粘接。

黄花梨　88×46cm，高30cm

乙7、有束腰三弯腿卷珠足炕桌

　　此例的特点在足部。牙脚起阳线，至足端卷转成珠而终结，故曰"卷珠足"，或称"卷球足"，清代《则例》则称"象鼻卷珠"。也有简称为"象鼻足"。足底又承以圆球，系一木连做。它和卷珠上下呼应，予人翼然飘举的感觉。

黄花梨　92.4×58.4cm，高30.5cm

炕桌中存在高束腰式，其特点在腿子上截露明（一般有束腰炕桌，腿子上截不露明，被束腰遮盖），露明的高度，就是束腰的高度。另外安装宽而厚的托腮，或加厚牙子的用材，以便在腿子上截、托腮或牙条上面及边抹底面打槽，装嵌束腰。由于束腰的加高，为雕刻花纹提供了地位，可以采用多种手法取得不同的装饰效果。下举四例。

黄花梨　77.2×52.7cm，高度尺寸待查

乙8、高束腰加矮老装绦环板炕桌

此桌三弯腿，外翻马蹄，下留方足作结束。牙条与托腮一木连做，四角从托腮垂下花叶，意在模仿金属包角。束腰部分加矮老，嵌装有浮雕海棠纹的绦环板，是一件"假三上"造法的家具。它选料精美，造型古朴，线条雄伟有力，在明代炕桌中堪称佳制。但还可使它更为完美，如侧面尺寸短，绦环板装三块不如改为两块，这与整体将更为协调。四足上截露明一段浮雕海棠纹，不如任其光素，更为简洁。

按此类绦环板的造法颇多，或开孔透挖而不用浮雕，并沿着开孔起灯草线，纹样由简单的笔管式至比较繁复的卷云式或海棠式。上述的开孔，苏州匠师称之为"鱼门洞"，或写作"禹门洞"，北方匠师则称之为"挖绦环"。按鱼门洞之名不仅见《扬州画舫录》，亦见清代匠作《则例》❶，其由来已久，是一个不妨推广使用的名称。

有的高束腰家具（并不限于炕桌），在束腰部位不加矮老而装嵌整条通长的束腰，再在束腰上施雕饰。有的在束腰上镂挖各种式样的鱼门洞。但其年代多为清制。

❶ 清李斗《扬州画舫录》卷十七："宝座屏风为首务，玻璃围屏用四抹心子板，腰围鱼门洞镶嵌凹面口线，海棠式双如意鱼门洞镶嵌凹面口线诸做法。"清写本《圆明园内工硬木装修则例》："双如意鱼门洞，随式镶嵌紫檀木凹面口线，每个用木匠一工七分五厘……"

乙9、高束腰浮雕炕桌

这是整条束腰浮雕花纹的例子。图案为博古花纹，每一花纹之间有间隔，故较疏朗。托腮与牙子两木分造，宽而且厚，否则无法打槽，嵌装束腰，所以是一件"真三上"造法的家具。就花纹来判断年代，已是清代制品，可以晚到雍、乾时期。

紫檀　88×56cm，高29.5cm

乙10、高束腰浮雕炕桌

　　这是整条束腰浮雕花纹的又一实例。通体雕饰之繁，远远超过前例，但时代却较早，确为明制。家具不能以雕饰的简繁来定其早晚，此是一例。腿足上截露明，亦雕花纹。下截造成三弯腿，肩部雕兽面，着地处以圆球作结束。桌面四角包云纹铜饰件。

黄花梨，铜饰件　105×72.5cm，高27.5cm

乙11、高束腰透雕炕桌

　　这是整条束腰透雕花纹的例子。所刻花鸟纹与一般黄花梨家具上的风格不同，似具某一地方色彩。从刀工及图案来看，制作年代不能早于明晚期。透雕部分以阳线为轮廓，四外踩地，使花纹更加突出。

鸂鶒木　95.2×66cm，高28.6cm

明式家具的种类和形式

炕桌中还有齐牙条一种造法，那就是牙条与腿子垂直线相交，不像上述各例那样，牙条与腿子格角相交。它们又有两种常见的式样。

乙12、有束腰齐牙条炕桌

此种炕桌稍有雕饰，托腮比较宽而厚，牙条边缘起阳线，阳线在牙、腿相交处，总是环绕两下，成为同等大小的两个弧圈，形如⌒式，然后再顺着腿子的轮廓卷转而下。下端稍向外撇，成为外翻足。实例如清宫旧藏的黄花梨制包铜叶饰件的一具。此桌虽为明式，但到清代还大量制造，宫廷中所谓的"宴桌"，多用此式。其中也有木胎髹漆的。

黄花梨，铜饰件　90.5×58.2cm，高28.8cm

乙13、有束腰齐牙条虎爪足炕桌

类似此例的炕桌，雕饰较繁，牙子多雕龙纹或螭纹，腿子在肩部刻兽面，足端刻虎爪或虎爪抓珠。

黄花梨　108×69cm，高29.5cm

炕桌中出现齐牙条的造法可能是为了省料。齐牙条用料短于一般与腿子格角相交的牙条。不过它不及后者的造法结实，因此炕桌四角往往要钉铜叶饰件，以期起加固的作用。齐牙条也便于在肩部雕刻兽面，可使花纹更为完整，不受格角拼缝的干扰。

炕桌曾见四面平式的，可参阅四面平的机凳、二人凳、条桌等，现从略。

炕桌中也有摒弃上述各种式样，将腿子内移，采用夹头榫、插肩榫案形结体的，但实例不多。这是因为案形结体的家具侧面不及正面好看，而炕桌摆在炕上或床上，总是侧端朝外。又因案形结体的炕桌，桌下空间没有腿在四角的炕桌来得宽绰，会给坐在炕上的人带来不便。因此案形结体不是炕桌的合理形式，传世实物少是可以理解的。

方形的炕桌，嘉庆时修的《工部则例》虽列为专项，是都水司的实用家具，与明式的相去不远；但从传世实物来看，方形的比长方形少得多，因而不论有无束腰，都只能算是炕桌的变体。

乙14、无束腰竹节纹方炕桌

黄花梨　80.5×80.5cm，高24cm

此桌结构基本上是直枨加矮老的造法，边抹劈料，但混面上小下大，不使它等宽。在桌面拦水线下打槽装嵌面心板的边簧，这样面心板便将边抹四框全部压盖在下面，表面显得十分整洁。腿子摹拟竹根，稍带弯曲。这些手法使它摆脱常规，生动自然，无造作态，是一件成功的仿竹制木器。

1955年，在智化寺殿内曾看到一具有束腰方炕桌，被用来陈置经卷及法器。该桌黄花梨制，尺寸失记，牙条上浮雕卷草纹，是一件明代家具精品。十年浩劫后，已不知踪影。

贰·炕几、炕案

炕几、炕案也属于矮形桌案，但比炕桌窄得多，通常顺着墙壁置放在炕的两头，上面可以摆陈设或用具。这样的布置，在故宫原状的陈列室中是屡见不鲜的。北方一般家庭，则将被子叠好后，放在其上。至于炕几与炕案的区别，在于几指几形结体，由三块板构成，或腿在四角，如条桌之形；案指案形结体，四足缩进，不在四角。

炕几、炕案有的带抽屉，但一般时代很晚，用材非红木即新花梨，不能算是明式。

北方民间语汇中有"炕琴"或"炕琴桌儿"之称，所指即炕几及炕案。此二名词经《国语辞典》收入，并解释为"置于炕上之窄长短足条桌"。按名称的由来可能有二：1."琴""几"二字音近，乃一音之转。2.人们看到炕几近似琴桌（即小条桌），只是腿子短些，宜在炕上使用，所以加上个"炕"来区别它，而"炕琴"则为"炕琴桌儿"的简称。但"炕琴"总不及"炕几"、"炕案"来得明确具体，故不采用。

下举炕几五例，炕案四例：

一、炕几

这里先从由三块板构成的一种谈起。其

基本形式为三块厚板直角相交，足底有的平直落地，有的向内或向外兜转，往往形成卷书。两端立板或光素，或开光，或雕花纹。在明代画本中不难见其形象。实物如以下两例：

乙15、黑漆素炕几

木胎黑漆　129×34.5cm，高37.2cm

此几木胎，髹黑退光漆，色如乌木，遍体牛毛纹，不施雕刻，亦无描饰。两侧足上开孔，可容一手，略如覆瓦，造型古朴。几足用板厚逾二寸，上半铲剔板内侧，下半铲剔板外侧，至足底稍稍向外翻转，成卷曲之势。它用材重硕，圆浑无棱角，气质沉穆，在明式漆木家具中，独具一格，惟其制作年代当已入清。

黄花梨　85.5×32.5cm，高34.5cm

乙16、雕云纹炕几

几的两侧板足微向外撇，与面板形成的角度，大于直角。足底稍向内卷，略具"卷书"之意。沿着三块板的里口，贴板条，雕回纹，即用所谓"垛边"的造法来增加面板外观的厚度。在转角处，回纹板条下还安窄小的花牙子。板足中部凿方形开光，用透雕和浮雕相结合的方法刻出束绦、云头等花纹，两面造，里外如一，说明几置炕上，还可以从面板之下看到它的装饰。此几造型优美，开光透雕也能破除整板滞闷的感觉。可惜的是回纹垛边和转角花牙过于繁琐，费力无功，反足为累。

腿子位在四角的，也就是条桌式的炕几有无束腰和有束腰之别。

无束腰条桌式炕几也以直枨或罗锅枨加矮老为常式。这里举二者的变体各一例。

乙17、无束腰直枨加矮老六方材炕几

紫檀，铜饰件　92×36cm，高25cm

它的腿、枨断面均作六方形，边抹也削出斜面，使通体协调一致。直枨之上施单矮老，枨下则安角牙。由于角牙作罗锅形，并有一长段贴着横枨，在视觉上造成了罗锅枨的效果。不难看出这种设计是从罗锅枨加矮老的式样变化出来的，只是用六方材代替圆材或方材，显得棱角快利，形象清新。几足下端装铜套，各构件交接处也加铜饰件缠裹，是明式家具常用的一种加固手法。其具体制作年代当为清前期。

乙18、无束腰罗锅枨装牙条炕几

紫檀　99×35cm，高32.5cm

此几足间安罗锅枨，在枨上打槽，嵌装牙条、牙头，把横枨以上一般或多或少总会留出的空间竟全部堵死。这种造法似是"一腿三牙"方桌牙、枨处理的进一步发展。由于炕几体形不大，枨上不露空隙尚无不可。如系较大的桌案，这样造型将会予人闷窒呆滞的感觉。

乙19、无束腰壸门牙条炕几

紫檀 尺寸遗失

　　一般说来，壸门牙条多用在案形结体的家具上。如案系夹头榫结构，则壸门牙条会得到腿足上牙头的接应。如案系插肩榫结构，壸门牙条会和腿子的弧线连接一气，形成完整的壸门轮廓。现

此几的牙条两端仿佛硬撞到圆形的腿足上，壸门弧线至此戛然而止，让我们的视觉很不习惯，感到不完整，不舒适。以北京匠师的语言来说就显得"秃"或"愣"。所以此几也不是一件成功的设计。

　　上述两件炕几均藏颐和园，相同或近似的不下一二十件之多，都用上等紫檀制成。这很可能是雍、乾之际造办处的制品，意在仿明，但未能完全领会明代家具的神韵。

　　条桌式炕几式样如加以统计，为数甚多，或光素、或雕花，角牙或挖或攒等等。惟因

多与小件条桌造法相同，可资参阅，这里就从略了。

二、炕案

　　炕案的造型还是离不开夹头榫和插肩榫两种基本形式，此外则为变体。

乙20、夹头榫炕案

紫檀 尺寸遗失

　　此是炕案中最常见的一种。方牙头，起荞麦棱阳线，壸门轮廓牙条，腿子圆材，两足间施单枨一根。类似此式的实物尚多，有的直牙条，素牙头，有的牙头镂成云纹或仰俯云纹等。

乙21、夹头榫撇腿翘头炕案

此案最引人注目的地方在向侧面撇出的腿足，不仅线条优美，而且增加了稳定感。牙头透挖云头，挡板部分云头向上翻出，都使此案生色不少。

鸂鶒木　130×32.5cm，通高32.5cm

带抽屉的炕几、炕案多为清代中晚期的制品。但有形制较大的一种，时代可能早到明代晚期。下例则为雍、乾制品。

案的长度将及2米，可在炕上靠墙摆放，亦可摆在成对大柜前的地面上。正面牙条起线铲地雕卷云，手法较晚。侧面挡板线雕方框，翻出云头，为明代常用图案。在同一器物上可能出现时代早晚不同的装饰，此是一例。我们在断定其年代时，只能依其晚者而不能依其早者，方为合理。

乙22、插肩榫炕案

案为黄花梨制，颐和园藏，曾在玉澜堂陈列。线脚朴质可爱，年代可能早到明中期。惟不知何年，它被人刷成黑色，原因是清中期以后，贵紫檀而贱黄花梨。其式样及结构与插肩榫大平头案无殊，可谓小中见大。只是腿间枨子被略掉，是原来就没有，还是刷色时被去掉，有待将黑色洗掉后才能看清楚。

黄花梨 96.5×31.2cm，高31.7cm

乙23、三屉大炕案

鸂鶒木 191×48.5cm，高48cm

民间使用的带抽屉炕案，年代也有较早者，而且淳朴可爱。它们多用一般木材制成，造型有的接近闷户橱，两屉者、三屉者都有，我们分别名之曰联二橱式炕案和联三橱式炕案。

乙 24、联二橱式炕案

案面下设抽屉两具，抽屉下设闷仓，闷仓下安牙条。侧脚显著，腿足外侧有挂牙，所以仿佛是一具截了腿的小联二橱。

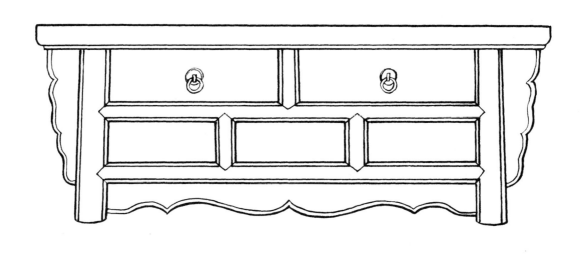

❶ G.Kates：Chinese Household Furniture, New York：Dover Publications, 1948.

联三橱式炕案在美国寇慈所著《中国家庭家具》❶中收有一具（图99），可参阅。抽屉脸落堂踩鼓，凸起部分铲出边线，长方形微有委角。正中安铜环拉手及护眼钱处，刻圆形浮雕花纹一朵，三具图案各不相同，显得生动而无拘束。闷仓立墙由三根矮老嵌装四块绦环板构成，也都落堂踩鼓，而且鼓起特高，和常见的清式手法不同。闷仓下安有刻分心花及卷转花纹的牙条。寇慈注明炕案为榆木制，很可能即北方称为"南榆"的榉木。

叁·香几

在明代图画中时常可以看到香几。富贵之家，或置厅堂，上陈炉鼎，焚兰煴麝；或置中庭，夜色将阑，仕女就之祈神乞巧。道宫佛殿，也设香几，焚香之外，兼放法器。因它并不时常搬动，又为了和高大的庙宇、佛座配称，故比家庭所用的香几要重拙一些，造工也复杂一些。就是家庭使用的，其大小形式，《鲁班经匠家镜》也说："要看人家屋大小若何而定。"

各种家具都是方形的比圆形的省工省料，因而多作方形。独有香几，从画例及实物来看，圆形的却比方形的多。这和香几的用法有关。因为香几不论放在室内或室外，总宜四无依傍，居中设置。因此它的形制，适宜用面面观看皆宜的圆形结体，于是圆形便成了香几的常见形式。

用来陈置炉鼎或法器的香几已不是我们今天所需要的家具了，不过可以利用它的造型改作别用。有些实例，它的结构和装饰都是相当成功的。它那修长的体形，疏透的空间，柔婉的线条，是经过工匠长期的实践和积累才能造出来的。我们今天在制造新家具时，可以借鉴它来造成纪念堂、博物馆中的陈列台座，宾馆中的花台或陈设品座架等。

下举香几九例：

乙25、三足圆香几

几面用四段弧形木边攒成圆框，打槽装板心，立面造成冰盘沿线脚，直束腰，下与浮雕卷草纹牙子相接。牙子和腿子用插肩榫造法斗成鼓腿彭牙。腿子在肩部以上还向上延伸，因外面有束腰遮盖，故不外露，顶端出榫，与几面边框下面的榫眼拍合在一起。三弯腿自彭牙以下向内收敛后又向外翻出，上雕卷叶，因细而长，故明人小说及清代《则例》有"蜻蜓腿"之称❷。足下端又出榫头，与带小足的圆托泥结合在一起。三腿之间的三个空当是完整的三个壶门轮廓。此香几虽稍有雕饰，但仍应视为明代的基本形式。

黄花梨　面径43.3cm，高89.3cm

❷《金瓶梅》四十九回："正当中放一张蜻蜓腿螳螂肚肥皂色起楞的桌子。"清写本《圆明园则例》册十一《用鱼胶例》："圆香几，上下周围折柱、绦环、特腮、鼓牙、蜻蜓腿、托泥做。每座用鱼胶二两。"

乙26、五足圆香几

黄花梨　面径38.5cm，肩径48cm，最小径25cm，高106cm

圆香几的足数多单，非三即五。此具五足，与上例造法基本相同，但细部大有出入。如束腰并不垂直而造成混面，且开椭圆光刻浮雕花纹；采用线脚浅而密的台阶式托腮；足端上翻雕镂空花纹，下坐圆球等等。装饰的增繁，并不能为它添姿增态。由于彭牙部分鼓出太多，足下部分又收缩太紧，设计者本期以此来取得俊俏的效果，不料却带来了不自然和不稳定。由于矫揉造作，而失诸纤巧媚薄。它的艺术价值是无法与上例相比的。

乙27、五足高束腰圆香几

此几用厚达二寸的整板作面，束腰部分，露出腿子的上截，形成短柱如矮老之状。柱侧打槽，嵌装绦环板，并镂凿近似海棠式的透孔。如用清代《则例》的术语来说，乃是"折柱绦环板挖鱼门洞"的造法。束腰下的托腮宽厚，一则为与面板的线脚配称，以便形成须弥座的形状；一则因托腮也须打槽嵌装绦环板，所以不得不宽厚。牙子、托腮、束腰分别制作，是用所谓"真三上"的方法造成的。足下造出圆球，下有榫穿过托泥。托泥也特别重硕。此几用材粗大，应是寺庙或家祠中物，与前两例造法虽似，而风貌厚拙，判然异趣。

有的香几，尤其是宫廷或寺庙中体形较大的，几面上有栏杆，可以防止器物因摆放不稳而落地。《鲁班经匠家镜》香几一条，就讲到"上层栏杆仔三寸二分高，方圆做五分大"。陈置在避暑山庄烟波致爽的一对黑漆香几，几面即有栏杆。据闻它是从故宫调拨到该处的。

铁力　面径61cm，肩径67cm，高89cm

乙28、五足内卷霸王枨圆香几

此圆几在束腰以下，仍用插肩榫结构使牙腿结合，与鼓腿彭牙式无异。但肩部及腿子表面平坦，沿着边缘起阳线，顺腿而下，十分醒目。腿子自肩部以下向外鼓出后，直至下端，始向内卷转，落在托泥上。因而整体造型如一大木瓜，和一般的三弯腿香几大异。它不仅在香几中是变体，在其他家具中也罕见，只有清代小型文玩的台座，有时会采用近似的造法。几足原来都有霸王枨，脱散后未再安配而将榫眼堵没，痕迹犹存。香几因有托泥，故并不需要霸王枨来加固。有了反而破坏圆婉简洁的造型。霸王枨脱落而未再补配，可能是出于上述的原因。

黄花梨　面径47.2cm，高85.5cm

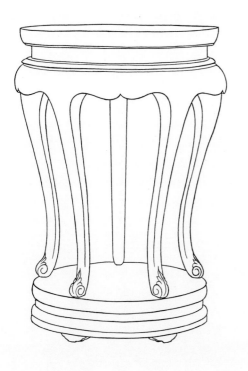

乙29、五足带台座圆香几

香几中有一种足下不安托泥而设台座的。《鲁班经匠家镜》香几式条中有"下层五寸高，下车脚一寸五分厚"一语。所谓下层，即是台座。台座一般作须弥座式，它比托泥高得多而且中心不透空，所以不论其外观还是实际承重，都比托泥稳重得多。实例如五足有束腰一具。

在艾克的《图考》中收有圆径较小的五足带台座香几一具（图版139），可参阅。惟台座也应有小足，拍摄照片时未及补配，尚付阙如。

乙30、四足有束腰马蹄足霸王枨长方香几

此几见艾克《图考》图版6右。几面攒边装板，窄束腰，四足侧脚显著，足端挖成矮扁而棱角犀利的马蹄，直落在方托泥上，极为劲峭。四根霸王枨，托住几面，沿着牙子和腿子起打"洼儿"阳线。种种手法，具有浓厚的明代意趣，是一件十分难得的长方高几。承鲁班馆李建元老师傅见告，此几当年经他修理后售出。购入时托泥已散失，后配的托泥因受材料的限制，厚度不够，致使比例失调。今绘制线图，特意将托泥加厚，使复旧观。

此几长方形，和茶几有相似之处，故艾克名之曰"茶几"。实际上仍是香几，有《三才图会》的图式可证〔2·17〕。它也见于明人的影像资料。其上置炉香、卷册、果盘、茗碗等物。我们可以说它是茶几的前身，但还不能算是茶几。

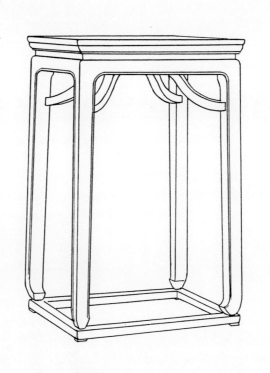

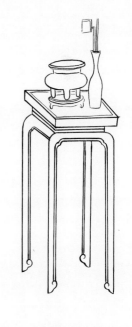

2·17 明刊本《三才图会》
器用十二卷页十五上
的高方香几

茶几的定型并被广泛使用，当在入清以后。同时，逐渐发展成为多具摆设，或四、或六、或八，与椅子成堂配套，整齐地排列在大厅之上，取代了明代厅堂上在酒桌后或两侧设坐具的布设方式。清代茶几为了夹置在两椅之间，自然以长方形的为宜，方形次之，而体形也比明式香几缩小许多。

乙31、四足有束腰八方香几

黄花梨　面50.5×37.2cm，高103cm

此为香几中的变体，几面形状像用长方形的板抹去四角而成。边框之下，安与束腰一木连做的波折形牙子，意在摹拟锦袱下垂之状。托泥长方形，而边抹向内凹弯，接近银锭式样，托泥下又有足支承。几足三弯腿式，但弧度不大，落在托泥四角。造型设想甚新，多年仅见此一例。

乙32、六足高束腰香几

几面扁圆，边缘凹凸不齐，略似初出水的荷叶。束腰甚高，分上下两层，因而也出现了双重的绦环板和托腮。绦环板上层透雕云纹，下层开鱼门洞。牙子分段相接，像披肩似的覆盖着腿足，与插肩榫的造法不同。腿足下半卷转特甚，尽端雕作卷叶，下削圆球，落在台座上。硬木香几如此造型，十分罕见。但类似的漆木香几，所见则不止一例。

此几矮于前几例的香几，却高于可放在几案上的香几，这可能有它的特殊用途。如陈置在蒲团之前，人跪着即可拈香插入几上的香炉。

黄花梨　面50.5×39.2cm，高73cm

乙33、四足高束腰小方香几

此几高度低于一般的杌凳，高束腰，装绦环板，其中一块被用作抽屉前脸。三弯腿，肩部隐起花纹，部位和图样都像金属饰件，这是采用薄浮雕来模仿铜、铁裹叶的造法。牙子为齐牙条，不用45度格角与腿子在几肩相交。这是为了保持花纹的完整，不使受到斜缝干扰，和刻兽面的炕桌用齐牙条同一用意。几腿的卷叶和足端的透雕卷草，装饰性也很强。托泥下原有四小足，脱落待补。

这种小香几可置地上，也可放在床榻或桌案上。《皕美图》中《寄法名宦哥穿道服》一回的插图〔2·18〕，大条案上放着的一具香几，其式样与此几颇相似。

2·18　清初人绘《皕美图》中的小香几　见册二第二十四

黄花梨　面25.2×25.2cm，托泥31.5×31.5cm

明式家具的种类和形式

肆·酒桌、半桌

中小型的明式长方形桌案，除窄长的条桌、条案外，大体上可以分为两种。

一种比较矮而窄，以带吊头的为常式，鲁班馆匠师称之曰"酒桌"。它们显然是案形结体，却被称曰"桌"，可谓是命名上的一个例外。此名的由来，尚未查到文献根据，但古画所见，多用以陈置酒肴，明人画本更为常见。故名曰酒桌，自有来历。此外，还有式样相同而体形稍大，硬木或柴木制者。柴木制者为日用品，或任其素白（俗称"白茬"），城乡饮食店多有之，回民小吃店尤为常见。或上油漆，过去家伙铺租赁给婚丧之家使用，通称"油桌"，因经常与饮食油水接触而得名。

另一种比酒桌高而宽，一般桌腿位在四角，但也有作案形结体的，北京匠师称之曰"接桌"或"半桌"。按"接桌"的得名，是当一张八仙桌不够用时，再接一张较窄的桌子，此桌遂名曰接桌。"半桌"则言其尺寸约相当于八仙桌的一半。查"接桌"见明何士晋纂辑的《工部厂库须知》，尺寸大小未注明，但知坛庙祭祀时即用此桌。明朱檀墓出土朱漆石面心的和素木的桌子〔乙38、乙39〕各

四具，据其尺寸，实属此类。"半桌"之名，见嘉庆间纂修的《工部则例》，规定尺寸为长二尺九寸，宽二尺，高二尺六寸。可知其长度约与八仙桌相等，宽度则超过半张八仙桌，这与北京匠师所谓的"半桌"大小符合。看来"接桌"、"半桌"只是一物异名而已。现因半桌有具体尺寸，故今用此名。

酒桌和半桌，其主要功能都是为饮酒用膳使用的，故多数都有拦水线。它们传世实物较多，原因是明代宴饮，往往主客两人共用一桌，宾客多时，则人各一桌，所以当时这类家具的需要量就大增了。至于多人围坐大圆桌共同进餐，大约到清中期以后才流行起来。

下举酒桌四例，半桌七例：

一、酒桌

酒桌以案形结体为常式，仍不外乎夹头榫和插肩榫两种造法。其由来已久，前者可参阅五代顾闳中的《韩熙载夜宴图》〔2·19〕，后者如《天籁阁旧藏宋人画册·羲之写照图》所见〔2·20〕。

2·20 《天籁阁旧藏宋人画册·羲之写照图》中的酒桌

2·19 五代顾闳中《韩熙载夜宴图》中的酒桌 故宫博物院藏

乙 34、夹头榫素牙头酒桌

酒桌的最基本形式是只有桌面造出冰盘沿，全身不用线脚装饰，桌面有拦水线，圆材，直牙条，素牙头，单横枨或双横枨。本例除腿足为方材并起线脚外，其余都符合酒桌的基本形式。

黄花梨　尺寸遗失

乙 35、夹头榫云纹牙头酒桌

此桌黄花梨制，瘿木面心，牙头镂成卷云纹，沿牙条、牙头起荞麦棱线。腿子素混面，起边线打洼儿，里外两面做，侧面双横枨。从整体而言，它比上例增添了许多装饰。

黄花梨　110×55cm，高 81cm

乙36、插肩榫酒桌

是桌黑漆面心，也有拦水线。牙条的壶门式轮廓曲线很自然地与腿子相接。腿子上起"两炷香"线，中部以下的突出部分卷转如花叶，足端如卷云，下有小足已糟朽。此桌铁力制，木质极旧而式样较早，时代可能为明中期或更早。

铁力，黑漆面　94.7×50cm，高72cm

乙37、插肩榫酒桌

此桌与上例大体相同，尺寸短而宽，用材比较粗硕。沿牙腿起皮条线，腿子正面起"一炷香"线，着地处剜成方形小足，在装饰上出现了变化。

二、半桌

乙 38、夹头榫直枨半桌

此为明朱檀墓出土四具之一，素木未加髹漆，亦不施线脚，迎面直枨，有拦水线。与下例相比，可知是为了实用，故造得比较粗糙。

非硬木 尺寸待查

乙 39、夹头榫罗锅枨半桌

此亦明朱檀墓出土四具之一。朱漆。花石面心，即产于兖州泗水地区的所谓土玛瑙石。有拦水线，夹头榫式。桌面探出部分不长，虽是吊头，看起来却似喷面。腿子打洼加委角线，横枨两根。牙条镂花透雕，腿子以外的牙头接近角牙的模样。牙条下安高拱罗锅枨，与牙条贴着，雕作卷叶之状。从半桌的正面看，仿佛是一腿三牙式，只是角牙未转成 45 度而已。

按朱檀卒于洪武二十二年 (1389 年)，下葬时间当距此不远。因此这是一件有确切年代的明初家具，而且是实用品不是明器，其重要即在此。半桌装饰华美，手法也很娴熟，如果是一件传世品，很可能将它的时代定为明晚期，想不到会早到 14 世纪末。明式家具的断代是一个相当复杂的问题，于此可见。

木胎朱漆，石面心　109.5×71.5cm，高 94cm

乙40、无束腰直足仰俯山棂格半桌

此桌裹腿做，边抹与直棖之间安仰俯山棂格，乃从《园冶》所谓笔管式栏杆变出，看面五组，侧面三组，数只宜单，否则便无法对称。

红木　97×63cm，高82cm

乙41、无束腰直足直棖加矮老半桌

直棖加矮老是常见的造法。但此桌的矮老不交代在边抹的底面，而交代在牙条上。牙条和棖子皆劈料造，牙条贴着边抹部分还踩去一条，缩进约一指许，仿佛出现了束腰，只是它被四足隔断，并不交圈而已。直棖加矮老如此处理，实不多见。半桌所用的木料为南柏，浅黄净洁无鬃眼，近似黄杨，在明式家具中是不常见的一种木料。

黄柏　98.5×67cm，高84.5cm

乙42、有束腰马蹄足斗拱式半桌

在有束腰半桌中它是变体。其特点在腿上安装像伸出臂膀似的角牙，上端翘起，刻成龙头，支承着牙子，使人立即想到在明代建筑中常用的雀替和拱子十八斗。从而又看到家具和建筑的关系。

黄花梨　98.5×64.3cm，高87cm

半桌一角

乙43、有束腰矮桌展腿式半桌

此桌的造型特点在四足。自肩部以下约一尺许的地方造成三弯腿外翻马蹄，以下则为光素的圆材直腿，至地面造成鼓墩形作为结束。看起来像一具接腿的大炕桌。前曾向北京不少位匠师请教此种形式的名称，未能得到具体的答复，今姑名之曰"矮桌展腿式"。为什么此桌腿足要造成上方下圆，像是一张接了腿的桌子？这是由于它上面有束腰，故下面为方腿有马蹄才合乎造型的规律。而在马蹄作了结束之后，有束腰家具形象已经完整，其下则不妨再用圆腿来接。圆腿一般光素，与上面雕饰颇繁的矮桌形成对比。此种形式，不限于半桌。曾见方桌数具，也用同一造法，实例如故宫博物院所藏的一件〔乙59〕。它们也是上部矮桌雕花，下部圆腿光素。

此桌将束腰剜削成荷叶边一波一折的形状，看面牙条浮雕双凤朝阳，云朵映带，图案颇似明锦。侧面牙条刻折枝花鸟，又有万历彩瓷意趣。牙子以下安龙形角牙，腿上安雕灵芝纹的霸王枨。枨势先向上升，然后才远远探出，以便将雕饰亮出来，不至于被角牙遮挡。整体说来，此桌华丽妍秀，面面生姿，不仅没有被繁缛的装饰所累，反而取得较好的效果。光素的腿子在这里起重要的作用。对比之下，清式的某些家具，无休止地滥加雕饰，连少许的空隙都不肯放过，只能使人感到厌烦！

黄花梨　104×64.2cm，高87cm

乙 44、高束腰半桌

这是一件束腰部分加矮老，装嵌开炮仗筒式鱼门洞绦环板的高束腰半桌。

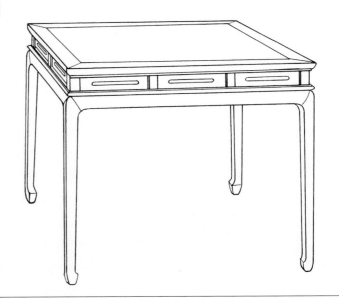

伍·方桌

方桌一般有大、中、小三种尺寸。按照北京匠师的习惯，约三尺见方、八个人可以围坐的方桌叫"八仙"，约二尺六寸见方的叫"六仙"，约二尺四寸见方的叫"四仙"。也有特大或特小的方桌，但较少见。至于它们的高度，六仙比八仙约矮四五厘米，四仙与六仙相等，或更矮一些。

方桌的用途至广，可以贴墙放，靠窗放，贴着长形桌案放，或四无依傍，室内居中放，然后配置四个机凳或坐墩。柴木制者更随处可用，是人家必备之具。

明式方桌实物传世颇多，常见形式有无束腰直足、一腿三牙、有束腰马蹄足等三种，除各举数例外，兼及若干比较少见的变体。

方桌共举十七例：

无束腰方桌常见的造法是直枨或罗锅枨加矮老，可参看机凳中同类造法的实例。不过方桌比机凳宽大，所以矮老的排列变化就更多些。有的是双矮老每面两组，或三矮老每面两组，或单矮老排匀不分组。有的用卡子花代替矮老，而卡子花的形态又有多种多样。有的边抹及腿枨造出竹节纹。所以无束腰方桌即使基本结构一致，细部的变化却层出不穷。

乙 45、无束腰罗锅枨加卡子花方桌

罗锅枨上未用矮老而用卡子花，仍属基本形式。惟卡子花特别矮扁，因而罗锅枨距离桌面很近，为桌下留出较大空间。此桌假如安矮老或形态较高的卡子花，则桌下不会像此桌那样空敞。

黄花梨　93.2×93.2cm，高80cm

乙46、无束腰直枨加矮老装绦环板方桌

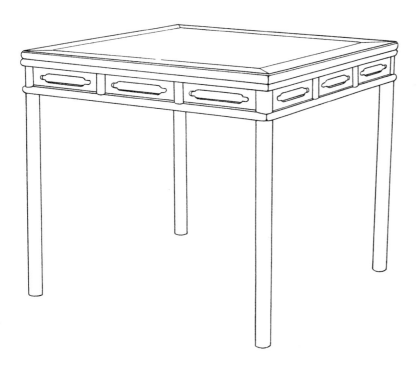

此种方桌一般采用裹腿枨，腿子上端安两道，相距约三寸。上道贴着桌面的边抹，起着垜边的作用。枨间安立柱（即矮老）两根，打槽装绦环板，每面装三块。绦环板开海棠式鱼门洞，能予人空灵轻巧的感觉。

鱼门洞式样的改变可使方桌改观。如艾克《图考》（图版63）就印出一张类似的方桌，绦环板上挖两端圆形的长孔，是一种加肥的"炮仗筒"，可参阅。另外也曾见挖双如意式的鱼门洞。也有不挖鱼门洞而代之以透雕的花板。

另一种造法是在绦环板的部位安装抽屉，利用每面正中的一块或旁侧的一块造成抽屉脸。不过实例以清代的方桌为多，明式的少见。

乙47、无束腰攒牙子方桌

此桌方材，通身打洼，有的腿子还起委角线，有的在方腿上造出甜瓜棱。四面的牙子用横竖材攒成框子，中加矮老，再用栽榫的造法安装上去。矮老的上下端都用格肩榫和框子的横材联结，而与方桌的边抹并不接触。这种造法实际上是从直枨加矮老变化出来的。拙编《珍赏》第89即属此类，可参阅。

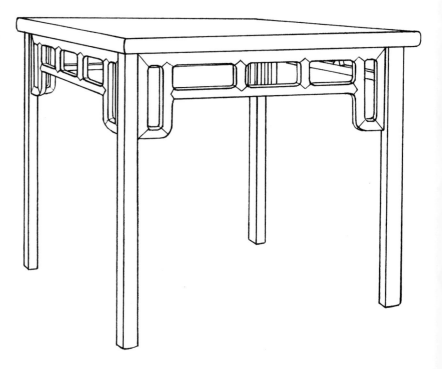

框子的造法也有几种。有的是整齐的长方形。有的贴着腿子界出长方空格，如上例线图所见。有的则两根立框加长，下端出头刻卷云式花纹，这样可以加大框子与桌腿的接触面，增加其坚实稳固。在洞庭西山东村劳姓家中就见到这样的一具榉木方桌，它和北京所见的黄花梨器制作相同。

乙48、无束腰攒牙子带抽屉方桌

它外形比较粗拙，方材，足底套铜足，黑漆无纹饰。每面牙子部分用横、竖方材攒成五格，用料远比一般的桄子和矮老粗大，但实际上仍是罗锅枨加矮老的造法。五格之中，除正中两旁的两格因底线不平不能安抽屉外，其他三格都可以安装。安装的方法或四面都安在正中的一格，或对面安装，每面三具。此类方桌多为明清时期山西制品。

"一腿三牙"式是无束腰方桌中的一种，特点是腿子不安在方桌的四角而稍稍缩进一些，形制在带吊头与不带吊头之间。腿子下端有挖，侧脚显著，还保留了大木梁架的形式。腿子之间安牙条，牙条之下有罗锅枨。在腿子上端安牙头，支承着桌面边抹格角相交的地方，将90度的桌角恰好平分为二。从牙头的位置可以看出它是从宋式的只有两面对称的案形结体的方桌发展出来的，所以难怪它还保留着带吊头的痕迹。由于这种方桌每条桌腿都与三块牙子联结，故有"一腿三牙"之称。又因牙子之下还有罗锅枨，故又叫"一腿三牙罗锅枨"。下举三例：

乙49、一腿三牙罗锅枨六仙方桌

桌为石面心。桌面82厘米见方，每边小于一般的八仙桌面约10厘米。素牙头，素牙条，罗锅枨素混面，贴着牙条安装。腿子方材，四角倒棱为圆，两个看面各起阳线两条。它除在腿子上稍用线脚作装饰外，整体比较朴素，可视为一腿三牙方桌的基本形式。

黄花梨，石面心 82×82cm，高81cm

乙50、一腿三牙罗锅枨加卡子花方桌

此桌腿子方材分棱瓣，罗锅枨增添了小段的弯曲并出钝尖，牙条与枨子之间安云纹卡子花，牙头镂挖卷草纹，比起前例来，增添了许多装饰，但并不繁琐而清丽动人。是一件明代家具精品。

一腿三牙方桌因腿子缩进，但它又必须与桌面的边抹相交，所以边抹要有相当的宽度。边抹既宽，便不宜厚，以免用料太多并过于笨重。但边抹用料薄了又会和桌子的整体不相称。为此，边抹多数采用垛边的造法来解决这个矛盾。上述两例冰盘沿最下一层，都是在垛边的木条上造出来的。从一腿三牙方桌可以看出家具在结构和形式、用材、装饰等方面相互牵连和制约的关系。

黄花梨　89×89cm，高85.5cm

乙51、一腿三牙罗锅枨方桌

此桌用料不大，边抹不厚，又没有用垛边，喷出也不多，所以安在桌角的牙头既薄又小。腿子线脚不是常见的由混面或加阳线构成的甜瓜棱，而是别出心裁刨出八道凹槽。使人一眼就看到的是各道凹槽之间的脊线，条条犀利有力，由地面直贯桌面。牙条不宽，起皮条线加洼儿，边棱干净利落。罗锅枨上起作用的又是上面的那几条剑脊棱线脚。这些棱线的突出使用，它们又那样的峭拔劲直，使方桌显得骨相清奇，劲挺不凡。

此桌的设计是成功的，不过由于它侧脚很小，桌面未用垛边，线脚又很别致，所以在一腿三牙方桌中是变体。

下面讲有束腰方桌。

黄花梨　98×98cm，高83cm

乙52、有束腰直枨加卡子花方桌

此类方桌还是和有束腰马蹄足的杌凳一样，以直枨为最基本形式。其变化在直枨上加矮老或卡子花，或只用罗锅枨，或在罗锅枨上加矮老或卡子花等。

乙53、有束腰壶门牙子霸王枨方桌

炕桌、半桌等都有壶门牙子的造法，牙子和腿子的轮廓构成一个完整的空间。方桌因尺寸较大，用上述造法，腿子间缺少联结，难免摇晃，故实例不多，而较常见的是在壶门牙子之下加直枨或罗锅枨。它们或起边线，与壶门牙子的边线交圈，或稍稍退后安装而不交圈。类似的造法，也可以在杌凳中见到（如拙编《明式家具珍赏》第17），故不再举实例。直枨和罗锅枨虽可加强联结，但终不免要破坏完整的壶门空间。只有采用霸王枨才可弥补这个缺憾，所以这里选用一例。

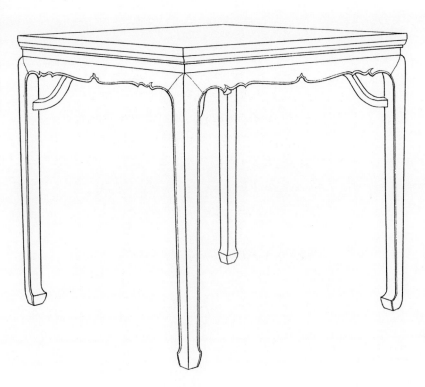

乙 54、有束腰漩涡枨方桌

桌的枨子造成两个漩涡形，除两端与腿足榫卯相交外，在漩涡上还栽榫与牙条联结。这种形状的枨子极少见，而且并不十分悦目，只能算是直枨、罗锅枨之外的一个变体，聊备一格而已。

黄花梨　尺寸遗失

有束腰方桌如不用枨子则常用角牙来加强联结。角牙式样虽多，也不外乎攒接和镂挖两类。下面各举一例。

乙 55、有束腰攒角牙方桌

方桌全身打洼，有马蹄。角牙用短材攒成由三个长方形空格组成的框格，用栽榫把它们安装上去。赵万里先生家有一件，与此非常相似，惜未能拍到照片。

用短材攒成拐子纹也是角牙的常见造法。

乙56、有束腰挖角牙方桌

方桌有马蹄。角牙由虚实两种云纹构成图案，颇增妩媚。挖角牙常见的造法还有锼成拐子纹的，或镂雕螭纹的。到清代中晚期常把如意等用到挖角牙上，庸俗致不堪入目。

总的说来，角牙只能增强每一个角的稳定性，它自然不及四面都安通长的攒框或雕花牙条来得坚实。

乙57、有束腰喷面带抽屉方桌

此种式样的方桌加大了边抹的宽度，向外探出，超出四足所占的面积，故称之曰"喷面式"。这是故宫博物院所藏紫檀制的一具，瘿子面心，全身打洼，牙子下安攒框。束腰为了不致被喷出的桌面遮挡，特意将边抹的下皮踩去一层，减薄了它的厚度，其目的和效果恰好和一腿三牙方桌垛边的造法相反。每面束腰正中都装有扁小的暗抽屉一具。

紫檀　92.8×92.8cm，高86cm

乙58、有束腰喷面大方桌

式样与上例基本相同，但桌面尺寸为128厘米见方，超出一般的八仙桌甚多。未见更有大于此者。它的面心落堂制作，有可能原为石面心，后被改成木板。全身打洼，牙子以下的扁长框格是攒成的，而托着它的角牙是挖成的。两相结合，又产生了罗锅枨的效果。

黄花梨　128×128cm，高89.2cm

此桌与前已讲到的矮桌展腿式的半桌〔乙43〕相比，主要不同在将角牙改为两端镂花的罗锅枨，而足端则直落到地，未造鼓墩。至于总的形态还是上部雕饰繁缛，下部朴质无华，明显的对比，使上下相得益彰。

乙59、有束腰矮桌展腿式方桌

黄花梨　93.5×91.2cm，高86.5cm

乙60、高束腰带抽屉方桌

此桌在牙子上加相当厚的托腮，腿子上截露明，高达8厘米，形成束腰的角柱。每面再安立柱两根，四面束腰都被分隔成两短夹一长的空间。其中除两个面对的长空间安抽屉外，其余的长、短空间一律嵌装绦环板。又因两个抽屉为暗抽屉，靠抠托抽屉底来开关，前脸无吊牌、拉手等任何装置，其外貌和绦环板无异，故能取得简洁完整、面面如一的效果。绦环板的安装采用四边入槽的方法，嵌入边抹下皮、托腮上皮和角柱及立柱侧面所开的槽口之内。牙条与腿足相交的弯转处装有镂挖的托角花牙。

方桌线图

黄花梨　91×91cm，高82.5cm

高束腰带抽屉方桌（局部）

总的说来，桌子安抽屉不外乎用桌面以下、牙子以上高束腰的空间，或牙子以下、枨子以上的空间。清代流行的书桌多采用后者。在感觉上，前者的造法似乎比后者时代要早一些。

乙61、四面平攒牙子方桌

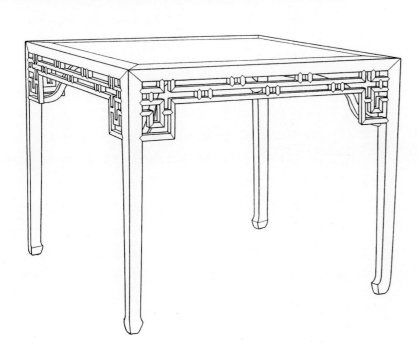

外形有如四面平杌凳那样的方桌，并不十分罕见，这里所举的一例则是四面平方桌的变体。桌面边抹用粽角榫与腿子相交，和一般明式四面平条桌在牙条、腿子上另安桌面的造法不同。在牙子的部位，用横竖材及双矮老像造床围子般攒接出双笔管式的棂格，沿边起细窄的阳线。它保留了四面平的外形，但用棂格来代替板片，化实为虚，玲珑疏透。又因棂格起阳线，所以在大平面中又有微细的起伏。腿子上粗下细，目的在突出马蹄并增添轻快感。在结构上，尽管腿子间有攒接的牙子联结，但仍担心这种只用粽角榫不再上加桌面的四面平造法不够坚实，所以使用了霸王枨。可以看出，此桌是经过多方面的考虑才设计出来的。

类此方桌，传世甚稀，多年来仅见两例。两件在尺寸大小及矮老的数量上只有微小的差异。

陆·条形桌案——条几、条桌、条案、架几案

家具名称，凡冠以"条"字的，其形制均窄而长。桌案类中就有三种：

一、条几：指由三块厚板构成的长几。或虽经攒边装板制造，但外貌仍近似厚板的长几。

二、条桌：指腿子位在四角属于桌形结体的窄长桌。

三、条案：指腿子缩进带吊头属于案形结体的窄长案。

另外还有架几案，它虽未冠"条"字也是一种窄长的桌案。

倘有桌或案的结构、造法和条桌、条案、架几案完全相同，只是它们的尺寸加宽，北京匠师便分别称之为"画桌"及"画案"。这一点足以说明条桌、条案与画桌、画案的区别，只在于它们宽窄的不同而已。

四种条形桌案都有大有小，长短不一，尤以条案及架几案的出入最大。二者小的不过三四尺长，大的可以长达一丈三四尺。这是因为条案四足缩进，减小了跨度，所以加长几尺也无妨。架几案则因案面多用厚达二三寸的厚板造成，两端又有几子支架，故案面可以承受很大的重量。至于条几、条桌，小的

也不过三尺，大的则很少有长及一丈的。这是因为它们的板足或四足位在桌、几面子的尽端，加以桌面多为攒边装板而成，同时，条几即使用厚板，其厚度也薄于架几案面。所以如果造得过长，跨度太大，面板承重，容易被压弯（术语叫"塌腰"）。因而在传世的家具中，长七八尺的条桌，常有塌腰之病。是以条几、条桌，不宜造得过长。

六七尺长的条桌或名"大琴桌"，三四尺长的或名"小琴桌"。《鲁班经匠家镜》中就有《小琴桌式》一条，可见此名自明代以来一直沿用。架几案因面板搁搭在几子上，实由几子架成的案子。从清代《则例》和宫廷陈设档册中，得知当时称架几案曰"几腿案" [1]。此名后来虽不通行使用，但就其构造来说，倒是颇为确切的。明式架几案以长者居多。另有一种矮形的，只高二尺多，是为在炕上摆放的，用法和炕几、炕案相似。它们多数为清代中叶以后的制品，纯属明式的实例，则有待再去访求，这里从略。

关于条形桌案的陈置使用，大条案和大架几案往往摆在厅堂正中一间的北墙。如正中一间为过厅，而且迎面有屏门，则它们即摆在屏门之前，上置瓶花、鼎彝、小座屏风、英石等陈设；案上可以挂书画。这样的布置，在明清画本中最为常见。大条案、架几案等也可以顺着两梢间的山墙摆放，即李斗在《扬州画舫录》中讲到的"民间厅事置长几……两旁亦各置长几，谓之'靠山摆'"。小的条形桌案一般也贴着墙壁、槅扇、栏杆罩摆，或顺着窗台摆。在适当的地方也可以脱空摆，起间隔室内空间的作用。因为它们的体积窄小，可随意安放，灵活性较大。

下举条几三例，条桌十六例，条案二十二例，架几案五例：

一、条几

用三块厚板造成的条几，在旧题为李清照像的仕女图中，有很好的形象资料〔2·21〕。实际上肖像和李清照无关，乃康熙时画家崔镱的作品。画中条几板足挖出长方形空当，足端稍向内卷，别无其他雕饰。

❶ 如嘉庆二十二年七月二十八日《内务府白本奏销档》中，有内务府大臣禧恩奏为遵旨发圆明园库储木器至广宁行宫事折，折后所附清单内开："花梨木几腿案一张，长七尺，较原请尺寸小三寸八分。铁梨木几腿案一张，长七尺，较原请尺寸小三寸二分。"《奏销档》现藏中国第一历史档案馆。

2·21　清初人绘《仕女图》中的
条几　见《艺林旬刊》

明式家具的种类和形式

乙62、厚板足条几

几为铁力木制，板足厚约二寸，造型纯朴凝重，与上述画作中所见的一件颇为相似，为陈梦家先生故物。

上述由三块厚板构成的条几，有的还在转角处加镂花角牙，能起到一些加固的作用。承德避暑山庄曾见一对，据闻是从故宫博物院调拨去的，是清前期制品。

铁力　191.5×50cm，高87cm

乙63、攒框板足条几

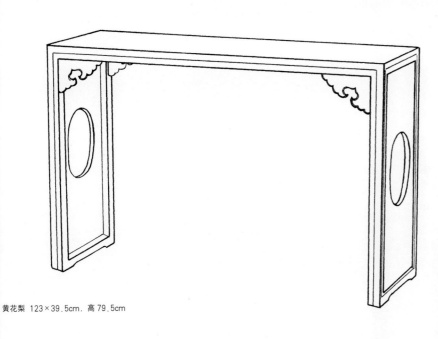

黄花梨　123×39.5cm，高79.5cm

子来加强联结。此几造型优美，两个透光起着十分重要的作用。不难想像，在这样的条几上，镂雕其他任何一种开光或纹样都不及简单的椭圆透光来得妥帖明朗，繁简得中。云纹托角牙子的两直边并非等长，而是高度小于长度，这样就和几面更加配称，亦见匠心。

此几经艾克收入《图考》（图版75）。杨耀曾制图插入所写的《中国明代室内装饰和家具》一文中。实物现仍为杨氏所有。美国杜鲁门（Drummond）兄弟曾请鲁班馆匠师按此几复制多件，销售海外。

几面由厚板制成，但采用了垛边的造法来增加它的厚度。几面立面起阳线，为的是将垛边的拼缝巧妙地掩藏起来，使人难于察觉。几足边框也起阳线，与几面交圈。装板中部开椭圆形透光。几面与几足相交的四角，安装镂挖云纹的托角牙

乙64、攒框板足条几

黄花梨　177×40cm，高84cm

牙子与榫眼特写

　　这是一件可装可卸的家具。它的结构是：板足用粗大的方料作立材，下端剜出内翻马蹄，两材之间又用横枨联结，形成四框，框内装浮雕仰俯云纹板心。每根立材上端留出阳榫两个，靠外的一个短，靠里的一个长，仗着它们和上面的构件联结。在支搭这具条几时，先将两副板足立直，再取两根头上凿有榫眼的牙子，与几足立材上靠外的阳榫扣拍，搭成一个架子。由于牙子尽端和立材上部都切成45度角，所以拍合之后，严密无间。这时，几腿上皮与牙子上皮齐平，只有立材上靠里的一个长榫还露在外面。最后将带翘头的独板几面再置放到架子上去。独板底面的榫眼与四个长榫拍合。此几并非案形结体而面板两端都有翘头，既采用板足式样，而足端又造出马蹄，在造型上未免有些混乱，违反了传统家具的规律，所以看起来感到有些别扭，不是一件成功的设计。但从结构来看，有值得参考的地方。

二、条桌

　　条桌仍可分为无束腰、一腿三牙、有束腰、高束腰、四面平等几种形式。

　　在无束腰的条桌中，直枨或罗锅枨加矮老仍是最常见的一种式样，不过它的变化还是很多的，略举数例如下：

乙65、无束腰罗锅枨加矮老条桌

　　此为圆材，罗锅枨加双矮老，四足安霸王枨。整体光素，颇为简洁，只边抹出冰盘沿，喷出较多，予人略有束腰的感觉，较为罕见，它和乙73有相似之处，但圆足直落到地，故仍应归入无束腰体系。

　　同类的条桌有的造成方材打洼加委角线，裹腿罗锅枨，矮老或单或双，尽管与上例形式基本相同，外貌确有较大的差异。梅兰芳先生家有一具小画桌，乌木制，选料制作皆精，就是采用方材打洼裹腿罗锅枨加矮老的造法。

黄花梨　尺寸遗失

明式家具的种类和形式

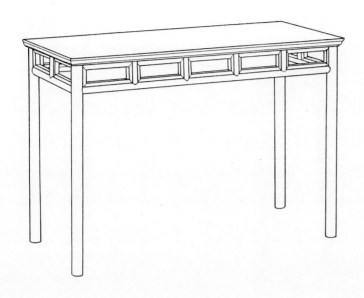

在上述造法的基础上，可以把矮老改为卡子花，或直枨加矮老，而在矮老间嵌绦环板。不过这些造法在杌凳和方桌中已经讲到，不再重复。现举的一例是矮老间不嵌绦环板，而代之以方框，它比绦环板开鱼门洞更为疏透。这种方框有的是用劈料法和枨子或矮老一木制成的，有的是先造好一个个方框，然后用栽榫和边抹、直枨及矮老联结到一起的。

乙67、无束腰竹节纹条桌

这具条桌比前几例变化更大。除全身造成竹节纹外，边、抹三劈料，直枨上加矮老，其下又加了一根罗锅枨。两枨重叠使用，容易犯赘复之病，但由于用料细，模仿竹器，得其神韵，故能收到很好的效果。

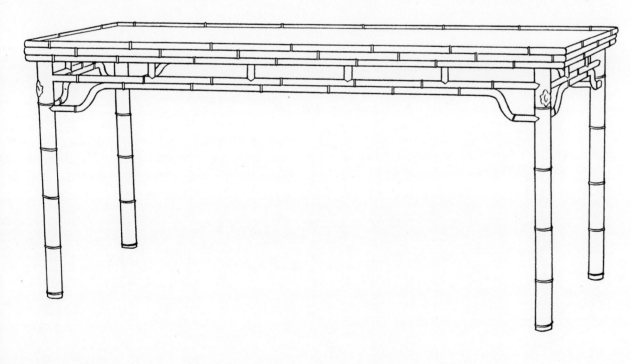

紫檀　152.5×51cm，高85cm

如果说以上三件条桌都属于直枨或罗锅枨加矮老的造法，那么下例将看到罗锅枨上有牙条的造法。

乙68、无束腰罗锅枨条桌

此桌在结构上和无束腰直足直枨杌凳〔甲1—甲4〕无甚区别，牙条上加雕刻、易直枨为罗锅枨，只是装饰上的变化。这里收此一例对了解下面将讲到的一腿三牙式有帮助。此桌的腿足只要加大侧脚，四角安上角牙，便成"一腿三牙罗锅枨"式了。

黄花梨　112×54.5cm，高87cm

"一腿三牙"这一形式，用在正方形的家具上比长方形的为好，因为角牙的45度平分在方形家具上时，显得较为对称悦目。但在实例中，长方形家具如条桌，采用此式的还是不少。下举三例：

乙69、一腿三牙罗锅枨条桌

此桌牙条、牙头均用板材，罗锅枨和牙条并不贴着，可以说它较忠实地沿用了一腿三牙罗锅枨方桌的造法。它用材粗硕，属于朴质的一类。

乙70、一腿三牙裹腿罗锅枨条桌

此桌比上例迥异其趣。牙条劈料裹腿造，罗锅枨与牙条贴着，也是裹腿造。四角的牙头不用板材而改用圆棍。桌面喷出较多，四足侧脚显著，线条流畅优美，造型轻快明朗。它的效果是仗透空牙头和裹腿劈料等手法取得的。

紫檀　106×36.5cm，高82cm

乙71、一腿三牙条桌

这是又一张清前期紫檀条桌，将罗锅枨加矮老的造法糅合到一腿三牙的形式中。四角的角牙也随着改为方形，以期整体格调一致。

紫檀　105×36.5cm，高82cm

有束腰条桌仍以牙条下加直枨或罗锅枨
为最常见的形式。如下例：

乙 72、有束腰马蹄足直枨条桌

此桌全身无雕饰，直枨与四足相交，稍稍
缩后，故不用格肩榫而采用齐头碰。它可被视为
基本形式。同样条桌，采用罗锅枨的也很常见。

桌子如不用直枨或罗锅枨，往往用霸王枨来
增强联结，此是一例。比较特殊的是此桌束腰不显
著，仿佛在有无之间。足下马蹄，造型亦奇，有"挖
缺做"的意趣。据此上溯其源，乃属有束腰体系。

乙 73、有束腰马蹄足霸王枨条桌

黄花梨 98×48cm. 高78.5cm

有束腰条桌如不用枨子联结，则用角牙加固。角牙又不外乎挖角牙和攒角牙两种。

下各举一例：

乙74、有束腰马蹄足挖角牙条桌

是桌有马蹄，角牙透雕花纹在云纹与卷草之间。短边留榫，装入剔在腿足上端的榫槽内。长边栽榫，与牙条联结。角牙纹饰多样，螭纹也是常见的一种。同一题材，角牙的大小、长短也有许多变化。

乙75、有束腰直足攒角牙条桌

攒角牙条桌的常式可参看同类造法的方桌〔乙55〕，此件角牙由两个长方格加一个曲尺形格组成，比前者多了一些变化。它也通身打洼，但桌腿改为上下一般粗，直落地面，不见马蹄，和甲19方凳有相似处。按传统家具的规律，无束腰和直足，有束腰和马蹄足是紧密相连的，而这里却出现了变化。但反过来说，它在整体上既和方桌基本相似，正好说明这种有束腰而直足的式样是从马蹄足形式变化出来的。

此种有束腰直足无马蹄条桌亦曾见不用攒角牙而用直枨，枨上加卡子花的。它也只能算是条桌中的变体。

高束腰条桌举两例：

乙76、高束腰马蹄足挖缺做条桌

此桌腿子上截不露明，惟仍为高束腰式。在明代的桌案中还保留着壶门床脚痕迹的极罕见，此桌的腿子"挖缺做"却是一例。所谓"挖缺做"，是指方材腿子朝内的一个直角被切去，断面成曲尺形，也就是被挖切而出现了缺口之意。挖缺的断面，连同双双向上翘起的马蹄足尖，可视为壶门床遗留的痕迹。另外，桌牙的细部也有值得指出的地方，牙条尽端正当壶门式弧线向下弯垂，形成尖角的地方，因材料薄而木纹短，又系直丝，甚易劈裂。为此，牙条在里皮不甚显著的地方，留下了新月似的一块就不予剔除。这样就对牙条的尖端起了加固作用。此种手法说明工匠对木料性能的了解，并采用了相应的措施来解决装饰和坚牢之间所产生的矛盾。

黄花梨 98.5×48.5cm，高80cm

乙77、高束腰加矮老装绦环板条桌

这具条桌经埃氏收入《中国家具》（图64）。四足上截露明，牙条造出壶门尖，上加宽而厚的托腮，看面安矮老两根，嵌装开鱼门洞的绦环板。腿子下部造出卷叶形装饰。就在这里，尚可看到"挖缺"的痕迹。惟与上例及其他同类的高桌相比，可以肯定足端因槽朽而短缺了一段。今制线图，试按其应有的高度，为它补全。

明式家具的种类和形式

四面平式的高桌在宋代已流行，宋人画册《半闲秋兴图》中就有很好的画例。到了明代，又发展成不同的式样和造法。下举三例：

乙78、四面平条桌

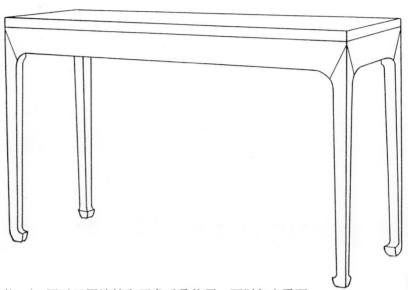

此桌的结构是腿子与牙条格角相交，先构成一具架子，上面再和攒边的桌面结合在一起。这样的造法，可以避免采用腿子和边抹三个主要构件在棕角榫一处相交，保固的效果要好得多。

同时又因边抹和牙条重叠使用，可以加大看面，以免显得过于单薄。它可算是四面平的基本式样。入清以后，四面平式的桌子多数采用棕角榫结构，很少有另加桌面的造法了。

乙79、四面平霸王枨条桌

它在结构上与上例相同，只是牙子的宽度缩小，这是由于采用了霸王枨的缘故。否则的话，只凭牙、腿格角联结，接触面太小，条桌难免不稳。

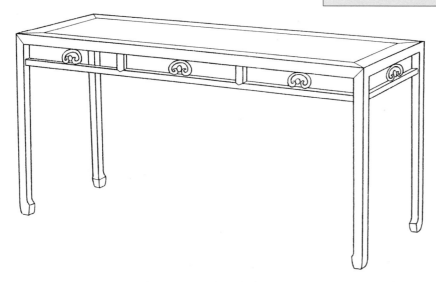

这是从上述的形式变化出来的一种式样，直枨上加矮老，矮老之间加卡子花。直枨虽稍稍退后安装，仍不失为四面平式。此外，亦曾见用罗锅枨，枨上加卡子花。有的在桌面下安挖云纹的角牙，直枨在角牙之后与腿足联结。实例如埃氏《中国家具》图67所见。有的将四面的牙条化实为虚，用横竖材攒接成槕格，造法与攒牙子方桌相似〔乙61〕，这里不再一一绘制线图了。

三、条案

条案的形式，按照北京匠师的分法是：案面两端平齐的叫"平头案"，两端高起的叫"翘头案"。在平头案和翘头案之中又各有夹头榫和插肩榫两种造法。

夹头榫式的条案造法变化很多，归纳起来，可以分为以下三类：

1. 四足着地，足间无管脚枨。
2. 四足着地，足间有管脚枨。
3. 足下带托子。

又由于条案的管脚枨下牙条的变化，管脚枨和上枨之间或托子和上枨之间所形成的长方形空当，有的加圈口牙子，有的嵌装镂花透雕挡板，有的安用攒接法造成的槕格，形态各异。再加上牙头、牙子、腿、翘头、托子、横枨、枨间的绦环板、枨上枨下的牙头等等，在式样、花纹和造法上都有变化，遂使夹头榫条案众态纷呈，丰富多彩，美观悦目。

插肩榫的条案结构比较单纯，多为四足着地，不带管脚枨或托子，其主要不同处，只表现在牙子、腿、足的轮廓、线脚及花纹装饰的变化上。

关于条案的面板也有两种不同的造法：一种是用边抹攒框，打槽装板心，或称"攒边做"，在平头案及翘头案中都屡见不鲜。

一种是用厚板作案面，即所谓"独板做"，或称"独板面"，简称"独面"，清代《则例》则称"一块玉"❶。它多用在翘头案上，利用翘头来掩盖厚板尽端的断面木纹。独面用在平头案上比较少见，因为除非在厚板的尽端另拍抹头，色深而纹理呆滞的断面是无法掩盖的。

由于条案的变化较多，特将其形式列表如下：

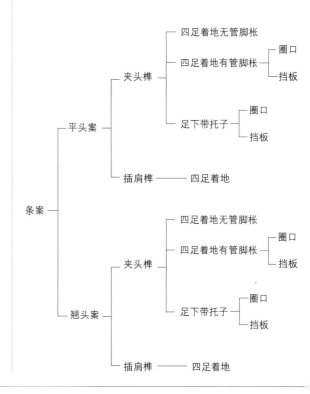

❶ 清写本《圆明园内工硬木装修则例》："紫檀、花梨、铁梨木案面一块玉做，折见方尺，每十五尺用木匠一工，水磨烫蜡匠一工。"

式

明式家具的种类和形式

为了叙述上的便利及避免重复，下面依夹头榫、插肩榫的类分来列举实例。至于平头、翘头，已在上表列明，这里不再用它来分类。因为二者在各个局部的变化上是彼此相同的，也就是说有什么样的平头案就可能有什么样的翘头案。如果分别介绍，将出现许多无意义的重复。

四足着地无管脚枨可以算是夹头榫条案的基本形式，下举三例：

乙81、夹头榫平头案

案为圆材，素牙头，横枨两根，枨间不装绦环板，枨上、枨下也无牙头或牙条，在基本形式中应属最简单的式样。传世的明式实物，不问是木制的还是木胎髹漆的，不问是平头的还是翘头的，均以此式最为常见。朴质简练，平淡耐看，乃其特点。

黄花梨 121.9×40cm，高80cm

黄花梨，铁力面心 126.2×39.7cm，高86.2cm

乙82、夹头榫翘头案

此与上例基本相同，不过它的牙头稍经锼挖，略具卷云之形。整条牙子用材较厚，表面并非平扁，而是中间隆起，向四边渐渐铲出斜坡，周匝又加刻一道阴纹线，这些手法处理，予人精圆饱满的感觉。由于牙条厚，非全部夹在夹头榫中，而是包裹了腿足上端表面的一部分，与一般的夹头榫外貌不同。横枨只用一根，近似桥形而中部又微凹。和上例相比，虽仍属基本形式，但别具风貌。

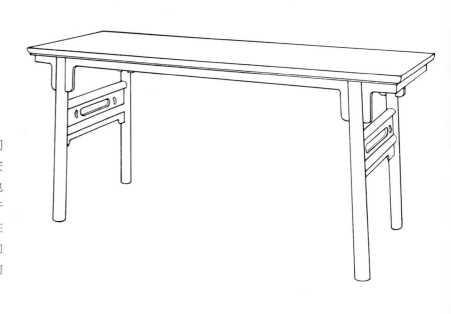

此案的变化都在吊头之下。两根横枨之间打槽嵌装挖鱼门洞的绦环板，下一枨的下面还安牙条。这样，不仅增添了装饰，在固定间架上也能起一定的作用。鱼门洞的透孔有多种式样，牙条的牙头也可以雕为云纹。进一步的变化有的在上一枨之上安素圈口，有的还在圈口底部正中向上翻出云头。这些装饰较多的条案，大都为清前期乃至晚到乾隆时的制品。

下面介绍四足着地无管脚枨夹头榫条案的变体两例：

乙84、夹头榫带顺枨平头案

在平头案牙条之下安顺枨，其形状有如大木结构中的额枋，它能起加强联结的作用。这样的造法，宋代的桌案十分流行，当时应算是常式。此后为了避免阻碍腿膝，顺枨便被省略掉。明清以来，只有在油桌上还有时保留着它，其他桌案上则极少见。故在明式家具中，有顺枨的只能算是变体了。顺枨的存在，加强了联结，予人一种稳定感；又因它是窄小的条案，主要用途是摆放东西，不是坐近工作，故顺枨的存在问题不大，所以才被保留下来。类似的平头案也有不用直枨而用罗锅枨的，其形态就有点接近一腿三牙式样了。

乙85、夹头榫带屉板平头案

在平头案案面之下约一尺许的部位，四腿之间加横顺枨，枨子里口打槽装屉板，形成平头案的隔层。这种造法是为了增加条案的使用空间和面积。不过横顺枨在等高处凿眼，会影响腿子的坚实。还有即使有了隔层，也不宜多放东西，否则就会显得很凌乱。因此，利用率并不高。加屉板的平头案传世不多，可能原因在此。

黄花梨 71.2×37.7cm. 高81cm

下面谈谈夹头榫四足着地有管脚枨条案。管脚枨之施，在功能上加强了足端的联结；在装饰上，它本身虽多为光素，变化不大，但两腿间的方形空当有它才能形成，这就使圈口和挡板两种富有装饰性的构件，有安装的可能。管脚枨之下，一般都有牙条或枨子承托。牙条或镂出曲线，枨子或为罗锅形，或作两卷相抵状，也具有一定的装饰意义。

条案的圈口，或简或繁，以下各举一例：

乙86、夹头榫管脚枨翘头案

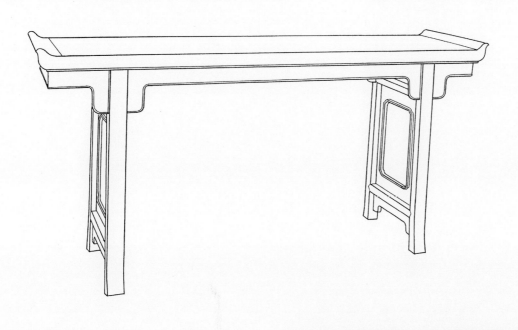

案的管脚枨以上用委角方圈口，无雕饰，只沿口起阳线。枨下素牙条，四足到地面微向外撇，是北京匠师所谓"香炉腿"的造法，或称"撇腿"。

乙87、夹头榫管脚枨大平头案

黄花梨 350×62.7cm，高93cm

此案采用雕花圈口，由四块雕云纹的厚木条构成，略具壸门之形，仗着四角的旋卷花纹和下部正中涌起的云头来取得装饰效果。香炉腿，管脚枨下的枨子造成两卷相抵。正中拱起，与圈口的纹样上下呼应。此案长达350厘米，虽为攒边做，而用一块整板作面心，莹洁如玉。它是明代黄花梨家具中的重器，也是一件有代表性的大形条案。

管脚枨上用挡板，这里举平头案一例：

乙88、夹头榫管脚枨平头案

案用素牙头，沿牙条牙头起皮条线，撇足香炉腿。全身可谓基本光素，但管脚枨以上的挡板，透雕精美。透雕部分高起，四周铲地，使花纹更加突出。透雕两面做，巨株灵芝，下有玉兔作回首状，旁佐拳石。线条流畅有力，刀法圆熟自如，艺术价值极高。制者似故意用精雕细琢的挡板来和光素的案身形成对比。

挡板部位的装饰，也有应当受到批判的，如下例：

此案牙头挖成云纹，起边线，腿子起两炷香线，均为一般的造法，也还平稳无疵。但在挡板部位却用攒接的办法造成一个斜形大卍字，好像是从别处拆下来硬塞在此处似的，将整体完全破坏了。攒接的卍字并不繁琐，用在罗汉床围子上效果很好，但用在此处，则恶劣不堪。可见装饰构件不能乱搬乱用，必须用得适当。

乙89、夹头榫管脚枨平头案

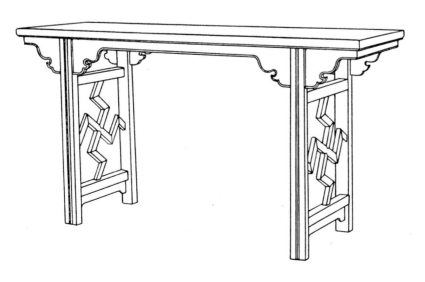

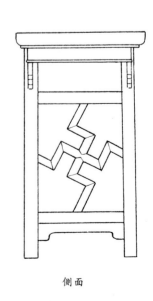

侧面

162.5×51cm，高85cm

明式家具的种类和形式

带托子条案，案足落在两根横木托子上，两个托子之间，不再有木材联结，这和其他家具的托泥本身总是构成一个整体有所不同。托子之下，两端有底足，或就横木本身剜出，或另安装。托子的作用在不使四足着地，以免腐朽，而托子的底足，为的是将托子架空，倘有糟朽，只需更换底足就行了。带托子条案下举五例：

　　案的托子光素，圈口有雕饰，但仍属方直一类。翘头小而圆，与抹头一木连做。牙头浮雕龙纹，两首相背，龙身蟠卷，组成图案，与牙头的外形结合得比较成功。牙条正中镂雕虎吻，在条案中极为罕见。此案虽有雕饰，但除虎吻外，并未脱离条案的基本形式。

黄花梨　161×54cm，高83cm

黄花梨　141×47cm，高83cm

　　素牙头，短小方正，棱角快利。圈口作壶门式，但不加雕饰。条案托子一般光素者居多，而此例却雕云纹。案面用宽材作边。翘头与抹头一木连做，中间打槽，案面板一直装入到翘头下的槽内，使案面上减少了两条线缝。圈口之上，一般都有横枨，此案竟省略不用。可能是由于圈口地位较高，不再凿眼安枨，可使夹头榫部分更加坚实一些。乍看此案，似极平常，实际上是一件具有特色的实例，从中可以观察到几种不寻常的手法。

铁力 343.5×50cm，高89cm

案面独板造成，厚度在三寸以上，底面铲挖凹进去的圆穹，目的在减轻大案的重量，但又要保留看面的厚度。翘头与面板联结处，切成直角，为的是包掩面板尽端的断面木纹。牙头外形作云纹，但上面铲雕出两个象头，只有两条曲线和一双仿佛眯着的眼睛，却能刻画出长鼻微卷的神态。两象合起来看，又组成了一个向下卷转的浮雕云纹，构图颇为巧妙。案足安在托子上，但管脚枨并未省去，为的是使足部更加稳重。挡板用厚板锼雕大朵垂云，居中直挂，两下角用角牙填压。从整体看，凝重雄伟，此案足以当之。面板底面中部刻："崇祯庚辰仲冬制于康署"十字〔2·22〕，从而得知此案是今广东德庆县的制品。它原为琉璃厂萧姓文物店论古斋旧物。1950年建议故宫收购，曾在西路陈列。此案亦经艾克收入《图考》（图版87），惟因尺寸太长，只拍摄了案的一端。

2·22 崇祯庚辰（1640年）制铁力大翘头案款识拓本 案藏故宫博物院

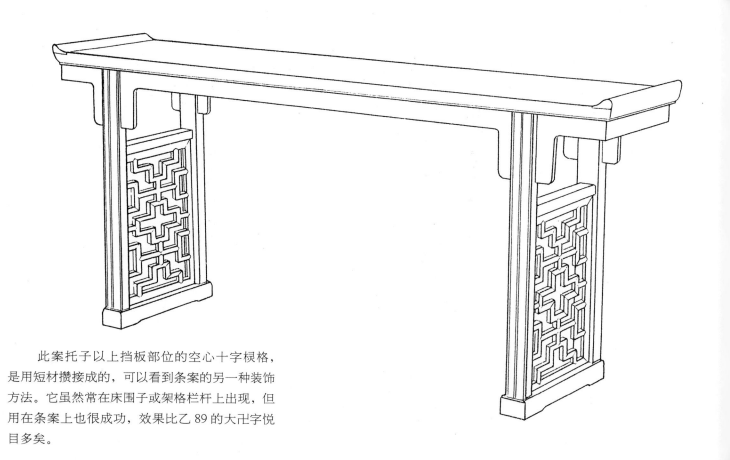

此案托子以上挡板部位的空心十字棂格，是用短材攒接成的，可以看到条案的另一种装饰方法。它虽然常在床围子或架格栏杆上出现，但用在条案上也很成功，效果比乙89的大卍字悦目多矣。

式

明式家具的种类和形式

乙94、夹头榫带托子平头案

是案托子以上挡板部位只安三根直棖，十分简洁。这种造法还保留着隋唐以来直栅横跗案的遗意，仿佛是从日本正仓院藏的唐黑漆涂十八足几简化出来似的。它在宋代以前颇为流行，但在明代实物中，却是罕见的例子。

鸂鶒木　87×43cm，高79.5cm

插肩榫条案以小型或中型的居多，一般长四五尺至七八尺，长及一丈的少见。式样变化主要表现在牙腿的轮廓和腿足的雕饰上。下面举三例：

乙95、插肩榫平头案

艾克原图特写（插肩榫部分）

案的面宽接近二尺，是一件比较宽的条案。牙条上的壸门轮廓，圆劲有力，吊头下也造出曲线，形成以案腿为中心的左右对称。腿上剜出叶状轮廓，足端刻仰俯云纹，此下以半枚银锭似的足作结束，一切合乎标准的式样，堪称明代家具上品。材料用胡桃木，在精制的明代桌案中亦不多见。此案有一点使人难以理解的地方，即把插肩榫上端造成锐尖，这在明代实物中尚难举出第二例。因为锐尖正好在插肩榫靠外一个榫子的顶部，如此榫到此锐尖为止，它将别无榫木可以纳入大边的卯眼中。除非锐尖只是该榫的表皮，其后还留有较宽的阳榫。不过即使后面还有榫，表皮削尖，在结构上和装饰上都没有意义，因为无论怎样，锐尖都容易伤损。今绘线图，特意将插肩榫的外貌改得合乎常规，这样才使白玉无瑕，在结构上予人舒适感。在此一旁，照该案原样绘制插肩榫局部图，供读者参考对照。

乙96、插肩榫平头案

黄花梨　188.2×43.5cm，高83.5cm

　　此案与前例基本相似，但增添了装饰。牙头左右各锼出圆球，旁吐微尖，如嫩芽初茁。腿子从下端云纹翻出一炷香，直贯而上。这一炷香是在踩下的凹槽中留造的。踩此凹槽为的是两旁

再隆起混面，这样腿足就出现了起伏，线脚繁简得中，超脱不凡。全案沿着牙腿边缘起十分利落的阳线，使平头案显得既浑成朴质，又挺拔精神，是一件艺术价值很高的明代家具。

乙97、插肩榫独板面翘头案

黄花梨　140×28cm，高87cm

　　案的面板用独面，厚达3.5厘米。牙、腿边缘起灯草线，在腿肩左右的牙条上各透锼卷云一朵，圆转简洁，生动有力。其妙处在卷云稍稍向内倾仄，而云下牙子上的小小钩尖也起重要的作用。如果将卷云摆得端端正正，或将钩尖省略，

随圆转去，效果就会大大减色。案腿在肩下不远处，造出叶状轮廓，恰好在其宽处的部位，凿眼安横枨两根。足端又用阳线造出卷云纹，颇似南宋画中某些桌案的底足，可见它尚保持着某些较早的式样。

以上两例，腿子上端外半的格肩都留有一定的宽度，与第一例的锐尖不同。再证以插肩榫形式的酒桌、画案等，上端均非锐尖，更足以说明第一例的造法是少见而不合理的。

最后介绍几例条案中的变体。

黄花梨　259×41cm，高 91cm

乙 98、插肩榫板足透雕大翘头案

这是故宫博物院购藏的龙纹翘头案。它不用四足，代之以两块约三寸厚的板。厚板透雕，不仅两面有雕刻，就是纵深的刀口中，也施剔凿，具有圆雕的意味。清代室内装修中的花罩，往往采用此种造法，术语称之曰"整挖过桥"，或"玲珑过桥"❶。案足带托子，正面及肩部雕龙纹，侧面相当于挡板的部位透雕卷草纹。牙子雕回纹，与腿子拍合，基本上是插肩榫结构。翘头上也加纹饰，浮雕落花流水。此案装饰效果并不佳，尤其是牙子上的回纹，最为刺目。类此的变体，1955 年曾在鲁班馆张获福家具店见一具，案足厚板雕成双凤形，后脑相抵而喙啄外向，造型更为奇特。惜当时未能拍摄照片。变体家具往往新奇有余而并不隽永耐看，说明其设计实践不够，未臻成熟阶段。

❶乾隆十四年纂刊《工部则例》卷十八《木作用工则例》："如雕刻过桥玲珑者，每折见方一尺，用雕銮匠四工五分。"

板足部分

乙 99、夹头榫着地管脚枨平头案

挡板特写

此案的变体表现在管脚枨的造法上。一般的管脚枨离地面约二三寸，有一定的距离，此则下降着地，两端与案足 45 度格角相交。贴着地面的下皮，中部剜去，留出两足，又采用了托子的形式，所以它是把管脚枨和托子糅合在一起的一种造法。这种变体不多见，曾请教几位老匠师，未能道出其专门名称，今姑名之曰"着地管脚枨"式。这种造法，由于足端格角合缝处，既尖且薄，贴着地面，容易糟朽。而且一旦糟朽，整条腿都须更换，所以并不是合理的造法。传世实物少正是由于这一缘故。至于此案本身，牙头腿足，光素无华。挡板中雕宝珠，两草龙仰俯相向，花纹饱满雄伟，线条旋回流畅，明代透雕如此精美者，亦甚罕见。本书第四章有照片〔4·26〕，可参阅。

乙100、攒牙子着地管脚枨平头案

采用着地管脚枨的又一实例是陈梦家先生藏的黄花梨平头案，足部的造法和前例完全相同，其上部结构又别具特色。案面用独板，厚约二寸，腿足上端出榫，与面板格角相交。足间安透空回纹牙子，由长、短材攒成，用栽榫与腿足联结，故它既非夹头榫，亦非插肩榫。这种造法，并不合理，但由于它用料粗硕，故尚坚实。整体说来，此案处处见棱见角，而形态厚重，能呈现一种整齐方正的风貌。

黄花梨　158×47.4cm，高84.5cm

侧面

乙101、攒牙子翘头案

此案也不用夹头榫或插肩榫，牙子完全用纵横的木条攒成，仗栽榫来和腿足联结。它不能与前例比拟，因为用料太细，坚实性差。右侧吊头下的转角，显已变形。我们认为夹头榫和插肩榫两种案形结构，经过长期考验，证明它们是合理的。采用分段攒接的牙子，用以代替嵌夹在足端的通长牙条，终究不是理想的造法。如此例用细材攒接方形的拐角，更不足取。

黄花梨　153.7×35.6cm，高85.7cm

明式家具的种类和形式

乙102、罗锅枨加卡子花带托子小平头案

这又是一件比较少见的小平头案。看面两足之间用木条造成罗锅枨，上安两朵双套环卡子花。腿外吊头之下又用弯形木条造成牙头的轮廓。足下有托子，上安圆角的长方圈口。横枨之上还有开扁方形透光的绦环板。匠师跳出了一般惯例，巧妙而出人意外地将上述的几种造法结合到一起。但运用自如，并不使人有标新立异的感觉，所以设计是成功的。小案长仅85厘米，故虽没有采用夹头榫或插肩榫结构，对它的影响不大。美中不足的是四足用材稍嫌窄了一些，如再宽出1厘米，整体的比例就更好了。

榉木 84.5×37.5cm. 高83cm

四、架几案

架几案案面多用厚板造成。倘为攒边装板制者，匠师称之曰"响膛"，言其一拍便砰然作响，与实心的厚板音响不同。惟响膛制作多用于次等家具，或紫檀架几案面，原因是紫檀缺乏巨材大料，才不得不采用响膛造法。

明式架几案的案面多光素无纹饰，案面立面浮雕花纹的多为清式制品。因此，明式架几案的式样变化多表现在几子的造法上。

乙103、素直圈口架几案几子

最简单的一种几子是以四根方材作腿子，上与几面的边抹相交，用棕角榫联结在一起，边抹的中间装板心，腿下有管脚枨，或由带小足的托泥支承。这是架几案几子最基本的形式，惟过于简单，故不是传世实物中最常见的一种。

此例一如上述的基本形式，但在四面的长方形空当中增添了素直圈口，只沿外边起阳线一道，使几子厚重一些，支承案面显得更牢稳有力。

黄花梨 41.3×41.3cm. 高85.7cm

乙104、架几案（几子腰枨加屉板）

几子在中部加枨子四根，打槽装板心。足底不用托泥而用管脚枨，和上端一样，也采用棕角榫结构。管脚枨榫之间也打槽装板心。这样，在案面之下的空间，被隔成两层，可以利用它们放一些物品。不过在整洁的厅堂和书斋中，架几案几子只能让它空着，否则就会显得凌乱无序。

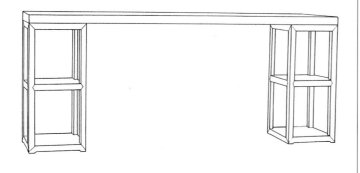

乙105、架几案（几子暗抽屉冬瓜桩圈口）

几子中部偏上，每面加腰枨两道，打槽装板。装板有一块留作抽屉脸，不安铜吊牌，使四面整洁如一，北京匠师称之为"暗抽屉"。装板以上的空当，安"冬瓜桩圈口"。装板以下的空当，只在横枨下安四个素牙条，四足直落到地，无马蹄。从制作来看，是一件清中期的家具，但还保留一些明代的式样。

乙106、明抽屉加卡子花角牙架几案几子

黄花梨 39×38cm，高88cm

此几比上例将抽屉升高一些，而在上一道腰枨和边抹之间安卡子花，在下一道腰枨之下安角牙，借以增强装饰效果。

与上例相似的几子或将抽屉提高到几面边抹之下，或将抽屉降低到管脚枨之上。在抽屉的高低和角牙、卡子花的使用上可以有许多变化。

乙107、厚板透雕架几案几子

架几案几子中还有四面用厚板而施雕镂的造法。此例在厚板中部透雕凤纹，里外两面做，运刀圆浑，层次分明，花纹以外，将厚板铲剔去一层，使凤纹更为突出。它吸取了古玉佩的雕琢手法，玲珑疏透而又浑厚凝重，是一件极为考究的紫檀家具。惟在架几案中却是罕见的变体。

紫檀 45.2×45.2cm，高82cm

柒·宽长桌案——画桌、画案、书桌、书案

"宽长桌案"是作者杜撰的一个名称，作为几种比较宽而长的桌案的总称。这样分类仍得自北京匠师的启示，目的在把窄长与宽长的桌案区分开来。

北京匠师认为画桌画案的宽度一般都够二尺半，过窄只能算是条桌或条案。理由是恐纸绢难以舒展，无法搦管挥毫。书桌、书案虽不妨稍窄一些，但也不宜过窄，否则阅读书写亦多不便，只能称之为抽屉桌了。

四种宽长桌案如何区分，北京匠师有明确的概念。作画挥毫，往往要起立，桌面以下越空敞越好，所以画桌、画案都没有抽屉。凡作桌形结体的，即足在四角的叫画桌；凡作案形结体的，即腿足缩进，两端有吊头的叫画案。至于书桌、书案则必须有抽屉。凡作桌形结体的叫书桌；凡作案形结体的叫书案。另

外，如果采用架几案形式，案面较宽，抽屉安在两个架几上，此种案子也叫书案。有时在前面再加两字，叫"架几书案"或"搭板书案"。

四种宽长桌案的使用，一般把纵端靠窗放，不但光线明亮，适宜书画阅读，亦便对面有人牵提纸绢。倘对面设座，亦便两人同时就桌案工作。

画桌、画案的另一种摆法是在室内居中放，四周或设凳椅，或空无一物。另一种摆法是厅堂正中一间后设大条案，前放画桌或画案，用以替代八仙桌。不过此种摆法，只有三间打通，中无槅扇或落地罩，才显得舒展而妥适。

四种宽长桌案都可以顺着靠窗放，迎面来光，也很明亮。不过这只限于尺寸较小的画桌、画案，大型的就不相宜了。

下举画桌五例，画案八例，书桌二例，书案二例：

一、画桌

乙108、无束腰罗锅枨加矮老画桌

鸂鶒木　146×80cm，高87cm

在画桌中，无束腰、直足、罗锅枨加矮老仍是常见的一种式样。实例如这具鸂鶒木制的一件。它的长度不及1米半，是一件小型的画桌。

乙109、无束腰裹腿罗锅枨加霸王枨画桌

紫檀，黑漆面心　190×74cm，高78cm

这具画桌是上例的变体。它将罗锅枨改为裹腿做，用料加大，位置提高，直贴桌面之下，省去了矮老。削繁就简，扩大了使用者膝部的活动空间，干净利落，效果很好。腿内用霸王枨，正是因为罗锅枨提高后，腿足与其他构件的联结，过于集中在上端，恐会出现不够牢稳，是以采用此枨来辅助支撑。桌面黑漆，精光内含，有如乌玉，断纹斑驳，静穆古朴，与黝黑的紫檀十分协调，是明代上乘的紫檀家具。

乙110、一腿三牙罗锅枨加矮老画桌

一腿三牙式的方桌，一般都侧脚显著，边抹宽而不厚，惟因采用垛边办法，使冰盘沿显得有层次而厚一些。另一个作用是垛边可以遮挡牙条的上部，不使它全部外露。不过曾经见到的几件一腿三牙画桌，侧脚都不显著，因而角牙总是很小。不垛边，故牙条全部亮在外面，有的就显得很笨拙。它们缺少一腿三牙罗锅枨方桌那种神采。实例如当年在鲁班馆看到的一具，牙条沿边起皮条线，罗锅枨之上有矮老。不垛边，边抹用料也不宽，明代的意趣就不及同式方桌〔乙50〕那样浓厚。不过此桌造型还应当说是比较好的，像艾克《图考》所收的一件（图版69），牙条、牙头特别大而宽，显得滞郁不宣，予人闷窒感，是一件失败的实例。

看来"一腿三牙罗锅枨"这一形式，用在方桌上比较适宜。如何在长方形家具上运用得好，还是一个值得探索的问题。清初的小条桌如乙70、乙71，可以说是当时的匠师已在作各种的尝试。

明式家具的种类和形式

乙111、有束腰几形画桌

此桌除桌面外，通体浮雕灵芝纹。它的束腰和牙子虽有雕花，与一般画桌尚无大异，只是腿部向外弯后又向内兜转，接近鼓腿彭牙的造法。但腿下又有横材相连，横材中部还翻出由灵芝纹组成的云头，整体造型实际上吸取了带卷书的几形结构，所以在画桌中是变体。灵芝纹朵朵大小相间，随意生发，丰腴圆润，是明代的刀法，与莲花纹宝座〔甲100〕有相似之处。清中期以后，灵芝纹已被程式化，斜刀切出，锐棱外露，造型庸俗，与此不可同日而语。

此桌民国时为北京牛街蜡铺黄家物，后归三秋阁关氏。郭葆昌曾请工仿制，因缺少紫檀大料，比例诸多不合。雕琢后虽用大量磨工，终难肖似。

侧面

紫檀　面171×74.4cm，肩180×85cm，高84cm

乙112、四面平加浮雕画桌

紫檀　173.5×86.5cm，高81.3cm

此桌属四面平式，但为变体。通身就其平面减地铲雕，镂刻出生动而圆润的怪螭，形象奇古，与一般明代家具所见迥异，乃取材古玉而加以变化，故典雅清新，艺术价值极高。四足中段挖缺做，尚残余壶门床四角的痕迹，故马蹄的存在，也是完全符合其造型规律的。

画桌为名收藏家朱幼平先生斋中物，后经幼平先生长子、文物鉴定家朱豫卿先生携至杭州，1969年捐赠给浙江省博物馆。

幼平先生入藏此桌在本世纪初，购自古玩商荣兴祥主人贾腾云。贾购自满族名士古琴家佛尼音布。佛得自海淀汉军旗人朱某。朱某当为明成国公的后裔。所以这是一件流传有绪、十分珍贵的明制紫檀重器。

无束腰直足和有束腰马蹄足画桌，在造型上多与方桌、条桌相同，同样有直枨加卡子花、锼牙头、攒牙头、喷面、高束腰等多种造法。参阅方桌、条桌诸例，可以举一反三。为了避免重复，以上只介绍了罕见的变体。

二、画案

画案在南方古有"天然几"（或写作"天禅几"）之称，到今天还被人沿用，北方则无此名称。查明代文献，如《三才图会》所绘的

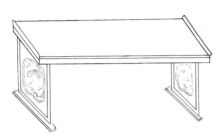

2·23 明刊本《三才图会》器用十二卷页十五下的天禅几

天禅几，实为一具增加了宽度的翘头案，挡板有雕饰，下有托子〔2·23〕。文震亨《长物志》卷六则谓："天然几，以文木如花梨、铁梨、香楠等木为之，第以阔大为贵，长不可过八尺，厚不可过五寸。飞角处不可太尖，须平圆乃古式。照倭几下有拖尾者更奇，不可用四足如书桌式……近时所制近狭而长者最可厌。"看来，当时对天然几的形制并无严格规定，但要求比较宽，而且是案形结体，不是足在四角的书桌，和北方匠师的概念则是一致的。

画案的主要形式仍不外乎夹头榫、插肩榫两种造法。

夹头榫画案以下举五例，或为四足着地，或足下有管脚枨，或足下带托子，式样变化和条案有近似之处。

乙113、夹头榫小画案

黄花梨，铁力面心 143×75cm，高82cm

案为黄花梨制，铁力面心，尺寸为143×75厘米、高82厘米，是画案中较小的一种。圆材，素牙条，素牙头，属标准明代形式。制作如此，屡见不鲜。惟此案在一足的上部刻篆书铭文："材美而坚，工朴而妍，假尔为冯，逸我百年。万历乙未元月充庵叟识"〔1·5〕，字迹圆熟自然，可以肯定绝非后刻。明代的画案而有当时的铭刻，十分稀有。它为此种造型在万历时流行而提供了确凿证据。案为苏州名药店雷允上家中物，经其后人雷传珍捐赠给南京博物院。

画案上的篆书铭文

乙114、夹头榫云纹牙头小画案

这又是一件标准明代画案，牙头制作，见到了变化，但仍属常见的一种。腿足上端开长口嵌夹牙条及牙头，牙头锼成卷云纹。画案的特点在用材粗硕，边抹、腿、枨等无不大于和它尺寸相同的明代桌案，故颇具厚拙凝重的风格。

黄花梨 151×69cm，高82.5cm

乙115、夹头榫画案

案面用三块等宽的紫檀厚板拼成，边抹冰盘沿素混压边线，牙条窄而厚，削出凸面，牙头方短，形态古朴。四足着地，下端微向外撇，与条案的"香炉腿"的造法相同，足间加横枨两根。此案亦为萧山朱幼平先生故物，后经故宫博物院购藏，在明代大型紫檀家具中是很有代表性的一件。

紫檀 227×79.5cm，高85.6cm

黄花梨 138×75.5cm，高85cm

乙116、夹头榫管脚枨小画案

在结构上它比前例增加了管脚枨。画案和条案一样，管脚枨以上和腿足形成的长方形空间可以安圈口或挡板或棂格。此案采用圈口，但非常见的板条，而是四根圆材，在四角又造成两卷相抵，故显得轻盈空透，新颖脱俗。

紫檀　231×93cm，高85.7cm

明式家具的种类和形式

比上例更大的画案，有1956年在苏州西园见到的百衲大天然几，长约一丈二三尺，足下有托子，托子上加委角素方圈口。案用一般木材作胎骨，表面则用不规则的小块黄花梨片镶成贴面，拼出冰绽纹。据曾经统计拼片的人称，共有2930片，故有"千拼台"之称。此种百衲包镶的造法，清代或用来造桌面及柜门板心，至于施之于大案通身，实为罕见。由于它本身是一件大器，引人注目的是其整体，细部反容易被忽略，因而通体冰绽纹，并不感到繁琐。大案采用包镶造法，除为节省材料外，也为减轻重量，因如此大案而用硬木，移动将十分不便。此案二十年前承顾公硕先生惠寄照片，十年浩劫中已散失。原物经多次询问，仍不知现藏苏州何处。

夹头榫画案也有足间带管脚枨，枨子之上或托子之上装透雕挡板，或在挡板之上的两根横枨之间装开鱼门洞的绦环板。可参阅条案各例。

插肩榫画案举以下三例：

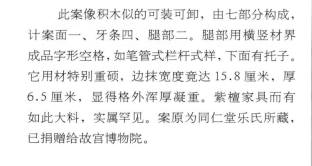

此案像积木似的可装可卸，由七部分构成，计案面一、牙条四、腿部二。腿部用横竖材界成品字形空格，如笔管式栏杆式样，下面有托子。它用材特别重硕，边抹宽度竟达15.8厘米，厚6.5厘米，显得格外浑厚凝重。紫檀家具而有如此大料，实属罕见。案原为同仁堂乐氏所藏，已捐赠给故宫博物院。

乙118、插肩榫漆面嵌螺钿画案

这是一件标准式样的壶门牙子插肩榫画案，只细部采用了一些特殊的手法。插肩榫上部隐起近似三叶纹的浮雕，意在摹拟金属饰件。自叶片正中下垂一道阳线，将腿子平分两半，左右起双混面。足端造出卷叶状的轮廓。案面沿边起拦水线，面心漆地，用厚螺钿嵌折枝花卉纹。此案造型虽佳，但用料不精，牙条、腿子都用小料拼粘成，绘成线图后尤为明显。它和这里列举的几件用大料造成的紫檀画案，在价值上是无法比拟的。

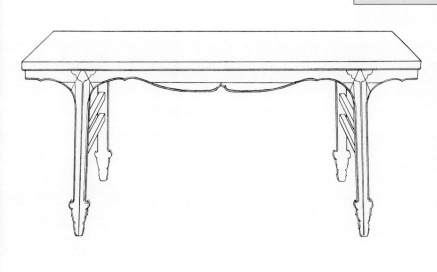

紫檀 207×85.7cm，高85cm

乙119、插肩榫大画案

插肩榫部分特写（牙头、牙条分别安装）

此案全身光素，只边抹立面用简单的线脚，沿着牙腿起灯草线边，足端略施雕饰。它也因用材重硕，尺寸宽大，故采取可装可卸的造法，在插肩榫画案中乃是变体。其结构及安装的程序是：案腿四条，每两条各由两根方枨联结，形成一对⊓形的架子。腿子上部开口，顶端留前后两榫，并削出斜而长的双肩。首先插入开口与斜肩下部拍合的，是用厚约寸许的整板挖出的向上卷转的四个云头。云头之上，再嵌插通长的牙条，与斜肩上部拍合。这时牙条已将一对⊓形的架子联结起来，形成有四足的支架。下一步是将案面抬起摆到支架之上，大边之下的榫眼，与每条腿子顶端的两个榫子拍合。最后安装两侧面的两条牙条，形成一具完整的大案。总计全案可以分拆成十一个部分（计⊓形架二、牙头四、牙条四、案面一），比前例可装可卸的紫檀夹头榫大画案，多出四个云纹牙头。

此案腿子的看面宽逾10厘米，因而斜肩部分斜长达20厘米。牙头、牙条与斜肩嵌插的槽口长，地位低，这对保证支架结构的稳定起很大的作用，正是大型重材画案必须注意到的问题。从这里可以看出云纹牙头不仅是一种装饰，而且有承荷重量和加强联结的功能。云纹牙头的增设，是在插肩榫常规造法的基础上出现的一个新发展。

在此案的一块看面牙条上，有光绪丁未年（1907年）溥侗的题识如下：

昔张叔未藏有项墨林柴几、周公瑕紫檀坐具，制铭赋诗镌其上，备载《清仪阁集》中。此画案得之商丘宋氏，盖西陂旧物也。曩哲留遗，精雅完好，与墨林柴几、公瑕坐具，并堪珍重。摩挲拂拭，私幸于吾有凤缘。用题数语，以志景仰。丁未秋日，西园懒侗识。〔2·24〕

按西陂为宋荦号，明末清初人，以富收藏、精鉴别著名。其父宋权、祖宋缮，皆官居显要，此案可能是西陂家中世传之物。

2·24 清初宋荦旧藏紫檀大画案溥侗题识拓本

案面及侧面牙条卸下后的情况

乙120、插肩榫一边喷面小画案

木胎朱漆　123×83cm，高83cm

2·25　乾隆十年（1745年）汪廷璋制画案题识拓本　画案藏扬州博物馆

案木胎朱漆，尺寸为123×83厘米、高83厘米。腿足下部雕卷转花叶，起一炷香线。罗锅枨高高拱起，与牙条贴着，也雕类似云头或灵芝的花纹。横枨两根，方材起委角线。整体形态与明初朱檀墓出土的半桌颇为相似。

此案的特点在案边喷面，前后宽窄不同。前边为14厘米，后边为4厘米。像这样前后不对称的画案尚未见过第二例。设计者的意图是容易理解的，前面案边多喷出10厘米，就为案下空间的进深增添了10厘米，使人就座时可以更临近案面，便于工作使用。这种独出心裁的设计，说明为了实用，可以不要对称。我们相信此案是定制的，因为除非主人出样子，匠师是不会打破

常规，造出两边不对称的画案来的。

案面起拦水线，髹漆已生断纹，左侧靠案边刻楷书铭文三行："饰本辁车，制规玉几，实式冯之，云蒸霞起。匪朝伊夕，左图右史，时一横琴，偶然酌醴。爱此离明，文之极轨。用诒子孙，曷以钦止。皇清乾隆十年，岁在乙丑夏，汪廷璋铭。"〔2·25〕此案如果没有铭文，据其朴质的造型，尤其与朱檀墓的半桌有相似处，将断定它是明中期或更早的制品。但铭文却明确告诉我们制作年代为乾隆十年（1745年）。"制规玉几"一语，也可以说明是汪氏自己设计的。明式家具的断代是一个复杂问题，亦于此可见。

三、书桌

书桌可分为一般书桌和"褡裢桌"两种。前者不论抽屉为三具或四具，都一字平列，高低相等，抽屉下的空间，高度也是一致的。后者的抽屉，上口虽等高，但中部的抽屉底总是高于两侧的抽屉底，因它略似褡裢布袋的形状，故有此名。这是古代匠师从实用出发，既要多设抽屉，又要为就座者多留一些膝部的活动空间，才作出了这样的设计。

总的说来，书桌抽屉的数量，自明至清，经历了一个由少到多的过程。清初李笠翁的《一家言·居室器玩部》主张几案要多设抽屉，正说明了当时的发展趋向。至于那些桌

面下平列抽屉数具，两旁架几又各有三四具，层层重叠，以至宽大书桌，两面都设抽屉，更是清代中、晚期才有的，和明式已相去太远了。书桌之下设脚踏，与四足相连，用棂木构成井字或冰绽纹图案，也是清代中晚期的造法，不能视为明式。

严格说来，书桌可确信为明制的，或纯作明式的，实物极少。抽屉一字平列的桌子，有黄花梨制的，造工也较早，但其宽度不够，只能算是抽屉桌〔乙133〕。褡裢桌绝大多数为清代制品，有的要晚到清代中晚期，所用材料多为红木、新花梨，黄花梨者绝少。下举时代较早的两例：

乙 121、褡裢式三屉书桌

桌为无束腰，方材，四足直落地面。两旁的抽屉深而窄，中间的一具浅而宽。抽屉脸安长方铜面叶，有拉手。红木制，时代约在清中期。惟造型尚简洁。

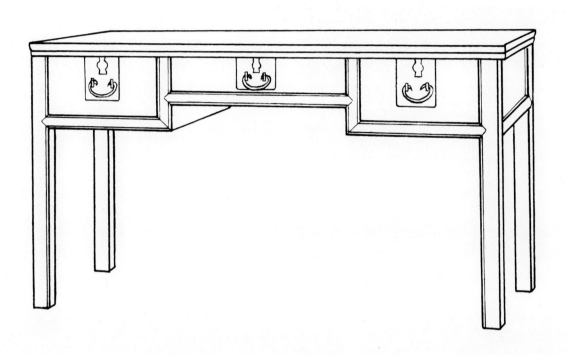

乙 122、褡裢式五屉书桌

此桌五屉，时代却早于上者。黄花梨制，方足起边线，直落地面。抽屉脸安壶门式券口，白铜饰件。50 年代初它出现在红桥晓市，因残破而失之交臂，是一件久久不能去怀的家具。

四、书案

乙123、三屉书案

木胎朱漆　160×58.5cm，高75cm

2·26　明刊本《金瓶梅词话》第九十七回插图中的书案

此具为洞庭东山马家巷施姓家物，宽度接近60厘米，木胎朱漆，案面下平列抽屉三具，腿外有挂牙，腿内有角牙，其长度至正中抽屉的立墙而止，并未连成通长的牙条，惜牙头已多脱落。据主人称，过去除用作书案外，亦曾用它放梳妆用具。

类似的家具在明人画本中曾见到，如《金瓶梅词话》第九十七回《真夫妇明偕花烛》插图所绘的一具〔2·26〕。图中所示，虽为书案背面，但可以看清它有抽屉而无闷仓，故可知它不是闷户橱。此案上面放着铜镜，看来可放梳妆用具的说法还是可信的。

乙124、架几案式书案

黄花梨　面板192.2×69.2cm，高84.5cm

此种形式书案只见一例。两几方材，足端造出矮扁内翻马蹄，落在托泥上，造法与长方香几有相似处。几子在中腰设扁抽屉一具，上下空当任其开敞，不加圈口。案面边抹攒框装板心，搭搁几上，宽度与几子相等，故又称"搭板书案"。它全身光素，线条棱角，爽利明快，基本上用的是四面平式样，是一件工料精良而又比较罕见的明代家具。

此案经鲁班馆张获福售出，据称最初在海淀晓市上出现，购归修理时嫌它过长，恐难脱手，故将案面截短约二尺许。大器改小，惨遭破坏，惜哉！

捌 · 其他桌案

其他桌案包括以下七个品种：

一、月牙桌（附圆桌）

二、扇面桌（附六方桌）

三、棋桌

四、琴桌

五、抽屉桌

六、供桌

七、供案

下举月牙桌三例，棋桌四例，琴桌一例，抽屉桌三例，供桌二例，供案三例。扇面桌实例待补。

一、月牙桌（附圆桌）

《鲁班经匠家镜》中《圆桌式》一条称："方圆三尺零八分，高二尺四寸五分，面厚一寸三分，串进两半边做，每边桌脚四只，二只大，二只半边做，合进都一般大。每只一寸八分大，一寸四分厚，四围三弯勒水。余仿此。"取传世月牙桌实物与上文印证，可知此条讲的是圆桌分为两半做，每半四足，靠边两足的宽度为中间两足的一半。当它与另半边合在一起摆时，两条半足恰好拼成一条整足，与中间两足宽度相等。这就说明了明式的圆桌是用两张半圆桌拼成的，它既可在室内中间摆放，又可分成半圆桌贴着墙或屏风摆放。搬动时进出房门，尤为方便，所以两桌拼成一张圆桌的造法是完全合理的。

完整的、不是由两半拼成的圆桌，明代当已使用，但实例尚待发现。所见此种圆桌，均非明式，而是清代中期或更晚的制品。

明式圆桌因年代久远，往往只有失群的一张半圆桌流传下来，匠师们称之为"月牙桌"。它们的式样，四足的居多，三足的少见；或足端着地，或足下有托泥；或无束腰，或有束腰。下面举三例：

乙125、无束腰直足月牙桌

此桌圆材四足，边抹素混面，加埂边，足间用罗锅枨加矮老。按其形式，完全是裹腿枨的造法，但此桌的枨子似裹而非裹，给人一种异常的感觉；用材为红木，更可以说明它的年代较晚。因此它虽属明式，可能是清中期的制品。

乙126、有束腰月牙桌

桌为四足，足端及腿子中部的叶状轮廓，采用插肩榫案足的式样，而不是一般有束腰家具的内翻马蹄。这是由其半圆形的体形来决定的。内翻马蹄只有用在方形结体家具的方腿上才合适。此为圆形结体，故除非用圆腿，否则不得不采用案形结体的插肩榫扁方腿的造型和装饰。牙条剜出壶门轮廓，落到叶状的装饰上作一结束。线条柔婉流畅。沿着壶门轮廓均起阳文线，起着重笔勾勒的作用。

黄花梨 面直边97cm，高84cm

乙127、有束腰带托泥月牙桌

此桌四足，牙腿相交，采用插肩榫，腿形取法案足，与上例相同，但雕饰增繁。壶门牙条在两端镂云纹透雕。腿上的叶状轮廓下移，落在仰俯云纹的底座上，从这里翻上一道阳线，越向上越宽，到腿子上端格肩的部位造出三叶纹的浮雕，和左右的云纹透雕形成虚与实的对比。下有托泥和支承托泥的小足。在结构上，也比上例要坚实些。

对此桌曾作仔细观察，后腿恰好是前足宽度的一半，与《鲁班经匠家镜》所说的相同。而且桌面直边的立面都有榫眼，虽已被人堵没填平，但可以肯定原来的榫眼是为栽榫或容纳栽榫而设的。有了栽榫的联结，可以把两张月牙桌更好地拼成一张圆桌。

二、扇面桌（附六方桌）

从明清的绘画中可以看到相当于六方桌一半的扇面桌〔2·27〕。故可推知当时的六方

2·27　清初人绘《䌽美图》中的扇面桌　见册三第二十六

桌也和月牙桌一样，采用两个半张拼成一整张的办法。惟明式扇面桌实物尚待访求。

三、棋桌

供打双陆或弈棋使用的桌子，在明代相当流行，今统称之曰棋桌。常见的造法是将棋盘、棋子等藏在桌面边抹之下的夹层中，上面再盖一个活动的桌面。着棋时揭去桌面，露出棋盘。不用时盖上桌面，等于一般的桌子。凡用此种造法的，今名之曰活面棋桌。至于桌子的大小和式样，并非一致，酒桌式、半桌式、方桌式都有，下面各举一例。

乙128、酒桌式活面棋桌

图中所见为桌面揭去后露出围棋棋盘的情况。棋盘位居正中，两旁放棋子盒。此桌为素牙头酒桌式，只是在看面的牙条下又加高拱的罗锅枨一道。这是因为双陆棋盘及棋子盒都设在有一定高度的夹层中，而单靠桌牙还不能将桌面下的夹层装置遮住，所以借罗锅枨来把它遮挡起来。

乙 129、半桌式活面棋桌

桌面边抹造成冰盘沿线脚，棋桌本身则采用马蹄足四面平式，因是架上另加桌面的造法，故较坚实。桌子中心下陷大方井，内藏双陆盘，两侧各有狭长小室，上盖木轴门，可关启，备贮双陆子。

另两侧各下陷小方井，供贮棋子。双陆盘上盖棋盘，两面分画围棋、象棋棋局。图中所示为象棋局面向上时的情况。

乙 130、方桌式活面棋桌

棋盘揭开后，露出双陆局及有木轴门的狭长小室

活桌面揭开后，露出棋盘

此桌造型如一般八仙方桌，有束腰、罗锅枨，足下为内翻马蹄。活桌面揭开后，露出围棋、象棋用的方形双面棋盘。棋盘揭开后，下面是低陷的双陆盘及有木轴门的狭长小室。围棋、象棋棋子盒则设在方桌的四角。

此桌 1960 年前后为木工韩继武所有，因居室狭隘，未能拍得照片，只勾草图，原器今已不知踪迹。

有的棋桌不用上述造法，而是可以拉开伸展，形成相当于三张方桌大小的长方桌，实际上是一种重叠式的桌子。今只得一例：

乙131、重叠式棋桌

木胎黑漆　重叠时 84×73.5cm，高84cm，展开时 209×84cm，高77cm

棋桌展开后的情况

其外形造出罗锅枨，略似一腿三牙式，但四角无角牙。它的构造是在四足的方桌上，添加两层桌面，每层桌面又各有两条扁方的桌腿。在叠起时，桌面上的扁方腿子恰好与方桌的腿子拼成四根方形的整腿，展开后则八条腿子各自着地。桌面无腿的一边和安在方桌边上的勾鼻扣搭在一起，使它成为一具八足的长方桌。棋盘、棋子盒和活面式棋桌一样也设在桌面的夹层中。此桌为清宫旧藏，形制古朴，漆面浮起大断纹，似已经历几百年。但桌内上了白色油的棋盘又像是近数十年物，倘非后配，乃经重新髹饰。

四、琴桌

这里所说的琴桌，指专为弹琴制造的桌子，不包括大、小条桌。大小条桌常被称为"琴桌"，但并非专为弹琴而制的，说已见前。

明代琴学昌盛，不意琴桌实物，传世绝少。曾见晚清制品，在琴桌靠近抹头处，面心开长方孔，以便容纳琴首及琴轸等。或用较宽的桌子，两端各开一孔，双琴并陈，两人斜对而坐，可以对弹。类此明式实物，均待访求。下只举双层面者一例。

2·28　宋赵佶《听琴图》中的琴桌　故宫博物院藏

明式家具的种类和形式

黄花梨 120×51.8cm，高 82cm

乙 132、双层面琴桌

桌面上下两层，形成一具共鸣箱，此制似宋代已有，见赵佶《听琴图》〔2·28〕。不过此具双层之间，装有铜丝弹簧，一拍桌面，嗡嗡作响。虽为弹琴而制，实出好事者之手。因铜丝簧只能对琴声起破坏作用，非真正琴家所宜有。桌的形制为四面平式，安两卷相抵角牙。在明式家具中，有此造法。

五、抽屉桌

抽屉桌指窄长而设有抽屉的桌子。从功能来说，它适宜作条桌使用，并可在抽屉内存放物品。如果形制相同，而尺寸加宽加大，北京匠师便称之为书桌了。

明式抽屉桌传世极少，只举三例：

乙 133、三屉抽屉桌

桌用黄花梨制。腿足外圆内方，边抹及横顺枨均用素混面压边线，枨子以下，四面施素牙条、素牙头。铜饰件采用常见于闷户橱抽屉上的方面叶、上推钮头及环形拉手。这些造法和装置，使它具备浓郁的明代气息，和清中期以来所制的抽屉桌，大异其趣。

值得提到的是艾克《图考》也收有三屉桌一具（图版 72 下），工艺手法与此颇相似，但抽屉为两大夹一小，中间一具抽屉脸呈方形，甚为别致。承匠师们见告，前辈造桌案，其长度往往视手头材料的长短而定。有时长度有余而又舍不得截去，就设法把它使用上。该桌之所以有一具方抽屉，很可能就是在上述情况下出现的。

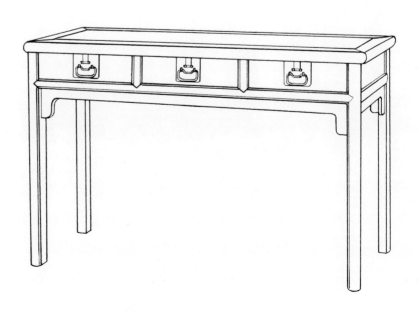

乙134、四屉抽屉桌

它在抽屉桌中应属变体，两端有小吊头，出现了介乎桌与案之间的一种结体。抽屉四具，分刻折枝花及吉祥草图案，不甚精工而趣味淳朴，富乡土气息。抽屉下设长牙条，浮雕卷草纹极圆熟。用材为铁力，不及紫檀、黄花梨名贵，故可断定是一件明代的民间家具。

铁力　174×51.5cm，高87cm

乙135、有闷仓独屉抽屉桌

黄花梨　224×51cm，高85.7cm，抽屉脸36.2×17.5cm

可推移的浮雕螭纹绦环板，其后为闷仓

这更是抽屉桌的变体，不仅因它采用了介乎桌、案之间的结体，而且还设有闷仓。吊头探出不多，下有挂牙，外貌有几分像联三橱。桌面下立柱四根，平列五块浮雕螭纹的绦环板，只正中一块是抽屉前脸，装有铜面叶及拉环。在抽屉左、右的四块绦环板只是可以推拉的活门。因为四根立柱，每根均由两半合成，中间留有空隙。把正中的一具抽屉抽出后，左右的四块绦环板便可推移拉动了。它和闷户橱的闷仓用意相同，只是闷户橱把闷仓放在抽屉的下面，而此桌把闷仓放在抽屉的左右而已，严格说来，它是介乎闷户橱和抽屉桌之间的一种家具。如此设计，使用起来未必方便。实例极少，只见此一件，其原因当即在此。

六、供桌

楠木嵌黄花梨 152×82.5cm，高91cm

乙136、有束腰三弯腿供桌

桌面四角为委角，四边向内凹，平面作⏢式，上髹朱漆。边抹立面、束腰及三弯腿均用深黄色硬木填嵌，近似回纹、三角等花纹。四足造型摹拟青铜器的鼎足，嵌象纹。是一件楠木嵌黄花梨花纹的例子。此桌用功甚繁，审其制作，只宜用作供祀之具，而不宜家庭使用。

黄花梨 102×58.5cm，高78cm，栏杆高19cm

乙137、有束腰带托泥栏杆式供桌

明代版画中看到的供桌，有一种桌面设栏杆，三弯腿〔2·29〕，和南宋萧照《中兴祯应图》所画的有相似之处❶，现举是例，即近此类。桌面边抹攒框装板心，直束腰，与牙子用厚材一木连做。三弯腿斜安在四角，肩部以下鼓出凹进显著，装饰性很强。承修理此桌的石惠师傅见告，栏杆和托泥均为后配。栏杆的柱子是从残破的面盆架上截取的。修配的根据是桌面的一根大边和两根抹头及四足的下端都凿有榫眼，故可以断定原来有栏杆和托泥。大体说来，修配是合乎原来手法的，但应当指出栏杆柱子上的狮子，宜正面朝外而不是朝里；托泥也嫌太薄，至少须加厚一倍，才和整体调称。这是因为修整时缺少合适的黄花梨厚料的缘故。栏杆式供桌传世绝少，又经老匠师解说了修理的经过，所以虽有部分构件系后配，还是一件值得重视的实例。

2·29 明刊本《金瓶梅词话》第三十三回插图中的有栏杆供桌

❶ 谢稚柳编《唐五代宋元名迹》图版76，上海古典文学出版社，1957年。方形有栏杆供桌亦见于河北宣化下八里辽韩师训墓后室东南壁壁画，《文物》1992年第6期图版一、二。

乙 138、弯腿带托泥翘头供案

此案自朱檀墓出土，用柴木制成，有髹饰，已大部脱落，就其尺寸而言，是实用的供案，而非明器。它的造法是案面攒边装板，两端有高大的翘头，吊头下有角牙。四足上截是直的，以下向外弯出，至下部内敛后再向外兜转，落在托泥上。迎面在足腿的外弯处安顺枨，枨上装绦环板，开海棠式鱼门洞，枨下安牙条，剜出壶门式弧线。两侧除有相似的构件外，还各安粗大的横枨两根，将前后腿联结起来。朱檀卒于洪武二十二年(1389年)，故此供案可以代表明初的形式。按供案作

此造型，由来已久。遵义皇坟嘴宋墓左室右壁，刻有供案浮雕，基本上已具备此种形式〔2·30〕。

上例供案虽自明藩王墓中出土，但造得比较简单粗糙。时代相近，建于1416年的武当山金殿，殿中的铜供案全仿木结构，造型却比它繁杂得多〔2·31〕。精雕细琢，装饰繁缛，灰布打底，上髹朱漆的供案，北京寺院如东城智化寺、西山法海寺各有若干具。它们雕饰虽精，其大体结构，仍不过是在南宋以来供案的基本形式上踵事增华而已。

非硬木　109×68.5cm，高89.5cm

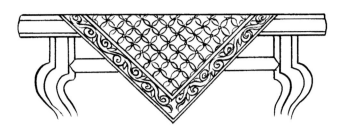

2·30 遵义皇坟嘴宋墓浮雕供案
《文物参考资料》1955年第9期

2·31 武当山金殿内的明初铜供案

| 乙139、三屉剔红供案（宣德款） | |

木胎剔红　119.5×84.5cm，高79.2cm

　　明代供案也有形制与上述不同的，如宣德款龙凤纹剔红供案便是。

　　案面下平列抽屉三具。抽屉下在两道顺枨之间，立短柱三根，分隔成四个空当，装绦环板四块。顺枨下施两头有卷云纹的长牙条。吊头下安卷云纹角牙。侧面的结构也用枨子两道，枨上各立短柱两根，在分隔成六个空当中装绦环板。枨下有卷云纹牙头。

　　此案虽为剔红器，漆层厚而且通体雕花纹，但仍能看出木胎的用材和造法。腿子为外圆里方，枨子及短柱都起剑脊棱线脚，与其他构件相交时，采用格肩做。牙头卷云纹也是镂出来的，和明式硬木家具的手法无异。

　　在供案后背的一根顺枨的里面，有"大明宣德年制"刀刻填金款。从剔红刀法及图案风格来看，刻款年代是可信的，它是一件很难得的明代早期宫廷家具实例，可惜于清晚期即已流出国外。

　　据此案的尺寸，够得上书案的宽度。不过案面雕花，高低不平，无法摊卷挥毫，而且牙条以下，空间无多，难容两膝，故不可能作为书案使用，而只能称之为供案。它在明代宫廷中，即使别有用途，也是吸取了供案的形式制成的。

丙、床榻类（附：脚踏）

北京匠师称只有床身、上面没有任何装置的卧具曰"榻"，有时亦称"床"或"小床"；床上后背及左、右三面安围子的曰"罗汉床"（明人或仍称之曰"榻"，见《三才图会》）；床上有立柱，柱间安围子，柱上承顶子的曰"架子床"。今即据此分类如下：

壹·榻

贰·罗汉床

叁·架子床

明代的床榻，尤其是罗汉床和架子床，多带脚踏。惟历时久远，易分散，故传世的床和脚踏配套并存的很少。不过我们在讲床榻时，还应附带提到脚踏。而书桌附属的脚踏，不在此例，它们多数是清中期以后的制品。

壹·榻

榻一般较窄，除个别宽者外，匠师们或称之曰"独睡"，言其只宜供一人睡卧。文震亨《长物志》中有"独眠床"之称，可见此名亦有来历。明式实物多四足着地，带托泥者极少。台座式平列壶门的榻，在明清画中虽能看到，实物则有待发现。

榻的使用不及床那样位置固定，也不一定放在卧室，书斋亭榭，往往安设，除夜间睡卧外，更多用来随时休憩。

榻共举四例：

明式的榻，以无束腰和有束腰两种为常式。无束腰的榻，有的用直枨加矮老，有的用罗锅枨加矮老，有的不用矮老而代以卡子花。枨子有的用格肩榫与腿子相交，有的为裹腿做。一般都是圆材直足，方材或方材打洼的都少见。其形式与某些无束腰的长凳、炕桌相通，和无束腰的罗汉床床身更多似处。今举一例：

丙1、无束腰直足榻

此榻用的是边抹劈料垛边，裹腿罗锅枨加矮老的造法。

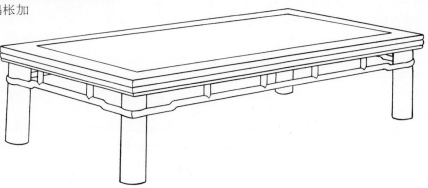

有束腰的榻，最基本的形式是方材，素直牙条，足端造出内翻马蹄。同类的榻如有变化，多出现在腿足、牙子和束腰的造法上。腿足有的造成鼓腿彭牙式，马蹄向内兜转；有的造成三弯腿式，马蹄向外翻卷。同为内兜或外翻马蹄，其形或扁或高，或加圆珠，或施雕饰，式样不一。有的腿子还挖缺

做，残留着壶门牙脚的痕迹。牙子有的平直，有的剜出壶门式曲线，有的光素，有的加浮雕或透雕，乃至浮雕透雕结合。束腰亦可采用高束腰，装入托腮及露明的腿子上截的槽口内；也可以加短柱，束腰分段做，形成绦环板，并可在上面施雕饰或镂挖鱼门洞等。

下举两例：

丙2、有束腰马蹄足鼓腿彭牙榻

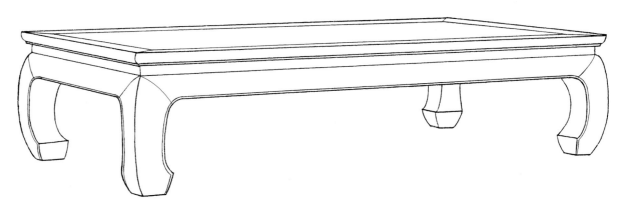

藤编软屉，但经重编。边抹冰盘沿极简洁。牙条与束腰一木连做，沿边起皮条线与腿足相接。内翻马蹄，兜转较多，属于明式家具厚拙一类。

丙3、有束腰直足榻

此榻有束腰而无马蹄，方腿直落到地，两面打洼，邻边及外角又打三条小洼，与牙子的线脚交圈，使人联想到甲19的方凳和乙75的条桌。从而得知不同品种的家具，在造型上有相通之处。

黄花梨　206.5×80.2cm，高46.4cm

远自汉、唐，就有案形结体的榻，明代的有吊头春凳，实际上就是从它们演变出来的。大于春凳的明式案形结体的榻，实例尚待访求。如从明以前的实物、明器或前代画本来探索其形象，可知其造法仍不外乎夹头

榫和插肩榫两种式样。

可以折叠的榻，只能算是变体。文震亨《长物志》虽讲到永嘉、粤东有折叠床，但毕竟是少数，明式家具只见一例。

黄花梨 208×155cm，高49cm

折叠后的情况

榻为六足，大边在正中断开，用铁镀银合页联结，可在此对折。中间的两条腿足，上端造出插肩榫，用一根横材联结成⊢形的支架。当榻平放时，腿上的榫卯与牙子拍合。榻折叠时，⊢形的支架可以拆下来。位在榻四角的四条三弯式腿足，可以折叠后卧入牙条之内。

腿足用方材，分两截造成。下截上端留大片榫舌，略如手掌。舌根两侧又各留长方形小榫。舌片上有两孔，上为长圆形，下为圆形。上截在朝内一角开深槽，容纳下截的舌片。槽两侧凿长方形榫眼，容纳舌片两侧的小榫。腿足上截亦有两孔，均为圆形，与下截的舌片的两孔相对。上一孔为穿轴棍之用，下一孔为穿销钉之用。穿钉后可将上下两截固定。拔出穿钉后，下截腿足方可折叠，卧入牙条之内。当上下两截腿足对正合严时，舌旁小榫已插入榫眼，也起固定下截腿足的作用。如要折叠，在拔出穿钉后，还需将下截腿足拉开少许，使舌旁小榫脱出槽眼，才能卧倒。因此，下截穿轴棍的孔不是圆的，而是长圆形的，其长度恰好略长于榫舌两侧小榫的高度。

榻折叠后，便形成一个对折的方形木框和一个⊢形支架，存放或搬运时都比不能折叠的榻要方便一些。牙子及腿足浮雕卷草、花鸟、走兽等花纹，形象并不精彩，是一大瑕疵，故在品种、形式上，它虽可留备一格，艺术价值却不高，为保存折叠结构，建议故宫收购。

折叠用的关节

折叠用的关节

贰·罗汉床

北方匠师所通称的"罗汉床"，南方未闻道及，文献中亦尚未找到出处。有人认为，床三面设围子，与寺院中罗汉像的台座有相似之处，故有此名。但罗汉像的台座并不以三面设围子为常式，仅能说是个别的例子而已，故上说似难成立。按石栏杆中有"罗汉栏板"一种，京郊园林多用此式，石桥上尤为常见。其特点是栏板一一相接，中间不设望柱。罗汉床也是只有形似栏板的围子，其间没有立柱，和架子床不同。很可能罗汉床之名，是用来区别围子间有立柱的架子床的。

罗汉床床身有各种不同造法，其变化不仅与榻相同，还与炕桌近似，故不重复。这里主

❶ 见刘致平的《中国建筑类型及结构》页314，图340"抱鼓石及栏杆头"，建筑工程出版社，1957年。

要谈床围子的变化。当然，在列举不同围子的实例时，自然也会看到床身造法的变化。

床围子最常见的是"三屏风式"，即后、左、右各一片；其次是"五屏风式"，即后三片，左、右各一片。"七屏风式"，即后三片，左、右各两片，在明式罗汉床中甚少见，似乎到清中期以后才流行。围子的造法，又分为：独板围子，攒边装板围子，攒接围子，斗簇围子，嵌石板围子等五种。

罗汉床共举十例：

独板围子用三块厚约一寸的木板造成，以整板无拼缝者为上，如板面天然纹理华美，尤为可贵。厚板两端，多粘拍窄条立材，为的是掩盖断面色暗而呆滞的木纹，并有助防止开裂。下举两例：

丙5、三屏风独板围子罗汉床

紫檀 197.5×95.5cm，高66cm

此床宽窄介乎榻与罗汉床之间，以独睡为宜，难得的是全用紫檀制成。三块厚板，不加雕饰，十分整洁，只后背一块拼了一窄条，这是由于紫檀缺少大料的缘故。不过用料如此，已属难能可贵。床身为无束腰直足式，素冰盘沿，仅压边线一道。腿足用四根粗大圆材，直落到地。四面施裹腿罗锅枨加矮老。此床从结构到装饰，都简练之极，却使人在视觉上得到满足，得到享受，无单调之嫌，有隽永之趣，允称明代家具精品。

丙6、三屏风独板围子罗汉床

黄花梨 210.8×112cm，高75.6cm

这又是一件朴质简练的罗汉床，采用有束腰鼓腿彭牙式，大挖马蹄，兜转有力。三块独板，上角有柔和的委角。素冰盘沿，牙腿沿边起灯草线。乍看边似嫌偏薄，和整体不调称。但体会制者意图，似在用束腰作一分界，取衬托的手法，借减轻上面的分量，使下脚显得愈加雄厚，收到极其稳重的效果。最为难得的是各部位都选用了纹理生动醒目的黄花梨。迎面的一块围子，有风起云涌之势，使任何精美的人工雕饰，都不免相对失色。在所见的黄花梨独板围子罗汉床中，当以此为第一。

有的三块独板围子，上面加雕饰。比较简单的曾见迎面一块浮雕由双螭组成的团寿字纹三窠。也有三块都浮雕草龙的。这些雕刻在装饰一章中会作为实例，此处从略。更为华丽繁复的还有用螺钿在围子上作镶嵌，乃至用多种玉石牙角等作百宝嵌。这样的实例当然极少，而且年久大都残缺脱落。

攒边装板围子是用边抹造成四框，打槽装板。在一般情况下，目的在使用较小较薄的木料，取得仿佛是厚板的效果。装板上也可以施加雕刻。下举一例：

榉木 200×92cm，高88cm

丙7、三屏风攒边装板围子罗汉床

此床的围子外形像是五屏风，因为后背板中间高、两旁低，仿佛由三片组成。但实际上边框连成整体，乃是一片。装板用高浮雕刻饱满圆润的螭虎灵芝纹。据其花纹高度，不用厚板是刻不成的。这又使人认识到，此种造法的装板并不是为节省木料，而是在取得装饰效果。花纹的题材与刀法，纯属明风。床身也是牙条与束腰一木连做，大挖鼓腿，马蹄兜转有力，均是明式手法。床用榉木制，为洞庭东山岱松村刘氏故物。刘家有园林，三间书斋临水池湖石如画舫，园墙嵌有

正面围子的高浮雕螭虎灵芝纹

砖雕董其昌书额，是明代的大家。据向主人了解，制床用本山木材，年代已入清。明式家具的主要产地在吴县地区，此床是有力的证据之一。

攒接透空围子是用短材组成各式各样的几何形图案，把栏杆和窗棂的装饰手法运用到床围子上来。变化繁多，下举四例：

丙8、三屏风攒接围子罗汉床（双笔管式）

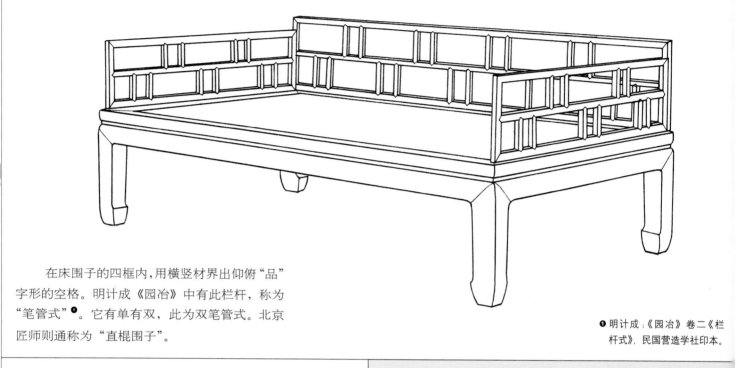

在床围子的四框内，用横竖材界出仰俯"品"字形的空格。明计成《园冶》中有此栏杆，称为"笔管式"❶。它有单有双，此为双笔管式。北京匠师则通称为"直棍围子"。

❶ 明计成：《园冶》卷二《栏杆式》，民国营造学社印本。

铁力床身，紫檀围子 221×122cm，高83cm

丙9、三屏风攒接围子罗汉床（曲尺式）

❷ 见云冈第十窟前室栏杆栏板。

曲尺图案在云冈石窟北魏的栏杆上已见使用❷，可见来源之早。值得指出的是此床围子用紫檀制成，床身则选用色泽深而纹理细的铁力木。这可能因为鼓腿彭牙大挖腿，可使床身显得舒展稳重，但紫檀很难有如此大料，因此才采用两种木材配合制造。不过用料不同，终难排除床身和围子乃由两床配合到一起的可能性。

丙10、三屏风攒接围子罗汉床（正卍字式）

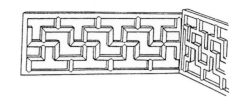

艾克原图围子的局部
（因拆改致使正侧两面的图
案不一致）。

卍（万）字自古即用作建筑装饰，如宋李诫《营造法式》卷二十九《单钩阑》栏板所见❸。至明代，它已在家具上广泛使用。

此具正卍字（亦称"卍字不到头"）围子罗汉床，乃据艾克《图考》图版21及埃利华斯《中国家具》图35改画而成（两图角度不同，实为一器）。改画的原因是因为该床的围子（至少是侧面

❸宋李诫：《营造法式》卷二十九《单钩阑》，商务印书馆1933年影印本。

的两块围子）曾经截短，从较宽的架子床搬到较窄的罗汉床上来，以致侧面的图案和正面的图案不一致。侧面围了的卍字应该和正面围子的一样，其立材不应该和边框的抹头贴着，致使卍字不能很好地亮出来。也就是说它不应当作🔲状，而应当作🔲状。一张原来头的正卍字围子罗汉床，它应该如改画的线图，而不同于艾、埃两书的照片。

丙11、三屏风攒接围子罗汉床（绦环加曲尺）

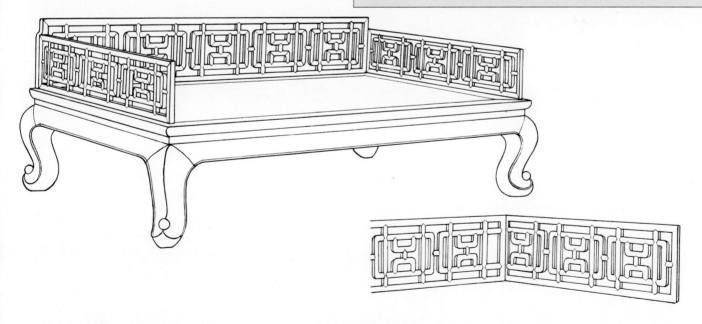

艾克原图围子的局部
（因拆改致使图案不对称）

此床围子在囧方框中加曲尺，故可称之为"绦环加曲尺"图案，亦就艾克《图考》的照片（图版26）改画而成。由于《图考》照片所示，正、侧三扇同高，其相交处图案不完整，乃经家具店胡乱拼凑，故可断定该罗汉床乃用架子床改制。改画之后，图案合理成章。假如有一张原来头的绦环加曲尺围子罗汉床，只有如此状才能使

人相信未曾经人拆改过。艾克作为一位西方学者，未能察觉到家具店的狡狯伎俩，未足为奇。令人诧异的是40年代杨耀曾为艾克的《图考》制图，但他一直到1963年发表在《建筑理论及历史资料汇编》第一辑的《我国家具的发展简况》一文，其插图（页27）还是照样把《图考》的照片绘成线图，则未免使谬种流传，贻误来者了。

斗簇透空围子主要用锼镂的小块花片构成图案。花片有的一片自成一组花纹，有的两片或几片构成一组花纹，各组互相斗合，或中加短材联结。它也是取法栏杆和窗棂，然后运用到家具上，但镂制得更加精巧细致，而且或疏朗，或紧凑，或整齐，或流动，可以取得多种装饰趣味和效果。关于斗簇，装饰一章中还将讲到，这里举一例：

丙 12、三屏风斗簇围子罗汉床（四簇云纹）

黄花梨　208.3×120cm，高 92.1cm

此床亦经艾克收入《图考》（图版 25），现藏美国甘泽滋城（堪萨斯市）纳尔逊美术馆。承史协和先生见告，乃由架子床改制，证据是边抹上有被堵没的角柱和门柱的榫眼。经观察，还有其他破绽可证明史氏的论断是正确的，第六章中将叙及。

此床的围子是一件斗簇工艺的精品。图案用云纹花片组成，再用微弯的短材将各组联结起来。一眼看去，突出的图案是一组组的四簇云纹。不过如以联结各组云纹的短材为周缘，又出现了中间有透空斜十字的葵花式套环图案。故真可谓华美疏透，兼而有之。凡类此的图案，北京匠师统称之为"灯笼锦"。

2·32　元刊本《事林广记》插图中的罗汉床

明式家具的种类和形式

三屏风罗汉床的各种式样，大致如上，下面再举一例变体。

丙13、三屏风绦环板围子罗汉床

床身无束腰，设管脚枨。其结构从正面的管脚枨来看，距腿子尺许的部位安立材。立材与腿子之间形成的空间装竖方框，左右各一。立材与立材之间的空间，装门楣子式的窄横方框，使管脚枨上留有较大的空间，以便垂足坐在床沿时，即使不设脚踏，管脚枨亦可供人踏足。床足圆材，如一般椅子的造法，上截穿过凿在边抹四角的圆孔，顶端斜切45度，造成闷榫。三面围子如与南官帽扶手椅相比，后背最上一根等于椅子上的搭脑；两旁两根等于扶手。这三根横材尽端也斜切45度，造成闷榫，与四足的上端拍合。围子中间设绦环板，用短材与三根横材及床身的边抹联结拍合。绦环板开鱼门洞，造型从南方所谓的"炮仗筒"变出，两端又增添小形的开孔。与此相同

的鱼门洞，曾在洞庭东山严家的榉木罗汉床上见到，我们有理由相信此床亦为吴县地区的制品。

此床木工极精，形象秀丽，惟正中一块绦环板鱼门洞中留出横木一条，做成绳纹，即北京匠师所谓的"拧麻花"，稍嫌甜俗。但其整体结构，却与元刊本《事林广记》版画中的床〔2·32〕，有相似之处。说明其造型是有来历的。

在用料上，其主要构件如边抹腿足及管脚枨等，均为紫檀，所有仔框，包括绦环板及上下短柱等，都用一种木质较软、色泽较浅的木材造成。两色木材配合使用，使此床十分醒目。浅色木材曾请北京几位老匠师鉴定，都未能肯定其名称。确切的答案，尚待科学鉴定，始能得出。

紫檀及黄色非硬木　216×130cm，高85cm

绦环板特写

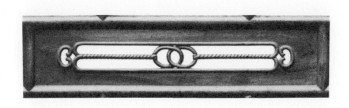

五屏风罗汉床围子的各种造法与三屏风同，只是未见有用厚板者。原因是后背如用三块厚板拼成，联结它们有困难，常

用的"走马销"，用在厚板上是不适宜的。因而即使后背外形造成中间高、两旁低的五屏风式，仍多用一块厚板制成。

丙14、五屏风攒边装板围子插屏式罗汉床

床的围子攒边做，装板光素无纹饰。束腰与牙条一木连做。腿足挖缺，左后一足明显可见。马蹄矮扁，纯作明风。

五屏风床围子一般用"走马销"将各扇联

结起来。但此床后背正中一扇，是采用插屏的造法，从上嵌插到左右两扇边框的槽口内。从这里看到围子安装的另一种造法，因而称为插屏式围子。

木框攒边嵌石板围子的罗汉床多为五屏风式，清代中晚期十分流行。明制者虽少，亦曾寓目。1954年，到涿州采访家具，在冯家见到一件，黄花梨制，嵌白石板，床身有束腰，内翻马蹄。惜当时未摄照片，今已无从踪迹。冯家为冯铨❶之后，故其宅中多贵重木器。解放初期尚有存者。

叁·架子床

架子床是有柱有顶床的统称，细分起来，还有好几种。最基本的式样是三面设矮围子，四角立柱，上承床顶，顶下周匝往往有挂檐，或称横楣子。南方匠师因它有柱子四根，故曰"四柱床"。《鲁班经匠家镜》有《藤床式》一条，似即这种最简单的架子床。

较上稍为复杂的一种，在床沿加"门柱"两根，门柱与角柱间还加两块方形的"门围子"。北京匠师称之为"门围子架子床"。南方匠师因它有柱子六根，故曰"六柱床"。《鲁班经匠家镜》虽无专门条款讲到此床，但绘有图式。

更繁复一些的架子床，在正面床沿安"月洞式"门罩，北京匠师称"月亮门"式架子床。还有四面围子与挂檐上下连成一体，除床门外，形成一个方形的完整花罩，或称"满罩式"架子床。

更大的架子床，前面设浅廊，廊上可以放一张小桌及一两件杌凳或坐墩。明潘允征墓出土的模型，即属此类❷。明人称之曰"拔步床"，或写作"八步床"和"踏步床"。"拔步床"一称，至今南北方都还使用。《鲁班经匠家镜》有《凉床式》，据其条款文字，即指此。名曰"凉床"，可能是与后面的"大床"相对而言的。

《鲁班经匠家镜》还讲到更大的一种叫"大床"。廊子两端设对开的门，床上三面围板墙，封闭严密，宛如一间小屋。此种大床，明式实物未见，但吴县东山新民二队及杨湾、陆巷等镇的民居中，确有与此相似的大拔步床，为清晚期制品，说明其形制自明代以后延续不替。

架子床不论大小繁简，主要为睡眠安歇之用，多放在内室。为了室内光线不致被它遮挡，

❶ 冯铨，万历进士，附魏忠贤，官至户部尚书，武英殿大学士。降清后，又被起用，官至礼部尚书，加太保兼太子太师。搜刮文物书画甚夥，家在涿州，是当时北方大收藏家之一。

❷ 上海市文物保管委员会：《上海市卢湾区明潘氏墓发掘报告》，《考古》1961年第8期。

多将床安放在室内后部，地位比较固定，不轻易搬动。从明清版画可以看到，凡是不带门围子的架子床，帐子一般挂在顶架外面，把顶架一并罩起来。凡是带门围子的架子床，帐子一般挂在顶架之内，使门围子的装饰图案被帐子衬托出来。古代用织物和木器配合使用，使二者相得益彰，这也是一个例子。

架子床共举五例：

此为不带门围子的四柱床，三面围子采用横竖材攒接成品字栏杆，上加双套环卡子花。挂檐也用同类的棂格而稍简，外观甚为整饬。

值得提到的是艾克《图考》也有一件不带门围子的四柱架子床（图版 36），栏杆分上下两层。上层为双套环卡子花，下层大环不断连套。挂檐为十字连环图案。承老匠师李建元见告，当年他在鲁班馆继父业设店时，此床从河北衡水购进，经他亲手修理烫蜡，故知此床用工选料，可谓精绝。三十年后，娓娓而谈，记忆犹新。但笔者认为从装饰效果来看，大套环甜俗而少古朴之趣，和工、料实不相称。明代家具工料好而艺术价值不高的此是一例。

明式家具的种类和形式

艾克原图围子的局部
（因拆改致使图案不对称）

此为带门围子的六柱床，围子用十字连委角方格，格内八卷相抵，接近《园冶》所谓的绦环。这种方正而又委婉的图案，是采用攒接与斗簇两种手法造成的。挂檐用扁灯笼框式，常见于建筑门窗。挂檐下安浮雕卷草纹牙条。这一"扇活"，除用榫卯与角柱相交外，又经门柱上端的夹头榫衔嵌，结构坚牢合理。挂檐下的罗锅枨，更起了联结支撑的作用。这在某些架子床上是没有的。

此图亦据艾克《图考》图版 29 改画。改画的原因是由于图版中的床围子图案也有不合理处。清晰可见的是该床的左后角，侧面围子的图案完整，但正面围子的图案欠完整，二者相交，抵连立见。经过改画，才使人感到无瑕可议。此床是否经人拆改过，或出于匠师的疏忽，尚难遽断。不过据理推测，用工耗料如此繁浩的大床，匠师是不会有此失误的。

侧面

此床围子的卍字，不同于常见的"卍字不到头"图案，而是两个卍字联成一组。它们位在围子中部，上下又与横材相联后始再用竖材与边框联结。足见图案同一主题，经过损益，变化是无穷的。挂檐图案更为细密，已非攒接所能制，乃用板片锼镂而成。经仔细观察实物，确为原有，未经后配。说明明代架子床，围子与挂檐可以采用两种不同的图案和造法，不是必须上下一致的。

床身藤编软屉尚存，局部有残损。

丙18、月洞式门罩架子床

黄花梨　247.5×187.8cm．高227cm

门罩用三扇拼成，上半为一扇，下半左、右各一扇，连同床上三面的矮围子及挂檐，均用四簇云纹，其中再以十字连缀，图案十分繁缛。由于它的面积大，图案又是由相同的一组组纹样排比构成的，故引人注目的是规律而匀称的整体效果，没有繁琐的感觉。

床身高束腰，束腰间立短柱，分段嵌装绦环板，浮雕花鸟纹。牙子雕草龙及缠枝花纹。挂檐的牙条雕云鹤纹。它是明代家具中体形高大而又综合使用了几种雕饰手法的一件，豪华秾丽，有富贵气象。此床由古玩商夏某得自山西，后捐赠给故宫，但为明代苏州地区制品。据了解，过去晋中商贾从江浙一带购买家具运回原籍者为数不少。床左后角一根立柱乃用榉木配制，可视为产自苏州地区的旁证。

黄花梨　床面207×141cm，床207×207cm，高208cm，通地平高227cm

全床安放在"地平"之上。床身为四面平式，牙条靠近腿足处，下垂小尖，破除了平直，这种造法不多见。马蹄内翻，造型扁矮。床为六柱式，有三面短围子及门围子。床前立柱四根，用栏杆围出床廊。所有围子及栏杆一律用短材攒接出斜卍字。为了不使短材露出纵端断面木纹，木工精巧绝伦，使人惊叹。其造法见结构章插图3·17。床顶四周及廊顶三面均设绦环板挂檐，开海棠式透孔，惟孔形并非完全一致，疑部分曾经后配。床顶里面彩绘团鹤纹天花，与清晚期彩画相近，显是后加或重绘。床身及围子栏杆等均为黄花梨制，地平及床顶为柴木制成。

硬木拔步床，工料繁浩，又因体积大，生活一有改变，便容易被拆毁，故传世甚少，过去北方也不多见。至于南方民间，尚有用此种大床的习惯，不过所见到的，有用榉木，有用一般木材，上施髹漆制成，年代有的晚到清晚期〔2·33〕。

2·33　吴县洞庭西山民居中的清代拔步床

附：脚踏

脚踏，今通称"脚蹬子"，古称"脚床"，或"踏床"。宋、元以来，常伴随椅子、交杌、交椅、宝座、床榻等家具而存在。有的和家具本身相连，如交杌及交椅上的脚踏；有的则分开制造，如宝座及床榻的脚踏。到了明代，除床榻外，坐具已很少附有脚踏。清中期以后，有多具抽屉的书案往往带脚踏，体制宽大，与上述的完全不同，它只能是清式书案的附件。这里附带述及的只限于原来伴随床榻存在的脚踏，惟因年久，多与床榻分散，仿佛自成一种家具。严格说来，它是床榻的附属品。

床榻前的脚踏，除少数是通长的外，多成对，长约二尺左右，宽尺余。床上中置炕桌，炕桌两旁坐人，两具脚踏就放在坐人部位的床前，以备踏脚。两具脚踏之间，多置灰斗，形如方抽屉，因中放炉灰而得名。灰斗为柴木制，多上黑漆，中有桩柱，可以在上面磕烟袋。上述设置，清代北方家庭及商号尚多如此，但可能由来已久，不自清代始。

脚踏原为床的附件，故形制多与床身相同。较常见的是有束腰，方材，内翻马蹄；有的采用鼓腿彭牙的造法；无束腰直足的、有束腰带托泥的、四面平式的都少见。

脚踏面上安滚轴，明代即有专称叫"滚凳"〔戊53〕，是一种医疗用具，今已作为一种专门家具，归入其他类中，可参阅。

脚踏下举基本形式及变体各一例：

丙20、有束腰马蹄足鼓腿彭牙脚踏

两件之一。它原与鼓腿彭牙的床配套，故造型亦相同。

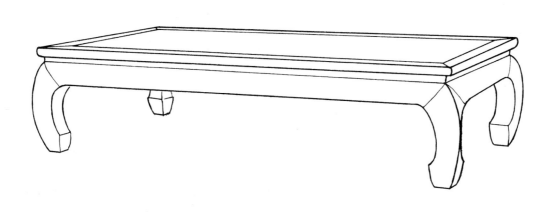

丙21、有束腰腰圆形脚踏

两件之一，亦为鼓腿彭牙式，但脚踏平面作腰圆形，中部微敛，略具银锭之状。它也是和鼓腿彭牙的床配套的，但造型与床不同，故只能算是变体了。

紫檀　72.5×36cm，高17cm

丁、柜架类

柜架类家具的用途，或以陈设器物为主，或以储藏物品为主，或一器而兼二用。不同品种分列如下：

壹·架格
贰·亮格柜
叁·圆角柜
肆·方角柜

壹·架　格

架格就是以立木为四足，取横板将空间分隔成几层，用以陈置、存放物品的家具。它也常被称为"书架"或"书格"。惟因其用途可兼放它物，不只限书籍，故今用架格这个名称。

明式架格一般都高五六尺，依其面宽安装通长的格板。每格或完全空敞，或安券口，或安圈口，或安栏杆，或安透棂，其制作虽有简有繁，但均应视为明代的形式。至于用横、竖板将空间分隔成若干高低不等、大小有别的格子，就应该另有名称，名之为"多宝格"。即使雕饰不多，也应列入清式。

架格共举十三例：

丁1、三层全敞架格

架格的最基本形式是四足之间加横枨、顺枨，承架格板，格板一般为三层或四层。最低一层格板之下，安牙条及牙头。粗木制的日常用品连牙条、牙头都不安。黄花梨制者，故宫有方材打洼加委角线架格，荣宝斋有六方材架格，陈梦家先生有素方材架格，均四层。

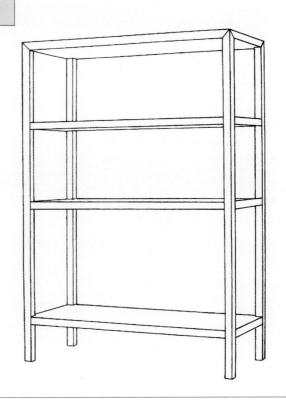

丁2、四层全敞架格（黑漆嵌螺钿）

木胎黑漆嵌螺钿　114×57.5cm，高223cm

此乃故宫藏康熙黑漆嵌薄螺钿架格，造型采用明代的最基本形式，而装饰却使用了漆工中最精细的花纹。它用方材，四足之间用五道横、顺枨联结。枨子打槽装板，每层板下用三根穿带承托，只最上一层顶板穿带安在装板的上面，以期简洁。最低一层四足间加素牙条、牙头。我们可以理解设计者为了要在架格上施加繁缛而精细的镶嵌纹饰，故采用了最简单的形式。这样既便于嵌螺钿的施工，形式与纹饰一简一繁，又可有明显的对比。

丁3、三层全敞带抽屉架格

架格为方材，用料单细而抽屉扁薄，故显得轻巧疏朗。这样的架格陈置观赏物品比堆叠图书更为相宜。

黄花梨　103×43.6cm，高188cm

架格上安抽屉，多放在便于开关处，高度约当人胸际。

在全敞架格上增添装置，比较简单的是在每层的两个侧面，或正、侧三面加券口或圈口。

丁4、三层侧面壶门圈口架格

木胎黑漆蜔沙地描金　158.9×63.5cm，高175cm

背面

　　万历黑漆蜔沙地描金龙纹架格，方材三层，正面全敞，两个侧面加壶门式圈口。底层之下，足间施牙条、牙头，后背装板。蜔沙地壳屑密若繁星，龙纹也很富丽，又是形式简练而装饰繁缛的一例。

架为方材四层，每层正面和侧面加起边线的
壶门券口，后背装板。足间的牙条也同样造出壶门
弧线。壶门线条柔婉，破除了轮廓的平直单一，效
果很好。

与此同类的架格，如借增添装饰以求变
化，则在券口上浮雕或透雕卷草纹或螭纹等，
但往往雕工越工细繁琐，效果愈差。如借圈
口的多用少用以求变化，则或在两侧面用圈
口，或正、侧三面均用圈口。圈口内的透光
或为圆角方形，或为委角方形，或为"冬瓜桩"

式。圈口本身或光素，或起线，或浮雕，或
透雕。在年代上，用圈口的家具似比用券口
的为晚。尤其是冬瓜桩圈口，其流行年代当
在清中期。

架格的另一种形式是在每层格板的后边
及两侧安装栏杆。下举两例：

黄花梨　100×50.4cm，高198cm

　　此架亦为方材，四层，第二层之下安抽屉两具，其高度约当人之胸际。栏杆用短材攒接出十字和空心十字相间的图案，表面全部打洼。此器选料及施工均精，用材大小，比例适宜。栏杆结构谨严，榫卯紧密，处处见棱见角，予人一种凝重中见挺拔的感觉，是明式家具中的精品。值得注意的是，最下层足间没有用和整体意趣一致的牙条、牙头，而采用线条柔婉的壶门弧线牙条。这绝非率意而为，乃出于匠工的精心设计。其效果并不因此而使人感到不协调，反而有了可喜的变化。它为古代家具在某一局部故意变换手法提供了实例。

丁7、攒接品字栏杆加卡子花架格

黄花梨　98×46cm，高177.5cm

此架方材，打洼，踩委角线。格板三层，上层之下，安抽屉两具。抽屉脸浮雕螭纹，不安铜吊牌拉手（因为用手托抽屉底即可开关），以保持图案的完整。栏杆用横竖材组成，是品字栏杆的一种变体。最上两道横材之间加双套环卡子花。下层足间用宽牙条，略施浮雕花纹。它与前例同为栏杆架格，惟由于用材和装饰的不同而迥异其趣，呈现出轻盈富丽的风貌。

丁8、透空后背架格

架为两层，中设抽屉二具。三面壶门式券口。后背用活销安装扇活，可装可卸。扇活透空花纹，以四瓣枣花作心，将四根略作S形的弯材集中到花朵上，制成波纹图案，斗接甚精。对此架格的扇活为原有抑后配，有不同的看法。由于它是活扇活，故不能排除后配的可能性。

黄花梨　107×45cm，高168cm

丁9、几腿式架格

黄花梨　91×40cm，高129cm

架格本身无足，用两几来支承，是架格的一种变体。它方材打洼，三层，中层之下安抽屉两具。抽屉脸落堂踩鼓，有吊牌拉手。后背用两块攒边打槽装板的扇活造成。正面每层上角安透挖云纹角牙，也铲出洼面。两侧安起边线的圈口，空当为圆角方透光。

支承架格的两具长方形几子，也用方材打洼。每个几子有四个略向外撇的小足，和几腿一木连做。几子面的四边有三条边起灯草线，只两几相邻的两条边不起线，为的是架格摆到两几上时，坐在灯草线内，起入槽摆稳的作用。因此架格底面所占的面积比两几所占的面积四周都缩入一条灯草线。此种架格的造法是从架几案得到启发而设计的。

丁10、两层矮架格

低矮的架格或称"矬书架"，一般略高于桌案。它可以靠窗台放，靠墙或贴落地罩放，在顶层之上置瓶花、文玩；或利用架上空间悬挂书画。架格有的只分两层，有的在两层之间或两层之上或下加抽屉两具。抽屉有的前脸贴壶门式券口，造法与某些联二橱、联三橱的抽屉相似，其制作年代应较早。

清制矮架格木制的或漆木制的都较多，大都有竖格，纤巧繁琐，不复有明式意趣。

丁11、透棂架格

有一种民间普遍使用存放食物的柴木架格，是一种介乎架格与柜子之间的家具，除背板外两侧及门，均用直棂或寸许见方的透棂造成。透棂内可糊纱或任其空透。这种家具，苏州一带叫"饭橱"或"碗橱"，北京另有一个通俗的名称叫"气死猫"。

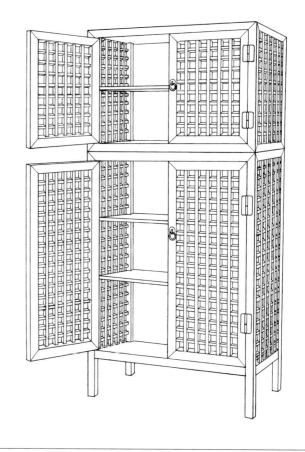

透棂的造法同样也运用到置放图书或观赏器物的架格上来。当然透棂不再用方孔，多为直棂或其他几何图案，木料也常用贵重木材。此种架格今名之为"透棂架格"，下举两例：

丁12、直棂步步紧门透棂架格

架格为方材，素混面，四层。中间两层的后背及两侧都安直棂，并在正中用直棂分隔，形成田字形的四个方格。每格都配有近似"步步紧"灯笼框图案的透棂门，可装可卸。最上、最下两层则只有隔板，别无其他装置。它用紫檀制成，是为陈置珍贵文物用的。两中层如放图书，糊以薄纱，卷帙缃缥，隐约可见，亦饶雅趣。

此架的设计是成功的，惟正面底层使用了两块相当宽的角牙，未能令人惬意。如四面都采用最常见的素牙条和素牙头，效果定会好一些。

紫檀　109×39.5cm. 高186cm

明式家具的种类和形式

紫檀　架格100.3 × 48.2cm，高132cm，
　　　几座100.3×48.2cm，高47cm，通高179.2cm

架格一门开启后的情况

架格有几座，由上、下两部分组成。上部分三层，后背装板，正面木轴直棂门两扇。直棂分三段，中以两道扁方框作间隔。两侧面透棂造法相同。几座设抽屉两具，下有屉板，中部留有空间。屉板下安素牙头。架格、几座除后背、屉板等用铁力木外，余皆用紫檀，选料甚精，制作考究。其可贵在于造型简练而圆浑，显示了匠师的高超技艺，同时又是明式家具中传世极少的一个品种。

贰·亮格柜

明式家具中，有一个品种是架格和柜子结合在一起的。常见的形式是架格在上，柜子在下。架格齐人肩或稍高，中置器物，便于观赏。柜内贮存物品，重心在下，有利稳定。北京匠师称上部开敞无门的部分曰"亮格"，下面有门的部分曰"柜子"，合起来称之为"亮格柜"。

亮格柜有不同的式样：上部的亮格以一层的为多，两层的较少；亮格或全敞，或有后背；或三面安券口，或正面安券口加小栏杆，两侧安圈口；或无抽屉，或有抽屉；抽屉或露明安在亮格之下，柜门之上，或安在柜门之内。

亮格柜还有一种比较固定的式样，即上为亮格一层，中为柜子。柜身无足，柜下另有一具矮几支承着它。凡属此种形式的，北京匠师名之曰"万历柜"或"万历格"。曾就此多次请教北京老匠师：何以有此名？如何写？多未能言其究竟。或谓此式流行于万历年间，但找不到证据。1979、1980两年冬，走访洞庭东、西山，并未见到此种亮格柜。看来这是官宦好古之家，用以陈置储藏文物的一种家具，因而在北京反而多于南方城镇。

亮格柜共举七例：

丁14、上格全敞亮格柜

上格连后背板也不用，是全敞亮格的例子。它一般靠墙摆放，可借粉墙来衬托格中陈置的物品，如青铜器、青花或彩色瓷器等；倘脱空放，并不相宜，会给人陈置品不够安稳的感觉。

❶ Odilon Roche, *Meubles de la Chine*, Paris: Librairie des Arts Décoratifs, 1922.

值得提到的是法人罗契 (O. Roche) 编的《中国家具》❶收有黑漆嵌螺钿山石花卉纹亮格柜一件（见该书图版12)，造型与此件甚相似，只柜顶两侧端稍稍喷出形成翘头式样，近似翘头案的翘头，使人感到和古代的衡门有一定的联系。它在日本家具上常常使用，明式家具中却不多见，只能算是变体。

此种有嵌饰的黑漆柜架及箱、榻、架子床等，嵌件多用螺钿、象牙或兽骨，其中不少是明及清前期晋南绛州一带的制品。

丁15、上格加券口亮格柜

柜的亮格有后背板，正面安券口，两侧安圈口，通体平整光素，只沿券口、圈口边缘起阳线而已。它形体不大，但颇具厚拙凝重之趣。

黄花梨　74.5×43.5cm，高 122.5cm

丁 16、上格双层亮格柜

此柜后背空敞，三面壶门式券口，此下平列抽屉三具，柜在抽屉之下。柜内有屉板，铜钮头两枚钉在屉板上。柜门关后，钮头穿过柜门的大边及铜面叶，露出在面叶之上，以便穿钉加锁。凡如此安装钮头者，柜门上的铜饰件多卧槽平镶。镶钉完毕后，饰件表面与家具平齐。

双层亮格柜除非压缩柜的高度，否则只有限制亮格的高度。柜子矮了，容物不多；亮格矮了，陈设不便。因而双层亮格柜往往处在此种矛盾之中，使用起来，反不及单层亮格来得实用。故传世实物单层多于双层。

黄花梨　119×50cm．高177cm

丁 17、上格双层亮格柜

此柜与上例虽属同一品种，但造法不同。后背装板，亮格三面设浮雕券口，落在通长的透雕小栏杆上。柜子压得较矮，其中只有屉板一层，不复设抽屉。

黄花梨　105×49cm．高175.7cm

此即亮格与柜子连成一体，其下有几支承的所谓万历柜。亮格券口，稍用回纹，栏杆浮雕螭纹，余均光素，只矮几略有纹饰。它繁简适中，与下面两例相比，更加接近万历柜的基本形式。

黄花梨　足底93×59cm，通高202.5cm

此柜黄花梨制，上格后背装板，三面壶门式券口牙子，雕螭虎卷草纹，落在有望柱的栏杆上。栏杆雕镂极精，下有亮脚。尤其是正面的设计，中间开敞，只两端安栏杆两段，方框内以蟠螭为花纹，其效果颇似架子床上的"门围子"。通过这种设计，亮格被装饰成一座小戏台模样，不由地把人的注意力吸引到这里来，颇为新颖动人。亮格以下为装铜合页的板门，是以四面平造法制成，平整简洁。柜下的几子雕卷草纹，与亮格的雕饰相呼应。从各个部位都能看出匠师的精心设计。尤其是以中部的平淡来间隔上下的华丽，甚见匠心。

黄花梨　柜113×55.5cm，高166cm；
几115×57.5cm，高21cm，通高187cm

明式家具的种类和形式

柜的亮格有后背板，三面券口及栏杆都透雕寿字及螭纹。它的轮廓在转角处稍有起伏，那是从壶门变化出来的。每扇柜门中间加抹头一根，上下分成两格，装板为外刷槽落堂踩鼓。上格方

形，委角方框中套圆光，浮雕凤穿牡丹，四角用云纹填实。下格略呈长方形，浮雕牡丹双雀。几子在牙子上雕卷草纹。柜内有隔层，并安抽屉两具。在所见到的万历柜中，以此对的雕饰最为繁缛。

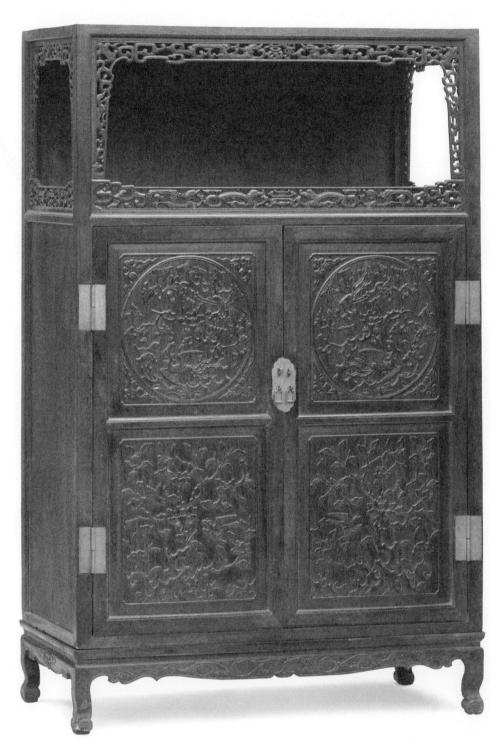

黄花梨　柜124.8×55.5cm，高172cm；
几126.5×57cm，高23.5cm，通高195.5cm

叁·圆角柜

"圆角柜"、"方角柜"是北京匠师常用的名称。它是按柜顶转角为圆、为方来命名的。从

结构来看，柜角之所以有圆有方，是由有柜帽和无柜帽来决定的，而柜帽之有无，又是由两种不同装门的方法来决定的。凡是木轴门，门边上下两头伸出门轴，必须纳入臼窝，方能旋转启闭。上面的一个臼窝，只有

造在喷出的柜帽上最为合适。柜帽的转角，多削去硬棱，成为柔和的圆角，因而叫"圆角柜"。至于柜门用合页来安装的，可以将柜足作为门框来钉合页，根本不需要再有柜帽。这样的柜子上角，多用棕角榫，因而外形是方的，所以叫"方角柜"。除个别变体外，不妨说凡是圆角柜均为木轴门，正因如此，或称之为"木轴门柜"。凡是方角柜均为合页门。

圆角柜在北京匠师的口语中，还有一个流行的名称叫"面条柜"，其意不可解。有人认为木轴门多用圆材，并常用混面起线等线脚，一条条有如面条，故名。不过这样的解释还是很牵强的。

圆角柜的尺寸以小型的、中型的为多，大的比较少，至今仍未见像方角柜那样有带顶柜的；如四顶大柜那样高的圆角柜是极为少有的，除北方寺院外，只在南方见到过〔丁29〕。

圆角柜由于造法的不同，有多种式样。在用材上，圆材或外圆里方的居多，方材较少。即使用方材，也多倒棱去角。同为圆材，柜足棱瓣线脚又有多种变化。在柜门上，有的有"闩杆"，有的无"闩杆"。"闩杆"就是两门之间的立柱，穿钉可以把柜门和立柱闩在一起，便于锁牢。无闩杆的，匠师叫"硬挤门"。门扇本身又有通长装板的，或三抹、四抹分段装板的。装板可用里刷槽、外刷槽、里外刷槽等不同造法。分段装板的，有的平板光素，有的用板条造圈口，格角拼成圆开光或方开光，贴在瘿木或石板门心之上，使开光中露出瘿木或石板的天然纹理。柜身又有"有柜膛"和"无柜膛"之分。柜膛又叫"柜肚子"，有了它可以多放一些东西。

高仅二三尺的小圆角柜，北京称之曰"炕柜"。南方无炕，可放在拔步床前廊上使用。中等尺寸的圆角柜，苏州地区称之曰"书橱"，四足不着地，足下还有一个带抽屉的几座承垫。按南方所谓的"橱"，即北方所谓的"柜"。故顾名思义，其主要用途是为存放书帙。在洞庭东、西山只有官宦读书人家才有。

较大的圆角柜，多设柜膛，占有门扇以下、柜底以上一段空间，正面须装柜膛板立墙。立墙或用通长的板装入柜足槽内，或加立柱两根，将立墙分隔成三段，由三块短板合起来组成板墙。大型圆角柜寺院用以放经帙，居民多用以存放衣服被褥等。

圆角柜不论大小，底枨下多安牙条、牙头，造法或光素，或起线，或雕花，或锼出半个云纹，造法不一。

至于罕见的式样，如造法介乎圆角柜与方角柜之间的木轴门柜，或柜门上部安直棂，或攒斗透棂图案，都要算是变体了。

圆角柜共举十一例：

鹅鹊木　65.5×39.5cm，高64cm

丁21、圆角炕柜

此柜高仅64厘米，有闩杆而无柜膛。柜帽顶部装板平镶，与中、大型圆角柜柜帽装板多落堂造不同。这是为了便于利用柜顶的平面摆放日用品或陈设。

丁 22、硬挤门圆角柜

硬挤门式以小型的圆角柜为多。此柜的柜足侧脚显著。腿足外圆里方，柜帽及柜门边抹混面压边线。素牙头，无柜膛，可视为圆角柜的基本形式。

柜门打开后的情况

柜高将及190厘米，属于中等大小，面阔比同等高度的圆角柜稍窄，有闩杆。柜门用整板对开，纹理对称。腿足线脚瓜棱瓣中夹细线，爽快利落。牙头兜转，状如半个云头，装饰不多，却增妩媚。柜内有屉板一层和安有两个抽屉的抽屉架，将内部空间分隔成三层。和上例相比，尺寸小的显得朴质凝重，尺寸大的反显得轻巧挺秀。造型及用料的比例不同，使同一形式的家具判然异趣。

此柜久已流出海外，近年为美国纳尔逊美术馆购得，在黄花梨圆角柜中堪称造型美、用料精、保存情况又甚佳的一对。

丁 23、无柜膛圆角柜

黄花梨 足底 97.8×52.1cm. 高 188.3cm

丁 24、无柜膛圆角柜 (方材)

此为方材圆角柜，腿足只倒去棱角，不用线脚。有的方材圆角柜，稍用线脚，外露的方角踩委角线。惟圆角柜的造型渊源于大木梁架，故仍以圆足或外圆里方为宜。传世实物以圆材为多，方材只是少数。

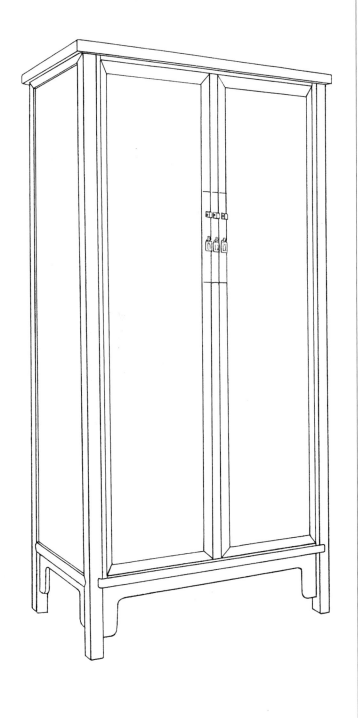

丁 25、有柜膛圆角柜

榉木　94×49cm.　高 167cm

柜膛设在柜子的下部，它的两侧和背面由延长的柜帮板及后背板构成，正面则须另安柜膛立墙，装入两根帐子和两足的槽口内。此柜立墙用整块长板，外形比较整洁。如分段装板则须加立柱。立柱一般用两根，上端与横帐齐头碰相交，因为这根帐须挖门臼，比较宽，和立柱不在一个平面上。立柱下端则与底帐格肩相交。一般中、小型柜的柜膛板多用整块长板，大型的多用立柱分段嵌装。有这两根立柱不仅可以利用较短板料，同时也加强了柜子的下部结构。

此柜可说是圆角柜中常见的一种，它虽为榉木制，但与许多黄花梨制者如出一手，连土红色漆里都很相似。它来自洞庭东山石桥村（明王鏊故里），选材并不考究，在当地同类柜中并不能算是上好的。正面牙条已散失，经后配，但它是一件已经使用了二三百年的道道地地的明式家具，无疑为黄花梨圆角柜产于苏州地区提供了有力的证据。

明式家具的种类和形式

丁 26、有柜膛圆角柜

同为有闩杆、有柜膛的圆角柜，但侧脚加大，柜膛加深，下用宽牙条、锼云纹并中有分心花，这样就把家具的重心降低了，乃与前例殊观。有的圆角柜牙条雕饰更繁，浮雕、透雕兼施并用，外貌差异更大。

丁 27、五抹门圆角柜

铁力　足底 98×52cm，高 187.5cm

此是五抹柜门装桦木板心的例子。造法是用板条格角制圈口，贴在桦木板上，和桦木板一同装入柜门边抹的槽口内，使桦木纹理从开光中露出来。五抹将柜门分成四段。自上而下，第一段贴委角方形圈口，第二、第四段贴委角扁方形圈口，第三段不贴圈口。有的柜子分段贴圈口装石板，造法与此相同。

此柜柜膛正面安立柱两根，将立墙分成三段。

丁 28、四抹门圆角柜（通体雕龙）

此柜采用四抹门，有闩杆，浅柜膛，立墙分段装板的造法。其特点在通体高浮雕云龙纹。由于是柴木制（木质有待辨认），刻工并不精细，而有粗犷之致。后背横刻"大明隆庆年御用监制"款。法人伯德莱《中国家具》[1]一书刊出"大明万历乙酉年制"款剔红小圆角柜，高仅 67 厘米，形制及花纹与此极为相似。可见其造法在明代宫廷已形成一种程式。

[1] M.Beurdeley：*Chinese Furniture*. No.139—141. Tokyo：Kodansha International. 1979.

侧面

2·34　五抹门大圆角柜柜门上的描金山水纹

明式家具的种类和形式

丁 29、五抹门大圆角柜

木胎紫漆描金　足底 187×90cm，高 308cm

所见圆角柜，以此为最大。足下端的距离为 187×90 厘米，高 308 厘米，侧脚显著。柴木（可能为榉木，漆下无法观察）髹紫漆，有柜膛，门五抹。在上下两截大长方形的门板板心上，用板条格角拼成壸门式开光，开光内有描金花纹，上为山水，并有题诗❷，下为花卉。这两个开光之间及门的最上端各加绦环板一块。侧面柜帮有双腰枨，分三截装板，中为绦环板，三截均有描绘。因柜过高，不分截装板反不坚实。从木工及漆绘来看〔2·34〕，此柜当为晚明、清初时物。

柜在东山仓库中，室暗而隘，柜大又无法搬运，故照片欠佳。

❷ 左右柜门金髹山水，各题五律一首。左为："挂席东南望，青山水谷遥。舳舻争利涉，来往顺风潮。问我今何适？天台访石桥。坐看霞色起，疑是赤城标。"右为："一宿金山寺，微茫水谷清。僧归在禅月，日出晓塘云。树影中楼见，钟声两岸闻。因彼在城市，终日醉醺醺。

丁 30、变体圆角柜

这是圆角柜中的变体，实际上是"一封书"式的方角柜。从柜子的背后来看，并无柜帽，而且用的是方角的棕角榫。只是正面柜顶横木略具柜帽之形，尤其是两端各凸出一个半月形，就在这里挖臼窝，纳门轴，所以从正面来看，又像是圆角柜。它选料极精，柜门板心及两侧柜帮用的几乎都是独板，只拼约两寸宽的板条，看得出是用整齐的大株原材开板制成的。造工也熟练精到，所以它是一对式样罕见而工料皆精的明代柜子。

黄花梨　106×53cm，高 175.5cm　　一扇柜门开启后的情况

丁31、透格门圆角柜

1960年前后，曾在北京东城赵姓家见到一具圆角柜，柜门上半是透空的"灯笼锦"，是用攒斗的方法造成的，下半是板门心。北京匠师或称之为"透格柜"，也是圆角柜中十分罕见的。可惜当时只能勾草图，不允许拍照。时至今天，已不见踪迹。

肆·方角柜

方角柜小、中、大三种类型都有。小型的高1米余，也叫"炕柜"，中型的高约2米，它们一般上无顶柜。凡无顶柜的方角柜，古人每称之曰"一封书"式，言其方方正正，有如一部装入函套的线装书。方角柜如由上下两截组成，下面较高的一截叫"立柜"，又叫"竖柜"；上面较矮的一截叫"顶柜"，又叫"顶箱"。上下合起来叫"顶箱立柜"。又由于柜子多成对，每对柜子立柜、顶箱各两件，共计四件，故又叫"四件柜"。它们虽有大小之别，但以大型的为多。有的为了顶箱便于举起安放，把一个顶箱分造成两个，于是一对柜子共有六件，故叫"六件柜"，高度一般在3米以上。方角柜常见品种略如上述，至于比较罕见的或属于变体的方角柜，将于实例中叙及。

方角柜共举十五例：

丁32、方角炕柜

它和圆角炕柜一样，柜顶装板也多不落堂。又为了整体的统一，正面和侧面也随着柜顶平镶装板，故四面平成为方角炕柜的常见式样。由于它尺寸小，多无柜膛，两门之间也无闩杆。柜内一般不安抽屉，只有屉板一层。

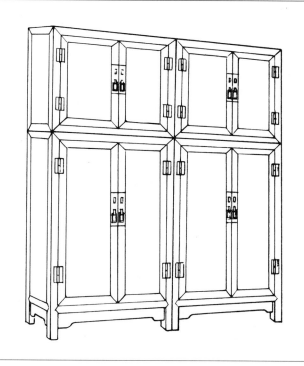

丁 33、方角柜

此柜高 161 厘米，在中型方角柜中是比较小的。方材通身打洼，硬挤门，无柜膛，素牙头起边线，除打洼外，通身无雕饰。此柜虽为清制，可视为明式方角柜的基本形式。

黄花梨 82.5×47cm，高161cm

丁 34、方角柜

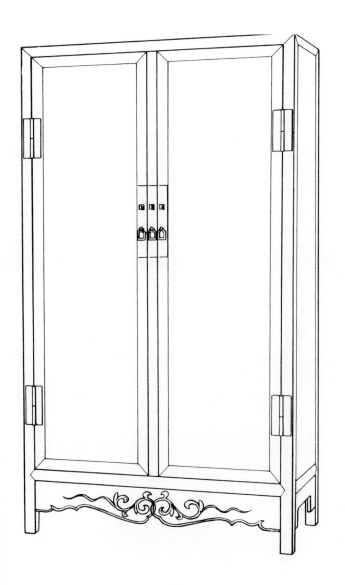

高不及 2 米，宽约 110 厘米，有闩杆，无柜膛，是一封书式柜中比较宽的一种。它也通体光素，只在正面牙条上浮雕卷草纹。

丁 35、大方角柜

这是一具比较罕见的大型一封书式方角柜，有闩杆，有柜膛。大框及柜门边抹一律用素混面，但起边线，正面及两侧牙条锼出壶门式曲线。这些造法常见于圆角柜，而很少见于方角柜。后背糊布髹黑漆，断纹细而密。它造型雄伟，而其细部又极圆熟，故古趣盎然，耐人观赏。取与丁33打洼方角柜相比，年代早晚，判然易辨。

黄花梨　123.5×78.5cm，高192cm

丁 36、方角柜

龙纹雕填漆柜，有闩杆，有柜膛。背面有"大明宣德年制"款。为了髹饰前披麻、糊布的方便，全身是平的，连牙条也不缩进。从这里可以看出为髹漆家具制造木胎，要考虑到漆工艺的特点。

木胎雕填　92×60cm，高158cm

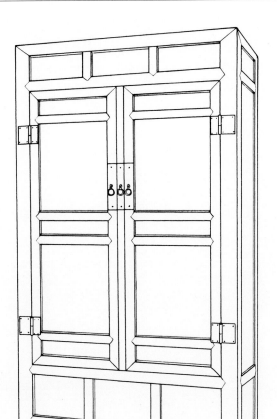

丁37、方角柜

与前例相反，此柜的腿足、边框等全部高出，而装板全部落堂，每一构件都交代得清清楚楚，给人结构特别谨严的感觉。它的另一个特点，是在门上加近似横楣子的装置。这样做可以缩短门的高度，而并不至于妨碍一般物品的取出或放入。在造型上，横楣子能与柜膛对称，上下呼应。

丁38、方角药柜

木胎黑漆描金　79.1×56.8cm，高100cm

柜黑漆描金，绘龙纹及花卉，有"大明万历年制"款。两开门，有闩杆。高100厘米，深56.8厘米，宽79.1厘米。药柜需要有大量抽屉，为此，制者加大了其深度和宽度，但高度未见增加，这是考虑到便于取药的缘故。设计者利用柜膛造成多个抽屉，柜门内两侧各有长抽屉10个，中部植转轴，安装抽屉80个，这样共有抽屉103个。抽屉如再分格的话，便可存放几百种药品了。此柜只是方角柜中极个别的例子。

丁39、透格门方角柜

红木 尺寸遗失

中型方角柜也有带透格门的，但不多见。这里因未能找到更早的实例，暂用清中期的一件来示意。柜门上部透格用直棖加圆套方造成，乍看仿佛是上下两扇，实际上是中抹劈料造，依然是通长的整扇门。柜内上层抽屉就安在劈料中抹的部位之下，此下还有屉板一层。柜用红木及花梨制成，装板及抽屉脸均落堂踩鼓，整体上给人一种时代较晚的感觉。

丁40、顶箱带座小四件柜

顶箱带座是明代四件柜的形式之一，即顶箱比本身的底座缩进一周圈，故上小下大，稳定而有古趣。惟不论大型、小型，均不多见。

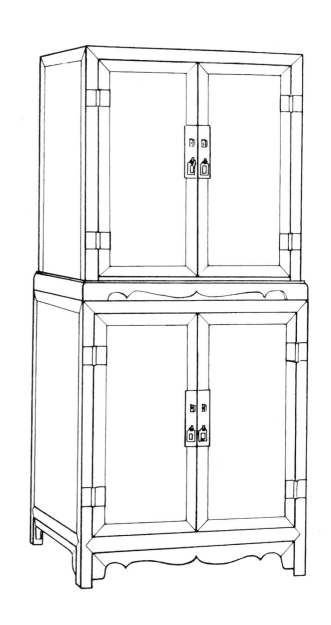

大型顶箱带座四件柜，北京禄米仓智化寺有多具，柴木制，顺着佛殿的两面山墙摆放，内贮经卷法器。

小型顶箱带座四件柜除艾克《图考》(图版134)所收一件外，只50年代在德胜门晓市见到一具，亦为黄花梨制。两件造型及尺寸基本相同，惟晓市一件顶箱底座刻出壶门曲线，立柜牙条亦锼出壶门轮廓，比《图考》一件处处方正平直更为优美。惜残破过甚，当时未收购。失之交臂，至今梦寐思之。

丁41、上箱下柜

上箱下柜是四件柜中又一变体。两开门的顶箱被改成向上掀盖的衣箱。存取衣物需要蹬立在板凳上进行，十分不便。传世实物黄花梨制者罕见，有不少为漆木家具，系明及清前期山西产品。黑漆为地，用厚螺钿嵌花卉纹较为常见。

丁42、大四件柜

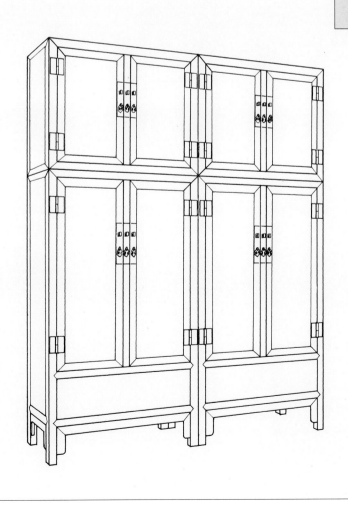

大四件柜的基本形式可以此为例。它的正面和两侧都是平的，通体光素无纹饰。凡是此种大柜，一般均有闩杆和柜膛，而且柜膛上往往有盖板。柜内由上而下，第一层为屉板，第二层为抽屉架和抽屉两具，第三层为柜膛盖板，最下为柜膛，分隔成四个空间。顶箱则只有屉板一层。

纯无雕饰的大柜，除靠木材的天然纹理外，往往利用铜饰件的造型来取得装饰效果。此柜用长方面叶及合页，是比较简单而常见的一种。

有雕饰的大四件柜有的只在牙条上刻花纹，有的柜膛立墙也有浮雕，雕饰最多的，则在八扇柜门上布满雕刻。前同仁堂乐家有正面满雕松竹梅岁寒三友的黄花梨大柜。

丁 43、大四件柜（朝衣柜）

黄花梨包镶百宝嵌　立柜 187.5×72.5cm，高 195cm；
顶箱 187.5×72.5cm，高 84cm，通高 279cm

柜门及余塞板特写

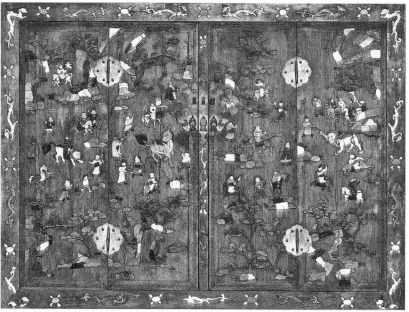

大四件柜中，有一种面宽尺寸大于其他形式的叫"朝衣柜"。它因官员朝服不必折叠便可放入而得名。柜加宽后，为了不使柜门太宽，合页负荷过重，故增添了"余塞板"。余塞板由攒边装板穿带造成，合页即钉在余塞板的边框上。边框上有活销，与柜腿及其上下的横材销牢。拔出活销，可以把余塞板也拆卸下来。

此柜又是一件"百宝嵌"的例子，用不同石、骨、螺钿等材料，在大柜正面镶嵌出职贡图。当然它不是一件考究的百宝嵌，因用料以各色叶蜡石为主，缺少珠玉、玛瑙、犀角、象牙等珍贵材料。它本身就是一件黄花梨包镶家具，年代也不能早于清前期。

成对六件柜之一，面叶、合页均作莲瓣式，足底安铜套。类此六件柜，除硬木制者外，故宫有黑漆描金龙者，背面金书"大明万历年制"款识。

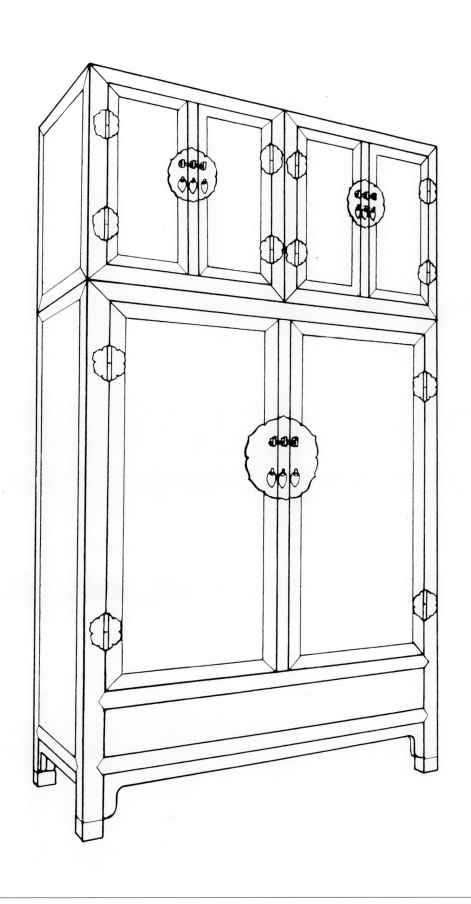

方角柜安透格门的，一般安在顶箱上，立柜仍为木板门。柜子高大，放在室内，无法拍到全形照片，只得商诸物主，卸下透格柜门，在室外拍照。下举两例：

丁45、四件柜顶箱透格门

柜门界成六格，除下层正中框内装板浮雕博古花篮外，余均为透雕。上层正中为团龙，两侧为卷草纹。柜为黄花梨制，但制作年代当在康熙、雍正间。其立柜造法与一般四件大柜无异。

丁46、亮格柜顶箱透格门

此柜上截顶箱安透格门，下截上为亮格，下为板门柜，门心浮雕螭纹及寿字。将它归入亮格柜或四件柜都只能算是变体。透格门图案，用小方格上下左右加类似卡子花的木块连缀而成。柜为黄花梨制，时代在清前期，乃梅兰芳先生家中物。

明式家具的种类和形式

戊、其他类

家具的功能，不同于以上四大类，传世实物及形式变化均较少，不足以自成一大类者，合并为其他类。其品种分列如下：

壹·屏风

贰·闷户橱（包括联二橱、联三橱）、柜橱

叁·箱——小箱、衣箱、印匣、药箱、轿箱

肆·提盒

伍·都承盘

陆·镜架、镜台、官皮箱

柒·天平架

捌·衣架

玖·面盆架

拾·火盆架

拾壹·灯台

拾贰·枕凳

拾叁·滚凳

拾肆·甘蔗床

壹·屏 风

宋元文献中，屏风还是一个比较笼统的名称，泛指不同种类的屏具。到了明代，有时将"屏风"一称，用来专指带底座的屏具，故其统计数量以"座"计；多扇可以折叠的屏具，则称围屏，以别于屏风，其统计数量，则以"架"计❶。再就实物制作而言，带座的屏风和宋代的一样，有的是和底座相连的，有的并不相连，而是可装可卸的。因而屏风中又有"座屏风"和"插屏式座屏风"之别。座屏风中又有一种小型的，宋画中已常见，明代仍多使用。它可以放在床榻上或桌案上，放在床榻上或称为"枕屏"❷〔2·35〕，放在书桌、画案上的或称为"砚屏"❸〔2·36〕。它也可以放在条案上，和青铜鼎彝、玉山英石等摆在一起，虽名为屏具，实际上已是一种陈设了。

❶ 明人编《天水冰山录》，统计座屏风以座计，统计围屏以架计。

❷ 宋张栻《枕屏铭》："勿欺暗，勿思邪。席上枕前且自省，莫言屏曲为君遮。"可见宋时已用枕屏。

❸ 宋赵希鹄《洞天清禄集》有《研屏辩》，共五则。第一则中称："自东坡、山谷始作砚屏。既勒铭于砚，又刻于屏以表而出之。"《美术丛书》初集第九辑。

2·35 宋人《荷亭儿戏图》中的枕屏 《波士敦美术馆藏支那画帖》图版 39

2·36 明刊本《金瓶梅词话》第七回插图中的小屏风

现将"屏风"作为屏具的一个总称，共举六例：

一、座屏风

座屏风以三扇或五扇为常式，亦称"三屏风"、"五屏风"，多摆在宫廷殿阁、官署厅堂的正中，位置固定，亦可视为建筑的一部分。现在能见到的此类屏风，以清式的为多，清制而尚具明代风格的举一例：

戊1、山字式座屏风（木胎金髹）

三扇座屏风中间高，两旁低，有如"山"字，故又称"山字式"。这里采用杜邦《中国家具》第二集图版三十五的一件 (M. Dupont, *Meubles de la Chine* II, Paris, 1926) 制成线图。惟杜邦原图有欠缺，今为补全，详后。

屏风以方材作边框，打槽装板，描绘云龙，再贴金箔。搭脑远跳出头，雕造云纹，下安角牙。屏风下脚造出亮脚，地栿三根，在下承托。屏风边框出榫，穿过地栿的透眼，还伸出数寸。这是因为原来地栿下还有地平，而边框的出榫是连地平一齐透过的。屏风两侧安站牙，即清代则例所谓的"壶瓶牙子"❶，起抵夹的作用。此屏从髹饰图案来看，是清初时物，但其结构间架还保持着明代形式。

杜邦的原图是把屏风放在地毯上照的，边框下的榫子支在地毯上，下无交代，使人无从知其安装方法。今为加绘地平，以示榫子穿入地平，牢固地和它相联结。

❶ 清写本《圆明园则例》册十八《铺面装修牌幌》："银号：插屏、踏棵木、柱子、帐子、托泥，俱四面折见方尺，每二十四尺木匠一工。踏棵木，两边二面雕造蕈花，每块雕匠二工。柱头，雕做覆〔俯〕莲头，每个雕匠一工。绦环，二面透雕香草夔龙，每八块木匠一工。每块雕匠五工。牙子，迎面雕分心花，每八块木匠一工。每二块雕匠一工。壶瓶牙子，二面雕香草，每四块木匠一工。每二块雕匠一工。"按以上为小型屏风的造法，构件与大座屏风基本相同。所谓壶瓶牙子即站牙。因两块相抵，合成一个葫芦瓶的形状，而葫芦瓶又简称"壶瓶"，故名壶瓶牙子。

插屏式座屏风多为独扇，所以面阔不可能太宽。从绘画及故宫布置的原状陈列来看，有时一具放在正中，类似多扇式屏风的用法；有时两具并列，拼成较大的宽度，在室内成为间隔；有时两具摆在正房两梢间，面对通往东西两耳房房门。至清代它多被穿衣镜所代替。传世实物清式者颇多，明式的只得一例：

戊2、插屏式座屏风

屏的底座用两块厚木雕出抱鼓作墩子,上竖立柱,以"站牙"(即《鲁班经匠家镜》所谓的"桨腿")抵夹。取与该书的图式相比,有相同之处。两立柱间安枨子两根,短柱中分,两旁装透雕螭纹绦环板,枨下安八字形的"披水牙子",浮雕螭纹。屏风插屏以边抹作大框,中用子框隔出屏心,上下左右留出地位,嵌装四块窄长的绦环板,也都透雕螭纹。论其形式结构,直接上承宋式,近似南宋人《十八学士图》所描绘的一具❷。

类此屏风,屏心一般为方格"算子",用松软木材造成,两面可以贴裱书画。此件则镶乾隆时期用油彩画在玻璃上的仕女画。

❷ 见《故宫书画集》第25集,
故宫博物院民国珂珞版印本。

黄花梨 足底150×78cm,高245.5cm

二、围屏

围屏多扇,可以曲折,比较轻便。又因下无底座,所以陈置时需要把它摆成曲齿形。如中部有几扇摆成直线,则两端要兜转得多一些,成围抱之势,始能摆稳。围屏之名,即由此而得。其使用情况在明清人画中常有描绘。

围屏屏扇多成偶数,或四、或六、或八,乃多至十二,更多的虽画中亦罕见。古代最简单的围屏底平无足,直落到地,现在日本仍流行。稍复杂一些的如《鲁班经匠家镜》图式所示,也只在每扇之下设绦环板一块,下有两足着地。更复杂的则为槅扇式,由槅心、绦环板、裙板、亮脚等部分构成,外加边框及抹头,实渊源于宋代的"格子门"❸。

"槅心"最大,亦可称为屏心,位在屏扇的上半,相当于宋式格子门的"格眼"。最小的一块位在屏扇中间的为"绦环板",相当于格子门的"腰华板"。次大的一块位在屏扇下半部的为"裙板",相当于格子门的"障水板"。处在最下的为"亮脚"。这样的造法,共用四根横材。横材或称抹头,故亦可称之为"四抹

围屏"。

围屏的尺寸如需加高,可用增添绦环板及抹头来取得高度。有的在裙板上下各用绦环板,共计两块,抹头则用五根,或称"五抹围屏"。有的在槅心上再用一块绦环板,共计三块,抹头六根,或称"六抹围屏"。各式见示意图〔2·37〕。

2·37 围屏四抹、五抹、六抹示意图

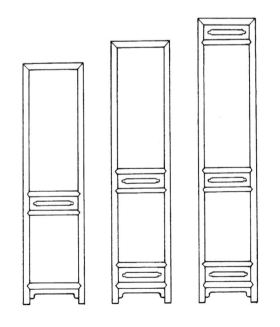

❸ 宋李诫《营造法式》卷三十二《小木作制度图样》格子门,商务印书馆1933年影印本。

195

围屏的边抹或光素，或起线脚。榻心除安算子糊纸、绢外，可用透雕，或用斗簇法构成透空图案。绦环板及裙板或用浮雕，或用透雕。亮脚有时为素牙条、素牙头；有时剜出曲线，起阳线或施浮雕卷草纹等。各扇之间用合页联结。

上述种种造法，有的是从画本中看到的，有的是据清代制品推知的，并非尽由观察实例而得。因为屏风是传世明式家具中最少的一种。少的原因可能由于榻心用纸绢糊成，容易损坏，或由于被改成固定的榻扇，随着建筑的拆改而消失。但令人信服的答案，尚待进一步寻求。

黄花梨透雕榻心的屏风，陈梦家先生曾收到残缺不全的。八扇的、十二扇的过去在鲁班馆曾见到黄花梨制的各一具，也都残损，惜均未能拍到照片。

围屏有很多是木胎髹漆的。清中期以后制的，曾见描金、彩漆、彩油、填漆铪金、嵌螺钿、百宝嵌等多种造法。至于清前期所造，基本上与明制相同的，主要是"款彩"屏风。"款彩"一名，见《髹饰录》❶，就是在平滑的深色漆面上雕刻花纹，只留轮廓，剔去轮廓内漆层，中填彩色，即所谓"阴刻文图，如打本之印板而陷众色"的造法。现在此种技法尚流行，扬州、晋南等地还大量生产，只是名称已改叫"刻灰"，或"大雕填"，或"刻漆"而已。此种围屏花纹宜通景，远看效果颇佳，故要求有大幅平面，屏扇多为平板式。下举清前期制者一例：

❶ 见拙著《髹饰录解说》第129条《款彩》，文物出版社，1983年。

木胎款彩　尺寸待查

明式家具的种类和形式

戊3、围屏（汉宫春晓图）

通景十二扇，北京古玩商霍明志旧藏，历史博物馆提供照片，尺寸待查，所绘为禁苑行乐景象。人物仕女不下八九十人，高殿曲廊，石桥粉壁，庭柯池石，陈设用具，皆有法度，画稿取材仇十洲或水平较高的苏州片子。"汉宫春晓"为原来题名，实际上是一幅全凭想像绘成的宫殿人物画，其制作年代为康熙年间。

甚为可惜的是，同类围屏制作精美而又保存完好的都已流出海外，如现藏巴黎居湄美术馆 (Musée Guimet, Paris) 的松鹤图围屏，旅法中国古玩商卢芹斋旧藏的花鸟博古围屏等。两件均经伯德莱编入所著《中国家具》一书 (M.Beurdeley, *Chinese Furniture*, Kodansha International, 1979) 中，见图183、184。拙编《中国古代漆器》亦采用，可参阅。

国外对款彩漆器有专门名称，叫 Coromandel Lacquer。按 Coromandel 为印度东南一带海岸名称，可能明清之际，外销款彩屏风运到这一带上岸转口，因而得名。

三、小型座屏风

置在几案上的小屏风，下举三例：

戊4、嵌大理石小座屏风

黄花梨　下宽62cm，上宽61cm，高74.5cm

底座用两块桥形墩子和两块披水牙子造成。站牙极薄，已不能起多大的抵夹作用，但颇有装饰意义。绦环板仅一块，锼挖透孔。在小型座屏风中，应算是比较简单的一具。

戊 5、小座屏风

屏心原装白石板，因破碎而撤去。它是一件忠实模仿大座屏风造法的例子。故宫东路景仁宫门内有明代白石座屏风，大如照壁，二者竟颇相似，尤其是屏风边框内的分隔，都把屏心上、下各横分为绦环板三块，两侧各竖分为两块。它们的差异在：大石座屏风底座雕蹲龙，小座屏风在墩子上造出如意云头抱鼓蒬花安站牙，和清代《则例》规定的造法很相似❶。此制明代已有，小座屏更可以代表木制座屏风的常见造法。

❶据清代《则例》衣架的座墩造法为："楸槐木……落鼓镜……雕做蒬花，周围起皮条线麻叶云如意头。"见清写本《奉先殿宝座供案陈设则例》。

黄花梨　73.5×39.5cm，高70.5cm

戊 6、插屏式小座屏风

屏风的立柱内侧打槽，使屏扇可以嵌插进去。如取此与前例及大型插屏式屏风相比，可见屏座已简化了许多。绦环板被略去，披水牙子只剩一条，改为垂直的装置，但大体上还保持着屏座的一般特征。它为家具的由大缩小、削繁就简提供了证例。

黄花梨　底座38×15cm，高36.5cm

❷见艾克《中国黄花梨家具图考·导言》页19，北京法文图书馆，1944年。

贰·闷户橱（包括联二橱、联三橱）、柜橱

"闷户橱"兼有承置和储藏两种功能。橱面和桌案一样可以摆放物件；抽屉及下面的空间——"闷仓"，可以存放东西。由于这一空间封闭在抽屉之下，故北京匠师称之曰"闷仓"。

这一类有闷仓的家具，北京匠师通称"闷户鲁儿"。这几个字究竟如何写法，虽多次求教于老匠师，仍得不到明确而合理的答案，很可能就是"闷葫芦儿"四个字。但它过于俚俗，不像家具的正式名称。艾克认为它和过去羊肉床子（即羊肉铺当门摆放的素木肉案）形式有些相似，故写作"门户橱"❷，后来并经杨耀沿用。但此类家具设有闷仓，而肉案则只有抽屉无闷仓，制作并不相同。何况它们多放在民居内室，存放细软，与临街的羊肉案子大异。今据它们有闷仓的特点，很可能"闷户鲁儿"就是"闷户橱"一音之转，故今以此名之。

据北京匠师的概念，闷户橱是这类家具的总称，包括一个抽屉的、两个抽屉的和三个抽屉的。更多抽屉的很少见。惟因两个抽屉的又叫联二橱，或简称联二；三个抽屉的叫联三橱，或简称联三；因此，闷户橱一名，更多地用来作为一个抽屉的名称。

闷户橱还有其他名称。一个抽屉的又叫"柜塞"。由于过去北京小康之家习惯将一对中等大小的顶箱立柜贴墙而放，两柜之间，放闷户橱，三件恰好占满一间后墙或山墙（山墙往往被炕占去一部分）的长度。闷户橱矮，不致遮挡后墙正中常有的高窗。如是山墙，闷户橱上的墙壁空间，还可悬挂画幅。故"柜塞"由其塞在两柜之间而得名。

闷户橱不论抽屉多少，又叫"嫁底"。因过去嫁女总要陪嫁一两件闷户橱。橱上或放箱只，或放掸瓶、时钟、帽筒、镜台之类，用红头绳绊扎。故"嫁底"是由于用它作为嫁妆之底而得名。

闷户橱在明代虽很流行，传世实物也不少，但在更早的家具形象中却罕见，其出现当晚于凳、椅、桌、案等一般常见家具。1960年，山西文水北峪口发现的画像石墓，年代不能晚于元，墓内西北壁阴刻线雕抽屉桌一具[3]，抽屉下虽无闷仓，但施横顺枨。如果枨间装上立墙的话，就成一具"联二橱"。又宣德款三屉剔红供案〔乙139〕和闷户橱也有相似之处，它是一件在造型上与闷户橱有关连的早明家具。至于明式家具主要产地的苏州地区如洞庭东、西山，闷户橱并不罕见，尤以一个抽屉者为多。它们大都是近百年的制品，说明这一品种在南方还一直延续下来。

闷户橱除抽屉数量有一个、两个、三个等区别外，在造法上的变化还有：

1. 橱面和条案面一样，两端有的没有翘头，有的有翘头。

2. 抽屉脸有的贴壶门券口，有的不贴。凡贴券口的，铜饰件上的锁销可以从券口正中之后的缝隙中穿过，插入闷户橱大边底面的销眼内。要锁抽屉时，可上推销子，使销子上的管状装置与面叶上的两个锁鼻（或称"曲曲"）平齐，用铜锁或穿钉横穿，把抽屉锁住。当然不贴券口的抽屉同样可以安装上述铜饰件。

3. 闷仓的立墙和立柜的柜膛板一样，或用独板，或加短柱，立墙分段嵌装。

4. 闷户橱或朴质无文，或施不同程度的雕饰。闷仓下的牙条和吊头下的两块挂牙是施加雕饰的主要构件。

最后附带提到由闷户橱演变出来的一种橱子。抽屉下不设闷仓，足端安四根落地枨，两帮及后背装板下及落地枨，正面安柜门。尽管北京匠师仍依其抽屉之数称之曰联二、联三，但它已不是闷户橱，而只能叫柜橱了。此种家具尤其是体形较长的，绝大多数是清代中晚期的制品，用材非新花梨即红木，因而只能视为清代家具。我们虽不敢说明代家具尚无此品种，但其流行时代，当在清中期或更晚。制作手法较早的，只见到少数实例。

下举闷户橱七例，柜橱一例：

❸ 山西省文物管理委员会、山西省考古研究所：《山西文水北峪口的一座古墓》图版三图2"石刻线雕图"，《考古》1961年第3期。

一、闷户橱

戊7、素闷户橱

这是一件明代的民间家具。它有抽屉一具，无翘头，不仅通体光素无纹，橱面大边用透榫，抽屉面用明榫，闷仓之下用罗锅枨代替了牙条。尤其是两侧面，使用了意想不到的又宽又厚的大材作闷仓的立墙，使人感到过于要求坚实而置笨拙于不顾，但同时却带来了朴质率真的趣味。

铁力　98×47cm，高85cm

戊8、雕花闷户橱

橱的抽屉脸贴壶门式券口。闷仓下的正面牙条极宽，吊头下的挂牙既宽且长，下端延伸到牙条以下，这些构件，为雕刻繁缛的草龙及卷草纹准备了宽绰的画面。前面提到的"柜塞"，主要是指这类造型的闷户橱。和前例相比，虽都有一个抽屉，而此件平面面积占得较小，立体空间则占得较多，制作及风格亦各异其趣。

黄花梨　尺寸遗失

黄花梨　170×57cm. 高90cm

戊9、带翘头联二橱

此橱案面以上的造法与一般的翘头案无异。抽屉脸贴壶门式券口，北京匠师称这种壶门式的轮廓曰"灶火门"。腿材外圆里方，起边线，枨子素混面起边线，与腿子的线脚交圈。正面牙条用材颇厚，中雕分心花，两端镂出卷云云头，沿边起阳线，其醇厚的趣味是薄板牙条无法造出来的。从整体看，此橱仍属朴质无文一类，但着"墨"无多的装饰，为它增添了风韵，是一件选料精、制作佳，并可确信为明代制造的黄花梨家具。

戊10、雕花联二橱

橱面无翘头，抽屉脸不贴券口，除牙条雕缠莲纹外，其他部位都雕螭纹。这种螭纹亦近似草龙，尾部可以恣意卷转，布满构件的空间。闷仓立墙、抽屉脸采用了落堂踩鼓的造法，使花纹显得醒目饱满。抽屉脸正中的浮雕下垂云头，中留空白，是专为安装铜饰件而设计的。二者配合无间，可证饰件确为原来所有。闷户橱上的铜饰件，圆形和方形的面叶最常见，而此橱为窄长的面叶提供了实例。

黄花梨　112×59cm，高89.5cm

黄花梨　160×52cm，高90cm

戊11、带翘头雕花联二橱

橱面有翘头，抽屉脸贴券口，看面全部有浮雕花纹，尤以闷仓立墙上雕有翼飞龙最引人注目。按此即古代所谓"应龙"，为明代流行图案，常见于瓷器、漆器及丝绣。在造型比例上，它抽屉浅而闷仓深，和戊9相同而异于戊10。前两例的体形都合度，独此橱显得有些拙笨，其故安在？这是因为戊9的看面比它长10厘米，吊头又探出较多的缘故。看来，闷户橱的长度和各部位尺寸的合理安排，其中有一定的规律。掌握或昧于这种规律，会导致设计的成功与失败。至于独具抽屉的"柜塞"，有的正以其稚拙见胜，其造型自然又别具规律了。

戊12、带翘头素联三橱

此橱全身光素，直牙条，抽屉脸贴券口及角牙，曲线也不繁。闷仓立墙中加短柱，分两段装板，它可视为联三橱的基本形式。

黄花梨　177.5×56.8cm，高90.5cm

戊13、带翘头雕花联三橱

橱的抽屉脸贴券口，闷仓立墙分两段装板，光素无纹，但下面的牙条及两旁的挂牙浮雕枝叶和丰腴的卷草纹，虽为明制，尚有唐代遗意，华美富丽，是一种装饰性很强的造法。

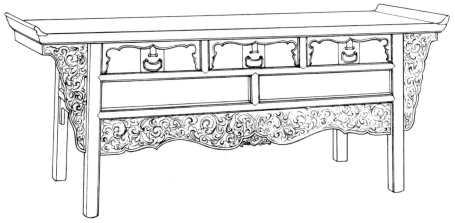

类似的雕花联三橱，牙条及挂牙或完全透雕，或透雕与浮雕结合，再加上题材的不同，变化还是很多的。如为透雕与浮雕结合，所见实例，多数在靠近牙条及挂牙的外边缘施透雕，与橱身邻近的部分为浮雕。由于边缘透光的关系，这样造更显得玲珑疏透。

二、柜橱

戊14、带翘头二屉柜橱

从各种手法来看，此柜橱比一般红木、新花梨制的联二橱柜要早，尤其是侧脚显著，上下横枨两端加宽，留做臼窝，使用了圆角柜的木轴门。类此的柜橱，北京现仍忠实地仿制。所以有必要仔细观察其用材和榫卯的制作有无修配及其使用的情况，否则售者以新充旧，容易上当受骗。

黄花梨　170×52cm，高90cm

此类柜橱，本人认为惟一可信为明代制造的，是艾克《图考》在图版122下印出的一件。橱面有翘头，平列抽屉四具。其下正中加立柱，左右各安柜门两扇。不仅造型与一般柜橱不同，手法亦异。柜门及柜帮平装不落堂，铜饰件亦饶古趣。整体用材粗硕，线条简洁，神态朴质浑厚。与《图考》图版122上方印出的足下有清式马蹄的柜橱相比，年代早晚，判然可见。

叁·箱

据《正字通》，"凡可藏物有底盖者皆曰箱"❶。明式箱具列举以下五个品种：

一、小箱
二、衣箱
三、印匣
四、药箱
五、轿箱

其中印匣虽名曰匣，实际上是方形小箱，故归入此类。

下举小箱一例，衣箱四例，印匣一例，药箱二例，轿箱一例：

一、小箱

小箱实物传世不少，均为长方形，多为黄花梨制，紫檀次之，其他硬木制者较少。从尺寸及形制来看，当时主要用来存放文件簿册或珍贵细软物品。北方民间，尤其是回族家庭，常用它贮放妇女妆饰用的绒绢花，故又有"花匣"之称。

❶ 明张自烈:《正字通》，据《辞海》引文。

戊15、素小箱

黄花梨 42×24cm，高18.7cm

它可代表明制小箱的基本形式，全身光素，只在盖口及箱口起两道灯草线。此线起加厚作用，因盖口踩出子口，尽管踩去的少，留下的多，但里皮毕竟减薄了一些，外皮如不起线加厚，便欠坚实。故此线不仅是为了装饰，有更重要的加固意义。正由于此，箱口起线成为小箱的常见造法。立墙四角用铜叶包裹，盖顶四角镶钉云纹铜饰件。正面圆面叶，拍子云头形，两侧面安提环。

二、衣箱

箱只的主要用途是存放衣服。古代衣服长者居多，箱只自以长方形为宜。《鲁班经匠家镜》有《衣笼式样》、《衣箱式》各一条，并有图。二者形制相同，只是衣笼较大而已。箱下有"三弯车脚"，即下有弯曲弧线的底座，它和清代以来常见的衣箱并无多大差别。

戊16、线雕云龙纹衣箱

箱为黄花梨制，沿口起线，与小箱同，惟阴刻线雕龙纹，龙的形象已为清式。我们未能排除制箱早、雕刻晚的可能性。它原来是否有底座亦未能肯定。

黄花梨　65.8×48.5cm，高32.8cm

戊17、素衣箱

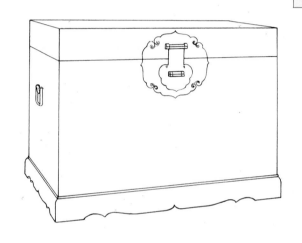

此箱箱身比较深。据宋戴侗《六书故》："今人不言箧笥而言箱笼。浅者为箱，深者为笼也"❶，故当属衣笼一类。箱下有托泥，挖弯曲弧线，即所谓"三弯车脚"，实际上仍来自壸门轮廓。它兼有装饰及通风防潮双重作用。明清衣箱往往箱存而托泥散失，上下完好者极少。

❶ 宋戴侗：《六书故》，据《辞海》引文。

明代宫廷用来存放冠冕袍服的箱具，有方而高的一种，仍应名之为衣箱。箱盖或为平顶，或为盝顶；或在盖下设平屉，或在侧面设抽屉，或均不设；有抽屉的或露明，或抽屉前安插门。其形制造法亦有多种。

戊18、龙纹铣金朱漆盝顶衣箱

箱自明朱檀墓出土。盖下有平屉，下部在侧面设抽屉。金属饰件用铁锒金制成。出土时箱内置放冕、弁、袍、靴等物，故知其确切用途。它是一件明初有确切年代（约1389年）的家具。

朱漆铣金　58.5×58.5cm，高61.5cm

箱盖下未见设有平屉痕迹，也无抽屉。下部原有底座，已散失。箱口装有桃形的铜饰件，是一般箱具所没有的，只有在明代宫廷的衣箱上才见到。由于箱口是平的，铜饰件起着子口的作用。盖内有"大明万历年制"金书楷书款。

衣箱盖内的明万历款

紫漆描金 66×66cm. 高78.7cm

三、印匣

明代印匣，多为方形盝顶式，因印玺多作方形，印钮总小于印身，故把匣盖造成盝顶式是完全合理的。直至清晚期，印匣还保留着此种形式。

戊20、素印匣

匣为盝顶，全身光素，是印匣的基本形式。正面铜饰件不作拍子式而作管状，匣盖关好后，它与两旁的锁鼻同高，可以加锁。此种形制早于拍子式，明代以前已流行。

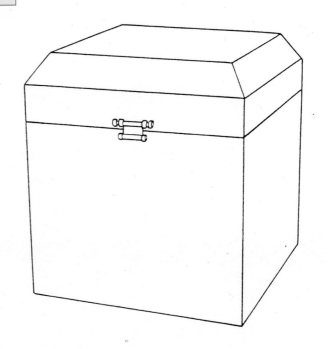

笔者曾购得清代印匣，楠木制，较上例稍高，有小底座，铜饰件为拍子式。十年浩劫中遭掠夺。

印匣亦多髹漆者，铆金、嵌螺钿、剔红、雕填等各种造法咸备。明代漆印匣流往日本者有多件，除盝顶箱匣式外，亦有明高濂所谓"罩盖式"者，即匣盖将匣底完全罩盖在下面。

四、药箱

明式家具中有一种箱具大于官皮箱，无顶盖及平屉，无处可支架铜镜，抽屉则较多。正面两开门或插门，适宜分屉贮放多种物品。据《鲁班经匠家镜》名为药箱。惟该书所述为民间日用品，故工料均较简易。下举两例：

戊21、方角柜式药箱

黄花梨　38×27.5cm，高46cm

药箱一扇门开启后的情况

箱的外形宛然是"一封书式"的黄花梨小方角柜。打开柜门，才知道柜内不安屉板而安抽屉。

戊22、提盒式药箱

此箱两开门，内设抽屉十八具，彻黄花梨制，连背板及抽屉帮、底都不用其他木材，是一件很考究的精制家具。底有矮座，两侧面在底座上造出提梁及站牙，仿佛是一具提盒，但实际上只是一种装饰而已。

黄花梨　底座78×45cm，箱身69×41.5cm，通高77cm

值得提到的是，艾克《图考》中有一件极精美的药箱（图版135）。它两开门，抽屉架露明部分一律打注。抽屉六层，几乎每层排列都有变化。尤以中辟壶门小龛，另安木轴小门，使人有别有洞天之感。如按明代文人的好尚，这里是陈置乌斯藏（即西藏密宗）鎏金佛像❶的绝好地方。

五、轿箱

明清官吏有专门在轿上使用的箱具，名曰轿箱，曾见硬木制者和漆木胎嵌薄螺钿者，制作均精。

❶ 文震亨《长物志》卷十《佛室》："内供乌斯藏佛一尊，以金镨甚厚，慈容端整，妙相具足者为上。"

紫檀　底座长61cm，箱身75×18cm，通高13.7cm

戊23、素轿箱

轿箱的开合和架搭在轿杠上的示意图

此箱为紫檀制，两端箱底各缺掉一方块，这是为了可以架搭在两根轿杠之上。当官吏上轿后，摆上此箱，横在面前，不仅可以放文件，也不妨稍供凭倚。箱外有铜饰件可加锁，有的明锁之外，还有暗锁。箱内中部有浅屉，两端有侧室。下轿时，又可将箱取下，随身携带，可见当时对公文奏折等保管，是十分周密慎重的。

肆·提盒

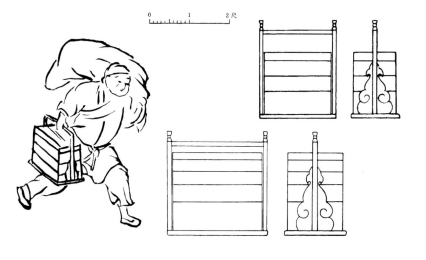

左侧注释栏：

❶ 屠隆制提盒"高总一尺八寸，长一尺二寸，入深一尺，式如小橱，为外体也"，内装酒杯，骰碟等。《美术丛书》二集第九辑。

2·38　明人绘《麟堂秋宴图》（上）　中的杠箱　中国历史博物馆藏

2·39　明刊本《鲁班经匠家镜》（下右）　中的杠箱及食格　据原书所标尺寸参考实物绘制

2·40　明刊本《金瓶梅词话》（下左）　第七回插图中的提盒

左起"式　明式家具的种类和形式"

提盒是北京匠师习惯使用的一个名称，泛指分层而有提梁的长方形箱盒。从文献和图画材料来看，它在宋时已流行，主要用以盛放酒食，便于出行，如南宋萧照《中兴祯应图》中就有这一类的器物，只不过它像是竹制的而非木制的。《麟堂秋宴图》中有杠箱〔2·38〕，《鲁班经匠家镜》有《大方杠箱》和《食格》两式〔2·39〕，大小虽殊，均属此类家具。惟杠箱大，需要两人抬，故曰"杠箱"。食格较小，可一人肩挑两具。更小的只须用一手提掣。《金瓶梅词话》插图绘一人肩头荷物，一手提盒作奔驰状，是一幅很好的写照〔2·40〕。至于明屠隆《游具笺》讲到的提盒❶，虽出于他的特殊设计，也仍由提梁和箱盒组成。

为了便于出行，大、中型的提盒多用较轻的一般木材制成。但由于生活的改变，早已不适用，实物也难保存下来。只有小型的才用紫檀、黄花梨等贵重木材制造；考究的还用百宝嵌或雕漆制成。这些自非用作盛食物，而是贮藏玉石印章、小件文玩之具。到了今天，它们本身也成珍贵文物了。下举两例：

戊24、素提盒

黄花梨　36×20cm，通高21.3cm

提盒上层取下后的情况

此盒用长方框造成底座，两侧端竖立柱，有站牙抵夹，上安横梁，构件相交处均嵌镶铜叶加固。盒两撞，连同盒盖共三层。下层盒底落在底座槽内。每层沿口均起灯草线，意在加厚子口，和小箱的手法相同。盒盖两侧立墙正中打眼，立柱与此眼相对的部位也打眼，用铜条贯穿，以便把盒盖固定在两根立柱之间。铜条一端有孔，还可加锁。由于下层盒底落入底座，各层均有子口衔扣，盒盖再有铜条贯穿，提盒各层便无错脱之虞了。

戊 25、雕漆提盒

盒的底座朱地剔黑，雕灵芝纹。盒用剔红造成，两撞三层。盖面雕山水人物，立墙为花鸟纹。通体形式、结构与前例基本相同。此盒虽无年款，从刀法及图案来看，当为宣德、嘉靖间的制品。举此一例，足以说明此种提盒在 15、16 世纪是颇为流行的。

木胎髹漆　25.8×17.2cm，高 24.2cm

伍·都承盘

"都承盘"，有时写作"都丞盘"、"都盛盘"或"都珍盘"。这是一种用以置放文具、文玩等的案头小型家具。从传世实物来看，清代比明代更为流行，式样颇多，有的高低分层，制作繁琐。可以认为是明式的，这里仅得一例：

鸂鶒木　35.4×35.4cm，高 15.4cm

戊 26、栏杆 蕉汲信

盘方形。四面栏杆造成井字棂格，北京匠师或称之为风车式。下设抽屉两具。选材用纹理流动华美的鸂鶒木，灿绚可爱。其结构为四根栏杆望柱，直通盘底，形成角柱。三面盘墙，均用整板，板端出榫，和四根角柱透榫相交，与常见的攒框打槽装板结构不同，为制造墙柱结构的家具提供了一种值得注意的制造方法。

2·41 宋人《靓妆仕女图》中的镜架 《波士敦美术馆藏支那画帖》图版74

2·42 《天籁阁旧藏宋人画册·半闲秋兴图》中的镜台

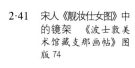

陆·镜架、镜台、官皮箱

镜架是状如帖架的一种梳妆用具，多作折叠式，或称"拍子式"，宋代已流行，在南宋人《靓妆仕女图》〔2·41〕中可以看到一具，明、清仍使用。

镜台，或称"梳妆台"，明式可分为：折叠式、宝座式、五屏风式三种。

折叠式镜台亦称"拍子式"，是从镜架发展出来的。架下增添了台座，两开门，内设抽屉，比镜架复杂得多了。

宝座式镜台是宋代扶手椅式镜台的进一步发展。宋画《半闲秋兴图》描绘了一件扶手椅式镜台的形象〔2·42〕。

五屏风式镜台比宋画中所见的差别较大，它在宝座式的基础上崇饰增华，又加上了屏风。在三种中它的出现应较晚，传世实物则以此式为多。至于镜台有可折叠的盖，盖内有涂水银的玻璃镜，它们不是明式家具，只能代表清式。

官皮箱虽无镜箱或奁具之名，从功能来看，也是梳妆用具，今置之镜台之后。下举镜架一例，镜台五例，官皮箱四例：

一、镜架

戊27、折叠式镜架

它还保留着宋代的式样，以黄花梨作外框，拍子上有出龙头的搭脑，已残损，框内分格嵌镶黄杨木透雕螭纹花片，镌刻极精，惟制作年代当为清早期。器为曲阜孔尚任家故物。

黄花梨，黄杨 44.6×45.3cm，放平高4.2cm

二、镜台

黄花梨　49×49cm，支起高60cm，放平高25.5cm

　　镜台上层边框内为支架铜镜的背板，可以放平，或支成约为60度的斜面。背板用攒框造成，分界成三层八格。下层正中一格安荷叶式托，可上下移动，以备支架不同大小的铜镜。中层方格安角牙，斗成四簇云纹，中心故使空透，系在镜钮上的丝绦可以从这里垂到背板的后面。其余各格装板雕螭纹。装板有相当的厚度，且为"外刷槽"，使图案显得分外精神饱满。台座两开门，中设抽屉三具，四足内翻马蹄，造型低扁，劲峭有力。此器不仅设计谨严，木工雕刻处处精到，看面用材也经过精选，每块装板均有深色花纹，是明代小型家具的精品。

戊29、宝座式镜台

　　镜台设抽屉三具。后背分隔成五格，扶手下不分格，均透雕花鸟。它与下一例属同一类家具，造型及雕饰都比较简单，但时代却较晚，可能已入清。这主要是从透雕刀法及图案作出这一判断的。明式家具不能据其繁简来定早晚，此是一例。

黄花梨　尺寸遗失

戊30、宝座式镜台

黄花梨　43×28cm，高52cm

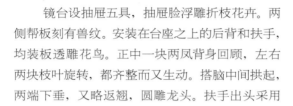

側面

镜台设抽屉五具，抽屉脸浮雕折枝花卉。两侧帮板刻有兽纹。安装在台座之上的后背和扶手，均装板透雕花鸟。正中一块两凤背身回顾，左右两块枝叶旋转，都齐整而又生动。搭脑中间拱起，两端下垂，又略返翘，圆雕龙头。扶手出头采用同样的圆雕。扶手内侧安角牙，雕成伏身而仰觑的双螭，意在突出正中的部位，使铜镜支架在这里显得更加光辉生色。台面正中原有装置，为支架铜镜而设，已失落。与前例相比，从花纹图案来看，显然此件时代较早，可能是明中期的制品。

戊31、五屏风式镜台

台座两开门，中设抽屉三具。座上安五屏风，式样取法座屏风，而不是槅扇式的围屏。屏风脚穿过座面透眼，植插牢稳。中扇最高，左右递减，并依次向前兜转。搭脑均远跳出头，雕龙头，绦环板全部透雕龙纹、缠莲纹等，惟正中一块用龙凤纹组成圆形图案，外留较宽的板边，不施雕刻，至四角再锼空透雕。这里运用了虚实对比，使透雕部分显得更加醒目。此镜台于1960年前后在北京隆福寺人民市场上出现，乃建议收购，因而得以保存于故宫博物院内。

黄花梨　49×35cm，高80cm

造型与前例基本相同，材料亦同为黄花梨，花纹则易透雕为浮雕。倘取龙的形象与前例相比，显然此晚彼早，可能已是雍正、乾隆间的制品。这里又是为了说明家具的断代，用花纹图案作依据较有说服力，才收了这两件形式基本相同的家具。

此镜台已破损，有待修配。

黄花梨 55.5×36.5cm，高72cm

2·43 武进村前公社南宋墓出土的镜箱（缺箱盖）常州市博物馆藏

三、官皮箱

官皮箱传世实物较多，形制尺寸差别不大，是比较标准化的一种箱具。名称从何而来，今尚待考。用途过去也无定论，惟艾克定名为"药橱"似可商榷[1]。近年，南方宋墓发现了镜箱，看到了官皮箱的前身。《鲁班经匠家镜》一条讲到镜箱，其构造也与官皮箱相近。"官"字容易使人想到和官府文书有关，但传世实物甚多，说明是人家常备之物，不像是衙署的专门用具；加上花纹题材，每用吉祥图案及鸾凤花鸟等，更像是闺房中所有。因此

"官皮箱"实即妆奁或镜箱。惟因此称已普遍为人使用，故今不予更改。

江苏武进村前公社南宋墓中发现的镜箱[2]，顶上有盖，盖下有平屉，安活轴镜架，可支起或放平，说明平屉是为存放并支架铜镜而设的〔2·43〕。平屉下有抽屉两具。实际上它已具备明式官皮箱的形制，只是抽屉之前没有安门而已。

明式官皮箱有的全身光素，有的门上施雕饰，有的通身有浮雕，有的改两开门为插门。以下各举一例。至于箱顶，平顶为多，盝顶者较少。

[1] 同页198[2]。该书图版136两件官皮箱，均被定名为"药橱"（medicine cabinet yaochu）。

[2] 镜箱承常州市博物馆见示，并提供照片。

戊33、素官皮箱

它代表官皮箱的基本形式，全身光素，平顶，盖下有平屉。两扇对开门上缘留子口，顶盖关好后，扣住子口，两门就不能打开。门后一般设抽屉三层，如为五具，由上而下为二、二、一排列，如为六具，为三、二、一排列。

箱盖及两门打开后的情况

黄花梨　35×23.5cm，高37cm

戊34、透雕门官皮箱

两门是官皮箱最显著的部位，因而往往在这里施加雕饰。有的采用透雕，后面得到抽屉脸的衬托，深邃而有层次，能收到与一般透雕不同的装饰效果。这是门上以麒麟山石灵芝作透雕花纹的一例。箱盖作盝顶式，亦与前例不同。

戊35、浮雕官皮箱

紫檀　尺寸遗失

此箱为紫檀制，通体浮雕。盖顶雕丹凤朝阳，立墙为缠枝莲纹，门上雕喜上眉梢，两侧面为梨花双燕，台座正面为草龙式蟠纹。从花纹题材来看，是豪富之家的妆奁用具，很可能是陪嫁之物。制作年代约当康熙之际。

戊36、插门式官皮箱

箱盖平顶，下有平屉。插门下缘入槽，上缘扣入盖口。门后设抽屉八具。插门及箱背均雕双龙寿字纹，抽屉脸为花卉纹。底有"大明嘉靖年制"刀刻填金款，是又一件有年款的宫廷漆木家具。木制插门式官皮箱比较少见，它可能是早期的造法，后来才被两开门式所取代。

官皮箱的底部

插门取下的情况

雕填　底座 28.3×19cm. 箱身 26.3×16.7cm. 通高 25.5cm

2·44　明刊本《三才图会》中《器用》十二卷页十九下的天平

2·45　明刊本《金瓶梅词话》第六十回插图中的天平

柒·天平架

天平是称银两等用的小秤，在以白银为主要货币的时代，它是一种常用的衡具。为了重量称得准确，天平挂在架上，是一件下有台座抽屉，上植立柱并架横梁的家具。参见《三才图会》所绘〔2·44〕，明刊本《金瓶梅词话·西门庆官作生涯》一回的插图〔2·45〕，天平放在绸缎店柜台上，柜内的店东和柜外的顾客都在注视着天平的标示，不仅画出器形，也画出了使用情况。

天平随着货币的变革而消失，传世实物很少，下举一例：

戊37、天平架

架的箱下有底座，箱内设抽屉两层，存放银两、砝码及凿白银用的锤凿等工具，并可加锁。有的抽屉还装暗锁，钥匙孔被锁销遮挡，故不外露。贴着抽屉箱的两侧端，在底座上树立柱，用站牙抵夹。立柱上端安搭脑及挂天平的横梁。各个构件交接处多用铜叶包裹加固。其结构和提盒有相似之处。

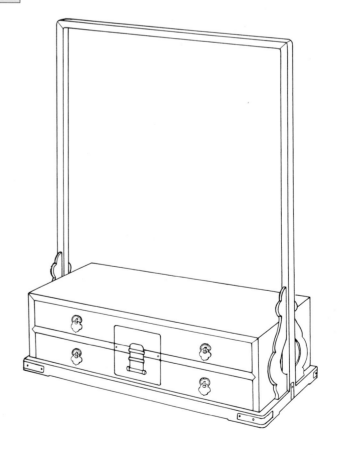

捌·衣架

明代的衣架，据《鲁班经匠家镜》、明墓出土明器及传世实物来看，有素衣架和雕花衣架两种。素衣架有的只在墩子上植立柱，再用几根横材加以联结，如潘允征墓所出的明器[1]；有的在横材之间还加直枨，如《鲁班经匠家镜·素衣架式》一条所述（此书称直枨曰"窗齿"）。雕花衣架则在搭脑之下加一个装饰构件，用透雕或攒接、斗簇等方法造成，即北京匠师所谓的"中牌子"。前者如《鲁班经匠家镜》图式所绘，后者则传世实物曾见多例。

据明清绘画、版画所见，衣架是用来搭衣服的，不是用来挂衣服的，故一律无挂钩装置。其置放处多在内室，或在架子床之前靠墙的一边，或在床榻之后及旁侧，便于将衣衫搭上或取下〔2·46〕。

2·46 明刊本《金瓶梅词话》第五回插图中的衣架

素衣架多用一般木材制成，木质不坚，又不为人重视，故遗留下来的实物反少。雕花衣架下举两例：

❶ 同页158 ❷。

戊38、雕花衣架

用两块横木作墩子，上植立柱，每柱前后用站牙抵夹。两墩之间安由横直材组成的枨格，使下部联结牢固，并有一定的宽度，可摆放鞋履等物。其上加横枨和由三块两面做透雕凤纹绦环板构成的中牌子，图案整齐优美。最上是搭脑，两端出头，立体圆雕翻卷的花叶纹。凡横材与立柱相交的地方，都有雕花挂牙和角牙支托。

在所见雕花衣架中，这是设计和雕工最精美而又保存得最好的一件。它虽一再在外国人图籍中刊出，幸未被海舶载去，尚保存在国内。

墩子侧面特写

黄花梨　176×47.5cm，高168.5cm

戊39、雕花衣架

黄花梨　144.5×29.4cm

雕花衣架复原线图

　　此衣架制作精绝，尤胜前例，可惜只残存中牌子部分。

　　中牌子的斗簇花纹造得非常优美，修长的凤眼，卷转的高冠，犀利的阳纹脊线，两侧用双刀刻出的"冰字纹"，乃从古玉花纹变出。它不同于明代家具的常见图案，而取材于千百年前的造型艺术，故予人典雅清新之感。

　　它异于前例，代表衣架的另一种造法。前例中牌子和下边的枨子各自与衣架的两根立柱直接相交。此例则中牌子两侧的立材向上出头，造成莲花柱顶，向下延伸又和枨子联结。这样就形成了一个完整的构件（亦可称之为"扇活"），再由此构件的三根横材的榫子与两根立柱相交。

　　为了想看一看这件衣架的完整形象，经参考传世的实物，试为绘制一张全形的线图，相信或不致与原器相去太远。

玖·面盆架

面盆架有高、矮两种。矮面盆架或三足、或四足、或六足。三足的多不能折叠，四足、六足的，有的可以折叠。

高面盆架六足的多于四足。六足的多不能折叠，只在皖南黟县等地曾见六足高面盆架的前两足可以折叠，系用一般木材制成。硬木制的六足高面盆架，未见前足有能折叠者。

高面盆架的前四足和矮面盆架的足相似，只后两足向上伸展，加设腰枨、中牌子、搭脑和挂牙等构件。在腰枨上往往挖槽，以备置放胰子盒，搭脑可以搭手巾。

面盆架是放在内室使用的一种家具。下面举矮面盆架两例，高面盆架三例：

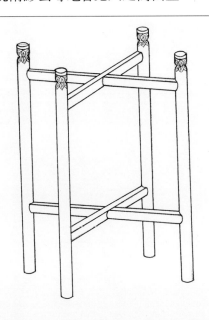

戊40、四足矮面盆架

此种面盆架多用十字枨结构。四足直者属于最简易的民间用品，一般上下端多向外撇出。上端撇出为的是可容置较大的面盆，下端撇出为了增加其稳定性。它们多用一般木材制成，容易损坏而不被人重视，古老的制品很难流传下来。

戊41、六足折叠式矮面盆架

黄花梨 径50cm，高66.2cm

折叠后的情况

此为圆材，腿足有如栏杆的望柱，柱顶刻仰俯莲纹。六足中仅两足上下有横枨联结，固定在一起。其余四足都上下安短材一段，匠师或称之曰"横拐子"。横拐子一端开口打眼，用轴钉与嵌夹在上下两根横枨中间的圆形木片穿铆在一起，因而四足是可以折叠的。盆架不用时，可将四足折并，把有横枨的两足夹在中间，合成每边三足，体积平扁，便于收存。历来寺院及舞台所用鼓架也多采用此种造法。

这里附带提到收入艾克《图考》的一件采用所谓"大挖"造法的六足矮面盆架（图版145），它上下端向外弯出的弧度特别大，需用大料才能镂挖成器，是一种非常考究的制法。其造型虽佳，用材则不甚合理，因弯转处木材直纹长度仅寸许，使用不慎，容易断裂。

明式家具的种类和形式

戊42、六足高面盆架

黄花梨 径58.5cm. 高168cm

戊43、六足高面盆架

黄花梨 径60cm. 高176cm

　　面盆架的搭脑两端圆雕灵芝纹，下与后两足相交，里外均安角牙，中牌子以四簇云纹为主，四角用两卷相抵的雕件填塞。前四足顶端雕仰俯莲纹。整体说来，它是在高面盆架中，制作简洁而艺术价值又较高的一件。

　　此件雕饰比上例繁缛。搭脑出头圆雕龙头，挂牙镂雕草龙。搭脑以下空间安壶门式的券口。中牌子嵌装透雕麒麟送子纹花板，使气氛显得华丽喧炽，但不免有些甜俗。从花纹图案来看，它当时是一件陪嫁的家具。

戊44、六足高面盆架

　　黄花梨制，以鲜黄的木色为地，通体用厚螺钿嵌螭纹。中牌子用牙、角、绿松石、寿山石、金、银等多种贵重材料嵌出呈宝进狮职贡图，成为非常豪华富丽的百宝嵌家具，在故宫藏品中，也是为数不多的。

黄花梨，百宝嵌　径71cm，前足高74.5cm，通高201.5cm

中牌子的百宝嵌职贡图

拾 · 火盆架

火盆烧炭，用以取暖，盆下的木架叫"火盆架"。

火盆架有高、矮两种。矮的高仅尺许，方框下承四足，足间安直枨，结构简单，多

用一般木材制成，实物在故宫尚能见到，虽为清制，和明式并无大异。

高火盆架像一具方杌凳，但板面开一大圆洞，以备火盆坐入。四根边抹，中间各有一枚高起的铜泡钉，支垫着盆边，以防盆和架直接接触，引起烧灼。黄花梨制者多年只见一例。

戊45、高火盆架

黄花梨　尺寸遗失

它用材及制作均十分考究，只是家具店因盆架不易出售，被改作杌凳，致使部分原状已失，十分可惜。架面大圆洞已不存在，改装平板，边抹上的铜泡钉也被起掉，痕迹犹存。它的造法是束腰与牙子一木连做，其下安镂雕透花的大宽牙子。腿子中部又施双枨加立柱，打槽装板，每面两块，落堂踩鼓，仿佛是暗抽屉的模样。枨下还

安角牙。足底造出内翻马蹄。宽牙子的安装为的是把火盆的底挡住，不使外露。双枨装板及角牙，加强了腿子之间的联结。因盆架经常受火烘烤，结构必须坚实。不过改为杌凳，这些装置都成多余的赘疣，使人无法理解为什么要把杌凳造成这个样子。此架虽未遭支解，也是古代家具被破坏的一例。

拾壹 · 灯　台

灯台包括承油灯的和燃蜡烛的两种高矮不同的灯台。前者置桌案之上，故高度不过尺余，它亦名灯座，如放在佛前供案上承放海灯的叫"海灯座"。后者多置地上，故高度可达三四尺，因燃烛照明，亦名烛台。《鲁班经匠家镜》即有《烛台式》一条。今依北京

匠师的习惯，称矮形的承放海灯的曰"海灯座"，称高形的置在地上的曰"灯台"。

高形的灯台又有固定的和可升降的两种。固定的灯台，有的杆头下弯，悬挂灯具；有的杆头造成平台，上承羊角灯罩。可升降的灯台，平台的高度可以调节。下面各举实例。惟所见的杆头下弯灯台，均为近代仿制品，早期实物尚待访求。

戊46、海灯座

　　海灯座底层浮雕云纹，四足兜转，圆婉而有力，上起平台两层，再上起圆台，又雕云纹四组。这四层系用紫檀厚板整挖而成。圆台上莲梗两旋而上，上承莲叶、莲花。莲叶及第一层莲瓣，亦为厚板整挖。第二层莲瓣，三瓣相连，一木雕制，最上层莲瓣乃分瓣斗成。海灯座如此，仅见一例，设计用料，堪称双绝，圆熟浑成，使人联想到元张成的剔犀器。它在明代的小型木器中，是无上精品。惜于十年浩劫中被人掠夺，至今下落不明。

紫檀　尺寸失记

戊47、固定式灯台

黄花梨　高152.4cm

　　固定式灯台多用两个墩子十字相交作为坐墩，正中树灯杆，站牙从四面抵夹，使其直立不倾仄。论其结构，与座屏风或衣架相同，只是使两块墩子纵横相交，并在一处而已。这具灯台全身光素，线条简单，可代表它的基本形式。

戊48、固定式灯台

　　此具与上例结构全同，只是墩子有雕饰，按清代《则例》的术语来看，是刻"抱鼓麻叶云"的造法，抱鼓上的花纹仍是所谓雕"藁花瓣"。它和座屏风墩子的造法并无二致〔戊5〕。

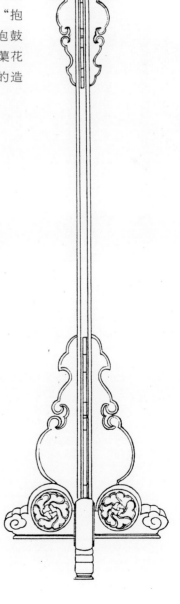

鸂鶒木　高 121.9cm

此具雕饰较繁，木楔由最上一道横梁改到第二道由下向上推塞。它用红木制成，时代可能晚到清中期，但基本上还保持明代的形式。

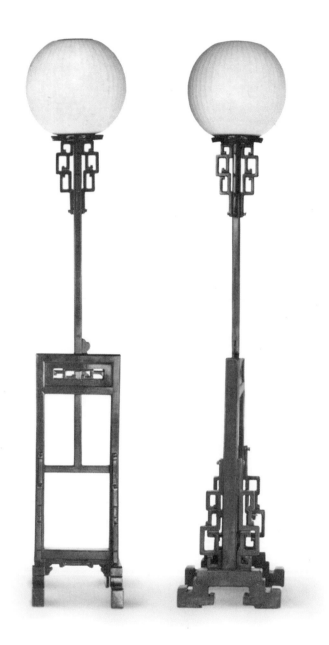

式

明式家具的种类和形式

灯台的底座采用座屏风式，从墩子到站牙、倒挂花牙乃至架子正中横梁下的绦环板，一律用拐子纹，取得装饰上的一致性。它当是一件清前期的制品。

灯杆下端有横木，构成丁字形。横木两端出榫，纳入底座立框内侧的长槽中，横木可以上下升降，不致滑出槽口。灯杆从木框横梁的圆孔穿出，孔旁设木楔。当灯杆提到所需的高度时，可下按木楔挤塞灯杆使其固定。这种灯台颇似古代的兵器架而增添了可升降的装置。

红木　尺寸遗失

拾贰·枕凳

传统家具中有一种极小板凳，长不及尺，高不过三寸，可托在掌上，它不是坐具而是枕具。凳上常备特制棉垫，用带和四足系牢。凳面多微凹，正是为了适宜枕睡而设计的。

戊51、枕凳

长20.8厘米，高9.8厘米，与板凳形制全同，可以小中见大。

柞木　20.8×7.5cm，高9.8cm

拾叁·滚凳

滚凳是脚踏的一种，但和一般的脚踏不同，在明代似看作单独的一种家具，而不一定和床相连属。明杨定见本《水浒传》插图〔2·47〕，其厅堂正中桌下放滚凳一具，桌两侧各放一把圈椅。《鲁班经匠家镜》图式中有一具〔2·48〕位在图的正中，不和坐具及桌案连属。高濂《遵生八笺》也将滚凳列为单独一项："……今置木凳，长二尺，阔六寸，高如常，四程镶成，中分一档二空，中车圆木二根，两头留轴转动，凳中凿窍活装，以脚踹轴，滚动往来，脚底令涌泉穴受擦，终日为之便甚。"❶文震亨《长物志》所记与上相似，亦列为专条。按滚凳可以活动筋络，有利血液循环，对老年多病、行动不便的人颇为相宜，故应视为一种医疗用具，所以未将它归入脚踏，而置之于此。

❶ 明高濂：《遵生八笺·起居安乐笺》，清刊本。

2·47　明刊杨定见本《忠义水浒全传》第五十六回插图中的滚凳

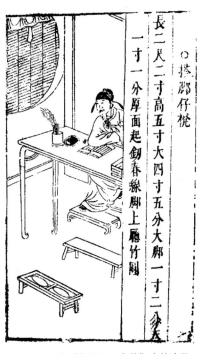

2·48　明刊本《鲁班经匠家镜》中的滚凳

戊52、有束腰马蹄足滚凳

黄花梨 77×31.2cm. 高21cm

此凳有束腰，内翻马蹄，似炕桌而矮小。面板被中枨分隔为两块，各留长条空当，安中间粗两端细的活轴两根，和《鲁班经匠家镜》图式十分相似。

清代脚踏也有不装面板而安活轴两根、三根乃至五六根，但它们多和书桌配套，占有桌下一块方形的空间，和明式的滚凳形式不同。

拾肆·甘蔗床

榨蔗汁供饮用的甘蔗床，也是一种小型家具。造型近似板凳，而面板向一端倾斜，并开圆槽与流口相通，以便蔗汁自槽流入容器。凳面植立柱两根，中加横枨。压板如一把拍子，尽端插入枨下，采用了杠杆的构造。

戊53、甘蔗床

床为清中期以后的制品，但造型及柱顶的装饰都保留了明式家具的手法。

红木 29×11cm. 高27cm

第三章　明式家具的结构与造型规律

我国家具结构有悠久而优良的传统，至宋代而愈趋成熟。自宋历明，又经过不断的改进和发展，各部位的有机组合既提炼到简单明确，合乎力学原理，又十分重视实用与美观。材料的使用，力求不悖其本性，善于展显其长而隐避其短。某些手法在节约用料上颇有成效。这些优点的荟萃，使我国家具结构千百年来形成一个精练合理、实用美观而又具有民族特色的完整体系。

举其大者，传统家具结构有下列几个特点，它们主要集中表现在明及清前期的家具上：以立木作支柱，横木作联结材，吸取了大木构架和壶门台座的式样和手法。跟房屋、台座一样，家具的平面、纵的或横的断面，除个别变体外，都作四方形。四方形的结体是可变的、不稳定的，但由于传统家具使用了"攒边装板"、各种各样的枨子、牙条、牙头、角牙、短柱及托泥等等，加强了结点的刚度，迫使角度不变，将支架固定起来，消除了结体不稳定的缺憾，同时还能将重量负荷，均匀而又合理地传递到腿足上去。各构件之间能够有机地交代联结而达到如此的成功，是因为那些互避互让、但又相辅相成的榫子（南方叫"榫头"）和卯眼起着决定性的作用。更因为

使用了质理坚实致密的硬性木材，使匠师们能从心所欲地制造出各种各样精巧的榫卯来。构件之间，金属的钉子完全不用，鳔胶粘合也只是一种辅佐手段，凭借榫卯就可以造到上下左右、粗细斜直，联结合理，面面俱到，工艺精确，扣合严密，间不容发，常使人欢喜赞叹，有天衣无缝之妙。我国古代工匠在榫卯结构上的造诣确实不凡，这项宝贵遗产值得我们格外重视，认真地加以整理、研究和总结。即使它对于我们今后的家具设计未必完全适用，还是应当有选择地去学习继承。

下面试就明及清前期的家具中某些构件的组成和若干构件之间的关系，来阐述它们的结构方法，并对所用的榫卯作一些讲解，附必要的插图。

家具结构，试加归纳，分为以下四类：甲、基本接合；乙、腿足与上部构件的结合；丙、腿足与下部构件的结合；丁、另加的榫销。当然，本章所涉及的只是明及清前期家具中常见的造法，要求详备是有困难的。鲁班馆的老匠师如石惠、李建元、祖连朋等都曾谈到，即使从事家具修理已几十年，仍偶然会发现某一榫卯或它的某一局部造法是从来没有见过的。

甲、基本接合

基本接合包括各种板材、横竖材、直材、弯材的接合及某些构件的装配组合。

壹·平板拼合

木材宽度有限，一块木板不够宽时便须用两块或多块来拼合。桌案面心或柜门、柜帮等多用薄板拼合，其厚度一般不到2厘米。罗汉床围子、架几案面多用厚板拼合，前者厚约3-4厘米，后者厚达7-8厘米。

较简易的薄板拼合有如现代木工的榫槽与榫舌拼接。考究的则榫舌断面造成半个银锭榫式样，榫槽则用一种"扫膛刨"开出下大上小的槽口，匠师称之曰"龙凤榫"。此种造法加大了榫卯的胶合面，可防止拼口上下翘错，并不使拼板从横向拉开〔3·1a、b〕。

为了进一步防止拼板弯翘，横着还加"穿带"，即穿嵌的一面造有梯形长榫的木条。木板背面的带口及穿带的梯形长榫均一端稍窄，一端稍宽，名曰"出梢（音 shào）"❶。所以略具梯形，为的是可以贯穿牢紧。出梢要适当，如两端相差太大，穿带容易往回窜；如相差太小，乃至没有出梢，则穿带不紧，并有从带口的另一头穿出去的可能。穿带以靠近面板的两端为宜，除极小件外，一般邻边的两根带各距面板尽端约15厘米，中间则视板的长度来定穿带根数，大约每隔40厘米用穿带一根为宜〔3·2〕。

厚板拼合常用平口胶合，也不用穿带，但两板的拼口必须用极长刨床的刨子刨刮

❶《鲁班经匠家镜》的《一字桌式》、《衣橱样式》等条有"下梢"、"上梢"等词，意谓家具有侧脚，上部与下部宽窄不同，其义与穿带的"出梢"相通。可见"梢"字直至今日还保存在家具匠师的语言中。

3·1a 薄板拼合　　　　　　　　　　3·1b 薄板拼合：龙凤榫　　　　　　　　3·2 薄板拼合加穿带

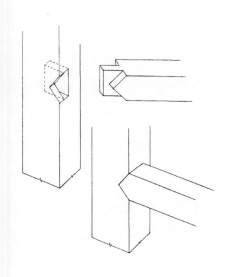
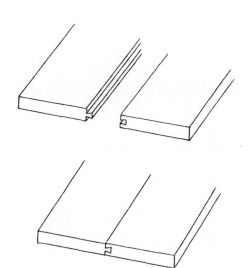
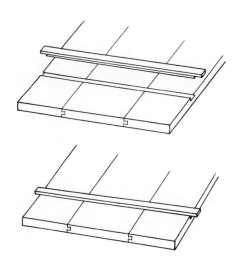

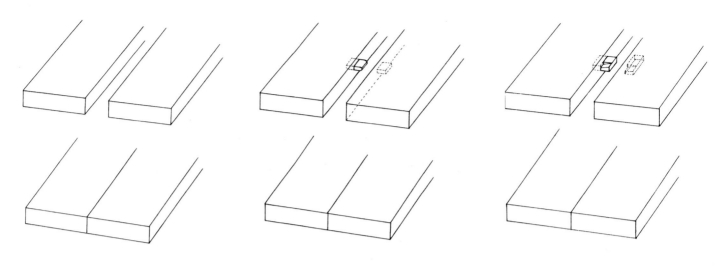

3·3a 厚板平口胶合　　　　3·3b 厚板栽直榫拼合　　　　3·3c 厚板栽走马销拼合

❶ 用填嵌银锭式木楔来拼合厚板，周代已有。木楔并有专名曰"衽"，见《礼记·檀弓上》。战国棺木，尤多使用。汉代名之曰"小要"。"要"，古通"腰"。汉郑玄注："衽，今小要。"

得十分平直，使两个拼面完全贴实，才能粘合牢固。厚板有的用栽榫来拼合，而栽榫有的为直榫，有的为走马销（走马销将在后面讲到）。厚板拼合偶或在底面拼口处挖槽填嵌银锭式木楔，如战国棺木上用的小腰**❶**。但考究的家具很少使用。在明清工匠看来，这种造法有损板面的整洁〔3·3a、b、c、d〕。

贰·厚板与抹头的拼粘拍合

厚板如条案的面板，罗汉床围子，为了不使纵端的断面木纹外露，并防止开裂，多拼拍一条用直木造成的"抹头"。又为了使抹头纵端的断面木纹不外露，多采用与厚板格角相交的造法；即在厚板的纵端格角并留透榫或半榫，在抹头上也格角并凿透眼或半眼。抹头与厚板拍合并用鳔胶粘贴。有的实例在厚板和抹头上还造长条的榫舌和榫槽。

有些用独板作面板的翘头案，翘头与抹头一木连做，其结构和造法亦如上述。只是翘头高出案面的那一部分，不可能与厚板格角相交，其断面木纹只得任其外露了〔3·4a、b、c、d〕。

叁·平板角接合

用三块厚板造成的炕几或条几，用料厚达4—5厘米。面板与板形的腿足相交，是厚板角接合的例子。所见实例都用闷榫，

3·3d 平板明榫角接合　　　　3·4a 平板一面明榫角接合　　　　3·4b 平板勾挂接合

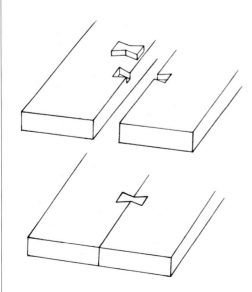

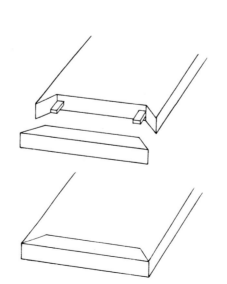

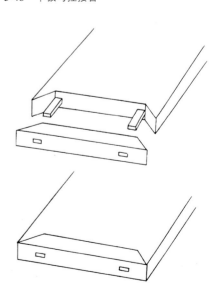

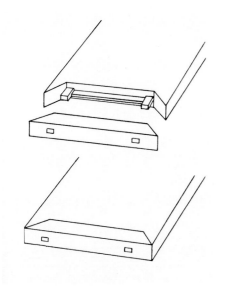

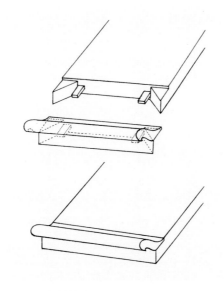

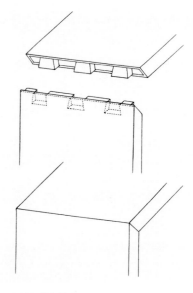

3·4c　厚板出透榫及榫舌拍抹头　　　　3·4d　厚板拍抹头〔翘头与抹头一木连做〕　　　　3·5　厚板闷榫角接合

现代木工或称全隐燕尾榫，拍合后只见一条合缝，榫卯全部被隐藏起来〔3.5〕。

　　抽屉立墙所用的板材，比炕几或条几的板材薄多了，其角接合有多种方法。最简单的是两面都外露的明榫，即直榫开口接合，明清家具只有粗糙的民间用具才用它。其次是一面露榫的明榫，现代木工或称半隐燕尾榫〔3·6a、b〕，更复杂的就是完全不露的闷榫，其造法与上面讲到的厚板闷榫角接合基本相同，只是造得更为精巧而已。小型家具如官皮箱、镜台，尽管它们所用的抽屉立墙板已经很薄，巧妙的匠师还是能用闷榫把它们造成极为工整的抽屉。

　　平板角接合还有一种简便的造法，即勾挂接合，多用在案形结体家具两侧吊头下面的牙条上，为的是将侧面的牙条与正面的牙条拍合交圈。正、侧两面的牙条都在尽端格角的斜面上裁切锯齿形的锐角，以便勾挂联结。从外表看，它有如闷榫，但结构大异。年久，木材收缩，难免开脱。明及清前期条案侧面的牙条容易散脱丢失，多因勾挂不牢〔3·7〕。

肆·横竖材丁字形接合

　　大自桌案或大柜的枨子和腿足的联结，次如衣架或四出头官帽椅的搭脑、扶手和腿足的相交，或杌凳横枨、椅子管脚枨与凳椅的腿足相交，小至床围子、桌几花牙子的横竖材攒接，都是丁字形接合的例子。

3·6a　平板明榫角接合　　　　3·6b　平板一面明榫角接合　　　　3·7　平板勾挂接合

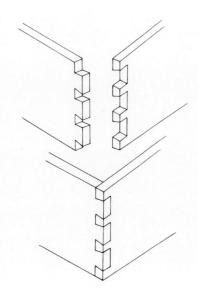

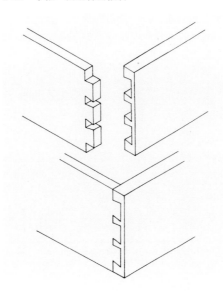

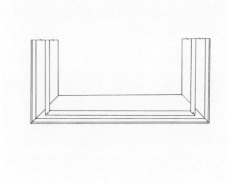

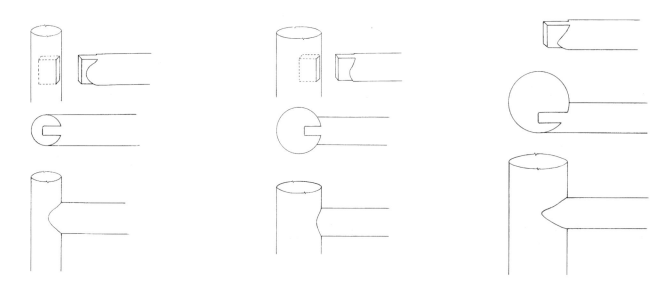

3·8a　圆材丁字形接合〔横、竖材粗细相等〕　　3·8b　圆材丁字形接合〔横材细、竖材粗、外皮不交圈〕　　3·8c　圆材丁字形接合〔横材细、竖材粗、外皮交圈，榫卯用蛤蟆肩〕

❶ 见宋李诫《营造法式》卷七《格子门》，商务印书馆1933年影印本。

丁字形接合由于以下的不同情况而出现不同的造法。一是横竖材有的粗细相等，如椅子的搭脑和后腿，某些柜子的底枨和腿足等。惟多数家具竖材是腿足，作为支柱必然要比横向的联络材枨子要粗些。由于粗细的不同，产生了交圈或不交圈的问题，二者的造法是不同的。再有是圆材或方材的问题，二者的造法也是不同的。

先说圆材的丁字形接合。如横竖材同粗，则枨子里外皮做肩，榫子留在正中。如腿足粗于枨子，以无束腰杌凳的腿足和横枨相交为例，倘不交圈，则枨子的外皮退后，和腿足外皮不在一个平面上，枨子还是里外皮做肩，榫子留在月牙形的圆凹正中。倘交圈的话，以圈椅的管脚枨和腿足相交为例，枨子外皮

和腿足外皮在一个平面上，造法是枨端的里半留榫，外半做肩。这样的榫子肩下空隙较大，有飘举之势，故有"飘肩"之称。北京匠师又因它形似张口的蛤蟆，故或称之曰"蛤蟆肩"〔3·8a、b、c〕。

方材的丁字形接合，一般用交圈的"格肩榫"。它又有"大格肩"和"小格肩"之分。"大格肩"即宋《营造法式》小木作制度所谓的"撺尖入卯"❶；"小格肩"则故意将格肩的尖端切去。这样在竖材上做卯眼时可以少凿去一些，借以提高竖材的坚实程度〔3·9〕。

同为大格肩，又有带夹皮和不带夹皮两种造法。格肩部分和长方形的阳榫贴实在一起的，为不带夹皮的格肩榫，它又叫"实肩"。

3·9　方材丁字形接合〔榫卯用小格肩〕　　3·10a　方材丁字形接合〔榫卯用大格肩、实肩〕　　3·10b　方材丁字形接合〔榫卯用大格肩、虚肩〕

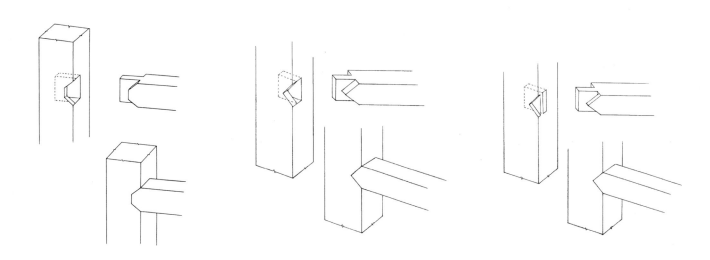

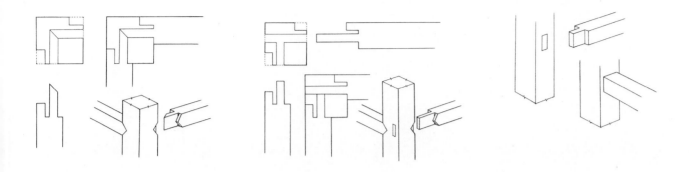

3·10c　方材丁字形接合（两根横枨与直足相交，大　　　3·10d　方材丁字形接合（两根横枨与直足相交，大　　　3·11　方材丁字形接合（榫卯用齐肩膀）
格肩、虚肩，两枨出榫格角相抵）　　　　　　　　　　格肩、虚肩，两枨出榫一长一短，长枨为透榫）

格肩部分和阳榫之间还凿剔开口的，为带夹皮的格肩榫，它又叫"虚肩"。带夹皮的由于开口，加大了胶着面，比不带夹皮的要坚牢一些，但倘用料不大，则因剔除较多，反而对坚实有损〔3·10a、b〕。

　　横材有的来自直材的正、侧两面，都与直材丁字形相交。所用榫卯，小格肩、大格肩、实肩、虚肩，均可在实例中见到。需要指出的是插入直材隐而不见的直榫还有不同的造法。有的两榫同长，尽端格角相抵；有的则一长一短，不格角，长的为透榫，短的则顶在长的榫上〔3·10c、d〕。

　　丁字形接合也有不用格肩的所谓"齐肩膀"的造法，又名"齐头碰"。往往在横竖材一前一后并不交圈的情况下才使用〔3·11〕，或用在腿足为外圆里方而枨子则为长圆，它们也难以交圈时才使用。如果横竖材均为方材，又在一个平表面上，那么只有粗糙的家具才不格肩，而用齐肩膀。值得注意的是精制的明及清前期的椅子，多数四面全用格肩榫，较粗糙的则正面用格肩榫，侧面和背面用齐肩膀；更为粗糙的四面一律用齐肩膀。由此可知在工匠心目中，齐肩膀是简便而不大受看的一种造法。

　　丁字形接合的榫卯有"透榫"和"半榫"之别。透榫的榫头穿透榫眼，断面木纹外露。半榫的榫头不穿透榫眼，断面木纹不露。透榫比较坚牢，但不及半榫整洁美观。因而凡用在大面上的榫头多为半榫，用在小面上的榫头多为透榫。在实例中也有不论大面、小

面都用透榫。个别的不仅用透榫，还长出少许，如牡丹纹扇面形紫檀南官帽椅的管脚枨〔甲77〕，但那是极为罕见的。

　　另外还有"大进小出"的造法，即把横枨的尽端，一部分造成半榫，一部分造成透榫，纳入榫眼的整个榫子面积大，而透出去的榫子面积小，故曰"大进小出"〔3·12〕。使用它的目的主要是为了两榫能互让，下面还将讲到。

　　"裹腿枨"，又名"裹脚枨"，也是横竖材丁字形接合的一种，多用在圆腿的家具上，偶见方腿家具用它，须将棱角倒去。裹腿枨表面高出腿足，两枨在转角处相交，外貌仿佛是竹制家具用一根竹材煨烤弯成的枨子，因它将腿足缠裹起来，故有此名。腿足与

3·12　方材丁字形接合（榫卯大进小出）

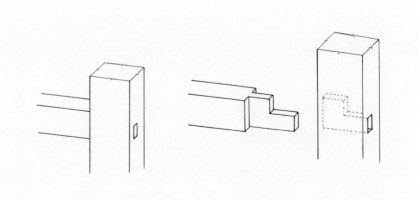

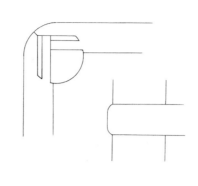

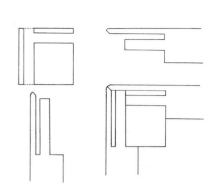

3.13a　圆材丁字形接合〔裹腿做，两枨出榫格肩相抵〕　　3.13b　圆材丁字形接合〔裹腿做，两枨出榫一长一短〕　　3.13c　方材丁字形接合〔裹腿做，两枨出榫一长一短〕

横枨交接的一小段须削圆成方，以便嵌纳枨子。枨子尽端外皮切成45度角，与相邻的一根格角相交；里皮留榫，纳入腿足上的榫眼。榫子有的格角相抵，有的一长一短〔3·13a、b、c〕。

　　这里附带讲一讲榫卯或构件的彼此避让，目的在不使榫眼集中在一处，以致影响坚实，因为榫眼的集中总是由于腿足的正、侧两面都要与横枨丁字形结合才会产生的。

　　椅子的管脚枨一般为四根，正面的一根为了踏脚，必须低矮，侧面的两根提高一些，后面的一根又降低，这是"赶枨"的造法之一。另一种造法仍为正面的一根最低，两侧的两根稍高，后面的一根则更高，名曰"步步高赶枨"〔3·14a、b〕。赶枨就是为了错开构件，使

榫卯分散避让，不集中在一处。

　　柜子正面和侧面的底枨与腿足相交，两枨的位置是等高的。常见的一种让榫方法是两枨的出榫都造成大进小出。侧面的一根切去榫头的下半，其上半成为透榫；正面的一根切去榫头的上半，其下半成为透榫。因两枨互让，不致把腿足凿去得太多，而正侧两面都用上了比较牢固的透榫〔3·15a〕。

　　另一种让榫的方法是正面的底枨用透榫，侧面的底枨用半榫。匠师又聪明地利用了侧面底枨之下的牙条，使它两端出透榫，贯穿前腿和后腿的表面。这样一来，柜子的正面、侧面，既都用上透榫，保证了结构的坚实，而榫眼是避让错开的。又因为牙条的透榫总比底枨的透榫小，所以为了整洁美观，宁可使

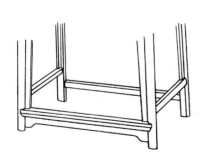

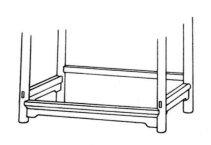

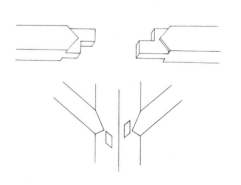

3·14a　椅子管脚枨赶枨〔前后低，两侧高〕　　　3·14b　椅子管脚枨赶枨〔步步高〕　　　3·15a　柜子底枨两枨互让〔各用大进小出榫〕

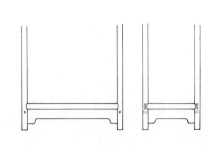

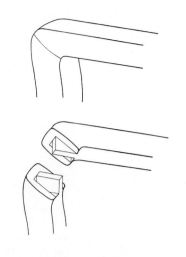

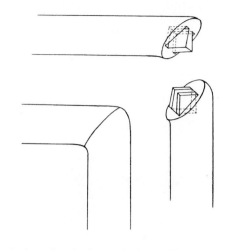

3·15b　柜子底枨两枨出榫（一透一不透，侧面牙条出透榫）　　3·16a　方材闷榫角接合（各出单榫）　　　　3·16b　圆材闷榫角接合（出榫一单一双）

牙条的透榫在柜子的正面显露，而不让底枨的透榫在正面出现〔3·15b〕。

方材或圆材角接合指南官帽椅、玫瑰椅等搭脑、扶手和前后腿的接合。它们从外表看为斜切45度相交，但中有榫卯不外露，故为闷榫。闷榫的造法有的两材尽端各出单榫。有的一端出单银锭榫，也有一端出双银锭榫，当扣合后不能从平直的方向将它们拉开。也有将搭脑及扶手尽端造成转项之状而向下弯扣，中凿长方形或方形榫眼，与腿子上端的榫子相交，北京匠师据其形象称之为"挖烟袋锅"〔3·16a、b、c〕。

罗汉床、架子床围子的卍字或曲尺、拐子等的横竖材攒接，多为方材角接合，一般用透榫或闷榫。有的卍字角接合非常复杂，如黄花梨拔步床〔丙19〕廊子上的栏杆。角接合从正面看是格肩榫，在背面才看出卍字的每根短材两端均非简单地切成斜角，而是留出薄片，盖住长材尽端的断面，只在角尖处才和长材格角相交。其制作之精，确是惊人，也非常费工，在方材角接合中，只能算是极个别的例子〔3·17〕。

板条角接合指牙条与牙头的接合，及由三根板条合成的"券口牙子"，和四根板条合成的"圈口牙子"。前者常用在椅子上、架格、亮格柜的亮格上和闷户橱的抽屉前

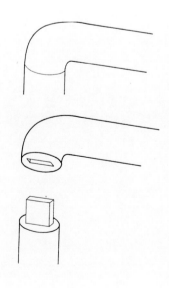

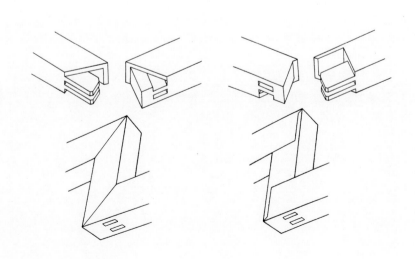

3·16c　圆材闷榫角接合（挖烟袋锅）　　　　3·17　方材角接合（床围子攒接斜卍字）

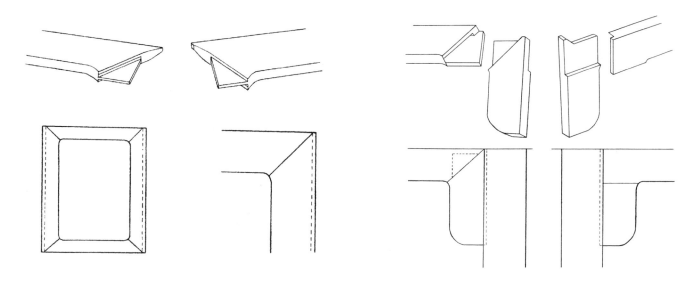

3·18a 板条角接合：揣揣榫之一〔正、背两面格肩〕

3·18b 板条角接合：揣揣榫之二〔正面格肩，背面不格肩〕

脸上。后者多安在条案上、架几案的几子上和架格上。

板条角接合所用的榫卯多种多样。凡两条各出一榫互相嵌纳的，都叫"揣揣榫"，言其如两手相揣入袖之状，其具体造法则有多种。一种是正面背面都格肩相交，两个榫子均不外露，这是最考究的造法〔3·18a〕。一种是正面格肩，背面不格肩，形成齐肩膀相交。横条上有卯眼嵌纳立条上的榫子，立条上没有卯眼而只与横条的榫子像合掌那样相交。这种造法在明式家具中也颇为常见〔3·18b〕。另一种用开口代替凿眼，故拍合后榫舌的顶端是外露的。

揣揣榫之外还有嵌夹式的造法，两条格肩相交，但只有一条出榫，另一条开槽纳榫。

它因只有单榫，而且榫舌不长，故不甚坚实〔3·19a〕。至于两条各留一片，合掌相交，或称"合掌式"，全凭胶粘，是清代以来粗制滥造的做法〔3·19b〕。还有两条格肩，各开一口，插入木片，以穿销代榫，或称"插销式"。除圆坐墩牙条与腿足接合用此法尚可允许外（因弧形材出榫容易断折），如用在一般的券口或圈口上是不足取的。

陆·直材交叉接合

杌凳上的十字枨、床围子攒接卍字、十字绦环等图案，都要用直材交叉。两材在相交的地方，上下各切去一半，合起来成为一根的厚度。纤细的直材交叉榫卯常用"小格

3·19a 板条角接合〔嵌夹式〕

3·19b 板条角接合〔合掌式〕

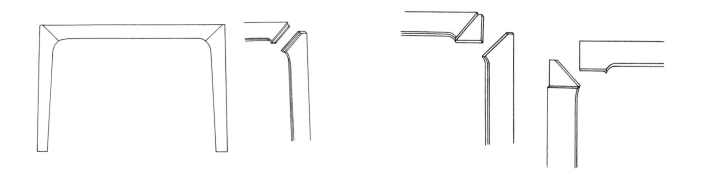

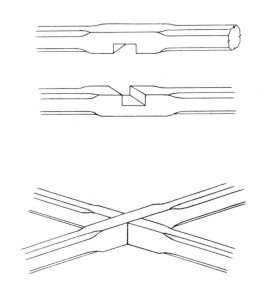

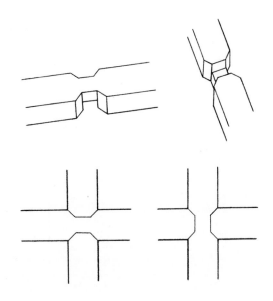

3·20a　直材交叉接合：十字枨

3·20b　直材交叉接合（床围子十字相交小格肩）

肩"，以免剔凿过多，影响坚实，在床围子上常采用此法〔3·20a、b〕。

　　面盆架三根交叉的枨子是从十字枨发展出来的，中间一根上下皮各剔去材高的三分之一，上枨的下皮和下枨的上皮各剔去材高的三分之二，拍拢后合成一根枨子的高度。面盆架枨子除相交的一段外，断面多作竖立着的椭圆形。加高用材的立面，为的是剔凿榫卯后每一根的余料还有一定的高度。三枨交搭处的一小段断面为长方形，棱角不倒去，也是考虑到其坚实才这样做的〔3·21〕。

柒 · 弧形弯材接合

　　圈椅上的圆后背，即所谓"月牙扶手"，

香几或圆杌凳的托泥，圆形家具如香几、坐墩、圆杌凳等面子的边框，都用弧形弯材接合而成，有的也采用"楔钉榫"造法。月牙扶手圆而细，所用的楔钉榫尤须造得精致。

　　楔钉榫基本上是两片榫头合掌式的交搭，但两片榫头尽端又各有小舌，小舌入槽后便能紧贴在一起，管住它们不能向上或向下移动。此后更于搭口中部剔凿方孔，将一枚断面为方形的头粗而尾稍细的楔钉贯穿过去，使两片榫头在向左和向右的方向上也不能拉开，于是两段弧形弯材便严密地接成一体了。有的楔钉榫尽端的小舌在拍拢后伸入槽室，所以它的侧面也不外露，这种造法为防止前后错动也能起一定的作用。有的楔钉

3·21　三根直材交叉接合〔六足高面盆架底枨〕

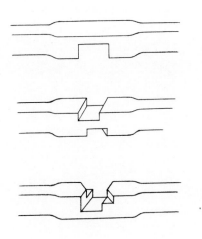

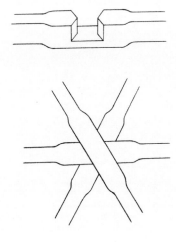

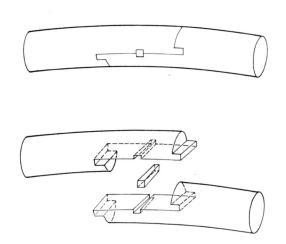

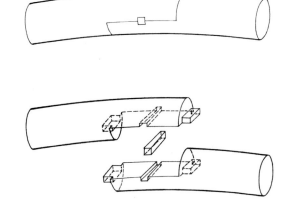

3·22a　弧形弯材接合：楔钉榫之一

3·22b　弧形弯材接合：楔钉榫之二

榫在造成后还在底面打眼，插入两枚木质的圆销钉，使榫卯更加牢固稳定，其用意接近下面将要讲到的"关门钉"〔3·22a、b〕。

捌·格角榫攒边

椅凳床榻，凡采用"软屉"造法的，即屉心用棕索、藤条编织而成的，木框一般用"攒边格角"的结构。四方形的托泥，亦多用此法。

四根木框，较长而两端出榫的为"大边"，较短而两端凿眼的为"抹头"。如木框为正方形的，则以出榫的两根为大边，凿眼的两根为抹头。比较宽的木框，有时大边除留长榫外，还加留三角形小榫。小

❶西周青铜器兽足方鬲所反映的木门，四面有边框，中有腰串一根。四框、腰串还微微高起，这是因为要打槽装嵌板心，所以边框、腰串必须厚一些。从这里可以看到当时已有"攒边打槽装板"的造法。方鬲见容庚《商周彝器通考》附图175甲。

榫也有闷榫与明榫两种。抹头上凿榫眼，一般都用透眼，边抹合口处格角，各斜切成45度角〔3·23a、b〕。

凳盘、椅盘及床榻屉都有带，一般为两根，考虑到软屉承重后凹垂，故带中部向下弯。两端出榫，与大边联结。四框表面内缘踩边打眼，棕索、藤条从眼中穿过，软屉编好后，踩边用木条压盖，再用胶粘或加木钉销牢，把穿孔眼全部遮盖起来。

玖·攒边打槽装板

"攒边打槽装板"，此种木工的造法，远在西周的青铜器上已反映出来❶，它是木材使用的一项成功的创造。长期以来，此法在

3·23a　格角榫攒边之一（三角小榫用闷榫）

3·23b　格角榫攒边之二（三角小榫用明榫）

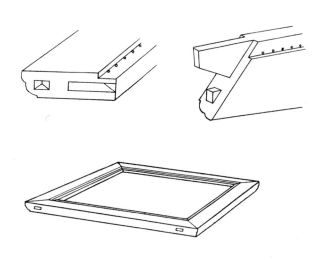

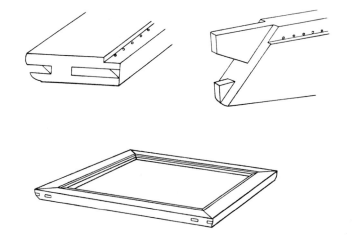

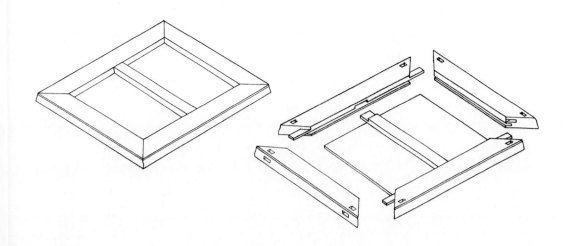

3·24　攒边打槽装板

家具中广泛使用，如凳椅面、桌案面、柜门柜帮以及不同部位上使用的绦环板等等，实在不胜枚举。

　　此法的优点首先在将板心装纳在四根边框之中，使薄板能当厚板使用。木板因气候变化，不免胀缩，尤以横向的胀缩最为显著。木板装入四框，并不完全挤紧，尤其在冬季制造的家具，更需为木板的膨胀留余地。一般板心只有一个纵边使鰾，或四边全不使鰾。装板的木框攒成后，与家具其他部位联结的不是板心，而是用直材造成的边框，伸缩性不大，这样就使整个家具的结构不致由于面板的胀缩而影响其稳定坚实。木材断面是没有纹理的，颜色也深暗无光泽，装板的办法可将木材的断面完全隐藏

起来，外露的都是花纹色泽优美的纵切面。因此，攒边打槽装板是一种经济、美观、科学合理的造法。

　　攒边打槽装板如系四方形的边框，一般用格角榫的造法来攒框，边框内侧打槽，容纳板心四周的榫舌，或称"边簧"。大边在槽口下凿眼，备板心的穿带纳入〔3·24〕。如边框装石板面心，则面心下只用托带而不用穿带。托带或一根，或两根，或十字，或井字，视石板面心的大小、轻重而定。又因石板不宜做边簧，只能将其四周造成下舒上敛的边，如▱状。这种有斜坡的边叫"马蹄边"，或简称"马蹄"。边框内侧也踩出斜口，嵌装石板。由于斜口上小下大，将石板咬住扣牢，虽倒置也不致脱出。

　　较为罕见的攒边打槽装板造法，是边框起高而宽的拦水线，在拦水线下打槽装板，容纳板心四周的边簧。这样做因边框压在板心之下，看不见一般装板造法所能见到的板心和边框之间的缝隙，故表面显得格外整洁。前面讲到的竹节纹方炕桌〔乙14〕，就是此种造法的实例〔3·25〕。

　　一般方角柜的柜门，均用格角榫来攒框，四个角的造法是相同的。但圆角柜的木轴门就不同了。上下抹头与伸出木轴的门边相交。所以是丁字形接合，而不是角接合，相交的榫卯多用大格肩。

　　个别的翘头案抹头与翘头一木连做，在翘头之下打槽，装嵌板心两纵端的边簧。至于板心两长边的边簧，则仍嵌装在大边内侧

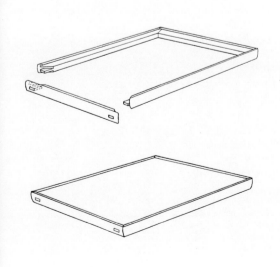

3·25　攒边打槽装板（面板装在拦水线下）

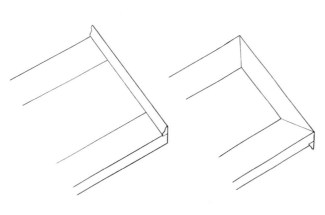

3·26a 攒边打槽装板（面板装在翘头下）

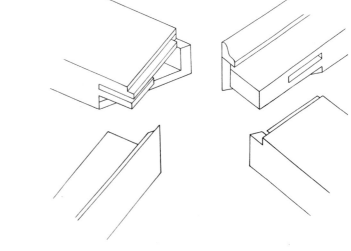

3·26b 攒边打槽装板（面板装在翘头下，所示为大边与抹头正面的两个不同的角度）

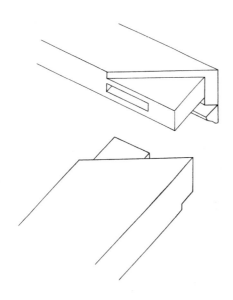

3·26c 攒边打槽装板（面板装在翘头下，所示为大边与抹头的背面）

的槽口内。这样做可以少见两条缝隙，实例如前章讲到的黄花梨小翘头案〔乙 91，3·26a、b、c〕。

攒边打槽装板，如系圆形的边框，即圆凳、香几面等，用弧形弯材打槽嵌夹板心的边簧。弯材一般为四段，攒边的方法除用楔钉榫外，常用逐段衔夹的造法，即每段一端开口，一端出榫，逐一嵌夹，形成圆框。其打槽、装板、凿眼、安带等与方形边框基本相同〔3·27〕。

与打槽装板结构近似的，还有打槽装券口和打槽装圈口，当然所装嵌的不是整块的板心，而是三根或四根板条。它们在结构上能起承重、固定方形结体的作用。如施雕刻，在装饰上更有重要意义。

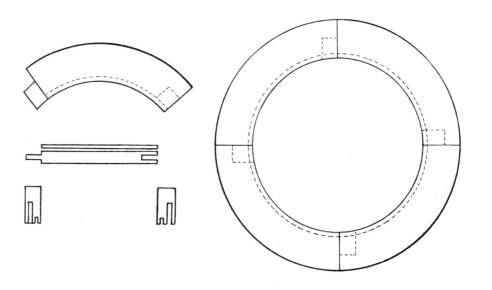

3·27 攒边打槽装板（圆香几面）

乙、腿足与上部构件的结合

这里所谓的上部构件，指独板或攒边打槽装板的面子、各种不同的牙子和枨子等。

壹·腿足和牙子、面子的结合

不同形式的凳、几、桌、案，腿足和牙子、面子的结合方法也不同，下面列举较常见的几种。

一、无束腰结构

实例如无束腰的杌凳。面子底面四角各凿榫眼两个，在大边上的深，在抹头上的浅，为的是避开大边上的榫子。这两个榫眼与腿子顶端的"长短榫"拍合。腿足上端还开槽两段，嵌装牙头〔3·28〕。

裹腿做的凳、桌也属无束腰结构。它在面子的边抹下常加"垛边"。每根垛边两端均格角并凿透眼。腿足顶端的长短榫须先贯穿垛边上的榫眼，然后再与面子四角的榫眼拍合。为此，裹腿做腿足顶端的长短榫，往往比一般无束腰家具腿足顶端的长短榫要长一些〔3·29〕。

二、有束腰结构

实例如有束腰的杌凳或方桌、条桌等。面子造法与上同，腿足上端也留长短榫，只是在束腰的部位以下，切出45度斜肩，并凿三角形榫眼，以便与牙子的45度斜尖及三角形的榫舌拍合。斜肩上有的还留做挂销，与

3·28　无束腰杌凳腿足与凳面的结合

3·29　无束腰裹腿做杌凳腿足与凳面的结合

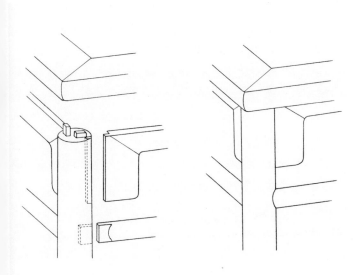

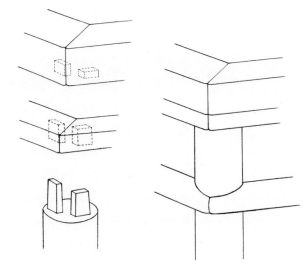

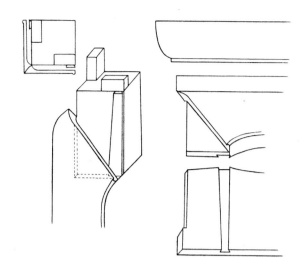

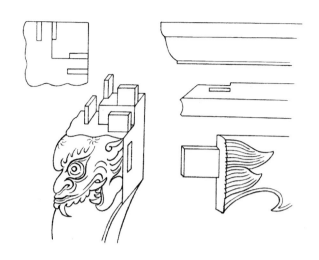

3·30　有束腰家具抱肩榫结构　　　　　　　　　　　　　3·31　有束腰炕桌齐牙条结构

牙子的槽口套挂。上述的结构,匠师称之曰"抱肩榫"〔3·30〕。

牙条和在它之上的束腰,有的是用两木分做的,有的是一木连做的。前者叫"两上",或"真两上",即须两次才能安上之意;后者叫"假两上",言其貌似"两上",而实为一上。

不少家具牙条和束腰之间还多一层托腮,三者或用三木分做,或用两木分做(牙条与托腮为一木,束腰为一木),乃至一木连做。凡真是用三木分做的,叫"三上"或"真三上",用两木分做或一木连做的,叫"假三上"。

经观察实物,假两上、假三上优于真两上或真三上,因为免去长条的拼缝,坚实耐用。真两上、真三上即使有裁榫居中联结,也难免开胶而闪错。但假两上、假三上用料要费得多,所以是合理而考究的做法。"真两上"、"真三上"至清中期以后而大为流行,这只能说明它既要追求形式,又舍不得用料。清式劣于明式,亦于此可见。

有束腰的圆形家具如圆凳、三足或五足香几等,造型虽改观,其结构还是和方形的有束腰家具基本相同。

有束腰家具中还有一种齐牙条的造法,多数用在炕桌上,一般在腿足肩部雕兽面,足下端雕虎爪。看来,这是为了避免使常见的格肩出斜尖的牙条破坏兽面的形象,所以才把牙条造成齐头。其结构是牙条出榫,插入凿在兽面旁侧的榫眼内。如系两上,束腰与牙条两木分造,则在腿足上端留造四个榫子,两个与两根束腰上的榫眼拍合,两个与凿在桌面底面的榫眼拍合〔3·31〕。

三、高束腰结构

高束腰结构腿足上部的抱肩榫、顶端的长短榫,造法和一般有束腰结构相同,惟两榫之间的距离加长,出现了一根短柱,并开槽口,以备嵌装束腰两端的榫舌。束腰的上边嵌装在边抹底面的槽口之内,下边则嵌装在牙条上边的槽口内。如束腰下还有托腮,则嵌装在托腮的槽口内。凡造此式,由于束腰高了,所以它不可能与牙条一木连做,而且束腰、牙条之间往往还加一层肥厚的托腮。拍合后,束腰的外皮或与腿足在肩部以上露的一段平齐,或更缩进一些,使这段腿足高出束腰之上,形成短柱。有的在边抹与托腮之间还安短柱(矮老),将束腰分隔成段,形成了一块块的绦环板。这样它的造型和唐宋时的须弥座非常相似,而与一般有束腰家具腿足上截完全被束腰遮没的外观截然不同〔3·32a、b〕。

束腰与腿足上截平齐的造法见高束腰条桌实例。腿足上截高出,加短柱分段装绦环板的造法,在炕桌〔乙8〕、方桌〔乙60〕、条桌〔乙77〕中都能找到实例。

四、四面平结构

这里讲的四面平式,指家具的面子是另行安装的一种,与用棕角榫来造成的四面平

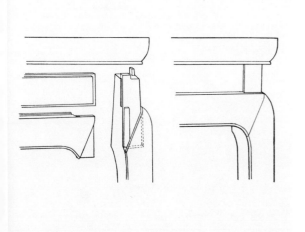

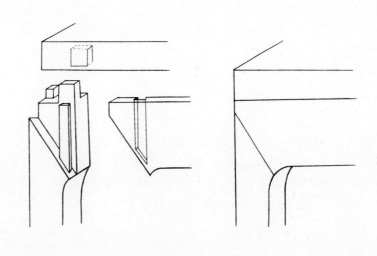

3·32a 高束腰结构

3·33 四面平家具腿足与上部构件的结合

结构不同。

　　此式的面子用攒边打槽装板造成，四角在边抹底面凿榫眼。它自己成为一件可装可卸的构件。

　　支承上述面子的是一具架子。它的造法是腿足上部不造束腰，在顶端长短榫之下直接格肩造榫，并在两面各留出一个断面为半个银锭形的挂销，以备与牙条上的槽口套挂。四根牙条和四条腿足拍合后，架子便形成了。架子上再安装上述的面子。这种造法，牙条用料宜有一定的高度和厚度，并须在牙条上皮裁榫，边抹底面凿眼，辅助四足上端的榫卯，使面子和支架扣紧贴严，不生缝隙〔3·33〕。

　　此种四面平结构牙条，可以不用鳔，使支架也可装可卸。有些可分拆的条几〔乙64〕、条桌或画桌，即采用此种结构。但如选料不佳，制榫不精或装拆过于频繁，会产生摇晃不稳的毛病。

五、夹头榫结构

　　夹头榫是从北宋发展起来的一种桌案结构。当时聪明的民间工匠从大木梁架得到启发，把高桌的腿足造成有显著的侧脚来加强它的稳定性，又把柱头开口、中夹"绰幕"的造法运用到桌案的腿足上来。也就是在案腿上端开口，嵌夹两段横木，将横木的两端或一端造成"楂头"的式样❶。继而将两段横木改成通长的一根，这样就成了夹头榫的牙条了。最后，又在牙条之下加上了牙头。其优

❶ "楂头绰幕"见宋李诫《营造法式》卷三十《大木作制度图样上》，商务印书馆1933年影印本。

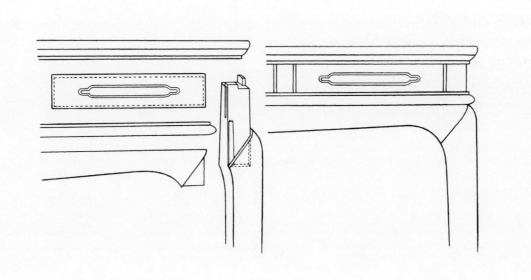

3·32b 高束腰加矮老分段装绦环板结构

243

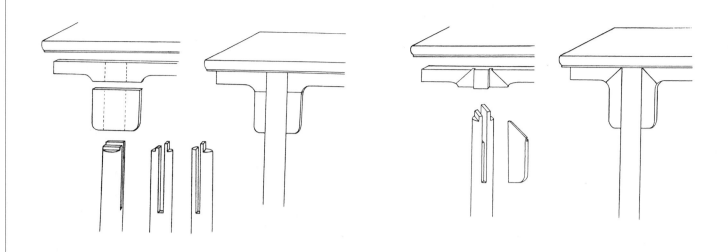

3·34a 夹头榫结构（腿足上端开口嵌夹牙条与牙头）

3·34b 夹头榫结构（腿足上端开口嵌夹牙条，打槽装牙头）

点在加大了案腿上端与案面的接触面，增强了刚性结点，使案面和案腿的角度不易变动；同时又能把案面的承重均匀地分布传递到四足上来。千百年来，它和设计意图基本相同的"插肩榫"结构，都成为案形结体的主要造法之一，也是明及清前期家具最常见的两种形式。

正规的夹头榫一般是腿端开长口，不仅嵌夹牙条，同时也嵌夹牙头。这是比较合理的造法。但也有只嵌夹牙条，而牙头部分则是两条立着的木片，上端与牙条合掌相交，嵌在腿足上截两侧的槽口之内。这种造法不及前者坚实〔3·34a、b〕。又有一种腿足上端只开槽不开口，连牙条也分段造成，用揣揣榫与牙头作角接合，嵌入槽口〔3·34c〕。

它只具夹头榫之形而无夹头榫之实，故更不坚实。前章所举透空攒框牙条和牙头的条案〔乙101〕，即是一例。这种华而不实的造法，至清代中期以后广泛流行。

六、插肩榫结构

插肩榫的外形与夹头榫不同，但在结构上差别并不大。它的腿足顶端也出榫，和面子结合；上截也开口，以备嵌夹牙条。但腿足上截外皮削出斜肩，牙条与腿足相交处，剔出槽口，当牙条与腿足拍合时，又将腿足的斜肩嵌夹起来，形成齐平的表面。这样就使插肩榫与腿足高于牙条、牙头的夹头榫，外貌大异。

这种造法由于腿足开口嵌夹牙条，而牙

3·34c 夹头榫结构（腿足上端打槽装牙条、牙头）

3·35a 插肩榫结构

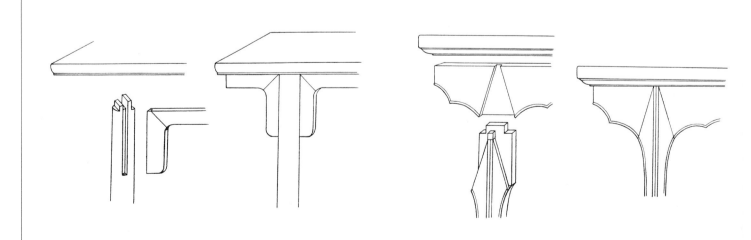

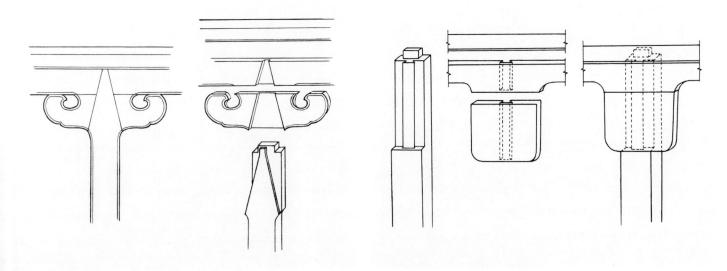

3·35b　插肩榫结构〔牙条、牙头分造〕　　　　　　　　　3·35c　插肩榫变体〔牙条里面开槽挂销〕

条又剔槽嵌夹腿足，使牙条和腿足扣合得很紧，而且案面压下来的分量越大，牙条和腿足就扣合得越紧，使它们在前后、左右的方向上都不错动，形成稳固合理的结构。它的另一个特点是由于腿足与牙条交圈，故为牙条和腿足所形成的空间轮廓的变化及雕饰线脚的运用带来了便利。这里举常见的插肩榫〔乙36〕和比较罕见的牙条、牙头分开的插肩榫〔乙119〕各一例〔3·35a、b〕。

案形结构还有一种罕见的造法，因无处可归属，只好在这里提到，称之为插肩榫变体。其造法是剔削腿足外皮上端一段而留做一个与牙条、牙头等高的挂销。牙条及牙头则在其里皮开槽口，和挂销结合。也就是说正规的插肩榫牙条在它的外皮剔槽口，而变体则把槽口搬到牙条、牙头的背面去了。此种造法，在牙头之下必然要出现一条横缝，即牙头下落与腿足相接着的那条缝隙〔3·35c〕。由于这条缝隙正在看面，不甚美观，因而此种造法未能推广。故宫博物院藏有此种造法的黄花梨翘头案，见《中国美术全集·竹木牙角器》图版184。

贰·腿足与边抹的结合

有一种四面平式的家具是用"粽角榫"造成的。家具的每一个角用三根方材结合在一起，由于它的外形近似一只粽子的角，故有此名。有人认为此种造法的家具每一个角的三面都用45度格角，综合到一点共有六个

45度角，故应写作"综角榫"。此说也能言之成理。不过粽角榫比较通俗，似为民间匠师的原有名称，故予保留。

粽角榫可以运用到桌子、书架、柜子等家具上，整齐美观是它的特点。不过榫卯过分集中，如用料小了，凿剔过多，就难免影响坚实。桌子等如无横枨或霸王枨，便须有管脚枨或托泥将足端固定起来，否则此种结构是不够牢固耐用的。

桌子上用的粽角榫与书架、柜子上用的往往稍有不同。桌面要求光洁，所以腿足上的长榫不宜用透榫穿过大边。书架、柜子则上顶高度超出视线，所以长榫不妨用透榫，以期坚实〔3·36〕。

3·36　粽角榫结构

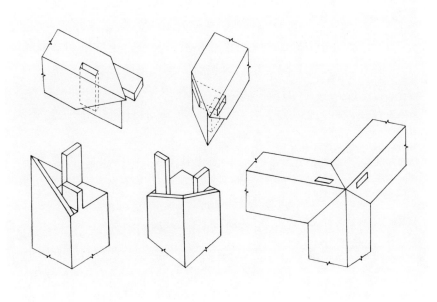

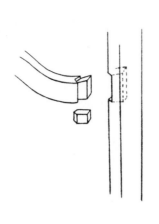
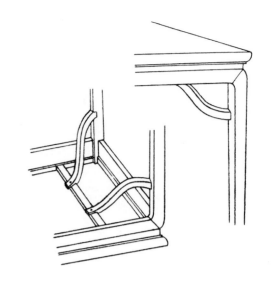

3·37　霸王枨结构

❶大同卧虎沟辽墓壁画中的桌,正面有矮老五根,见《考古》1960年第10期。辽宁朝阳金墓壁画中的方桌,枨子上有成对的矮老两组,见《考古》1962年第4期。

❷霸王枨上的勾挂垫榫可从辉县固围村一号战国墓漆棺的铜兽环上看到它的前身。见中国科学院考古研究所编《辉县发掘报告》插图八四,科学出版社,1956年。

叁·腿足与枨子的结合 矮老或卡子花与面子或牙条的结合

枨子的功能在加强腿足之间的联结,习惯的造法有直枨、罗锅枨两种。从结构的角度来看,枨子安得矮一些,对稳定构架较为有效。但枨子低了会妨碍使用者腿膝的活动,产生不便。两端靠下,中部拱起的罗锅枨就是为了解决这个矛盾而想出来的造法。古代工匠当曾设想,为什么不用短柱将枨子和上面的构件联结起来呢?这样不就使枨子也能起传递承重的作用吗?于是"矮老"就在家具上出现了。反映有矮老的现知较早的家具形象,见于金代墓室壁画❶。矮老可能是北宋时期发展起来的一种造法。

传统家具中的矮老,在无束腰家具上,下端多与枨子格肩榫相交,上端则用齐肩膀与边抹底面相交。在有束腰家具上,矮老则下端与枨子、上端与牙条都用格肩榫相交。关于它的结构,可参阅横竖材丁字形接合,故不再附图。

卡子花是由矮老发展出来的。古代工匠当曾设想,是不是可以将矮老美化一下,使它兼具承重和装饰双重意义呢?于是不同形状而又有雕饰的卡子花就出现了。

椅、凳、桌、几凡是无束腰的,一般也没有牙条,卡子花上端直接与边抹底面联结,下端与枨子联结。有束腰的家具,卡子花上端与牙条联结,下端与枨子联结。卡子花与上下构件的联结方法或为本身上下出榫,或为上下栽榫,或用铁棍贯穿,通常是由卡子花的形状来决定联结的方法。

肆·霸王枨与腿足 及面子的结合

古代工匠当曾这样设想,桌几四腿之间不用构件联结,而设法把腿子与面子联结起来,这样枨子就不会有碍腿之弊,而能将面子的承重直接分递到腿足上来。"霸王枨"正是为实现此种设想而创造出来的。

霸王枨上端托着面心的穿带,用销钉固定,下端交代在腿足上。战国时已经在棺椁铜环上使用的"勾挂垫榫"❷,用到这里来真是再理想也没有了。枨子下端的榫头向上勾,并且造成半个银锭形,腿足上的榫眼下大上小,而且向下扣,榫头从榫眼下部口大处纳入,向上一推,便勾挂住了。下面的空当再垫塞木楔,枨子就被关住,再也拔不出来了。想要拔出来也不难,只须将木楔取出,枨子落下来,榫头回到原来入口处,自然就可以拔出来了。枨名"霸王",似寓举臂擎天之意,用来形容远远探出孔武有力的枨子,倒是颇为形象的〔3·37〕。

有的霸王枨在它的上端聚头处,用方形木块剔挖四个缺口,钉在面板穿带之下,将枨子扣牢固定。这种装置只宜用于正方形家具,因枨端集中。如为长方桌,枨子上端分散,便无法用此装置。

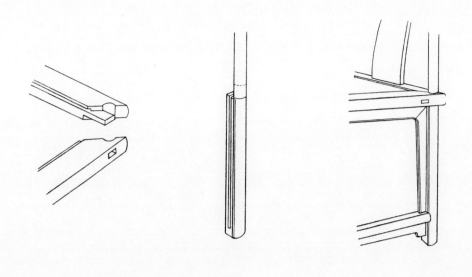

伍·腿足贯穿面子结构

一般的扶手椅，椅盘用格角榫攒边框，四角开孔，椅子的前后腿从这四个孔中穿过去。乍看上去，椅盘以下为腿足，椅盘以上为靠背、为鹅脖，它们是可分的不同构件，实际上四根立材是上下相连的。这种结构最为坚实合理〔3·38a〕。有不少椅子造成所谓"天圆地方"的式样，即椅盘以上为圆材，椅盘以下为方材，或椅盘以下为外圆里方。上下断面的不同，除了为求有变化，借以破除单调外，更重要的是为了使椅盘以下的腿足断面大于圆形的开孔，当椅盘落在上面时它能起支承的作用。

多数椅子的椅盘安装时是从腿足上端套下去的。但也有少数椅子，由于它的前后腿在椅盘的部位削出一段方颈，边抹在四角也开方孔，拍合时恰好把这段方颈卡住。这种造法边抹和四足结合得更加紧密牢稳。不过在修理拆卸时，必须先打开椅盘的抹头和大边，才能使椅盘与腿足分开。这是属于一种较少见的造法〔3·38b〕。

有些扶手椅前腿与扶手下的鹅脖是两木分造的。鹅脖的位置向后稍退，在椅盘上挖槽另安〔甲72，甲75〕。但这究属少数，不能算是基本形式，也不及一木连做的坚实合理。

腿足贯穿面子的造法，不仅用在椅子上，有些罗汉床〔丙13〕、宝座式镜台〔戊30〕也是采用这种结构来制造的。

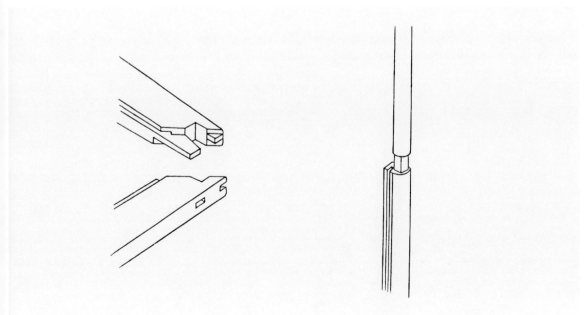

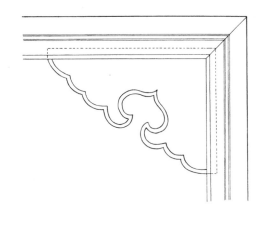

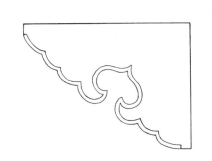

陆·角牙与横竖材的结合

明式家具广泛使用角牙，它们位在横竖材的丁字形交接处，目的在堵塞转角，用迫使角形不变的办法来加强结点刚度，固定构架；同时又可以在上面施加雕刻，起装饰作用。

角牙种类繁多，但多数与腿足及腿足以上的上部构件相联结。诸如闷户橱、衣架、面盆架上的挂牙，桌几、架格上的托角牙子，乃至小到椅子后背及扶手上的小牙子等皆是。角牙的榫卯有的在横竖材上打槽嵌装。有的角牙一边入槽，一边栽榫与横材或竖材上的榫眼结合。有的角牙一边留榫，一边栽榫与横竖材结合〔3·39a、b、c〕。

3·39b 角牙一边入槽一边栽榫与横竖材结合

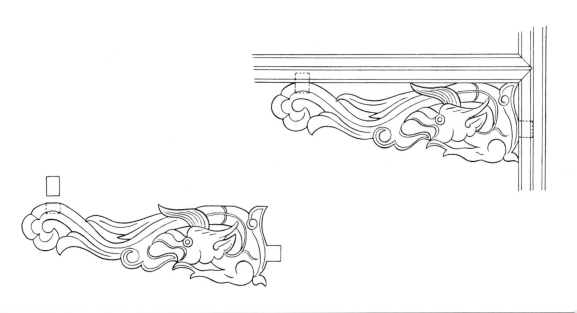

3·39c 角牙一边留榫一边
栽榫与横竖材结合

丙、腿足与下部构件的结合

这里所谓的下部构件，指不同式样的托子、托泥和墩座等。

壹·腿足与托子、托泥的结合

腿足与托子、托泥之间的结合可以分为以下三种：

一、条案的腿足与直托子的结合

条案的腿足下端出两榫，托子两端凿榫眼，拍合之后，两根托子分承四足〔3·40〕。两根托子之间没有构件再将它们联结起来。这种造法实际上战国时的木几或漆几早已如此了**❶**。

二、方形家具与方托泥的结合

方形结体的家具如机凳、书桌、供桌等，下面的托泥是四根木材用格角榫攒边法造成的。托泥的四角凿眼，容纳腿足底端的榫头。榫头或由腿足出头连做，或另外栽榫。以连做者较为合理〔3·41a〕。

方托泥还有一种比较复杂的造法，那是将腿子底端的方形榫头切成上小下大的斗形式样，托泥在抹头上凿剔与斗形榫头相适应的榫眼，但一面开敞，榫头由此平移套装。待托泥的大边与抹头拍合后，便将榫头关闭在榫眼之中。这种结构除非将托泥拆散，否则无法将腿足从托泥中拔出来〔3·41b〕。杨耀为艾克《图考》绘制榫卯图，亦有此结构，见该书图版154—

❶ 实例如信阳长台关战国墓出土的雕花木几。面板之下，两端各有四根立木支承，立木之下有横跗，跗上凿榫眼与立木联结。见河南省文物工作队编《河南信阳楚墓文物图录》图110。明式条案下的托子，实相当于战国木几或漆木几下的横跗。

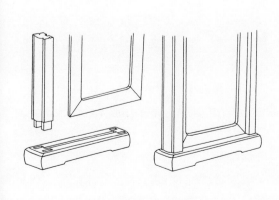

3·40　条案腿足与托子的结合

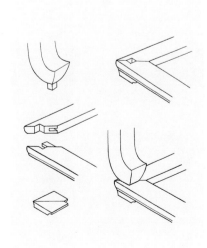

3·41a　方形家具腿足与方托泥的结合

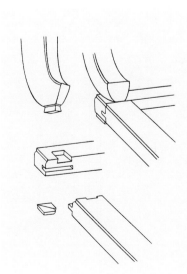

3·41b　方形家具腿足与方托泥的结合

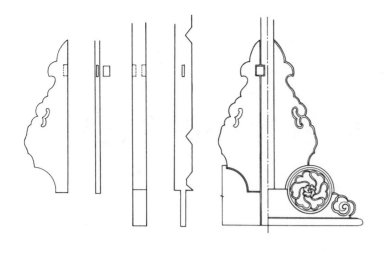

3·43a　座屏风墩座结构

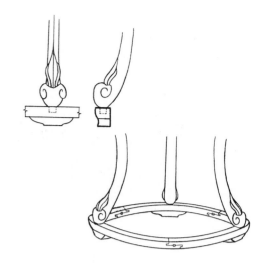

3·42　圆形家具腿足与圆托泥的结合

20a。但凿枘龃龉不相入，疑有误。

三、圆形家具与圆托泥的结合

　　圆形结体的家具如圆凳、香几等，下面的托泥是用嵌夹榫舌或用楔钉榫的造法，将弧形弯材攒接到一起的。用嵌夹榫舌结构攒接的圆托泥，不宜在接榫处凿剔方眼，与腿端的榫头结合。尤其是用楔钉榫结构攒接的圆托泥，更须避开榫卯凿剔方眼。否则的话，凿眼会把楔钉凿断〔3·42〕。

　　有的圆形家具如坐墩或圆凳，腿足下端造成插肩榫，与下部的圆形构件结合。这个圆形构件所处的位置和托泥相同，但它与腿足结成一体，成为一个不可分割的整体，这与托泥又不相同。实际上此种圆形家具是下部又重复了上部的造法，尤其是某些坐墩倒过来放，除无面心外，几乎和正着放无甚区别，更足以说明这个问题。这种结构附带在此述及。

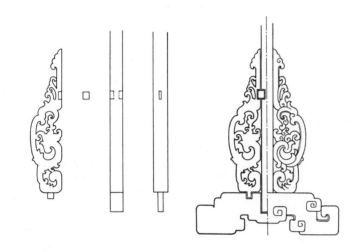

3·43b　衣架墩座结构

贰·立柱与墩座的结合

　　凡是占平面面积不大，体高而又要求它站立不倒的家具，多采用厚木作墩座，上面凿眼植立木，前后或四面用站牙来抵夹的结构。实物如座屏风、衣架、灯台等等。明及清前期墩座常用的抱鼓，为的是在站牙之外又有高起而且有重量的构件，挡住站牙，加强它的抵夹力量。抱鼓适宜雕刻花纹，所以它又是一个能起装饰作用的构件〔3·43a、b、c〕。

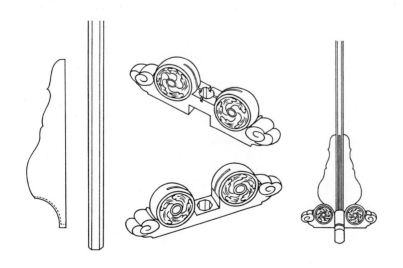

3·43c　灯台墩座结构

丁、另加的榫销

壹·栽榫和穿销

在构件本身上留做榫头，因会受木材性能的限制，只能在木纹纵直的一端做榫，横纹一触即断，故不能做榫，这是木工常识。如果两个构件需要联结，由于木纹的关系，都无法造榫，那么只有另取木料造榫，用"栽榫"或"穿销"的办法将它们联结起来。

明式家具常在下述的情况下使用栽榫：

一、厚板拼合，在拼口内栽榫、凿眼粘合。

二、某些翘头案或闷户橱的翘头，用栽榫与抹头结合。

三、某些卡子花，如双套环，用栽榫与上下构件结合。

四、桌几的镂花角牙，或攒框的牙子，衣架或面盆架搭脑下的挂牙等，多一边栽榫，一边留榫与相邻的构件结合。

五、床围子、透格柜门上的各种用攒接斗簇的方法造成的图案装饰，如四簇云纹、十字套方等，常用栽榫加以组合。

六、桌案牙条的上皮，裹腿做或一腿三牙式桌面垛边的上皮，有的用栽榫与边抹的底面联结。

七、"两上"，即束腰与牙条两木分做的桌几，"三上"，即束腰、牙条与托腮三木分做的桌几，束腰与牙条二者之间及束腰、托腮、牙条三者之间常用栽榫来结合，以防分离生缝，闪错不齐。

八、官皮箱两帮和后背的下缘，用栽榫与下面的底座结合〔3·44a、b、c〕。

穿销不同于栽榫。栽榫一般比较短而且是隐藏不露的，穿销较长，明显外露，故多

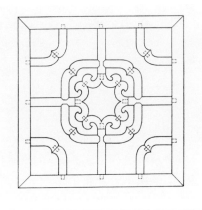

3·44a　攒斗灯笼锦栽榫

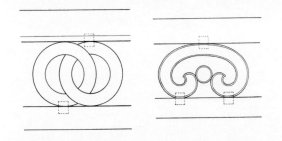

3·44b　卡子花栽榫

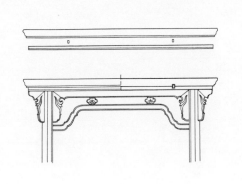

3·44c　一腿三牙方桌垛边栽榫

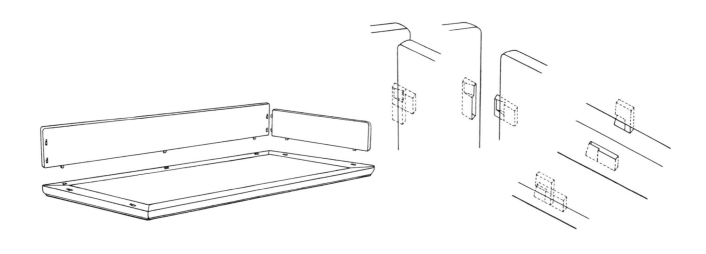

3·46　罗汉床围子上的走马销

用于构件的里皮，在家具的表面是看不见的。曾见条桌、条案及床榻的牙条，在其背面正当跨度正中的地方开剔槽口，用断面为半个银锭的长销像穿带似的穿过去，上端出榫，纳入大边底面的榫眼中，使牙条固定贴紧〔3·45〕。

栽榫和穿销在联结、固定家具构件上能起作用，有时是非用不可的。但从精制的明及清前期家具上可以看出，古代匠师高手，决不滥用，需要时方用，才算合理，否则只能说明手艺不高或选料不精。以上列的"七"来说，考究的家具束腰多与牙条一木连做，并将束腰的上皮嵌装在边抹底面的槽口内。这样造便用不着栽榫。又如桌案或床榻的牙条，倘用料较厚，就用不着加穿销防它走动弯翘。往往一件家具，是由于结构不良，或用料单薄，在不得已的情况下才求救于栽榫和穿销的。

3·45　有束腰床榻牙条穿销

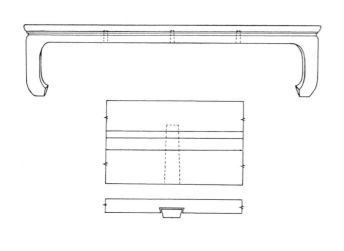

贰·走马销

"走马销"，或写作"走马楔"，南方匠师则称之曰"扎榫"，可以说是一种特制的栽榫。它一般用在可装可拆的两个构件之间，榫卯在拍合后需推一下栽有走马销的构件，它才能就位并销牢；拆卸时又需把它退回来，才能拔榫出眼，把两个构件分开。因此它有"走马"之名，而"扎榫"则寓有扎牢难脱之意。它的构造是榫子下头大、上头小，榫眼的开口半边大、半边小。榫子由榫眼开口大的半边纳入，推向开口小的半边，这样就扣紧销牢了。如要拆卸，还需退到开口大的半边才能拔出。这是一项很巧妙的设计，用意与霸王枨的勾挂垫榫大致相同，只是没有木楔垫塞而已。

在明式家具中，翘头案的活翘头与抹头的结合，罗汉床围子与床身边抹的结合，屏风式罗汉床围子扇与扇之间的结合，屏风式宝座靠背与扶手之间的结合等，都常用走马销〔3·46〕。

叁·关门钉

极少数明式家具在榫卯拍合后，用钻打眼，销入一枚木钉或竹钉，目的在使榫卯固定不动。北京匠师称之为"关门钉"，意思是门已关上，不再开了。修理古旧家具，遇此情况，仍需用钻将钉钻碎，方能拆卸，否则会把榫卯拆坏。良工制榫，实无再加销钉的必要，故疑此乃一般工匠所为，或因当时定制者有此要求，故工匠不得不这样做。

戊、试谈明式家具的造型规律

第二章列举了明式家具五大类中的不同品种和形式。本章用大量线图画出不同局部及腿足和上下构件的结构。由于造型显然有无束腰和有束腰之分，腿足有方有圆，有垂直或侧脚、直接或以马蹄着地之别，都显示其间有规律可循。下面在这方面作试探性的求索。

我们知道在许多种家具中以方形和长方形结体的居多数，可能占传世实物总数的百分之七八十。凡属这两种结体的，不论其为凳、桌、床、榻，也不论其大、小、高、矮，大都可以归入"无束腰"或"有束腰"两个体系，而其造型规律恰好较明显地从这两个体系的不同造法上反映出来。因此在造法上看到同一体系的"同"和不同体系的"异"，也就可以认识到一大部分家具的造型规律。

无束腰	有束腰
● 四足多用圆材，或外圆里方。	● 四足多用方材。
● 四足多带侧脚，有的甚为显著。	● 四足多垂直，个别的有侧脚但不显著。
● 足下端无马蹄。	● 足下端多有马蹄。
● 直足。	● 直足或各种弯足。
● 四足多直落到地，无托泥。	● 足底有的有托泥。

现将两个体系的不同造法分列如下，以资对照比较。

关于无束腰、有束腰两个体系的渊源演变，自德人艾克提出前者出于冖形木架，后者出于台座或壸门床，未见中外论者有多少异议。不过我们认为与其说无束腰家具起源于形冖木架，不如**说木建筑的大木梁架和无束腰家具的关系更为密切**，更能解释为什么无束腰家具会形成它所具有的各种特点。

由于木建筑的柱子多为圆材，因此无束腰家具的腿足也大都是圆的。即使为了与横向的构件联结上的方便合理，将朝内的弧面改为方形，但外面仍作圆形，出现所谓"外圆里方"的造法。古建筑的柱子为了开张稳定，采用下舒上敛向内倾仄的侧脚造法。无束腰家具也承袭了这一特点，多用侧脚，即北京匠师所谓的"四腿八挓"。

古建筑的柱子多直落到柱础上，故无束腰家具的腿足也多直落到地，没有马蹄，也不在足端安装托泥。有的足底造成鼓状，模仿柱础。

待我们再来看**有束腰家具，它是从唐代流行的台座或壸门床、壸门案演变出来的**。开始由每面几个壸门简化到每面一个壸门，再由一个壸门简化到四角只剩四根腿足。腿足位在四角，外形本来就是方的。壸门床、案上下同大，故四足直立，不像屋柱那样有侧脚。壸门从台座上消失，最后遗留下歧出的牙脚，经过蜕变和敛缩，成为足端的马蹄。壸门床、案原来有底框，部分有束腰家具保留了底框，它就

3·47 云冈石窟北魏浮雕塔基线图

❶梁思成：《营造法式图注》，清华大学建筑系1953年石印本。

3·48 五代王建墓须弥座棺床线图

3·50 正定开元寺大殿须弥座 据《建筑设计参考图集》第一集《台基》绘制

是托泥。至于束腰从何而来，前人似尚未作专门的阐述。下面对此试作一些探索。

我们认为家具的束腰渊源于须弥座，而须弥座实际上就是大型的壶门台座。

早期的须弥座如云冈石窟的北魏浮雕塔基〔3·47〕、敦煌唐代洞窟中的龛座、五代王建墓的棺床等〔3·48〕，它们中间都有一个收缩部分，由此向外宽出的各层，线脚也比较简单。至宋代常把须弥座用作建筑的台基。据《营造法式》看，其形制有简有繁。简者如《石作制度》中的"殿阶基"，繁者如《砖作制度》中的"须弥座"，高十三砖，分九层，各层名称不同，线脚及雕饰亦异。不过二者在中间收缩部分立柱分格，格中平列壶门，造法则是一致的。

《营造法式》卷三"殿阶基"条原文是："造殿阶基之制：长随间广，其广随间深，阶头随柱心外阶之广。以石段长三尺，广二尺，厚六寸。四周并叠涩。坐〔座〕数令高五尺，下施土衬石。其叠涩每层露棱五寸，束腰露

身一尺，用隔身版柱，柱内平面作起突壶门造。"它开列部位名称及尺寸不够详尽，故梁思成先生在《营造法式图注》中称"《法式》卷三'殿阶基'条不详"❶，亦未为制图。但此条已足够使我们知道其形制和早期须弥座相差不大〔3·49〕。宋代实例也有与此相似的，如正定开元寺大殿的须弥座〔3·50〕。

《法式》"殿阶基"中有"束腰"、"叠涩"两个名词。束腰即须弥座中间收缩、有立柱分格、平列壶门的部分，而"叠涩"就是位在束腰之下或束腰之上，依次向外宽出的各层。"叠涩"在《法式》中有时写作"挞涩"，见卷十六《石作功限》中的"殿阶基"、"坛"等条。

现在还广泛使用的家具名词"束腰"，和宋代须弥座上的名称完全相同，而且形态也相似，不能不使我们想到二者之间有联系。高形桌几在唐宋之际是一种新兴家具。任何时期的家具和建筑都是有一定的关系的，北魏以后不断发展，至宋而日趋繁复的须弥座自然会对当时的家具产生影响。

当然，家具上的束腰都比较窄，和须弥座上的束腰相去悬殊。这是由于功能不同，不可能把须弥座的束腰照样搬到家具上来。高形的桌几，牙条之下一定要有相当高的空间才便于使用。所以桌几上部可留造束腰的部位有限，它只能具体而微地造成较窄的一条。

尽管一般家具上的束腰比较窄，明代的桌几都有"高束腰"形式〔3·51〕。它四足上截露明，高出束腰之上，很像须弥座上的角柱。桌几的四面，在边框和托腮之间安短柱，

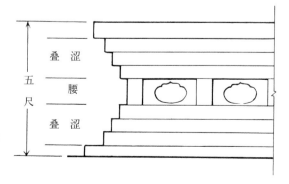

3·49 宋《营造法式》殿阶基示意图

叠涩
腰
叠涩
五尺

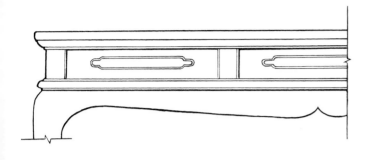

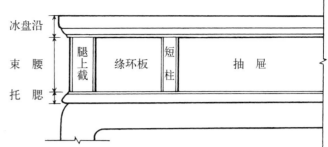

3·51 高束腰条桌局部之线图   3·52 高束腰带抽屉方桌局部之线图

短柱两侧和边框底面、托腮上面都打槽，嵌装绦环板，板上开透孔，它们相当于须弥座的立柱分格，格中平列壸门。只是由于绦环板的高度有限，只宜镂挖"笔管式"或"海棠式"等比较矮扁的透孔（鱼门洞），而不宜造成壸门的式样。这当然也和图案装饰流行的时代有关。北宋以后，壸门的使用就越来越少了。

在明式家具中，还有高束腰带抽屉的方桌〔3·52〕。由于抽屉要求有一定高度，抽屉两旁又有立柱，其造型也就更加接近立柱分格的须弥座。把北魏至宋代的几种须弥座和两种高束腰家具排列在一起，就更容易看出有束腰家具和须弥座之间的关系。

待我们再来看一看高束腰家具上的"托腮"（清代《则例》往往写作"特腮"）。它所处的位置，正和须弥座束腰之下的叠涩相同。"托腮"与"叠涩"字音相近，我们有理由相信家具名词"托腮"或"特腮"就是须弥座名称"叠涩"，只是音读之转，以致写法不同。《法式》一书既然能把"叠涩"又写成"挞涩"，那么数百年间匠师口传笔记，将"叠涩"写成"托腮"或"特腮"，自然毫不足奇。家具名词"束腰"、"托腮"都能从宋代的须弥座上找到来历，这就更有力地证明了家具的束腰渊源于须弥座❷。

束腰在家具上出现，必然要求腿足的用料加大，以便腿子上端在让出束腰所占的分位之后，仍有立材出榫，与边抹底面的榫卯结合。牙条之下，正好挖造腿子，下端造成

马蹄。至于常在有束腰家具上出现的大挖弯腿，如鼓腿彭牙兜转马蹄、三弯腿外翻马蹄等，自然用材更多，下料必须更大。这些都是无束腰家具的直材腿足无法造出来的。为什么弯腿多在有束腰的家具上出现，从这里也可以得到解答。

方形和长方形的家具为数甚多，杌凳、二人凳、炕桌、方桌、半桌、条桌、画桌、榻、床座等不胜备举。它们都有无束腰和有束腰两种造法。即使是柜子，全无束腰，但有的形式如圆角柜，应归入无束腰体系；而方角柜，则应归入有束腰体系。我们如果把无束腰体系的家具如四腿八挓杌凳、灯挂椅、一腿三牙方桌、夹头榫圆足条案、闷户橱、圆角柜等放在一间屋内，它们显得特别和谐。另把有束腰体系的家具如有马蹄的凳、桌、四面平式家具以及方角柜等放在一间屋内，它们也显得特别和谐。二者的和谐来自两大体系的不同共性，而二者共性之所以不同，乃由于两大体系来自不同的渊源。

概括说来，凡是无束腰的家具多为：圆材直足、有侧脚、无马蹄、无托泥。凡是有束腰的家具多为：方材、直足、有马蹄外，还有多种弯腿，无侧脚，内兜或外翻马蹄，有的有托泥。这些造法，在相当长的时间内，至少由明历清，在非常辽阔的地区内，远及南北东西，为工匠们广泛遵守，很少有例外。我国家具的这种情况，不妨称之为传统的手法，或家具的"文法"，实际上也就是我国家具造型的一种规律。

❷ 参阅拙著《束腰和托腮》一文，《文物》1982年第1期。又见《锦灰堆》壹卷页69，三联书店，1999年。

第四章

明式家具的装饰

明、清之际的家具工匠，继承了源远流长的优秀木工传统，并经过长期的实践和探索，把家具的装饰艺术提高到前所未有的水平，传世实物是最好的见证。

概括说来，明及清前期的家具装饰有以下特点：造型很美，简练的线脚，简单到使人不觉得是装饰，但却又有重要的装饰意义。花纹图案能与家具整体和谐地结合起来，形成完美的统一。图案装饰性强，如取材自然物象，善于提炼，精于取舍，有概括之功，无刻画之病；如取材传统图案，并不生搬硬套，有创发，有变通，不同时代、不同器物上的纹样都能妙手拈来，运用自如。装饰的使用，有主次，有虚实，有集中，有分散，有连续，有间歇，有对比，有呼应。特别引人注目、效果也特别好的是"惜墨如金"，以少许胜人多许。毫无疑义，大体朴素，只有少量装饰是明及清前期家具的常见风貌。但这绝不是它的全貌，因为雕饰富丽秾华而仍有很高艺术价值的也为数不少。它和清代中叶以降的某些结构失当、装饰繁琐的制品是判然有别的。有的论者只欣赏明及清前期家具的简单朴质而无视其华美瑰丽，未免既不全面，也欠公允。所以用"淡妆浓抹总相宜"来形容，似乎更符合事实。另外，我们还能看到有的装饰超越常规，但不觉得是矫揉造作，反显得清新自然，使人有"文章本天成，妙手偶得之"之感。当然，以上乃指艺术上成功的制品，是明及清前期家具的主流。我们也绝不否认其中存在着造型装饰并不足取，甚至不堪入目、令人生厌的东西。

为了把家具装饰得优美多姿，前代工匠熟悉多种手法，诸般技艺，从利用木材的天然色泽和纹理，到人工的线脚棱瓣，攒接斗簇和雕刻镶嵌，乃至附属物料的选用加工，剪裁配合，无不各臻其妙。尤其是当它们和成功的造型完美地结合时，凝结成艺术精品，堪称悦目赏心，予人美的感受。

下面分：选料、线脚、攒斗、雕刻、镶嵌、附属构件等几个方面来阐述明及清前期家具所常用的装饰手法及其成就。

甲、选料

硬木一般都有纹理，以黄花梨、鸂鶒木较为显著，而历来都以纹理清晰华美者为贵[1]。工匠在选料时，总要把花纹好看的美材用在家具的显著部位。不假人力而自然成纹，这样的家具别具一种生动活泼、潇洒率真的意趣。

椅子的靠背板和罗汉床围子正中的一扇，都处在觌面迎人的地位，所以在此处选用美材，效果最好。实例如四出头扶手椅〔4·1〕，背板花纹呈流湍回旋之象，床围子厚板又有风起云涌之势〔丙6〕。桌案的面心也常常选用花纹美好的材料〔4·2〕。

另一种使用美材的方法，是厚板剖成两半，用在对等的地位。实例如圆角柜的柜门〔丁23〕和对拼面心的桌案等。它不仅有花纹美，还有对称美，在无规律中又有规律，二者的统一，显得格外隽永耐看。

有的家具甚至整个看面都有纹理，实例虽少，但大小均有。李建元师傅记得三十多年前在河北南部某地买过一对黄花梨四顶柜，正面各个构件花纹都清晰流动，而且一一相对，瑰丽无比，至今谈起来，还咄咄称赞。小件如折叠式镜台〔戊28〕，拍子上的绦环板及台座的门扇，每一块料都有深色的天然纹理。

任何树木都能因生瘿结节而使木质有细密旋转的纹理，古人称之曰"文木"，亦曰"瘿木"。早在汉代，刘胜就曾作赋来描写它的华美[2]，唐代诗人白居易也有《文柏床》诗[3]。北京匠师称这种有花纹的木材叫"瘿子"。如为楠木则曰"楠木瘿子"，紫檀则曰"紫檀瘿子"，余类推。瘿子也被匠师视为难得的材料，多用在家具的明显处〔甲86〕，惟所见以小件的居多。因瘿木是木材的一种变态，大块料很少有。用瘿子造面心的家具，曾见酒桌和坐墩等。瘿木不可

4·1　黄花梨天然纹理（四出头官帽椅靠背板）
　　　美国纳尔逊美术馆藏并供稿

4·2　黄花梨天然纹理〔翘头案面心〕

[1] 见第五章丙部分中《木材文献资料》录引有关黄花梨、鸂鶒木的史料。

[2] 西汉中山王刘胜《文木赋》中曰："……既剥既刊，见其文章。或如龙盘虎踞，复以鸾集凤翔。……色比金而有裕，质参玉而无分。裁为用器，曲直舒卷，修竹映池，高松植巍；制为乐器，婉转蟠行，凤将九子，龙导五驹；制为屏风，郁弗穹隆；制为杖几，极丽穷美；制为案椟，文章璀璨，彪炳焕汗；制为盘盂，采玩蜘蛛，猗欤君子，其乐只且。"见严可均辑《全上古三代秦汉三国六朝文·全汉文》卷十二页190，中华书局影印本。

[3] 白居易《文柏床》诗，中曰："……以其多奇文，宜升君子堂。乱削露节目，拂拭生辉光。元斑状狸首，素质如截肪。……"见《古今图书集成·考工典》卷二百十五，中华书局影印本。

与桦木混为一谈。桦木也有旋转花纹，它是树木的一种，盛产于东北，质地松软而易开裂。明及清前期家具使用桦木的不常见，有的可能是修理时后配上去的。

不同木材，有意识地配合使用，也是选料的又一种方法，即借木材质地、色泽的差别对比来取得装饰效果。实例曾见用铁力木造腿子、枨子及门边，用黄花梨造门心的圆角柜。也有用黄花梨造柜子的腿子、枨子，而用楠木瘿子分段造门心。这些木材，都有色泽稳重的特点，所以尽管它们的差别不小，用在一起却是协调的。差别显著的，则如紫檀罗汉床用浅色木材作围子内部的绦环板〔丙13〕，紫檀方桌和条桌用黄杨作枨子，黝黑明黄，对比鲜明，十分醒目。但两色木材如使用得不当，或太滥，会有火炽浮躁之憾。似此家具，多为清代中叶以后的制品，苏式小件往往犯这种毛病。

乙、线 脚

在家具装饰中起重要作用的各种"面"和"线"，鲁班馆的匠师有不少专门术语称呼之，但缺少概括的统称。现在为了叙述方便，采用现代木工习用的名称——线脚。

线脚在明及清前期家具上的施用，主要在边抹、枨子、腿足等部位。它们全仗面和线来构成其形态。粗略的概括，十分简单，面不外乎平面、盖面（鲁班馆语，即混面或凸面）和洼面（即凹面）。线不外乎阴线与阳线。惟根据实物作微细的区分，则又十分复杂。边抹即使同高，枭混也基本相似，但曲线舒敛紧缓稍有变换，顿觉殊观。阴线或阳线，则因其造型之异而有不同的名称。如阴线槽口有"圆槽"、"尖槽"之别。阳线圆而饱满的曰"灯草线"，立而犀利的曰"荞麦棱"，平扁而宽的曰"皮条线"，阳线正中又稍凹陷者曰"洼儿"，如"皮条线加洼儿"等等。

造不同的线脚，要用不同的工具，如盖面刨、洼面刨、阳线刨和勒子等，各有大小多种。鲁班馆的老匠师有这样的经验，就是在修理旧家具时，尽管不同样的刨刃已积累了不少，但遇到某件旧活，构件残缺，需要修配，或为单只的家具，配制成对，工具箱中竟找不到线脚和大小都合适的刨刃。还需用大锯条段锉制成合用的刨刃，配上刨床，造成刨子才能开始工作。举此一事，亦足以说明明及清前期家具的线脚式样是繁多的。

下面依家具的不同部位谈一谈它们的线脚：

壹 · 边 抹

这里所谓的边抹，指大边和抹头，用攒边方法将它们造成边框，不论其为方为圆，框中装板或不装板。具体到家具的构件则如凳椅、桌案、床榻的面，圆角柜的柜顶等都是。边抹的线脚又可分为两类：

一、线脚上舒下敛，近似须弥座的"枭混"，其断面与盘碟边沿的断面相似，北京匠师统称之曰"冰盘沿"，也有人认为应写作"饼盘沿"。这些上下不对称而曲线变化至多的线脚，可以自成一类〔4·3〕。

4·3　冰盘沿线脚举例（上下不对称）

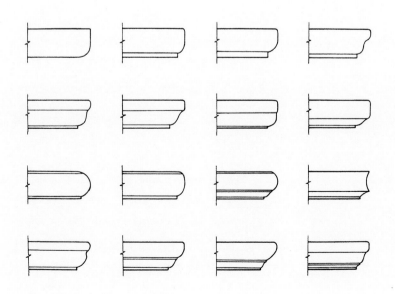

261

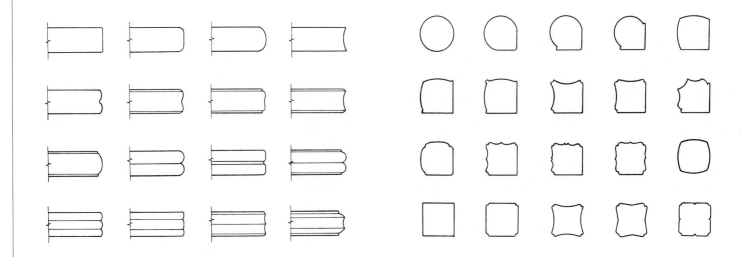

二、边抹的线脚有上下对称的和上下不对称的，因它们并非上舒下敛，故不能称为冰盘沿。这些可另成一类〔4·4〕。

贰·枨子与矮老

各种家具上的枨子用料比边抹小，它们的线脚一般是上下对称的，少数是不对称的，因与上面的第二类基本相同，故不再绘图示例。

个别在枨子上使用的线脚，边抹上罕见，例如中间高起，用脊线分成两个斜坡的"剑脊棱"。它是闷户橱枨子常用的一种线脚。

枨子之上往往安矮老。为了交圈，矮老的线脚总是随着枨子的线脚的。

叁·腿　足

家具腿足除少数品种如香几、供案外，其断面可分为圆形、方形和扁方及扁圆形四类，它们各有不同的线脚。

一、圆足

圆形腿足最多是正圆的，光素无线脚。在此基础上开混面棱瓣，混面或宽窄相等，或有宽有窄而作有规律的相间。也有开洼面棱瓣，每两个凹槽之间突起犀利的脊线〔乙51〕。上述两种线脚往往在一腿三牙的方桌上出现。此种开棱瓣的圆足，与下面将述及的开棱瓣的方足，北京匠师统称曰"甜瓜棱"。

二、方足

我们把四面平直，仅将角棱倒去的方足视为光素无线脚，在此基础上可以造出线脚多种。有的四角踩委角线，有的四面打洼四角倒棱或踩委角线，有的每面正中再加阴线，将方足分成八瓣，有的分瓣并起阳线，式样不胜备举。

方足的另一类线脚是朝里两面任其平直，只在朝外的两个看面上造线脚，似可称之为里外有别的线脚。最常见的是无束腰杌凳、各种椅子及圆角柜上常用的所谓"外圆里方起阳线"的线脚。两面打洼三个转角踩委角线的造法，也属此类。比较特殊的是方腿而把朝里的一角踩去，断面形成曲尺形，即所谓"挖缺做"，桌子及床榻的腿足都有此种造法的实例，亦可归入里外有别一类。

三、扁圆及扁方足

这两种扁形的腿足，多用在案形结体的家具上，如二人凳、炕案、酒桌、条案、画案等。此外如闷户橱的腿足及衣架的立柱，也都是扁方的。

扁圆形腿足有的光素无线脚，有的朝里一面略带平直。扁方的有的看面微呈混面之状，两角倒棱，其余三面则是平直的。更多的则为看面两边压边线或起边线，边线之间形成一个大混面，即所谓"混面压边线"和"混面起边线"。或把此混面中分，形成两个混面，有如劈料。或在大混面正中起一

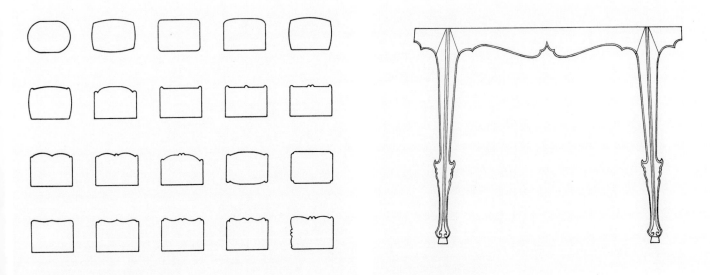

4·5b 扁圆、扁方腿足线脚举例〔断面〕

4·6 壸门轮廓线脚交圈

道阳线，名曰"一炷香"，起两道阳线，名曰"两炷香"，三道的曰"三炷香"。这一类线脚也是繁多的。

　　闷户橱的扁方腿足以混面两旁压边线的为多。衣架则因前后两面造法相同，故扁方形的立柱两面线脚也完全一致，与条案等的腿足只有朝外一面有线脚的造法不同〔4·5a、b〕。

肆·其他构件

　　其他常做线脚的构件有用攒接法造成的牙子和几何纹棂格的床围子、透格柜门、架格栏杆等。它们往往造成洼面，或洼面踩委角线，甚或"一鼓一洼"等。因其用料小，和边抹的线脚相比，给人具体而微的感觉。

　　明及清前期家具的束腰，不外乎平直、凸面及洼面三种。托腮的线脚也比较简单，单层的居多。到清中叶，束腰和托腮的线脚才日趋繁复。

　　衣架、座屏风及灯台的墩子，有其特有的造型和线脚。有的坐墩把整体的表面都造成线脚，如瓜棱式的一种〔甲38〕便是。这些可从实物照片中看到，这里就不用线图来示意了。

　　下面试谈各种构件之间的线脚关系及线脚的统一和变化问题。

　　中国传统家具非常讲究"交圈"。所谓交圈，有衔接贯通之意，也就是使不同构件之间的线脚和平面，泯然相接，借以取得完整统一的效果。例如案形结体的插肩榫酒桌或条案，牙条上铲出壸门尖及曲线并沿边起阳

线，腿足沿边也必然起阳线和牙条连接起来，浑然一气，形成完整而优美的轮廓〔4·6〕。无束腰条桌，边抹、腿足、直枨都打洼踩委角线，也为的是交圈〔4·7〕。有束腰方凳，牙条攒牙子，腿足打洼踩委角线，也是为了能交圈〔甲19〕。又如春凳，边抹、腿足都劈料，分成一宽二窄三个混面。横枨也劈料，平分两半，与腿足的窄混面相等。当枨子两端用大格肩榫与腿足相交时，两个混面各自与腿足的窄面交圈。向上与边抹的窄面贯通，形成完整的扁方框；向下则作冂形，直落地面，可以说左右逢源，上下贯串〔4·8〕。

　　明及清前期家具的一般造法，是各种构件不论交圈或不交圈，都造成同一线脚，这自然是为了整体的协调统一。但也并非千篇

4·7 无束腰条桌边抹、腿足、直枨打洼踩委角线线脚交圈

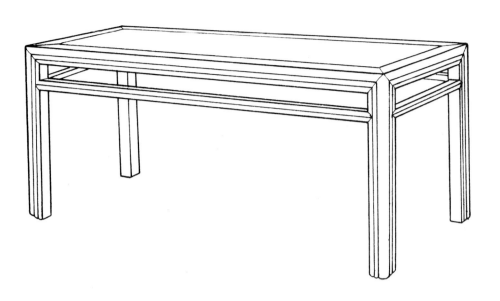

一律，绝无变化。两种不同的线脚在一件家具上出现，还是常见的。例如闷户橱不论联二或联三，抽屉、闷仓之下的横枨及分隔抽屉的立柱，都用剑脊棱与混面压边线的腿足相交。剑脊似的尖棱，当然是和泥鳅背的混面形态相殊的。如果说这是一种常见做法，已为我们意想所有的话，那么黄花梨杌凳边抹为混面压边线，腿足为外圆里方起边线，而罗锅枨却起两道锐棱中夹洼面〔甲5〕，这是出乎我们意想的。又如小座屏风座子，立柱和横枨都是方材踩委角线，屏心边框却打洼踩委角线〔戊7〕，这又是出乎常规的。不过，上述两例效果并不坏，没有因为使用了不同的线脚而予人不协调的感觉。看来，线脚的变化使用，还在匠师是否善于意匠经营。运用得好，更能使制品清新脱俗，俊俏多姿；运用得不好，则难免画蛇添足，弄巧成拙。黄花梨五足香几〔乙26〕，其束腰做成半圆混面，并开光加浮雕，与通身的轮廓和线脚龃龉抵触，即是一例。

丙、攒斗

攒斗指的是攒接和斗簇。

"攒"是北京匠师的术语，如用攒接的方法造成的牙子或牙头叫"攒牙子"和"攒牙头"，以别于用锼挖方法造成的"挖牙子"和"挖牙头"（亦称锼牙头）。"攒"字之后再加一个"接"字，是笔者为使其意义更为明显而增添的。所谓"攒接"，就是用纵横斜直的短材，借榫卯把它们衔接交搭起来，组成各种几何形图案。

"斗簇"乃根据其造法试拟的一个名称，意指用锼镂的花片，仗裁销把它们斗拢成图案花纹；或用较大木片锼出团聚的花纹，而其效果仍似斗簇。

家具上装饰性很强的透空图案，有的是纯用攒接方法做成的，如十字连方、字或扯不断等；有的是纯用斗簇方法做成的，如四簇云纹；有的则兼用二法。凡是以斗簇为主做成的圆形或方形的图案，北京匠师统称为"灯笼锦"。

攒接、斗簇都和透雕不同，因为透雕是一块木板雕出来的，为了避免木纹留得过短而断裂，图案就要受到限制，不可能做得太疏朗。攒斗用多块小片组成，可以合理使用木纹，故用攒斗方法做出来的装饰构件，是不宜用透雕来做的，因而它们不能被透雕代替。有的亮格柜栏杆及高面盆架中牌子用薄板锼雕，模拟攒接的效果，如就近观察，总会发现有些地方因木材竖纹太短而产生断裂的毛病。

攒接、斗簇一类的装饰构件，在建筑上的使用可上溯甚早。在汉代明器楼阁及画像石中的建筑，便可看到用横木构成的所谓卧棂栏杆及套环栏杆[1]。云冈石窟的北魏雕刻已有曲尺栏板[2]。正卍字纹的栏板至宋、辽更为流行[3]。斗簇法做成的装饰构件，其效果颇似《营造法式》中的毬文格眼[4]。明计成《园冶》绘制各式栏杆、窗棂不下百数十种[5]。攒接、斗簇在明式家具中运用得如此成功熟练，是和建筑工艺的传统分不开的。

攒接、斗簇做成的装饰构件，由于用料和结构的不同，其功能强弱及装饰效果也有明显的差别。攒接比斗簇的构件坚实，但花团锦簇、华丽轻盈的效果又是攒接难以达到的。

脚踏的面板或桌子边抹和枨子之间的矮老，在负荷及联结上都需要它承重而坚牢，这里如果不用面板、矮老，而代之以装饰构件，那么只宜用攒接方法做成棂格，如井字、笔管等式。

家具上的其他构件，由于所在部位的不同，并不要求必须承受重量，那么使用攒接或斗簇就不受限制。既可使用攒接的装饰构件，也不妨使用斗簇的装饰构件。实例如罗汉床及架子床围子，两种做法的都常见。至于亮格柜门心，实例虽两种都有，但门扇过厚，容易显得笨拙，所以用斗簇似乎比攒接效果更好。

各种攒接斗簇究竟在哪些家具部位上使用呢？在实例中可见的有：脚踏的面心，桌子的牙子〔乙61〕，椅子的靠背〔甲64〕，条案的挡板〔乙93〕，罗汉床、架子床的围子〔丙9—丙12，丙15—丙19〕，架格的栏

[1] 卧棂栏杆见汉两城山石刻画像。

[2] 见云冈第十窟前室栏杆栏板。

[3] 宋李诚《营造法式》卷三《石作制度》中单钩栏的"万字版"，即卍字栏板。刘致平《中国建筑类型及结构》图338有图。蓟县辽独乐寺观音阁亦用正字栏板。

[4] 见宋李诚《营造法式》卷三十二《小木作制度图样》挑毬白文格眼图，商务印书馆1933年影印本。

[5] 明计成《园冶》卷二，营造学社民国印本。

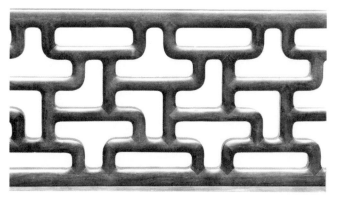

4·9a 攒接（曲尺式床围子局部）　　　　　　　4·9b 攒接（寿字纹床围子局部）

4·10b 斗簇（云纹间凤纹衣架中牌子局部）

杆及门心〔丁6，丁7，丁12〕，衣架的中牌子〔戊39〕等等。

下面分（一）攒接，（二）斗簇，（三）斗簇加攒接等三类，然后分别用线图或照片列举一些实例。由于有的在形式一章的图片中已能看清楚，所以这里只有选择地作介绍。

壹·攒接两例〔4·9a、b〕

一、曲尺式紫檀罗汉床〔丙9〕围子。这里所示的为三屏风侧面的一扇。它全部由横竖短材攒接而成，在直角相交处都倒去棱角，使其圆浑。"丁字形"接合处一律用大格肩出单榫，角的接合处格肩做。通体不见透榫。图案古朴，制作精良，当为明代时物。

4·10a 斗簇（四簇云纹床围子局部）

二、寿字纹黄花梨罗汉床围子。所示为正面一扇的中间部分。用攒接法组成两种不同写法的篆文"寿"字，相间构成图案。格肩做法与上例相同，惟用材单细，时代风格较晚，是清前期的制品。

贰·斗簇两例〔4·10a、b〕

一、四簇云纹黄花梨罗汉床围子。全部用云纹斗簇而成。我们可以把它看成每组由四枚双钩向外的云纹组成。

二、云纹间凤纹黄花梨衣架中牌子〔戊39〕。图案由一组四簇云纹间隔一窠团凤纹组成。图案横着分三层。中间一层是完整的，上下两层则各用其半。云纹、凤纹均用木片镂镂而成，每层之间再用裁销联结。使人感到典雅耐看的是凤纹的形象。修长的凤眼，卷转的高冠，犀利的阳纹脊线，两侧用双刀阴刻"冰纹"（仌），完全是从古玉环上的龙凤纹变化出来的。它是一件善于吸收运用古代的纹样，经过精心设计，艺术价值很高的斗簇实例。

叁·斗簇加攒接两例
〔4·11a、b〕

一、四簇云纹黄花梨透格柜门心，与前例床围子云纹的明显差异是每朵云纹出尖，加上用短材将每组攒接起来，行列分明，突出了四簇云纹的完整性。如把短材和与它相

连的云钩周匝相连，又能看出一个个葵瓣式的轮廓，纹样妍绮，有花团锦簇之妙。

二、十字攒接四簇云纹黄花梨架子床围子。每组云纹由十字攒接，它不及前例轻盈灵活，但更为富丽匀整。尤其是床的正面为月洞式门罩，加上大面积的攒接斗簇，使大床显得格外繁缛秾华。整体效果可参看床榻类全形的图片〔丙18〕。

4·11a 斗簇加攒接（四簇云纹透格柜门心）

4·11b 斗簇加攒接（云纹加十字架子床床围子局部）

丁、雕 刻

雕刻在装饰手法中占首要地位。因为家具上绝大多数的纹样都是靠雕刻造出来的，就是攒斗、镶嵌也大都需要施加雕刻才能完成。它的表现力很强，变化甚多，技法上也以它最为复杂。

明及清前期家具的雕刻可分技法、题材两方面来谈。

壹·技 法

雕刻技法可以分为阴刻、浮雕、透雕、浮雕透雕结合、圆雕等五种。

一、阴刻

阴刻即线雕，刀口有尖槽、圆槽之别。

4·12　阴刻线雕龙纹衣箱
　　　之拓本〔局部〕

尖槽刀口断面作∨形，可以用单刃刀两次切出，也可以用现代广泛使用的双刃"溜沟刀"一次刻成。惟溜沟刀是否明代已有，尚待考证。圆槽一般刀口较宽，刻后还需加磨工。前代阴刻往往在刀口中填陷颜色，使纹样更加明显跳脱。曾见明紫檀器的线雕，刀口中还遗留填金的痕迹。

明式硬木家具花纹纯作阴刻的很少见。但不论何种雕刻技法，如浮雕、圆雕等，部分花纹总要兼用线雕才能完成，如花卉的叶筋、龙的鬃鬣等等。至于漆木家具的纹饰如铃金，则花纹完全由阴刻的线雕造成。

这里举阴刻云龙海水纹黄花梨衣箱〔4·12〕为例，其箱形虽同明式，从龙的形象来看，头形较方，可能要晚到乾隆时期。

二、浮雕

装饰家具，浮雕用得最多。同为浮雕，又视其花纹突出的少与多，分为浅浮雕与高浮雕。花纹表面有的比较平扁，有的比较饱满。据花纹的疏密，又可分为露地、稍露地和不露地。同为露地，又有光地与锦地之分。刀法亦因其浑然无痕或锐不藏锋而有圆润与快利之异。

浅浮雕如黄花梨有踏床交杌上的卷草纹〔4·21a〕。高浮雕可以清前期榉木罗汉床〔丙7〕围子的螭虎灵芝纹为例。而有束腰炕桌上的卷草纹则是花纹表面比较平扁的例子〔4·13〕。

露地一般指花纹之间露光地的雕刻而

4·14b　纹多于地浮雕（炕
桌牙条）

言，北京匠师因其地须经铲剔而成，名之曰
"铲地"，又因花纹与地子约各占一半，故名
之为"半槽地"。清代《则例》或作"半踩地"。
此种浮雕常见于家具。黄花梨罗汉床独板围
子上的花鸟纹开光，颇为疏朗，故取以为例
〔4·14a〕。

稍露地者，即纹多于地，雕卷草纹炕桌
牙条，叶肥多卷，堪以为例〔4·14b〕。

不露地者如故宫所藏的明紫檀雕莲花纹
的宝座〔甲100〕。其花纹每多重叠交掩，使
人联想到元末明初的雕漆花纹。

光地亦称"平地"或"素地"，乃与锦地
相对而言，实即一般露地的浮雕。锦地浮雕
在明及清前期家具中虽不常见，但有一对明
黄花梨扶手椅靠背板的花鸟纹开光，却是很

好的例证〔4·15a、b〕。

圆润不见刀痕的浮雕，以明紫檀扶手椅
的牡丹纹开光为例〔甲77〕，其刀法与宣德时
期的剔红十分相似，为此椅的断代提供了依
据。紫檀官皮箱侧面的梨花双燕浮雕，属于
锐不藏锋一路〔戊35〕。但它毕竟是清前期
的制品，和乾隆时期某些快利而繁琐的刻法
是不同的。

三、透雕

透雕一般是将浮雕花纹以外的地子凿
空，以虚间实，比地子能更好地衬托出主题
花纹，所以有很好的装饰效果。同为透雕，
又有"一面做"、"两面做"和"整挖"之分。

一面做只在正面雕花，背面不雕。两面

4·14a　露地浮雕　　　　　　　　4·15a　锦地浮雕（花鸟纹开光）　　　　4·15b　锦地浮雕（花鸟纹开光）

4·16a　一面做透雕（靠背椅花纹正面）

4·16b　一面做透雕（靠背椅花纹背面）

4·17a　两面做透雕（镜台后背正面）

4·17b　两面做透雕（镜台后背背面）

做即正背两面都雕花。这主要是由雕花部分是否两面都能看到来决定的。炕桌牙条透雕背面不为人见，故只有正面雕花。椅子靠背也往往如此〔4·16a、b〕。至于床围子、衣架及座屏风的绦环板等，两面都外露，故正背两面一般都雕花。宝座式镜台后背的花鸟纹也是两面做透雕的例子〔4·17a、b〕。

"整挖"是北京家具匠师的名称，小器作师傅则称之为"穿枝过梗"。如以清代《则例》雕作的术语来说，则为"玲珑过桥"，或"过桥玲珑"[❶]。这是指厚达二三寸的板材，透雕花纹，不仅正、背两面都雕，就是透空纵深的部分也要着刀。"过桥"之名，即由此而来。黄花梨大翘头案〔乙98〕的卷草加云纹透雕板足可代表此种造法〔4·18〕。

4·18　两面做透雕（镜台后背背面）

❶　见乾隆十四年修《工部则例》卷十八《木作用工则例》。

4·19a　浮雕透雕结合〔云纹炕几侧面〕

4·19b　浮雕透雕结合〔小画案凤纹牙头〕

四、浮雕透雕结合

在一定的浮雕面积之外，再稍加透雕，或在较多的透雕花纹之间，留做浮雕，都属此种做法。技法的兼用可以使装饰效果更强。实例如黄花梨炕几侧面装饰〔乙16〕，其中方形的云纹浮雕之外雕绦纹，而绦纹之间是空透的。条案或画案的牙头，有时也采用浮雕与透雕相结合的造法〔4·19a、b〕。在闷户橱的牙条和挂牙上也时常出现。

五、圆雕

圆雕常施之于宝座、衣架、高面盆架搭脑的两端，刻成龙头或凤头。面盆架腿足上端的莲纹柱顶或蹲兽，炕桌足端攫珠的虎爪，

乃至各式各样的卡子花等，都是圆雕。这里举莲纹柱顶〔戊41〕、面盆架搭脑龙头〔戊43〕各一例〔4·20a、b〕。

贰·题 材

雕刻花纹的题材是十分丰富的，可谓不胜备举，这里试分十二类，略加叙述。

一、卷草

卷草可以组成短短的两卷一束，作为透雕的卡子花或浮雕的边缘装饰，也可以向长广方向自如延展，成为大块文章，而用以装饰狭长的面积尤为相宜。它是杌凳、桌几、床榻的牙子，椅子、柜格的券口等最常用的

4·20a　圆雕〔面盆架莲纹柱顶〕

4·20b　圆雕〔高面盆架搭脑龙头〕

4·21a　卷草纹（交杌浮雕）

4·21b　卷草纹（小座屏风绦环板透雕）

4·21c　云纹（大条案云纹牙头）

4·22a　莲纹（官皮箱盖立墙浮雕）

4·22b　莲纹（联二闷户橱牙条浮雕）

4·23a　云纹（大条案云纹牙头）　　　　4·23b　云纹（大条案云纹牙头）

花纹，容易收到圆婉生动、富有韵律的效果。下举实例有：交杌〔甲41〕的浮雕，小座屏风〔戊5〕透雕卷草纹的绦环板以及三足香几〔乙25〕的浮雕牙子〔4·21a、b、c〕。至于丰腴繁密，地少于纹的一种，如前面所举炕桌牙条一例〔4·14b〕，则与常见的卷草又判然异趣了。

二、莲纹

莲花成朵的为朵莲。用卷草作枝蔓，加上莲花，就成了缠枝莲纹。它借助于团圞的花朵和枝叶，更容易取得雍容华美的效果。曾见清初紫檀四顶大柜，正面满雕缠莲纹，大有富贵气象，惜未能得到照片。这里举官皮箱〔戊35〕盖的立墙和联二橱〔戊10〕牙条上的缠莲纹各一例〔4·22a、b〕。

三、云纹

云纹的形态及用法都较多，有的是单独完整、左右对称的云头，有的是蜿蜒舒卷，漫无定形的流云。前者亦称卷云纹，常用在案形结体的牙头上，既可把云头做成云形，也可作为牙头上的浮雕花纹。后者多用作图案主题的陪衬，如云龙及花鸟图案中所见。也有硕大的云头，成为图案的主题，其中大条案的云纹牙头和三屉大炕案上的浮雕云纹挡板就是很好的例子〔4·23a、b〕。

四、灵芝

灵芝纹如果是单独的一朵，完整而对称，

4·24a　灵芝纹〔几形画桌侧面浮雕〕

4·24b　灵芝纹〔绦环板透雕〕

就很难与云头区分。歧生而大小相间，交互掩搭的灵芝，明代木雕有非常圆润的一种，实例如紫檀几形画桌〔乙111〕。透雕灵芝纹仗其枝叶卷转，可将一块方正的空间填布得匀称而妥帖，实例如条案上的绦环板〔4·24a、b〕。另一种肥枝大叶的刻法，颇有画意，如下有兔石的条案挡板〔6·29〕，却是明代家具中最少见的一种。较常见的是灵芝而生缠卷的枝叶，纤长柔婉，接近卷草，往往还有奔驰的螭虎穿插其间，构成所谓"螭虎闹灵芝"的图案。它在明代中、晚期的瓷器、雕漆中也很流行。灵芝还是一种可作圆雕的题材，衣架、面盆架的搭脑两端的跳出部分，就是以此作为装饰。

五、龙纹

家具装饰中的龙纹，可以分为常规和变体两类。前者指牙角鬃鬣俱全，鳞片爪尾分明，仿佛真有这样的爬行动物。后者则更加图案化，各部位不一定刻画得明确完备，雕工既可吸取古代图案，亦不妨自由发挥。如再进一步区分，又有北京匠师所谓的"拐子龙"和"草龙"两种。

常规的龙纹如后背刻有"大明隆庆年制"款识的圆角柜〔丁28〕。

"拐子龙"特点在龙足、龙尾高度图案化，转角成方形，即所谓的"拐子"。它在填布方形空间或做成带有直角的雕刻构件，都有便利之处。这里举罗汉床围子浮雕为例，其龙足已显然呈拐子状〔4·25〕。

4·25　拐子龙〔罗汉床围子浮雕〕

草龙的特点在龙尾及四足均变成卷草，并可随意生发，借以取得卷转圆婉之势。实例如明黄花梨条案挡板中透雕戏珠的仰俯双龙，雄伟而生动，确实是一件精美的木雕艺术〔4·26〕。

4·26　草龙〔条案挡板透雕〕

4·27 螭纹（玫瑰椅靠背板透雕）

4·28a 花鸟纹（镜台抽屉脸折枝花卉浮雕）

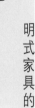

六、螭纹

螭纹是和龙纹非常接近的一个题材，故又有"螭虎龙"之称，尾部同样有拐子型和卷草型之别。若就细部而言，头和爪已不大像龙，而吸取了走兽的形象，身躯亦不刻鳞甲，体态有肥有瘦，可以相去悬殊。图案设计，比龙纹有更大的自由，用螭纹来装饰长边，充填方块，蜷转圆弧，皆可熨帖成章。正因如此它才成为最常见的花纹题材。这里只举玫瑰椅〔甲66〕靠背中部透雕高度图案化的螭纹一例〔4·27〕，余见本章高浮雕、嵌螺钿所举实例及第六章所举各例。

七、花鸟

花鸟题材也是明及清前期家具中使用得最多的一种，名色不胜备举。观其分合，有的花卉独成图案，如扶手椅〔甲77〕靠背开光的牡丹，镜台〔戊30〕的抽屉前脸折枝花卉（梅、菊等）。禽鸟独自成为图案的，如官皮箱〔戊35〕的顶盖及半桌牙条上的翔凤〔乙43〕，椅子靠背开光中的飞鹤〔甲72〕。而伴随它们的不过是一些流云而已。花鸟组合在一起的图案往往有传统名称，并寓有吉祥之意，如"喜上眉梢"、"玉堂富贵"、"凤穿牡丹"、"杏林春燕"等等。此外，即兴式的花鸟图案也不时可见。由于不少实例已在他处使用，这里就不再列举了〔4·28a、b、c〕。

八、走兽

走兽中最常用的题材是麒麟和狮子。象纹有时图案化了，刻在大条案〔乙92〕的牙条上。吉祥图案如"三阳开泰"、"马上封侯"或"封侯挂印"，用羊和猴来象征图义，亦因谐音而被使用。兔为十二生肖之一，不过用作图案，甚为罕见，灵芝兔石透雕挡板〔6·29〕

4·28b 花鸟纹（半桌牙条丹凤朝阳纹浮雕）

4·28c 花鸟纹（官皮箱盖顶云凤纹浮雕）

4·29　兽纹〔靠背椅后背马纹透雕〕　　　　　　4·30　山水纹〔交椅靠背板浮雕〕　美国波士敦美术馆藏并供稿

是难得的例子。骏马这里举靠背椅后背透雕一例〔4·29〕。

九、山水

漆木家具，往往用描金、描漆、嵌薄螺钿等技法描绘山水风景。至于硬木家具，尤其是清前期或更早的，用山水作雕刻题材的极罕见，所知仅圆后背交椅靠背板浮雕一例〔4·30〕。

十、人物

人物题材以儿童为多，其次是历史故事。这里举两例，一为"麒麟送子"〔戊43〕，一为"婴戏图"。后者小儿五，有举冠持戟的各一。据谐音，是一幅"加官晋级"

吉祥图案〔4·31〕。

十一、吉祥文字图案及宗教图案

吉祥文字经过图案化作为雕刻题材是颇常见的。从漆器来看，这是嘉靖以后日见流行的一种风尚。它也同样反映在瓷器、家具等工艺品上。

黄花梨万历格〔丁20〕的透雕圈口，就是将"福"、"寿"两字置于两条螭虎龙之间的。玫瑰椅〔甲68〕的靠背雕有六条螭虎龙围捧开光，中间的"寿"字在图案中占着显著地位。黄花梨罗汉床围子上的浮雕，圆光中两螭喙尾相抵，上面好像顶着两层托盘，实际上合拢起来是一个"寿"字，可以说纯是一幅文字图案〔4·32〕。

4·31　人物纹〔衣架中牌子绦环板婴戏图透雕〕　　4·32　吉祥文字〔罗汉床围子寿字浮雕〕

4·33 宗教图案〔交椅靠背背面的道家五岳真形图浮雕〕

4·34 树皮纹〔黄花梨榻浮雕〕

"八宝"（轮、螺、伞、盖、花、罐、鱼、肠）是佛教图案。"杂宝"（银铤、方胜、珠、钱、珊瑚等）虽未必有宗教色彩，但作为装饰图案，与"八宝"有相似之处。曾见黄花梨圈椅，靠背板三段攒成，最上一块装板浮雕杂宝。"五岳真形"是道教图案〔4·33〕，在交椅〔甲95〕上也被用作图案。

十二、竹节纹、树皮纹等自然物象图案

家具构件刻竹节纹，模仿自然物象，在明式家具中实例不少，曾见机凳、圈椅〔甲85〕、方桌、条桌〔乙67〕及方炕桌〔乙14〕等。其中方炕桌的制作尤为成功，四足下端粗而节密，模仿竹根，惟妙惟肖。又见六足榻，当为清中期制品，全身雕树皮，皴皱成纹〔4·34〕。此种雕饰，明代应该已有，因为明人喜欢用天然树木或树根造家具及其他器用来陈设，不施斤斧，求得自然之趣。著名的康对山故物流云槎即属此类❶，该流云槎现藏北京故宫博物院，上有赵宧光、董其昌、陈继儒等的题识。模仿树皮作为装饰，是在这种风尚的影响下出现的。惟一时尚难举出明制的实例。

❶明康海故物流云槎，现藏故宫博物院，是一具可供坐倚的大枯树根，树皮早已剥去，露天然筋理。久经摩挲，光泽莹滑，别饶古趣。

戊、镶 嵌

这里所说的镶嵌,包括"包镶"和"填嵌"。

壹·包 镶

包镶指百衲包镶,用小片木材或其他物料拼斗成图案,作为家具的贴面。不包括一般的包镶用轻而松软的木材作胎,硬木贴面,其目的在节省贵重木材,并取其体轻便于搬动。

苏州西园的大画案,远望不见有何装饰,就近观看,表面全作冰绽纹,原来它是用黄花梨小片拼斗出来的,故名为"千拼台"。实际片数,有人统计过,共有2930片。这样的包镶,除了充分利用碎材外,也起到了装饰的作用。

曾见清代炕桌,表面包镶用小片椰子壳拼贴而成,图案作龟背锦纹,上面再施浅雕螭纹及卷草。椰壳色泽近似紫檀,但质地纹理大异。明代琵琶的槽背,有用此法来做装饰的,因而当时的工匠把它运用到家具上是完全可能的,不过明代实例尚待访求。

贰·填 嵌

填嵌是将家具表面依嵌件纹样挖槽剔沟,再把嵌件填入粘住,仗纹样和木地的差异构成装饰画面。传世实物较早的为唐代的木画家具,如藏在日本正仓院的棋局等❷。

填嵌由于嵌件物质的不同,嵌件表面又有磨光、划理、阴刻、突起等多种做法,所以名色既殊,面目亦异,在明及清前期家具中曾见以下几种:

一、嵌木

黄花梨宝座〔甲99〕用楠木瘿子嵌出花纹。楠木表面虽未加雕刻,但做成微微隆起的混面,并且沿边起细阳线,使花纹明显夺目。扶手里外的嵌法还不相同——里面以黄花梨作地子,楠木作花纹;外面则嵌大片的楠木图案,黄花梨外露不多,反给人以楠木作地子的感觉。这里选用了宝座靠背正中及大边、牙条上的嵌木细部作为插图。象纹三弯腿供桌〔乙136〕则反过来以楠木作地,嵌黄花梨花纹〔4·35a、b、c〕。

❷ 棋局面用象牙嵌出罫线,纵横十九道,并有花眼十七枚。局下有壹门床座,边缘用象牙镶贴。壹门以上立墙每面用小方块牙骨构成花边,并匀分成四格,格内以浅红、浅绿、浅黄等染色象牙嵌成西域人骑射、牵驼,以及狮、鹿、兔、雉、鹦鹉、花草等物象。见傅芸子著《正仓院考古记》页28,图版11。日本《正仓院御物图录》有附图。

4·35a 嵌木花纹(黄花梨宝座嵌楠木瘿子花纹)

4·35b 嵌木花纹（黄花梨宝座嵌楠木瘿子花纹）

4·35c 嵌木花纹（楠木供桌嵌黄花梨花纹）

二、嵌瓷

以瓷片作嵌件有两种：一种片厚接近瓷砖，用以代替桌案、机凳的面心或罗汉床屏风式围子的石板屏心。传世实物绝大多数为清代家具。堪称明式的，现知仅有以青花螭虎灵芝纹瓷片为面心的圆凳〔甲31〕。另一种依花纹形象烧制瓷片，用它来镶嵌柜门或屏风等。有的全部用瓷片嵌成，有的与其他物质的嵌件结合使用。前者可称为嵌瓷，后者则只能称为"百宝嵌"。这两种造法肯定明代已有，但实例尚待访求。

三、嵌螺钿、嵌玳瑁

以蚌类壳片作嵌件的器物曰"嵌螺钿"，

4·36a 嵌螺钿（紫檀宝座脚踏嵌螺钿团螭纹）

明式家具的装饰

● 278

4·36b 嵌螺钿(黄花梨方角柜柜门嵌螺钿莲纹)

4·37 百宝嵌(花鸟山石纹百宝嵌黑漆圆角柜)

有厚、薄两种。漆木家具常用薄螺钿,硬木家具用厚螺钿。惟传世实物绝大多数为清代或更晚的制品。广式家具用闪红绿光的壳片嵌"子孙万代"、"福庆有余"等花纹,布满器物全身,尤庸俗可厌。

明及清前期家具嵌螺钿有的壳色白中泛黄,人称"砗磲嵌",更为名贵。

下举嵌螺钿器两例:一为清初紫檀宝座脚踏,嵌团螭纹三窠,图案简古浑成。一为黄花梨柜门,嵌番莲纹。每片嵌片均以铜丝作界,细枝及叶柄则用单根铜丝嵌成,它与宋代以来嵌螺钿漆器兼用铜丝的做法,犹有相似之处。以上两例,均与清式嵌螺钿家具大异其趣〔4·36a、b〕。

玳瑁远比螺钿名贵。《天水冰山录》记籍没严嵩家产,中有"厢〔镶〕玳瑁屏风床"一款❶。实物只见百宝嵌中有用玳瑁者。

四、嵌骨、嵌牙、嵌犀角

常见的嵌骨家具多为清代宁波制品,不限于硬木。其始一定很早,相信明代已有,惟实物未见。嵌象牙家具解放前曾见明平头案,图案为婴戏图,当时因残损脱落过甚,未留照片。比象牙更为珍贵的材料为犀角,小件的百宝嵌博古图紫檀盒,曾见用犀角雕成小犀角杯作为嵌件。大件家具尚未见使用。

五、百宝嵌

用文木、玉石、珍珠、象牙、犀角、玳瑁、瓷片等各种珍贵材料嵌成的图案曰"百宝嵌"。清初王士禛《分甘余话》载:"顷闻京师鬻一紫檀坐椅,制度精绝,亦以珠玉等诸宝为饰。一方伯之子欲以百二十金购之……"讲的就是百宝嵌家具❷。

明代百宝嵌名家有周翥,或写作周柱,所作器物曰"周制"❸。同时,仿制者也大有人在。传世器物以小件者居多。现在能举出较好的大件百宝嵌家具实例,是故宫博物院藏的黄花梨高面盆架〔戊44〕,它六足嵌螺钿,中牌子用牙、角、绿松石、寿山石、金、银等嵌出呈宝进狮职贡图,及香港洪氏所藏花鸟山石纹百宝嵌黑漆圆角柜〔4·37〕。

❶ 明人编《天水冰山录》,据《知不足斋丛书》本。

❷ 清王士禛:《分甘余话》,据《王渔洋丛书》本。

❸ 清谢堃《金玉琐碎》:"周翥以嵌宝漆器得名,世称'周制'。"清钱泳《履园丛话》:"明末周某始创此艺,故为'周制'。"

己、附属构件

明及清前期家具附属用材可分为三类：（一）石材；（二）藤皮、丝绒、线绳等编织材料；（三）铜铁饰件。它们除作为物料使用，成为家具的部分构件外，同时各有其装饰意义。

壹·石材

石材以石板为主，常用作桌凳的面心、屏风式罗汉床的屏心、座屏风的屏心〔戊4〕及柜门门心等。从明及清前期的家具实物来看，其使用远远多于瓷片。瓷片经人工绘制，石板为天然纹理，故与当时家具的趣味更为协调。诸如白石、紫石、绿石、黄石等均以色胜。大理石则纹理、色泽并胜。光滑细润是它们共有的特点（参阅第五章插图）。

❶ 战国竹编见中国科学院考古研究所编《辉县发掘报告》页77插图九二，科学出版社，1956年。

贰·编织材料

用藤条编制软屉，一种较疏，编成八角形孔目，通称"胡椒眼"〔4·38a〕，其法可上溯到战国的竹编❶。一种较密，多用在精制的杌凳及椅子上，编织方法有多种，成人字、井字等纹样。最考究的是用藤皮劈成细丝，编出暗花图案，迎光映视，纹理格外分明，精致柔韧，无与伦比。明及清前期家具上的这种屉心，绝大多数已损坏残破，乃至丝缕无存。偶或遇到原屉完好的，如颐和园的黄花梨扶手椅〔甲75〕，故宫清前期的紫檀圈椅〔甲86〕，都已成为极难得的珍贵实例。后者编成暗回纹的方形图案〔4·38b〕，可资

4·38a　藤编小胡椒眼软屉（楠木宝座）

4·38b　藤编回纹软屉（紫檀圈椅）

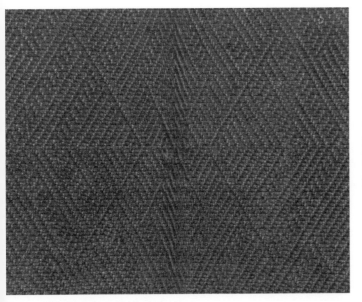

4·39　黄丝绒编菱纹软屉（黄花梨嵌楠木宝座）

4·41　铜包角（黄花梨炕桌云纹饰件）

参阅。❷

　　丝绒密织，技法与藤丝有相似之处，而效果不同。如黄花梨宝座〔甲99〕的软屉，金黄色丝绒织成菱形图案，绚丽耀目〔4·39〕。而故宫的明代交杌〔甲40〕，用蓝色丝线织成回纹软屉，亦为家具生色。

　　民间直靠背交椅，用蓝白两色棉线织成软屉，虽粗而无光泽，相间成纹，仍朴质可喜。曾见交杌的软屉，用羊毛线绳编织而成。

叁·铜铁饰件

　　铁制饰件可用错金、错银❸的方法造出花纹，灿烂华美，效果有如金银错。桌几及交杌、交椅上的饰件，有的采用这种金工装饰。这里举黄花梨交椅的错银饰件〔甲90〕、错金饰件〔甲91〕和紫檀条桌上的错金铁包角为例。前二者为明制，后者的时代为清前期或稍晚制品〔4·40a、b、c〕。

　　对铜制的饰件匠师统称"铜活"。铜活有一般的素铜活。此外还有鎏金、錾花、锤合等装饰方法。鎏金即镀金。錾花即在饰件上錾凿花纹，有浅剔、深錾、光地、纹地等不同造法。锤合是将红铜和白铜锤打在一起，仗不同的铜色分出花纹。此外，还有錾花后在上面再鎏金的造法。

　　饰件经过不同的金工处理所收到的装饰效果还是次要的，更主要的在饰件本身的形状式样。桌几包角上钉嵌的云头有的镂空，有的不镂空〔4·41〕；有的只包裹面子的四角，

❷关于藤屉编织用料、用工，可参阅第五章丙部分文献资料。

❸关于错金、错银技法，可参阅第五章丙部分文献资料。

4·40a　铁错银莲纹饰件（黄花梨交椅饰件）

4·40b　铁错金莲纹饰件（黄花梨交椅饰件）美国纳尔逊美术馆藏并供稿

4·40c　铁错金龙纹包角（清前期紫檀条桌饰件）

4·42a 铜饰件（圆角柜柜门及闩杆饰件） 美国纳尔逊美术馆藏并供稿

4·42b 铜饰件（方角炕柜顶箱蝴蝶纹铜合页）

4·42c 铜饰件（方角炕柜顶箱寿字纹面叶）

4·42d 铜饰件（云龙纹衣箱合页）

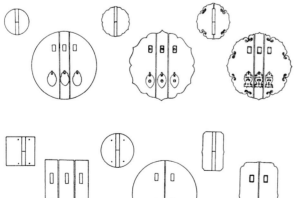

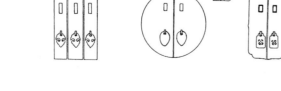

4·43a 铜饰件式样举例（四顶柜饰件）

4·43b 铜饰件式样举例（一封书式方角柜饰件）

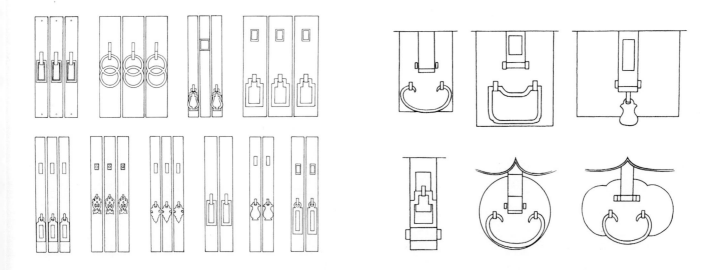

4·43c　铜饰件式样举例（圆角柜饰件）　　　　　　　　　　4·43d　铜饰件式样举例（闷户橱抽屉饰件）

有的连牙腿相连处的束腰与肩部也包住。柜子上的面叶、合页（或写作合叶，清代名合扇）❶，可作正圆、长方、委角方、葵花、莲瓣、云头、寿字、蝴蝶等诸式。吊牌可作椭圆、长方、泉布、古瓶、橄榄、铃铎、双鱼、套环等式。钮头可圆可方，可抹角，可委角，可光素，可錾凿。抽屉拉手或用拉环，或用吊牌，二者又各有繁简不同的式样。箱子上的面叶多作圆形，拍子常作云头形，但在分瓣出尖上又有许多变化。种种名式众多，不胜备举。插图只选用照片数例〔4·42a、b、c、d〕，更多的式样见线图〔4·43a、b、c、d、e〕。

在实例中，可以看到有的家具完全光素，仗着饰件的装饰来破除沉寂，使整体活跃起来。例如四面平大柜使用云头式的面叶及合页和双鱼式的吊牌；四面平小柜使用镂空

寿字的面叶、錾花双鱼吊牌和蝴蝶形的合页。有的家具雕饰繁炽而饰件却朴质之至，从而起了调剂、间歇的作用，如花鸟纹官皮箱〔戊35〕及螭纹联二橱〔戊10〕。当然，也有家具与饰件都有高度的纹饰，而更多的则是二者都是朴质无纹的。究竟什么样的器物配什么样的饰件，明及清前期家具有很大的灵活性，我们很难将它概括成几条定律。但至少我们可以说，饰件的设计和家具的造型及雕饰有密切的关系。不难设想，如果四面平大柜用的是长方形面叶及合页，它就不能像云头式饰件那样使方正的柜子略具圆婉的意趣。如果螭纹联二橱的吊牌用的是椭圆实心铜叶，它也无法和抽屉脸浮雕方框协调呼应。因此，我们还须从家具的整体着眼，具体情况作具体的分析，才能理解各个饰件的装饰意义。

❶ 清钞本《圆明园则例》："看戏小板门上黄铜饰件一份：二合头合扇四块，鸭蛋吊牌二个……"所谓事件即饰件，所谓合扇即合页。

4·43e　铜饰件式样举例（各式吊牌）

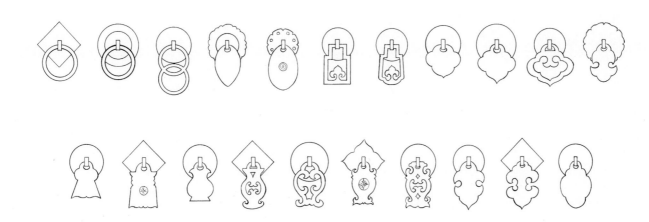

第五章

明式家具的用材

明及清前期家具的用材，可分为木材和附属用材两部分。附属用材包括木材以外的各种材料。

甲、木　材

考究的明及清前期家具，多用贵重的硬性木材。它们大都质地致密坚实，色泽沉穆雅静，花纹生动瑰丽。有的硬度稍差，纹理仍甚美观。有的质地松软，而木性稳定均匀，也是良材，常作为辅助材料，用在家具的背面或内部，如柜架的后背，抽屉的帮、底等。也有非常松软的材料，取其体轻不变形，用作髹漆或包镶家具的胎骨。

近年来，由于明式家具的爱好者不断增加，究心木材鉴别的人也越来越多。鉴别家具用材和鉴定其他文物一样，有的开门见山，一眼便能看出其木质；有的一时未能断定，有待进一步的观察和研究。也有一件家具的某些构件的用材，可以明察无误，而其他构件的木质则未能遽断。这就不能不使人怀疑是否一器用了不同的木材，或由于经人修理补配，换上了他种木材。

鉴别木材并不容易，有其客观原因。同一木材，色泽和纹理时有差异。例如同是紫檀，有的黝黑如漆，有的深紫，有的紫中带红，有的却褐灰而微呈绿意，乃因久经日晒，原来打的蜡已无存，如重新烫蜡，色泽又会变深。又如同是黄花梨，有的紫红，有的紫黄，有的色淡接近正黄，有的有黑色条纹，有的有旋转及斑眼花纹等等。再说，同是一根圆木，各部位的色泽也不一致。大抵木心的颜色深而艳，越向外，色越浅，至表皮则几呈白色。至于花纹，更和取材的剖切有关。经过木心的纵切，纹理以直丝为主。离开木心，虽纵切而偏斜，则纹理不规则而多变化。下面列举几种明式家具的主要用材，都拍摄了一些木样作为插图，每种一两张至四五张不等，意在表明其色泽和纹理的多样化。但这也只不过是举例而已。要获得比较全面的认识，作出比较准确的判断，只有靠多看实物，多作比较，才能了解不同木材之间的差异，以及同一木材可能出现的差异。仅凭几张彩色图片要学会木材鉴别，是很难如愿的。

壹·硬性木材

硬性木材，下列六种：

一、紫檀〔5·1a、b、c、d〕

早在公元3世纪，紫檀已经崔豹在《古今注》中著录。此后，苏恭《唐本草》、苏颂《图经本草》、叶廷珪《香谱》、赵汝适《诸蕃志》、《大明一统志》、王佐《新增格古要论》、李时珍《本草纲目》、方以智《通雅》、屈大均《广东新语》、李调元《南越笔记》等书，均有论及[1]。各书所记产地不一，主要在印度支那，而我国云南、两广亦有生产。

我国自古即认为紫檀是最名贵的木材，被制成家具、乐器及其他精巧器物。现藏日本正仓院的唐代衣架、琵琶、棋局等，皆用紫檀

[1] 诸家之说，见本章丙部分《木材及附属用材文献资料》。关于木材、石材及其他附属用材的古代文献，家具爱好者、工艺院校师生及家具工厂每来询问。本章如大量录引，不免芜杂，因而将其编为文献资料，既便个人积累，亦可供读者参考。

[2] 明人编《两浙南关榷事书》，明刊本，卷首有隆庆元年关吏信州杨时乔序。北京图书馆藏善本。

5·1a　紫檀木样（原大，颜色较浅而木纹顺直者）

5·1b　紫檀木样（原大，颜色深紫者）

5·1c　紫檀木样（放大约二倍，在强光照射下，管孔内充
　　　满金色的紫檀素，似金星，俗称"金星紫檀"）

5·1d　紫檀木样〔原大，纽绞的木纹，俗称"牛毛纹"、
　　　"蟹爪纹"，工匠亦俗称"花梨纹"）

　　制成。据明隆庆元年(1567年)的《两浙南关榷事书》开列"各样木价"，花梨每斤价银四分，乌木同，铁栗〔力〕仅二分，而紫檀每斤为银一钱❷。高出其他硬木一倍至五倍。清

❶ 清梁廷枬辑著：《粤海关志》卷九《税则》，清刊本，约道光时成书。

❷ 清人编《浙海钞关征收税银则例》页十八《漆什物竹木柴炭类》："紫檀器每百觔税银九钱，紫榆器每百觔税银六钱，花梨、铁梨〔力〕器每百觔税银三钱，紫檀每百觔税银五钱，紫榆每百觔税银三钱，花梨木、乌木每百觔税银一钱五分。"清刊本。

❸ 北京图书馆藏清钞本《圆明园则例》册三《物料轻重则例》，开列出各种木材的重量及价格。

❹ 陈嵘：《中国树木分类学》，上海科学技术出版社1959年12月新一版。

❺ Edward H. Schafer: *Rosewood, Dragon´s Blood and Lac, Journal of American Oriental Society* Vol.77, No.2, pp.129—136.

梁廷枬辑著《粤海关志》卷九《税则》："紫檀器、檀香器、影木器每百斤各税九钱。凤眼木器、花梨木器、铁梨〔力〕木器、乌木器每百斤各税一钱。"又："紫檀每百斤税九钱，紫榆每百斤税三钱。紫檀、紫榆对报每百斤税六钱。花梨板、乌木每百斤各税一钱。番花梨、番黄杨、凤眼木、鸳鸯木、红木、影木每百斤各税八分。"❶由此确知当时广东的紫檀税率高出其他硬木一倍以至多倍。而浙江海钞关的税率，也与上基本相同。❷

在各种硬木中，紫檀质地最为致密，材料上有些部位，几乎连肉眼也看不出木纹来。同时，分量也最重。据《圆明园物料轻重则例》，紫檀每尺（按为立方尺）重七十斤，超过其他木材甚多，详见附表。❸

木 名	每立方尺重量	每斤银价	每立方尺银价
紫檀木	70斤	2.2钱	（154钱 ）*
花梨木	59斤	1.8钱	（106.2钱 ）*
楠 木	28斤	0.5钱	（14钱 ）*
榆 木	45斤	（0.14钱 ）	6.4钱
樟 木	33斤	（0.19钱 ）	6.25钱
槐 木	45斤	（0.14钱 ）	6.4钱
黄杨木	56斤	2.0钱	112钱
南柏木	34斤	（0.35钱 ）	12钱
北柏木	32斤	（0.2钱 ）	6.4钱
椴 木	20斤	（0.1钱 ）	2.0钱
杉 木	20斤	（0.27钱 ）	5.41钱
柳 木	25斤	（0.05钱 ）	1.3钱
桦 木	45斤	（2.13钱 ）	95.67钱

* 括弧中银价为原条款所无，经乘以除得出。

查陈嵘的《中国树木分类学》❹（以下简称陈氏《分类学》)，得知紫檀属（Pterocarpus）是豆科（Leguminosae）中的一属，约有十五种，多产于热带，书中收我国产的两种：1.紫檀（P.santalinus），"常绿乔木，干之大者可高达五六丈，……原产印度、锡兰等处，广东海南亦有产生。材质坚重，心材红色，可为贵重家具及美术用品，亦有抽其红色素用为染料。"2.蔷薇木（P.indicus），"落叶乔木，亦有时为常绿者。树皮灰绿色。……产印度、菲律宾、马来半岛及中国广东等处。材质致密坚硬，边材狭，心材血赭色；有芳香，为良好家具及建筑用材。"

从见到的紫檀原材及家具上的板材来看，直径或板宽在一尺以上的绝少，树身似很难高达五六丈，故与上述的紫檀似非同一树种，而与蔷薇木则均吻合。

据美国施赫弗（E.H.Schafer）的调查❺，菲律宾的"那拉"（Narra, P.echinatus），安达曼群岛的"拍达克"（Padauk, P.dalbergoides），非洲的"血木"（bloodwood P. angolensis），拉丁美洲的"龙血树"（dragon's blood, P. draco）和印度支那的蔷薇木（Rosewood, P. indicus）均为同属。他还认为印尼人不仅将本国产的紫檀运销中国，还曾从非洲进口蔷薇木。因为他们至今还用chěndana janggi 一名，意即"桑给巴尔檀香"。

明清以来，我国曾大量从印度支那进口紫檀，多数学者认为紫檀即蔷薇木，似属可

5·2a 黄花梨木样〔原大，颜色浅而偏黄者〕

5·2b 黄花梨木样〔原大，颜色紫黄者〕

信。但明及清前期家具所用的紫檀，是否纯为蔷薇木，我们尚难作肯定的答复。今后，只有从多件实物取样，经过科学的微观鉴察，才能得出比较准确的答案。

二、花梨〔5·2a、b、c、d、e、f、g〕

花梨，古人多写作花榈，或称榈木。李时珍特意指出，"榈"书作"梨"是错误的。查《本草纲目》有花榈木图，画的完全是棕榈的形状。这却是李时珍搞错了，因为花梨属豆科，与棕榈科相去甚远。可能正是由于上述的误解，所以他才坚持梨必须写作榈。自清代以来，花梨的写法日益普遍，为了通俗起见，现在似无改回去写作"花榈"的必要。

北京工匠将花梨分为两种：

一为黄花梨，颜色从浅黄到紫赤，木质坚实，花纹美好，有香味，锯解时，芬芳四溢。材料很大，有的大案长丈二三尺，宽二尺余，面心可独板不拼。它是明及清前期考究家具的主要材料，至清中期很少使用，可见当时木料来源已匮乏。1960年前后，龙顺成家具厂去海南岛采购、调查，当地仍产黄花梨，名曰"降香木"，径粗仅数寸者居多。据闻，深山尚有大树，惟采伐及运输均有困难。近年又有大量被砍伐。

另一为花梨，或称新花梨，也有人美其名曰"老花梨"。承石惠、李建元师傅见告，这是1949年前北京家具商为哄骗外国买主而编造出来的名称，好像它比黄花梨次一些，但又比新花梨好一些。实际上，所谓老花梨就是新花梨，二者乃是一物。清代家具多用新花梨，我国自产，也大量从缅甸、泰国等地进口。木色黄赤，比黄花梨木质粗，而纹理呆滞无变化，无悦人香味。锯末浸水呈绿色，手伤沾湿易感染，有微毒。它和黄花梨差别显著，绝非同一树种。

我们不妨查一下古代文献，看所讲的是哪一种花梨。前人著录花梨较早的为陈藏器与李珣，在所编的本草中都写作"榈"，而不作"梨"，称其出安南及南海，用作床几，性坚好。宋赵汝适《诸蕃志·海南》条，把花梨列为该岛黎族的主要贸易商品之一。《格古要论》称它和降真香相似，亦有香，其花有鬼面者可爱。《广东新语·海南文木》条将花梨列在诸木之首，并谓产文

5·2c　黄花梨木样（原大，颜色紫黄有深色条纹者）

5·2d　黄花梨木样（原大，颜色较深者）

5·2e　黄花梨木样（原大，有斑眼花纹，古人称之为＂鬼面＂、＂狸斑＂者）

5·2f　黄花梨木样（原大，有斑眼花纹者乃黄花梨，其左侧的窄条为铁力）

5·2g 黄花梨树的枝叶〔缩小约二分之一〕

5·3a 癭鹈木样〔原大. 颜色较浅者〕

昌、陵水，与降真香相似。《琼州府志》的《物产·木类》第一项即是花梨木，亦称其与降真香相似，产黎山中。历代文献一致讲到花梨的主要产地在海南岛，有香味。证以实物及近年的调查，可知古籍所讲的花榈或花梨均为黄花梨。

据陈氏《分类学》：花榈木别称花梨木，红豆树属，学名 Ormosia henryi，"乔木，高可达一丈八尺至三丈。……产浙江及福建，广东、云南均有之。闽省泉、漳尤多野生，亦有人工栽培者。木材坚重美丽，为上等家具用材，其价值仅亚于紫檀，近来有将其木材削为薄片，制成镶板，以为家具美术用材，而价可高数倍云。"据其树高仅三丈及分布地区来看，它不是黄花梨，而是新花梨。

查侯宽昭主编的《广州植物志》[1]，在檀属（Dalbergia）中收了一种在海南岛被称为花梨木的檀木，为新拟学名曰"海南檀"（D. hainanensis）。书中对此树的描述是："海南岛特产，……为森林植物，喜生于山谷阴湿之地，木材颇佳，边材色淡，质略疏松，心材色红褐，坚硬，纹理精致美丽，适于雕刻和家具之用。……惜生长迟缓，不合一般

需求。本植物海南原称花梨木，但此名与广州木材商所称为花梨木的另一种植物混淆，故新拟此名以别之。"据此可知黄花梨到了近年才有它的学名叫"海南檀"。1980年出版由成俊卿主编的《中国热带及亚热带木材》一书，对侯宽昭的定名又有所修正，建议把该树种与海南黄檀（按即海南檀）区分开来，另定名为"降香黄檀"（Dalbergia oderifera）。其理由是："本种为国产黄檀属中已知惟一心材明显的树种。"其"心材红褐至深红褐或紫红褐色，深浅不均匀，常杂有黑褐色条纹"。而"边材灰黄褐或浅黄褐色，心边材区别明显"。它原认为与心材和边材颜色无区别的海南黄檀同是一种，"今据木材特性另定今名"。[2]

在传世的黄花梨家具上，我们可以看到心材和边材在颜色深浅上的差异。把黄花梨的学名定为"降香黄檀"要比"海南檀"更为准确。

三、癭鹈木〔5·3a、b、c〕

癭鹈木也有不同的写法[3]，或作鸡翅木，或作杞梓木，它也显然有新老两种。所谓老

[1] 侯宽昭主编：《广州植物志》. 科学出版社. 1956年。

[2] 成俊卿等著：《中国热带及亚热带木材》. 科学出版社. 1980年。

[3] 癭鹈两字就有：癭鳌、癭鹈、癭鸹、癭鸹等不同写法。

5·3b 瘿鶒木样〔原大，颜色稍深，木纹较直者〕

5·3c 瘿鶒木样〔原大，颜色较深，木纹参差多变者〕

瘿鶒木，实即瘿鶒木，加个老字，以别于新而已。其肌理致密，紫褐色深浅相间成纹，尤其是纵切而微斜的剖面，纤细浮动，予人羽毛灿烂闪耀的感觉。新瘿鶒木木质粗糙，紫黑相间，纹理往往浑浊不清，僵直无旋转之势，而且木丝有时容易翘裂起荏。清中期以后，家具用老瘿鶒木的甚少，新者则一直到近代尚见使用。

古代文献讲到瘿鶒木的有《格古要论》，与《金史·舆服志》所说宜做刀柄的"鸡舌木"似为一物。不过二者都有黑色纹理，反而接近现在常见的新瘿鶒木。

对瘿鶒木说得最详细的要数屈大均，他在《海南文木》条中讲到有白质黑章的鸡翅木。又有色分黄紫，斜锯木纹呈细花云，子为红豆，可作首饰，同时兼有"相思木"之名的鸡翅木。尤以后者，与明及清前期家具常用的老瘿鶒木十分相似。我们有理由相信海南岛不仅产黄花梨，同时也产老瘿鶒木。

瘿鶒木或被认为即鄂西红豆树，学名Ormosia hosiei。陈氏《分类学》称："乔木，高可达六七丈，……产湖北及四川，木材坚重，赤色而有美丽斑纹；为贵重之美术及雕刻材。"不过，我们认为此树即使是瘿鶒木，也只能是新瘿鶒木。不然的话，为什么老瘿鶒木和黄花梨一样，至清中期以后十分稀少。至于老瘿鶒木自然也是红豆树中的一种。陈氏在增订《分类学》时称，红豆属共计约四十种，中国约产十一种。侯宽昭主编的《广州植物志》则称有六十种以上，我国产二十六种。可见经过调查，树种不断有所发现。老瘿鶒木学名为何，有待植物学家的调查和鉴定。

不妨附带提到的是1979年冬去福州，见到无束腰直枨加矮老八仙桌和半桌各一张，它们为明式，惟矮老平列不分组，而且上下端稍细，中间稍粗，仿佛是伸长了的腰鼓，这显然是一种地方手法。两桌用料为老瘿鶒木。又在福州文物商店见到用老瘿鶒木旧料造图章盒。经询问木名，皆答曰"双丝"，按实即"相思"。又1956年，在杭州购得民国十四年制的龙泉剑，柄用老瘿鶒木制成。上述木材是福建、浙江自产，还是外地运来，现在无从查究。若经过调查，很可能福建、浙江也是老瘿鶒木的产地。

5·4a　铁力木样〔原大，颜色较浅，木纹较直者〕　　　　　　　5·4b　铁力木样〔原大，颜色较深，木纹纽绞者〕

四、铁力〔5·4a、b〕

铁力木，或写作铁梨木、铁栗木，还有石盐、铁棱等别名。它是几种硬性木材树种中长得最高大、价值又较低廉的一种。《格古要论》谓：“东莞人多以作屋”，《广东新语》谓：“广人以作梁柱及屏幛”，《南越笔记》谓：“黎山中人以为薪，至吴楚间，则重价购之”，都足以说明这一点。铁力木大料易得，所以许多大件明及清前期家具是用它制成的。由于其色泽纹理略似鸂鶒木，1949年前木器店往往把铁力家具说成是鸂鶒木家具，以求善价。法国人魏智，1949年前在北京饭店开设外文书店，有铁力大画案长期放在店中陈置图书。艾克《中国花梨家具图考》收录此案(见该书图版54、55)，并标明为鸂鶒木，可见魏智、艾克、杨耀三人都没有辨认出大画案的木质为铁力，而误认为是鸂鶒木。实际上，铁力木质糙纹粗，鬃眼显著，和鸂鶒木不难分辨。就是从《图考》图版54的该案特写图，也完全能看出它是铁力而非鸂鶒木。

铁力木学名Mesua ferrea。陈氏《分类学》称：“大常绿乔木，树干直立，高可十余丈，直径达丈许。……原产东印度。据《广西通志》载，该省容县及藤县亦有之。材质坚硬耐久，心材暗红色，髓线细美，在热带多用于建筑，广东有用为制造桌椅等家具，极经久耐用。”所云和明及清前期家具所用的铁力木完全吻合。

五、乌木

从古代文献来看，乌木别名众多，有繄木、乌文木、乌楠木、乌角诸称。色黑而甚脆。另一种舶来的乌木名茶乌，坚而不脆。可以替代或冒充乌木的还有繄木和栌木。《南越笔记》甚至说：“其他类乌木者甚多。”它的产地也很广，遍及广西、海南、云南、浙江等地。关于它的生态，《诸蕃志》、《本草纲目》都说“叶似棕榈”，和现代植物学家所说的大异。因而我们可以说古人对于乌木是众说纷纭，很难使人得出一个明确的概念。

西人华生(E. Watson)编的《中国进出口主要商品》❶一书中记载乌木的英文商品名为Ebony，乃柿树科(学名Ebenaceae)中几种树

❶ Ernest Watson: *The Principal Articles of Chinese Commerce (Import & Export)*, 2nd Edit., Shanghai: Chinese Maritime Customs, 1930.

5·5a 红木木样〔原大，颜色较浅者〕

5·5b 红木木样〔原大，颜色较深者〕

木的心材，如从毛里求斯的Diospyros reticulata，斯里兰卡(锡兰)的Diospyros ebenum，东印度群岛的Diospyros melanoxylon和Diospyros ebenaster等树中都能取得乌木。至于其边材均呈灰白色，不得称为乌木。真正的乌木色黑、纹细、质重，每立方英尺约重74磅云。

陈氏《分类学》亦称乌木属柿科，学名为Diôspyros ebenum，"常绿乔木，高达二三丈，……原产东印度及马来半岛，现分布于印度、锡兰、泰国、缅甸及广东海南。木材色黑，重硬致密，有美丽光泽，为著名美术材。惟真正乌木今已减少，有以同属类似品代用之趋势。"按柿属与棕榈形态完全不同，故疑古文献所说的乌木和现代所谓的乌木不是同一树木，要弄清楚上述的问题，尚待作进一步的调查研究。

就传世的乌木家具来看，木色确实深黑如漆，似紫檀而更加细密，大件的绝少，有的如颐和园的一对清代条桌，裂纹甚多，与性脆之说合。有的制品如北京硬木家具厂购入的一具嵌安画珐琅鼓钉的乾隆时制坐墩，裂纹又不明显。可能二者并非同一种乌木。

明及清前期家具用乌木制者为数甚少，从这一点来看，乌木的重要性和上面讲到的四种硬木是不能相比的。

六、红木〔5·5a、b〕

红木是现在最常见的一种硬木，但在清中期后才被广泛使用，是当黄花梨、老灪鹉木等日见匮乏之后才大量进口的。明及清前期家具，不能说没有红木制者，但为数不多。有些虽为明式，乃是清代中晚期仿制的。故从研究明及清前期家具的角度来看，其重要性也是和前述的几种硬木无法相比的。

明和清前期的文献讲到红木的甚少，这也足以说明当时不大为人所知。此后，它有紫榆之名，在广东更通俗的名称为"酸枝"，而红木是江浙及北方流行的名称。《广东新语》有"紫檀一名紫榆"之说，即使当时紫檀有此别名，此后应成为红木的专称了。江藩《舟车闻见录》[1]明确讲到："紫榆来自海舶，似紫檀，无蟹爪纹。刌之其臭如醋，故一名'酸枝'。"道光时，高静亭著《正音撮要》[2]也讲到："紫榆，即孙枝。"孙枝是酸枝的另一种写法而已。证之上面已录引的粤海关、浙海钞关

[1] 清江藩著：《舟车闻见录》，据《合众图书馆丛书》二集本。

[2] 清高静亭著：《正音撮要》，据日本出版《明清俗语辞书集成》本。

5·6a 榉木木样（原大，纹理如层山，人称"宝塔纹"）

5·6b 榉木木样（原大，纹理顺直者）

的紫檀、紫榆不同税率，足以说明紫檀、紫榆是两种不同的硬木。

红木也有新、老之分。老红木近似紫檀，但光泽较暗，颜色较淡，质地致密也较逊，有香气，但不及黄花梨芬郁。新红木颜色赤黄，有花纹，有时颇似黄花梨，现在还大量进口。二者显然不是同一树种。植物学家一般认为孔雀豆(Adenanthera pavonina)即红木，但黄檀属(Dalbergia)中、紫檀属(Pterocarpus)中都有被人称为红木的树木。清代直至现在所谓的红木，包括本国产的及输入的，究竟有哪些树种，一时尚未确知，有待日后进一步调查研究和加以整理。

贰·非硬性木材

非硬性木材，今收十一种，其木质软硬，颇有等差。

一、榉木〔5·6a、b、c〕

榉木属榆科，常被简写作"椐"。它是造家具的良材，自古就被人重视，李时珍、方以智均有论及。据陈氏《分类学》谓，榉属学名Zelkova，产于江浙者为大叶榉树，别名榉榆或大叶榆，学名Z．schneideriana，大乔木，"木材坚致，色纹并美，用途极广，颇为贵重，其老龄而木材带赤色者，特名为血榉云"。经笔者调查，吴县洞庭东、西山所见明式家具，多数为血榉，有大花纹，层层如山峦重叠，苏州木工称之为"宝塔纹"。

北京不知有榉木之名，而称之曰"南榆"。传世南榆家具相当多，因造型纯为明式，制作手法又与黄花梨、鸂鶒木等家具无殊，有的民间气息浓厚，别具风格，饶有稚拙之趣，故历来深受老匠师及明式家具爱好者的重视。论其艺术价值与历史价值，实不应在其他贵重木材家具之下。

二、楠木

楠，或写作枏，种类很多。据陈氏《分类学》指出，常被用作建筑及家具材料的有雅楠，学名Phoebe nanmu，以及紫楠，学名Phoebe sheareri。前者为常绿大乔木，高可八九丈，产云南及四川雅安、灌县一带。后者别名金丝楠，为小乔木，有时为大乔木，产浙江、安徽、江西及江苏南部。

5·6c 榉木木样〔原大，椅背弯处斜切出现的纹理〕   5·7　桦木木样〔原大〕

楠木色泽淡雅匀整，伸缩性小，容易操作而耐久稳定，是软性木材中最好的一种。明及清前期家具除有整体用楠木者〔甲98〕外，常与几种硬性木材配合使用。

楠木还有一个特点，即除桦木外，其结瘿生纹多于其他树木，因而明及清前期家具用在显著地位的瘿木，多数为楠木瘿子。它自古即被人重视，屡见记载，并有"骰柏楠"、"斗柏楠"、"斗斑楠"诸称，且有以"满面葡萄"来形容其花纹细密瑰丽。这些楠木瘿子，多数是从四川西部大株楠木的根部剖解出来的。

三、桦木〔5·7〕

我们在提到桦木时，立即想到其旋转花纹，且板材也比较大，故桌案及圆角柜柜门有用以造面心或门板的。它似乎不像其他树木似的，只有在结瘿的部位才能剖出瘿木来。不过，有的桦木板片是就其旋转花纹拼凑而成的，故容易脱裂。桦木很早即见著录（始见于宋初马志《开宝本草》），明人也讲到它的不同用途，但在家具上的使用，往往使人感到时代较晚。有的明及清前期家具可能是在修理时才把桦木板配换上去。这或与桦木产于北方有关。

桦木有多种。据陈氏《分类学》介绍，有棘皮桦，学名Betula davurica，乔木，高达六丈，产河北、辽宁、吉林等地，"木材浅褐色，纹理致密有光泽，质较他种粗糙"。又有坚桦，别名杵榆，学名Betula chinensis，小乔木，产河北、河南、辽宁等地，"木材初带白色，后变红褐色，有光泽，质坚重致密，为华北木材之冠，俗有'南紫檀，北杵榆'之称"。据《圆明园则例》记载，其价值仅次于紫檀。明式家具所用的桦木，可能为坚桦。

四、黄杨

黄杨，学名Buxus microphylia。陈氏《分类学》称："常绿灌木，或小乔木，……产中国中部，木材淡黄色，老则为浅绿色，生有斑纹状之线，质极致密，割裂难，工作容易，通常供为美术品。"西人编《中国进出口主要商品》则谓黄杨木学名Buxus sempervirens，通称"箱子木"（Boxwood）。陈氏《分类学》著录中文名为锦熟黄杨。按两个树种相当接近。

黄杨木生长缓慢，无大材。明及清前期家具或取与硬性木材配合使用，造成枨子、牙子等构件，或用来造镶嵌花纹。

五、南柏

北京匠师认为造家具的柏木以南柏为佳，颜色橙黄，肌理细密匀整，近似黄杨。明式家具有整体用它造成的〔乙41〕，也有与硬木配合使用的。它是硬木之外比较名贵的木材，《圆明园则例》规定每立方尺银一两二钱，高出北柏约一倍。

南柏据其木色当即侧柏，陈氏《分类学》称其别名黄柏，学名 Thuja orientalis，"木材黄色，质重，坚韧致密，有芳香，可作雕刻及文具用材，其性不翘不裂，保存期长，可供图案板材及土木工程用材"。

六、樟木

樟木学名 Cinnamomum camphora，常绿乔木，高数丈至十余丈，直径有大至一丈五尺者，产我国东南沿海各省，尤以福建、台湾为多，江西、湖南、湖北等省亦有之。木材有香气，能避虫害。长期以来，用它做箱、匣、柜、橱，或与硬木配合使用。其价值低于楠木。

七、柞木

柞木属壳斗科中的橳树类 (Quercus)，产我国辽东各地，朝鲜亦甚多，故北京老匠师过去称之曰"高丽木"。木性坚韧，浅色质地中有深色长1至2厘米两端尖的条纹。明清之际，有些民间用品〔甲10、甲47、戊51〕用它制成，可能是北方的制品。

八、松 九、杉 十、楸 十一、椴

四种树木的品种较多，不再一一举其学名。它们属于一般木材，而一般木材北京匠师统称为"杂木"或"柴木"。考究的明及清前期家具，只把杂木用在后背或抽屉里等隐蔽不外露的地方。最考究的则根本不用。但民间用具则广泛使用。至于髹漆家具及硬木包镶家具的胎骨，有的用作主要材料，取其体质轻，松软易操作，而且稳定不变形。

据上述可知我们对明及清前期家具所用木材的知识还是很有限的，距离详尽准确尚远。究其原因，首先是对国内外的树种，尤其是硬木树种，不能说已经查清。其次是要搞清古代家具用材，只有对大量的实例进行微观的观察，并和采集到的树种作详细的比较，才能得出科学的答案来。

乙、附属用材

附属用材包括：石材；棕、藤、绒绳等编织材料；铜铁饰件；髹漆材料；粘合材料及染料。

壹·石 材

在明及清前期家具中，石材锯开成板，用作桌案面心、插屏及屏风或罗汉床的屏心及柜门的门心。后者因石材分量重，只宜用作门心的一部。杌凳、坐墩及椅子靠背等，虽有时也镶石板，但不及清式家具，尤其是广式家具那样普遍。广式家具的坐具，多用石面心，应与当地的炎热气候有关。

关于明及清前期家具所用石材，我们的知识比木材更少，一般只据其花色为名，计有：白地带黑色或灰青或褐黄花纹的大理石，以及白石、紫石、绿石、青石、黄石及花斑石等。

实际上，大理石一名有广、狭二义。其广义相当于文石（marble）。自古用于器物作装饰的多为文石，而文石即一般所谓的大理石。此说创自章鸿钊《石雅》。他的归纳，经过文献考证，产地调查和科学的分析，澄清了许多疑义，基本上是符合实际的。❶

狭义的大理石专指产于云南点苍山的大理石〔5·8a，b〕。

关于石材曾向北京多位木工老匠师请教，能道出名称、产地及时代的石材仅三种。一是产于云南大理的大理石，即狭义

的大理石。因点苍山石矿开采较早，明及清前期家具确曾用作石材。二是所谓"岩山石"，也产于云南，但非大理，性较松脆，白地多带碎黑点。三是"广石"，产于广东，白色黑纹，性较坚硬。后两种开采较晚，故多被清式家具使用。匠师们并认为，如果后两种石材在明及清前期家具上出现，应是修理家具时替换补配的，非原来所有。至于其他几种石材，除北京房山出的白石又名汉白玉和紫石又名羊肝石者外，匠师未能说出其别名或产地来。

由于本人对变质岩、石灰岩缺乏知识，又未能从家具上的石材取样进行调查化验，目前只能取查到的文献记载与实物试相印证。这当然只是一种初步探索，仅能为研究者提供一些参考资料而已。

点苍山大理石及同类型的大理石，除前述三种外，尚有川石及京口石。白石有产于房山大石窝的汉白玉，清代匠作《则例》每写作"旱白玉"。紫石有产于杭州的羊肝石及湖南的祁阳石。据清代匠作《则例》载：有产于京郊紫石塘的紫石❷。绿石有南阳石〔5·9〕，青石有湖山石，而祁阳亦产青石。清代匠作《则例》有艾叶青石，亦产大石窝❸。黄石有花乳石，亦称花蕊石，产陕川。花斑石有土玛瑙，产山东兖州。明朱檀墓出土四张半桌〔乙39〕所用石面即土玛瑙。江苏彭城亦产花斑石。清代匠作《则例》还有紫花斑石、黄花斑石等名色❹。又据《工部厂库须知》载万历二十六年御用监成造乾清宫陈

❶ 章鸿钊：《石雅》，1927年排印本。见中编《文石》，页二至四。

❷ 清雍正间刊《物料价值》卷二："紫石塘紫石，折宽厚一尺，长一丈，每丈旧例采运价银十六两三钱，今核定银十四两六钱七分。"

❸ 清嘉庆二十二年编《工部续增做法则例》卷八十九："大石窝小件艾叶青石折宽厚各一尺，长一丈，核计采运价银六两九钱三分六厘九毫三丝。连运在内。"

❹ 清钞本《圆明园则例》册七："如黄色花斑石做糙、做细、占斧、安砌俱按青白石例。如紫色花斑石做糙、做细、占斧，按青白石例加半倍。"

5·8a 大理石石样

5·8b 人理石石样

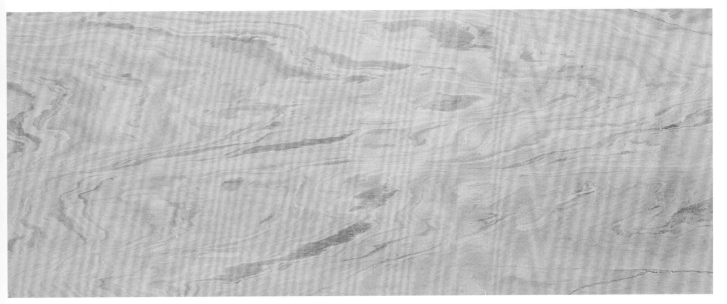

5·9 绿石石样（南阳石？）

❶ 明何士晋汇辑《工部厂库须知》，《玄览堂丛书续集》影印本。

❷ 见乾隆十四年纂刊《工部则例》卷七、卷八《镟作则例》。

设，云南采凤凰石五十六块，自湖广采蕲阳石五十块。其花色均待考❶。

以上各种大理石的有关文献均见附录。

贰·棕、藤、线绳等编织材料

明及清前期的凳、椅、床、榻大量采用以棕及藤编成的软屉。造法是在木框的内缘打眼，先用棕绳穿网目作底，或称"棕绷"，上面再编织藤屉。最后用四根带斜坡的木条，名曰"压边"，压盖木框上的透眼。压边用木制或竹制的销钉钉牢，并施鳔胶粘固。编织藤屉的藤材用藤皮劈成，有宽有窄，最细的真可称之为"藤线"或"藤丝"，编法也有疏有密。考究的家具其藤屉总是又细又密。乾隆十四年纂修的《工部则例》有藤作用料用工条款，可供参考，见附录。我国南方各省均产藤，但不及马来半岛及印尼产者。可能藤材很早就是一种进口商品。

线绳软屉与藤屉大体相同，但不用棕绳打底。线绳或为丝绒拧成，或为丝线合股。交机或交椅的软屉，有的用棉线或马鬃拧为绳然后穿织。

传世的明及清前期的椅凳，有不少用柴木板作屉心，上敷猪血料加土粉子调成的稠糊，再粘贴草席一方。草席是用可折叠的所谓台湾席裁切而成的。但这些都是近年修理时才换上去的。下一章还将论及。

叁·铜铁饰件

明及清前期家具用铁叶作饰件，光素无纹的较少，多数用錽金或錽银的方法造花纹。据清代匠作《则例》，不论錽金或錽银，都要经过发路、錽罩、烧矸、钩花、点漆等几道工序❷。1960 年，经向当时硕果仅存的老匠师王文栋访问，并承其示范操作，得知其工艺是：在铁片的表面錾剁出网纹，近似极细的钢锉（发路）；将金、银丝或金、银叶锤到网纹上，因金、银软于铁，故能嵌陷入纹（錽罩）；把铁叶放在火上烧一下，再用矸子将錽金、錽银花纹擀矸光滑牢实（烧矸）；用錾子在花纹上錾凿纹理，如花瓣、花叶上的筋纹（钩花）等；最后用漆涂点花纹以外的地子，衬托金银纹样，使其更加醒目（点漆）。明及清前期家具上的金、银铁叶所涂漆层早已剥落殆尽，但微锈的地子仍能很好地衬托花纹，并显得古色古香，更为悦目。

明及清前期家具所用的铜叶绝大多数为白铜叶，是一种合金，由铜、镍、锌三种金属合成。由于合金成分不一致，因而有的洁白如银，有的略呈黄色。历年既久，白铜表面生成一层氧化锈斑，古色盎然，与硬木有相得益彰之致。有的铜饰件在白铜叶上加一些红铜花纹，系锤合成的，因红铜质软，白铜上錾凿纹路，便可将红铜锤嵌进去，制成有白、红两色的饰件。

肆·髹漆材料

这里所讲的髹漆材料，只限于造家具漆里的附属材料，不包括木胎外加各种髹饰的漆木家具。用剔红、铪金、雕填、款彩、嵌螺钿等工艺造成的漆木家具，其技法及用料可参阅《髹饰录》。

明及清前期家具，尤其是制作考究的，多有漆里。常见的如箱、柜及各种桌案等。其造法与漆木家具的漆里无大差异，也要先用漆灰填缝，然后上漆灰，糊织物或披麻，再上漆灰，最后上色漆等几道工序。每道工序的次数或多或少，造工或精或粗，颇不一致。有了漆里，对防止开裂，和对箱柜的防虫、防尘能起重要作用。

造漆里所用材料有生漆、麻布或苎麻，土子或砖灰（调漆灰用），熟漆（调色漆用）及各种颜料。箱、柜的漆里，曾见有朱红、暗红、紫褐、黄、绌色、暗绿、黑等多种。所用颜料，据《髹饰录》所载，也不外乎银朱、赭石、靛花、石黄、漆绿、烟煤等物[3]。

伍·粘合材料及染料

明及清前期家具榫卯精密紧严，有的根本不用胶，有的只少量用胶。当时用的是黄鱼鳔，有《本草纲目》的记载可证："诸鳔皆可为胶，而海渔多以石首鳔作之，名江鳔，

谓江鱼之鳔也。粘物甚固。此乃工匠日用之物，而记籍多略之。"鲁班馆匠师多剪鱼鳔浸泡，加温后捣砸数千百次，取其在上的鳔清使用。

明代制造硬木家具是否用染料，尚未查到确凿材料。清中期以来，崇尚紫檀，将黄花梨家具染成深色，却有实物可证。近现代修配硬木家具，如通体木色不一致，则须染色，与最后的烫蜡硬亮（即抛光，通过用力擦去大部分烫上去的蜡，从而收到光亮莹澈的效果），都属于所谓"颜色活"的一道工序。因即使同一木材，也难免有浅有深，只有在上蜡前经过染色，才浑然一体，完美动人。以此理推，染色之法，古亦有之，明代匠师，岂能不知使用？

往年曾去鲁班馆观看染色操作，并询问所用颜料，得知主要有：

苏木　用以染红

槐花　用以染黄

杏黄　用以染深黄

黑矾　用以染黑

以上斟酌多少，用水煎熬，可以配出浅黄、深黄、红黄、紫红、紫褐、紫黑、深黑诸色，黄花梨、鸂鶒木、铁力、红木、紫檀等不同木材的不同颜色，都应有尽有。

四种染料只有杏黄为化学颜料，并可能是舶来品。其他三种均为有千百年历史的传统染料，很可能早经明代木工使用过。

鲁班馆家具烫蜡用白蜡，乃取自蜂蜡。

[3] 关于各种髹饰工艺及用料，可参阅拙著《髹饰录解说》，文物出版社，1983 年。

丙、木材及附属用材文献资料

壹 · 木材文献资料

一、紫檀

晋崔豹《古今注》："紫栴木出扶南而色紫，亦曰紫檀。"

涉园陶氏影印嘉定本

唐苏恭《唐本草》："紫真檀出昆仑盘盘国，虽不生中华，人间遍有之。"

据《本草纲目》引

宋苏颂《图经本草》："檀香有数种，黄、白、紫之异，今人盛用之。……"

据《本草纲目》引

宋叶廷珪《香谱》："皮实而色黄者为黄檀，皮洁而色白者为白檀，皮腐而色紫者为紫檀。其木并坚重清香，而白檀尤良。……"

据《本草纲目》引

襄按：曾见截紫檀原木一段为笔筒，其外皮尚存。腐蚀成斑驳状，与叶廷珪所说合。又叶氏谓"白檀尤良"，当指作香料而言，并非指木材之高下。

宋赵汝适《诸蕃志》："檀香出阇婆之打纲、底勿二国，三佛齐亦有之。其树如中国之荔支，其叶亦然。土人研而阴干，气清劲而易泄，爇之能夺众香。色黄者谓之黄檀，紫者谓之紫檀，轻而脆者谓之沙檀，气味大率相类。……"

《学津讨原》本

《大明一统志》："檀香出广东、云南及占城、真腊、爪哇、渤泥、暹逻、三佛齐、回回等国。今岭南诸地，亦皆有之。……"

据《本草纲目》引

明王佐《新增格古要论》："紫檀木出交趾、广西、湖、广，性坚。新者色红，旧者色紫，有蟹爪纹。新者以水湿浸之，色能染物。作冠子最妙。近以真者揩粉壁上，果紫，余木不然。"

《惜阴轩丛书》本

明李时珍《本草纲目》："檀，善木也，故字从亶。亶，善也。释氏呼为旃檀，以为汤沐，犹言离垢也。番人讹为真檀，云南人呼紫檀为胜沉香，即赤檀也。"

商务印书馆排印本

明方以智《通雅》："紫檀即赤檀。……紫檀皆出自岭南，来自外舶。……两广西溪峒亦生之。"

清刊本

清屈大均《广东新语 · 海南文木》："紫檀一名紫榆，来自番舶，以轻重为价，粤人以作小器具，售于天下。……"

康熙刊本

襄按：紫檀与紫榆实非一物。

清李调元《南越笔记》："紫檀、花梨、铁力诸木，广中用以制几匣床架。……"

《函海》本

二、花梨

唐陈藏器《本草拾遗》："出安南及海南，用作床几，似紫檀而色赤，性坚好。"

据《本草纲目》引

唐李恂《海药本草》："生安南及南海山谷，胡人用为床坐，性坚好。"

据《植物名实图考长编》引

宋赵汝适《诸蕃志 · 海南》："故俗以贸香为业。土产沉香、蓬莱香、鹧鸪斑香、笺香、生香、丁香……花梨木、海梅……之属。其货多出于黎峒，省民以盐铁鱼米，转博与商贾贸易。泉舶以酒、米、面、粉、纱、绢、漆、弓、瓷器等为货。"

《学津讨原》本

明王佐《新增格古要论》："花梨出南番广东，紫红色，与降真香相似，亦有香。其花有鬼面者可爱，花粗而色淡者低。广人多以作茶酒盏。"

《惜阴轩丛书》本

明李时珍《本草纲目·榈木》："木性坚，紫红色，亦有花纹者，谓之花榈木，可作器皿扇骨诸物。俗作花梨，误矣。"

商务印书馆排印本

清屈大均《广东新语·海南文木》："有曰花榈者，色紫红，微香，其文有鬼面者可爱。以多如狸斑，又名花狸。老者文拳曲，嫩者文直。其节花圆晕如钱，大小相错，坚理密致价尤重。往往寄生树上，黎人方能识取。产文昌、陵水者与降真香相似。"

康熙刊本

清《琼州府志·物产·木类》："花梨木，紫红色，与降真香相似，有微香，产黎山中。"

清刊本

清李调元《南越笔记》："《广州志》花榈色紫红，微香，其文有若鬼面，亦类狸斑，又名花狸。老者文拳曲，嫩者文直。其节花圆晕如钱，大小相错者佳。《琼州志》云花梨木产崖州昌化、陵水。"

《函海》本

三、鹨鶒木

《金史·舆服志》："（刀）柄尚鸡舌木，黄黑相半，有黑双距者为上。"

中华书局《廿五史》本

襄按：鸡舌疑即鹨鶒。

明曹昭《格古要论》："鹨鶒木出西番，其木一半紫褐色，内有蟹爪纹，一半纯黑色，如乌木，有距者价高。……尝见有作刀靶者，不见其大者。"

《惜阴轩丛书》本

清屈大均《广东新语·海南文木》："有曰鸡翅木，白质黑章如鸡翅，绝不生虫。""有曰相思木，似槐似铁梨，性甚耐土，大者斜锯之，有细花云，近皮数寸无之。有黄紫之分，亦曰鸡翅木，犹香榼之吽〔呼〕鹨鶒木，以文似也。花秋开，白色，二三月荚枯，子老如珊瑚珠。初黄，久则半红半黑，每树有子数斛，售秦、晋间，妇女以为首饰。马食之肥泽。谚曰：'马

食相思，一夕膘肥。马食红豆，腾骧在厩。'其树多连理枝，故名相思。唐诗'红豆生南国'，又曰'此物最相思'。邝露诗：'上林供御多红豆，费尽相思不见君。'唐时常以进御，以藏龙脑，香不消减。"

康熙刊本

四、铁力木

明王佐《新增格古要论》："铁力木出广东，色紫黑，性坚硬而沉重，东莞人多以作屋。"

《惜阴轩丛书》本

清屈大均《广东新语·海南文木》："有曰铁力木，理甚坚致，质初黄，用之则黑。其性湿，赤手凭之，令脉涩。黎山中人多以为薪。广人以作梁柱及屏暲〔障〕。南风天出水，谓之潮木，亦曰石盐。作成器时，以浓苏木水或胭脂水三四染之，乃以浙中生漆精薄涂之，光莹如玉，如紫檀，其潮亦止。"

康熙刊本

清李调元《南越笔记》："铁力木，理甚坚致，质初黄，用之则黑。黎山中人以为薪，至吴、楚间则重价购之。《通志》云：'一名石盐，一名铁棱。'"

《函海》本

五、乌木

晋崔豹《古今注》："檕木出交州林邑，色黑而有文，亦谓之文木。"

涉园陶氏影印嘉定本

晋嵇合《南方草木状》："文木树高七八尺，其色正黑，如水牛角，作马鞭，日南有之。"

据《本草纲目》引

宋赵汝适《诸蕃志·乌樠子》："乌樠子似棕榈，青绿耸直，高十余丈，荫绿茂盛。其木坚实如铁，可为器用，光泽如漆，世以为珍木。"

《学津讨原》本

明王佐《新增格古要论》："乌木出海南、南番、云南，性坚，老者纯黑色，且脆，间道者嫩。今伪者多是檕木染成作箸。"

《惜阴轩丛书》本

明李时珍《本草纲目》："乌木出海南、云南、南番。叶似棕榈，其木漆黑，体重坚致，可为箸及器物。有间道者，嫩木也。南人多以檕木染色为之。"

商务印书馆排印本

清屈大均《广东新语·海南文木》："有曰乌木，一名角乌，色纯黑，甚脆。其曰茶乌者，来自番舶，坚而不脆，置水中则沉。"

康熙刊本

清李调元《南越笔记》："乌木，琼州诸岛所产，土人折为箸，行用甚广。志称出海南，一名角乌，色纯黑，甚脆。有曰茶乌者，自番舶，质坚实，置水则沉。其他类乌木者甚多，皆可作几杖。置水不沉则非也。"

《函海》本

清檀萃《滇海虞衡志》："乌木与栌木为一类。吴都分栌木与文木而二之。谓文木材密致无理，色黑，如水牛角。日南有之，即《王会篇》所谓'夷用闽木'也。《一统志》所载滇之北胜、沅江俱出乌木，恐或是栌，而真乌木当出于海南，今俗镶烟管用乌木，或訾之曰：此栌木管。栌与乌皆黑色名，以坚脆分耳。"

据《问影楼舆地丛书》本

六、红木

清吴其濬《植物名实图考》："红木，云南有之。质坚色红，开白花五瓣。"

商务印书馆排印本

清红藩《舟车闻见录》："紫榆来自海舶，似紫檀，无蟹爪纹，刳之其臭如醋，故一名'酸枝'。"

《合众图书馆丛书二集》本

七、榉木

明李时珍《本草纲目》："榉材红紫，作箱案之类甚佳。"

商务印书馆排印本

明方以智《通雅》："榆类不一。……今南京止谓作什器者曰细榆，又或曰椐榆。"又同书《椐柜》条："南都为几案者，别有椐木，乃是大者，可以水磨。"

清刊本

清吴其濬《植物名实图考》："榉，《别录》下品，材红紫，堪作什品，固始呼胖柳。"

商务印书馆排印本

八、楠木

吴陆玑《毛诗草木鸟兽虫鱼疏·有条有梅》："枏叶大可三四叶一丛，木理细致于豫章，子赤者材坚，子白者材脆。"

罗氏聚珍仿宋印书局印本

明王佐《新增格古要论·骰柏楠》："骰柏楠木出西蜀马湖府，纹理纵横不直，中有山水人物等花者价高，四川亦难得，又谓之骰子柏楠，今俗云斗柏楠。近岁户部员外叙州府何史训送桌面，是满面葡萄尤妙。其纹脉无间处，云是老树千年根也。"

《惜阴轩丛书》本

明李时珍《本草纲目》："楠木生南方，而黔蜀诸山尤多，其树直上，童童若幢盖之状，枝叶不相碍。叶似豫章而大如牛耳，一头尖，经岁不凋，新陈相换。其花赤黄色，实似丁香，色青，不可食。干甚端伟，高者十余丈，巨者数十围，气甚芬芳，为梁栋器物皆佳，盖良材也。色赤者坚，白者脆。其近根年深向阳者，结成草木山水之状，俗呼为骰柏楠，宜作器。"

商务印书馆排印本

明方以智《通雅》："枬榴乃斗斑樱〔瘿〕木，非涂林之丹若也。吴张纮有《枬榴枕赋》，人多疑为石榴也。智按《后山谈丛》曰：'嘉州产紫竹楠榴'，盖木有瘿瘤，取其材多花斑，谓之瘿子木，书作樱子木，讹为影子木。……今《马湖府志》：'楠年深向阳者，结成花纹，俗呼斗柏楠'，乃斗斑楠，状其瘿榴〔瘤〕文耳。"

清刊本

九、桦木

明王佐《新增格古要论·瘿木》："瘿木出辽东、山西。树之瘿有桦树瘿，花细可爱，少有大者。……口北有瘿子木，多是杨柳，木有纹而坚硬，好作马鞍轿子。"

《惜阴轩丛书》本

明李时珍《本草纲目》："桦木生辽东及临洮河川西北诸地，其木色黄，有小斑点红色，能收肥腻。其皮厚而轻虚软柔，皮匠家用衬靴里及为刀靶之类，谓之暖皮，胡人尤重之。以皮卷蜡，可作烛点。"

商务印书馆排印本

清吴其濬《植物名实图考》："桦木，《开宝本草》始著录。山西各属山中皆产，关东亦饶。……今五台人车其木以为碗盘，色白无纹，且易受采。"

商务印书馆排印本

十、黄杨

明李时珍《本草纲目》："黄杨木生诸山野中，人家多栽种之，枝叶攒簇上耸，叶似初生槐芽而青厚，不花不实，四时不凋，其性艰长。俗说岁长一寸，遇闰则退。今试之，但闰年不长耳。其木坚腻，作梳剜印最良。"

商务印书馆排印本

十一、南柏

宋苏颂《图经本草》："柏实生泰山山谷，今处处有之，而乾州者最佳。……其叶名侧柏。"

据《植物名实图考长编》引

宋陈承《本草别说》："乾陵之柏异于他处，其木本有文，多为菩萨云气人物鸟兽，状极分明可观。"

据《植物名实图考长编》引

十二、樟木

明李时珍《本草纲目》："　西南处处山谷有之。……木大者数抱，肌理细而错纵有文，宜于雕刻，气甚芬烈。"

商务印书馆排印本

贰·石材文献资料

一、云南点苍山大理石及同类型文石

明文震亨《长物志》："大理石出滇中，白若玉、黑若墨为贵。白微带青、黑微带灰者皆下品。但得旧石天成山水云烟如米家山，此为无上佳品。古人以框镶□屏风，近始作儿榻，终为非古。"

《美术丛书》本

明谢肇淛《五杂俎·地部》："滇中大理石，白黑分明，大者七八尺，作屏风，价有值百余金者。然大理之贵亦以其处遐荒，至中原甚费力耳。"

中华书局排印本

清檀萃《滇海虞衡志》："楚石出大理点苍山，解之为屏及桌面，有山水物象如画，宝贵闻于内地。高督为十品：层峦叠嶂，积雨初霁，群山杰立，雪意未晴，雪峰千仞，岩岫半微，水石云月，云山有径，浅绛微黄，孤屿平湖。各系以诗。然其景不止此，或高公所得仅此耳。……"

《问影楼舆地丛书》本

《珍玩考》："大理府点苍山出石，白质黑文，有山水草木状，人多琢以为屏。"

据《大理县志稿》引

明曹昭《格古要论》："川石出四川，此石白地青黑，花纹如山坡，性坚，锯板可嵌桌面。此石亦少，稀见大者。"

《惜阴轩丛书》本

明文震亨《长物志》："近京口一种，与大理相似，但花色不清，用药填之，为山云泉石，亦可得高价。然真伪亦易辨，真者更以旧为贵。"

《美术丛书》本

二、白石

明谢肇淛《五杂俎·地部》："京师北三山大石窝，水中产白石如玉，专以供大内及陵寝阶砌、栏楯之用，

柔而易琢，镂为龙凤芝草之形……"

中华书局排印本

三、紫石

梁陶弘景《名医别录》："越砥，今细砺石也，出临平。"

据《本草纲目》引

明李时珍《本草纲目·越砥》："《尚书》'荆州厥贡砥砺'。注云'砥以细密为名，砺以粗粝为称'。俗称细者为羊肝石，因形色也。"

商务印书馆排印本

明文震亨《长物志》："永石，即祁阳石，出楚中，石不坚，色好者有山水日月人物之象，紫花者稍胜。……大者以制屏亦雅。"

《美术丛书》本

四、绿石

明曹昭《格古要论》：南阳石，"此石纯绿花者最佳。有淡绿花者，有油色云头花者皆次之。性坚，极细润，锯板可嵌桌面砚屏。其石于灯前或窗间照之则明，少有大者，俗谓之琉黄〔磺〕石"。

《惜阴轩丛书》本

五、青石

明王佐《新增格古要论》："永石，此石出湖广永州府祁阳县，今谓之祁石。永石不坚，色青，好者有山水日月人物之象。……青花者锯石板可嵌桌面屏风，镶嵌任用，皆不甚值钱。"

《惜阴轩丛书》本

同上：湖山石，"此石青黑色，类太湖石，花纹与骰子香楠木相似。性坚，锯板可嵌桌面，虽不奇异，亦少有之"。

同上本

六、黄石

宋掌禹锡《嘉祐本草》："花蕊出陕华诸郡，色正黄，形之大小方圆无定。"

据《本草纲目》引

宋苏颂《图经本草》：花蕊石"出陕州阌乡，体至坚重，色如琉黄〔磺〕。形块有极大者，陕西人镌为器用，采无时"。

据《本草纲目》引

宋寇宗奭《本草衍义》：花乳石"黄石中间有淡白点，以此得花之名。《图经》作花蕊石，是取其色黄"。

据《本草纲目》引

七、花斑石

明曹昭《格古要论》："土玛瑙，此石出山东兖州府沂州，花纹如玛瑙，红多而细润，不搭粗石者为佳，胡桃花者最好，亦有大云头花者及缠丝者皆次之。有红白花粗者又次之。大者五六尺，性坚，用砂锯板，嵌台桌面几床屏风之类。又曰锦屏玛瑙。"

《惜阴轩丛书》本

同上："红丝石类土玛瑙，质粗不润，白地上有赤红纹路，并无云头等花，亦可锯板嵌台桌。大者五六尺，不甚值钱。"

同上本

同上："竹叶玛瑙石，此石花斑与竹叶相类，故名竹叶玛瑙。斑大小长短不一样，每斑紫黄色，斑大者青色多。性坚，可锯板嵌桌面。斑细者贵，斑大者不贵。有一等斑小者如米豆大，甚可爱，碾作骰盆等器。此石甚少。"

同上本

明文震亨《长物志》："土玛瑙，出山东兖州府沂州，花纹如玛瑙，红多而细润者佳，有红丝石，白地上有赤红纹。有竹叶玛瑙，花斑与竹叶相类，故名。此俱可锯板嵌几榻屏风之类，非贵品也。……"

《美术丛书》本

明谢肇淛《五杂俎·地部》："彭城山上有花斑石，纹如竹叶，甚佳，而土人不知贵。若取以为几，殊不俗也。"

中华书局排印本

八、花色不详者

明何士晋《工部厂库须知》卷九："御用监成造乾清宫龙床顶架等件钱粮……云南采大理石六十八块，凤凰石五十六块，湖广采蕲阳石五十块。"

《玄览堂丛书续集》本

叁·藤屉编织文献资料

藤作用料则例：凡劈做宽一分内外藤皮，内务府、制造库俱无定例。都水司净藤皮一斤，用径三分魁藤五斤，今拟净藤皮一斤用径三分魁藤五斤。凡穿织实藤屉，内务府无定例，制造库每折见方尺一尺，用藤皮十一、十二两不等。今拟每折见方尺一尺，用净藤皮四两。凡穿织径一分胡椒眼藤屉，内务府、制造库俱无定例，今拟每折见方尺一尺，用净藤皮三两二钱。凡穿织径二分胡椒眼藤屉，内务府、制造库俱无定例，今拟每折见方尺一尺用净

藤皮二两八钱。

乾隆十四年纂刊《工部则例》卷二十一

藤作用工则例：凡劈做宽一分内外藤皮连过剑门，内务府、制造库俱无定例，都水司每劈净藤皮一斤八两用匠一工。今拟每劈净藤皮一斤八两，用劈藤匠一工。凡穿织实藤屉，内务府不分尺寸，每做藤皮八两，用匠一工；制造库不分尺寸，每做藤屉一块用匠五工。今拟每折见方尺一尺五寸，用藤匠一工。凡穿织径一分胡椒眼藤屉，内务府、制造库俱无定例，今拟每折见方尺二尺用藤匠一工。凡穿织径二分胡椒眼藤屉，内务府、制造库俱无定例，今拟每折见方尺二尺五寸用藤匠一工。凡穿织径三分胡椒眼藤屉，内务府、制造库俱无定例，今拟每折见方尺三尺用藤匠一工。

乾隆十四年纂刊《工部则例》卷二十二

肆·锓金锓银文献资料

锓作用料则例：凡成造铁锓金各项物件：内务府：金叶每张长三寸八分，宽二寸六分，重二分至一钱五分不等。如锓上用什物，用一钱五分重金叶，官用什物，用一钱重金叶，俱照见方尺寸核用。制造库：金叶每张长三寸七分，宽二寸五分，重三分至一钱不等，皆系先锓后罩。每见方一尺，如一钱锓，五分罩，用金叶一两六钱二分。如五分锓，五分罩，用金叶一两零八分。如五分锓，三分罩，用金叶八钱六分四厘。今拟金叶每张长三寸七分，宽二寸五分，重三分至一钱不等。

如锓造一应仪仗内旄、枪、殳、戟、刀、箭，上用平面锓金各项物件，用一钱重金叶先锓一层，每见方一尺用赤金叶一两八分。再用五分重金叶罩一层，每见方一尺，用赤金叶五钱四分。如锓造赏赐亲王、郡王、公主、福晋以及督抚、提镇并朝鲜国王、女儿、女婿、状元、侍卫等项，一应中等什件，用五分重金叶先锓一层，每见方一尺，用赤金叶五钱四分，再用五分重金叶罩一层，每见方一尺，用赤金叶五钱四分。如锓造一应平等什件，用五分重金叶先锓一层，每见方一尺用赤金叶五钱四分，再用三分重金叶罩一层，每见方一尺用赤金叶三钱二分四厘。

凡锓金叶烧砑用炭，内务府系总共取用。制造库系按月领取。今拟每见方一尺用木炭十二斤。

凡锓造满锓金丝各项物件，内务府每长二尺、宽一分，用金丝六根。制造库虽无定例，案查锓金丝披箭核算尺寸例，每见方一尺，用金丝三两二钱四分。今拟每见方一尺，用赤金丝二两七钱五分四厘。

五

明式家具的用材

凡镀金丝烧砑用炭，内务府系总共取用，制造库系按月领取，今拟每见方一尺用木炭十斤。

凡镀造剔凿半踩地龙凤花卉、飞禽走兽等项物件，内务府无定例，制造库镀造鞍辔什件，每见方一尺，用金叶二两一钱九分。今拟应照平面之例加二成，每见方一尺，镀罩各一层，用赤金叶一两九钱四分四厘。

凡镀造剔凿透玲珑龙凤花卉，飞禽走兽等项物件，内务府无定例，制造库镀造大刀上玲珑什件，每见方一尺，用金叶二两八钱。今拟应照平面之例加五成，每见方一尺，镀罩各一层，用赤金叶二两四钱三分。

凡成造铁镀银各项物件，内务府银叶每张长三寸八分，宽二寸六分，重二分至一钱五分不等。如镀上用什物，用一钱五分重银叶。官用什物，用一钱重银叶，俱照见方尺寸核用。制造库每张长三寸七分，宽二寸五分，重三分至一钱不等，皆系一镀一罩。每见方一尺，如一钱镀，五分罩，用银一两六钱二分。如五分镀，五分罩，用银一两零八分。如五分镀，三分罩，用银八钱六分四厘。今拟银叶每张长三寸七分，宽二寸五分，重三分至一钱不等。如镀造平面上等什件，用一钱重银叶，先镀一层，每见方一尺，用银叶一两八分。再用五分重银叶罩一层，每见方一尺，用银叶五钱四分。如镀造平面中等什件，用五分重银叶先镀一层，每见方一尺，用银叶五钱四分。再用五分重银叶罩一层，每见方一尺，用银叶五钱四分。如镀造平面平等什件，用五分重银叶先镀一层，每见方一尺用银叶五钱四分，再用三分重银叶罩一层，每见方一尺，用银叶三钱二分四厘。

凡镀银叶烧砑用炭，内务府系总共取用，制造库系按月领取。今拟每见方一尺用木炭十二斤。

凡镀造满镀银丝各项物件，内务府每长三尺、宽一分，用银丝六根。制造库照镀金丝例核算。今拟每见方一尺，用银丝一两九钱四分四厘。

凡镀银丝烧砑用炭，内务府系总共取用，制造库系按月领取，今拟每见方一尺用木炭十斤。如镀造剔凿半踩地，透玲珑过枝等项物件，俱照镀金加用之例核给。

凡花镀金银叶丝，应照满镀分两，按应镀处所折算成数准给。

乾隆十四年纂刊《工部则例》卷七

镀作用工则例：凡镀造各项什件发路，内务府无定例，制造库系总核匠工，今拟平面素活，每折见方寸三十寸，用发路匠一工。半踩地花活什件，每折见方寸二十寸，用发路匠一工。玲珑各项什件，每折见方寸十寸，用发路匠一工。

凡镀造车轿上桶子、耐磨叶、地平叶、锁钥、旗纛顶，一应平面镀金银各项大什件，内务府无定例，制造库系总核匠工，今拟每折见方寸三十寸，用镀匠一工，砑工五分。如平面拘花每折见方寸十五寸，用拘花匠一工。

凡镀造剔凿半踩地龙凤花卉，并平面零星金银各项小什件，内务府无定例，制造库系总核匠工，今拟每折见方寸十五寸，用镀匠一工，砑匠八分。

凡镀造剔凿透玲珑过枝活动镀金银各项什件，内务府无定例，制造库系总核匠工，今拟每折见方寸十寸，用镀匠一工，砑匠八分。

凡镀造满镀金银丝各项什件，内务府无定例，制造库系总核匠工，今拟每折见方寸十寸，用镀匠一工，砑匠三分。如花镀金银丝，按应镀处所折算成数准工。

乾隆十四年纂刊《工部则例》卷八

第六章　明式家具的年代鉴定及改制问题

甲、关于年代鉴定问题

明及清前期家具的准确断代，是一个尚未得到很好解决的问题。这里只准备对有关年代鉴定的一些初步认识作简略的叙述，更深入的研究，有待今后作进一步的探索。这些初步的见解，谨提供研究者参考，并深盼有识之士不吝批评、指正。

就我个人来说，准确断代之所以未能解决，有客观原因，也有主观原因。

木制家具与某些工艺品不同，绝大多数没有年款。少数漆木家具有年款，但用料、装饰乃至造型，毕竟和木制的有所不同，所以未能为木制家具的准确断代提供足够的依据。家具不同于陶瓷，通过窑址发掘和年款鉴定，可以找到一把相当可靠的标尺，可以同时解决断代和产地两个问题。

家具的造型，尤其是常见品种的基本形式，往往延续数百年无显著变化。例如夹头榫条案，灯挂椅或扶手椅，宋代已基本定型，而直到今天，有些工匠还在如法制造。

个别家具的构件，手法颇为新颖，例如朱檀墓出土的四张石面心半桌〔乙39〕，看面足间使用雕卷叶的高拱罗锅枨。出人意料的是刻有汪廷璋铭文的小画案〔乙120〕，也使用了有雕饰的高拱罗锅枨。汪案制于乾隆十年，比朱檀墓的半桌晚了三百五十年。如果这两件家具都不知其确切年代，我们很容易认为它们是时代相近的制品。

反过来说，如果我们在某些品种相同的家具上，看到一些局部造法的变化，便贸然认为它们是时代上的差异，那又是不妥当的。

因为不同的地区和不同的工匠，都可能有不同的手法，未经过深入比较研究，多找到一些证例，就不敢断言其为时代的差异，还是地区习惯或工匠手法的差异。我们相信，可用来判断年代的特征是存在的，但还要经过深入的研究，才能被较好地认识。至于将来是否能精确到断定一件家具的准确年代为某朝某代，现在还不敢说一定能做到。如能把明代的早、中、晚和清前期几个大段落的家具分辨清楚，并说出能令人信服的依据，已经是取得很大的成绩了。

家具也不同于某些工艺品。有的工艺品对其原料质地和成分进行分析研究，可以帮助我们解决断代问题。家具的原料主要是木材，经过宏观及微观的观察，可以看出是什么树种，但不容易分辨其新旧。家具的表面状况虽有新旧之分，但由于使用和保存情况的不同，年代近的，有时反显得早于年代远的。器物经过打磨修整，刷色打蜡，就更难据其外貌来判断年代。如果遇上旧器改造，或旧料新制，问题就更加复杂了。故凭借用料来解决准确年代问题，也是有困难的。

见于绘画、版画的明清家具形象材料十分丰富，但画手刻工，或摹古制，或参新意，乃至夸张臆造，漫无实据，故忠实反映某一时期器物形态的作品，并不多见。即使是专为家具作插图的明万历刊本《鲁班经匠家镜》，图式与文字亦大有出入❶。至于文献材料，因家具制造纯属工匠之事，文人学子不屑、也不可能作详实准确的记载。偶见数语涉及家

❶ 参阅拙著《〈鲁班经匠家镜〉家具条款初释》，见本书附录三。

具品种或形式，已十分难得，至于可资解决断代问题的材料，就更难找到了。

以上都是准确断代问题不容易解决的客观原因。至于主观原因，则由于本人所见的实物还不多，留心得还不够，调查研究工作做得少，又没有实际制造的操作技能，更主要的是缺乏敏锐缜密的观察分析能力，对其他古代工艺品还不够熟悉，未能触类旁通，借以解决家具的断代问题。

下面分几个方面谈一谈有关家具年代鉴定的一些初步认识。

壹·用　材

明及清前期硬木家具，以紫檀、黄花梨、鸂鶒木、铁力四种为主要材料。凡用上述四种木材制成而又看不出有改制痕迹的，大都是传世已久的原件，北京匠师称之为"原来头"。近代仿制的不是绝对没有，但因材料难得，售价未必合算等原因，为数并不多。

硬木中另外几种家具用材为红木、新花梨及新鸂鶒木。用这几种木材制造家具，多为清式或晚清、民国时期带有殖民地色彩的家具。倘作明式，因材料的年代和形式的年代不符，已可知其为近代仿制。上述鉴定方法由于屡试多验，就自然形成一种认识。因此，明及清前期家具为原制抑仿制，和所用的木材有密切关系。辨别木材也就成为鉴定家具年代首先要注意的事了。

对上述现象的解释，乃由于黄花梨鸂鶒木至清中期日见匮乏，而资源丰富、进口量日增的却是红木、新花梨等木材。因此使用它们制造家具，除非特意仿明，其造型必然是清式或更晚。紫檀在清代中期仍有输入，但价值昂贵，帝王权贵才有力致之，而他们所爱好的多为繁琐的清式，故当时所制的紫檀家具，很少为明式。至于铁力，产自岭南，硬木中居下等，制成家具也难得善价，特意用它来仿明式的也就不多了。

有一种非硬性木材却不宜忽视的是榉木，即北京匠师所谓的南榆，在明代曾被大量用来制造家具，入清后还一直采用。榉树生长在明及清前期精制家具的主要产地太湖地区，当地认为是硬木以外的最佳木材。据吴县洞庭东、西山的老人称，合抱的大榉树直到20世纪初，还有少量生存，几十年后，尤其是日寇入侵时期才被砍伐殆尽。我们确信传世的榉木家具，有不少是明制的，且系精品。由于当地工匠长期保留着明代手法，清中期乃至更晚的制品，依然是明式风格。它和几种硬木不同，不存在木材的使用关系到时代早晚的问题。榉木的明式家具有早有晚，差别很大，如何对它们准确断代，也是一个值得研究的问题。

家具的附属用材如石板、铜铁饰件等，在一定程度上也反映家具的年代。大理石和岩山石及广石有些相似，但前者的开采，远比后两矿为早。白铜饰件如为原配，形制古朴，锈花又斑驳自然的，家具

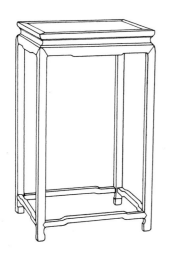

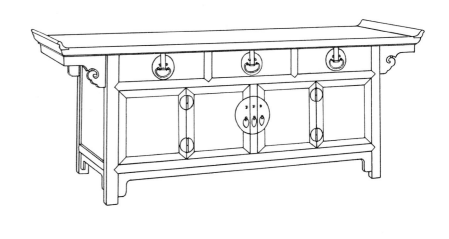

6·1　清代茶几示意图　　　　　　　　　　　6·2　清代联三柜橱示意图

本身也必然时代较早。黄铜饰件一般晚于白铜饰件。铁饰件有的锤嵌金或银花纹，其图案也有助于鉴定家具的年代。

贰·家具品种

　　家具的品种，往往和年代有密切关系。有的品种出现时代较早，入清以后，不复流行，故除非后代有意仿制，否则其制成年代不应晚于其流行年代。有的品种出现时代较晚，器物本身无异道出了自己的年代。这里前者指圆靠背交椅和双陆棋桌，后者指长方形的茶几、联三柜橱、冰箱等。当然，这里提出所谓出现较晚的只限于有不同看法的几个品种，那些一致认为清初尚不流行，到清中期以后才有的，就毋庸赘及了。

　　现在已知的圆靠背交椅，不下数十件，除髹漆者外，都用黄花梨制成，其造型、雕饰风格都较早。看来，此种交椅入清后已渐不流行，否则必然有红木或新花梨制品传世。又如设有双陆棋局的棋桌，所见亦不下一二十具，也多数是黄花梨制。双陆之戏，入清后逐渐失传，因而此种棋桌，应多为明制品。

　　厅堂之上，椅子之间夹茶几，多具排列，相对成行，这是清代才流行的布置方法。茶几是从明代的长方形香几演变出来的，尺寸缩小降低，以便适合会客进茶之用。艾克《图考》图版6左红木制的一具〔6·1〕，可代表此种茶几的基本形式。类此实物，所见无虑千百，未见时代较早的，用材亦

不外乎红木、新花梨，是清式家具的一个品种。

　　和茶几有些相似的是联三柜橱，它也是一个流行较晚的品种，北京过去普遍使用，一般中等人家都有一两具。它们多用红木、新花梨制成，或平头，或翘头，抽屉下设柜安门，使用起来比闷户橱的闷仓方便得多。美国寇慈所著《中国家庭家具》❶一书中第22一具，两扇柜门旁有可装可卸的余塞板，正是它的常见式样〔6·2〕。凡属这一类柜橱，多为清中期或更晚的制品。

　　最后要提到的是冰箱。在宋元人所作消夏图中，都把冰块放在盘、鉴一类容器中。何时始用冰箱，尚待考证。传世的木制冰箱，作正方形，口大底小，上用两块厚板开孔作盖，内镶锡里。国外作者自艾克起，都把冰箱收入他们的家具著作中❷，有的还把它的年代定到17世纪初。惟历年所见实物，不下数十例，用材佳者为红木、新花梨，次者为杂木。曾向几位老匠师请教，均认为冰箱多为清晚期制品。在未能找到早期实例之前，目前只能认为冰箱是一个较晚出现的品种。

叁·形　式

　　这里所谓的形式，指家具的大貌。时代早晚，形式自然不同。不过家具每多仿古，故据形式来判断早晚，又不宜绝对化。同时，我们对形式早晚的认识，多得自观察印象的积累，却很难提出确凿的科学根据。在今后

❶G. Kates: Chinese Household Furniture, New York: Dover Publications, 1948.

❷指寇慈 (G. Kates)、埃利华斯 (R.H. Ellsworth)、伯德莱 (M. Beurdeley) 等家所著的中国家具书。

6·3　清代乾隆紫檀坐墩　　　　　　6·4　清代坐墩（如意担子式）　美国纳尔逊美术馆藏并供稿　　　　6·5　清代五屏风靠背扶手椅示意图

的观察中，如有新的发现和我们过去的认识不符，就要改正我们的看法。因而下面所讲的几种家具形式的早晚，只能说是目前的一些认识而已。凡前几章已经讲过的，这里不多重复。

坐墩的形式，由明入清，总的说来似乎经历了一个由矬胖到瘦高的过程。故宫藏品中有两三种造型及开光都十分简洁，具有明式风格，但其大貌已接近一具立着的腰鼓〔甲35、甲36〕。我们将其制作年代定为清前期。在此基础上变化，如开光中垂下或翻上雕饰，或在墩面之下加束腰〔6·3〕，或底框离开坐墩之形，变成近似圆凳托泥一类构件，甚至变圆形为海棠、梅花等式，便成繁琐的清式。这些制品，多数是乾隆时期宫廷的紫檀家具。

有一种常见的清式坐墩，形体兼有矬胖、瘦高两种，即四足造成如意柄状，匠师称之曰"如意担子"，足间有的加劈料分瓣开光，近似菱形，有的则不加。它们多为清中期以后的广东制品〔6·4〕，而苏式亦曾仿制。美国甘城纳氏美术馆所藏一对今承该馆提供照片，亦见美国埃利华斯《中国家具》[3]图101。谓是黄花梨制，本人未见原器，怀疑很可能是由新花梨或红木所制。

扶手椅的靠背和扶手，三面平直方正的形制较早。靠背中部高，两旁低，乃至扶手也后高前低，形成五屏风或七屏风式样，实例如寇慈书中的第81〔6·5、6·6〕，其时代当为清中期或更晚。至于宝座，则因是显尊

耀贵的座具，需要有高度的装饰，故自宋代起，靠背扶手即采用繁缛的造法，和扶手椅的情况又有所不同。

有一种炕几，在清中期以后才大量出现，却有人视为是明式，并把它的时间定得很早，实例如艾克《图考》图版74下方一具，目录注明为黄花梨制，布洽德(Otto Burchard)藏。查寇慈书中亦收此件（第60），藏者亦为布

❸R.H.Ellsworth：*Chinese Furniture*, New York：Random House. 1970.

6·6　清代扶手椅

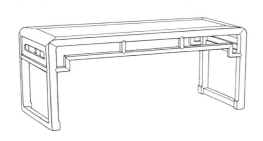

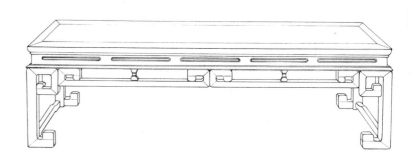

6·7　清代炕几示意图　　　　　　　　　　　6·8　清代炕几示意图

❶指考究的硬木家具而言。攒框装板的造法并不晚，如朱檀墓出土明器罗汉床，即用此法造床围子。

洽德，但注明为红木制〔6·7〕。颇疑艾克误将红木认为黄花梨。又埃氏书中第 46 一件，亦属同类制品，而加上束腰和用拐子组成的牙子〔6·8〕，从图片看似为新花梨，但时代竟定为 16 世纪，被提前了二三百年。总之，此类炕几，可一望而知为清式制品，亦从未见有黄花梨制者。

罗汉床形式的变化，主要在床围子上。通过许多实例的观察，得出如下的认识：三块独板围子〔丙 5、丙 6〕的，比三块攒框装板围子〔丙 7〕的要早❶；围子尺寸矮的，比围子尺寸高的要早；围子由三扇组成的，比由五扇或七扇组成的要早。使人感觉到早并非单纯由于围子的制作越简单洗练越显古朴，更主要的是由于围子形式早的，其床身造法一般也较早；反之，其床身造法也较晚。独板床围子的床身如有束腰，马蹄多大挖，向内兜转有力，纯作明式。五屏风、七屏风围子的床身，四足马蹄往往接近清式，迎面长牙条也会出现清式常见的、线条比较生硬的洼堂肚〔6·9〕，甚至浮雕五宝珠等晚期装饰花纹〔6·10〕。总之，上述对床围子早晚的认识，是根据许多罗汉床的整体归纳出来的印象，并不是只凭床围子的形式作出这样的判断。

架格的横板，是通长一块，还是有立墙分隔，是区别明式和清式的一个重要标志。至于架格被分隔成有高低大小许多格子的多宝格，则绝非明式，要到乾隆时期才开始流行。

架格的正面和侧面，有的全敞，有的用

板条镶券口或圈口。全敞及镶券口者，时代较早，镶圈口者较晚。

肆·构件造法

鉴定家具年代早晚，有时可凭某些构件的造法作出判断，下面将分别述及。至于其可靠性并不一致。有的甚为可靠，具有普遍意义，得到家具研究者的广泛承认。有的造法虽已在明代出现，因入清后更为流行，不免予人是较晚造法的感觉，凭它判断就不十分可靠，只能说有一定的参考价值。当然，在任何情况下都不宜只凭某一构件作出判断，而应结合其整体造型和其他构件的造法来判断其时代。

一、搭脑　靠背椅和木梳背椅的搭脑中部，有一段高起的（如埃氏《中国家具》第 23、25），要比同类椅子用直搭脑的晚。靠背椅的搭脑与后腿上端格角相交，是广式常用的造法。如果系广造，其时代多较晚。苏州地区所造的明式椅子，此处多用挖烟袋锅榫卯，时代较早。

二、屉盘　椅凳和床榻屉盘有软硬两种。软屉用棕、藤皮或其他动植物纤维编成，硬屉则用木板造成（一般采用打槽装板造法），包括近年修理时改装上去的木板草席贴面硬屉。埃氏在《中国家具》一书中，误认为贴席硬屉是中国古代坐具两种基本造法之一，这当然是错误的，本章后面将予辩正。不过，他认为软屉、硬屉对鉴定家具年代有参考意

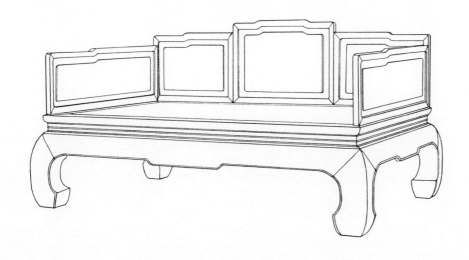

6·9　清代罗汉床示意图

义，在某种情况下是对的。由于考究的明及清前期家具，大都是16世纪至18世纪初苏州地区的产品，屉盘多为软屉，硬屉的只是少数。因此我们今天如果遇到棕藤编织尚完好的软屉家具，或早已破损而被改装成草席贴面的硬屉家具（在边抹上的穿孔可验），可以认为很可能是苏州地区的制品。反之，如果我们遇到屉盘打槽装板，边抹上无穿孔，也就是说从来就是硬屉家具，那么它就很可能不是苏州地区的制品，而是广州或其他地区所造。鉴定家具年代，我们审视其屉盘造法，再结合观察所用的木材和制作手法，就可以对其时代和产地作出较好的判断。

三、牙条　桌几牙条与束腰一木连做的早于两木分做的，即"假两上"的早于"真两上"

的。直牙条，或牙条中部"洼堂肚"轮廓圆婉的（如艾克《图考》图版2），比"洼堂肚"生硬而下缘为平直的（如艾克《图考》图版6左、28）要早。"洼堂肚"如浮雕五宝珠纹，则时代更晚。

椅子迎面的牙条如仅一直条，或带极小的牙头，为广式的造法，时代较晚。苏制明式牙条下的牙头都较长，或直落到踏脚枨，成为券口牙子，其时代较早。

四、牙头　夹头榫条案的牙头造得格外宽大，显得臃肿呆笨的，是清中期以后的造法（如埃氏《中国家具》第58）。

五、枨子　罗锅枨的弯度小而生硬，无圆婉自然之致的（如寇慈家具书第44、48），时代较晚〔6·11〕。管脚枨明式都用直枨，

6·11　清代家具罗锅枨示意图（往往因弯度骤小而予人生硬感）　　6·10　家具牙条浮雕五宝珠示意图

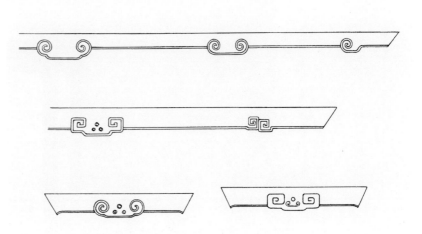

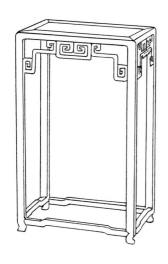

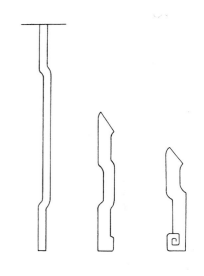

6·12　清代家具管脚枨用罗锅枨示意图　　　　　　　　6·13　清代中晚期卡子花示意图　　　　　　　　6·14　清代中晚期家具腿足示意图〔作无意义的弯曲〕

清中期以后常用罗锅枨（如艾克《图考》图版6左、寇慈家具书第95）〔6·12〕，至晚期苏式更为流行。用此来区分明式和清式是相当可靠的。

六、卡子花　明式卡子花有几种常见的式样，如双套环、吉祥草、云纹、寿字、方胜、扁圆等，俊俏而疏透，装饰效果很好。清中期以后，卡子花增大趋繁，有的造成花朵果实，有的造成扁方雕花板块或镂空的如意头（如寇慈家具书第46，埃氏《中国家具》第116）〔6·13〕，效果反而不佳。根据卡子花的纹样，也可以区分明式和清式，并判断其大致年代。

七、腿足　明式家具除直足外，有鼓腿彭牙、三弯腿等向内或向外兜转的腿足，线

条无不自然流畅，寓遒劲于柔婉之中。至清中期而矫揉造作，作无意义的弯曲，晚期苏式，每下愈况。其常用的造法是先用大料造成直足，到中部以下削去一段，向内骤然弯曲，至马蹄之上又向外弯出，大自宝座似的大椅，小至案头几座，几无不如此，生硬庸俗，明式朴质简练的风格，丧失无遗〔6·14〕。近年竟有人把此种清代晚期苏州制造的、腿足作无意义弯曲的大椅，也说成是继承了明式的优良传统。这种论点不符合事实，对今后我国的家具发展也有害，故不敢苟同。

八、马蹄　明式和清式的马蹄，有显著的区别，前者向内或向外兜转，轮廓优美劲峭，后者蜕变成长方或正方，往往加上回文雕饰，庸俗而呆板〔6·15a〕。以此区别明、清两式，

6·15a　明式、清式家具足端马蹄对比（自左至右1、3为明式，2、4为清式）　　　　　　6·15b　清代紫檀条桌（造型虽简单光素，但据马蹄及牙条的洼堂肚，可断定为清中期制品）

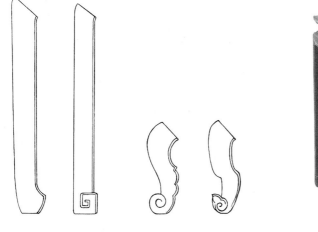

6·16　明初朱檀墓出土铨金箱上的龙纹　　　　6·17　明嘉靖雕填官皮箱上的龙纹

可谓屡验不爽。颐和园藏紫檀条桌，全身光素，但据其方形马蹄，可以肯定是清中期的制品〔6·15b〕。

伍·榫　卯

北京匠师评定一件家具的早晚和好坏，有时在经过修复，拆散重新安装，看到内部榫卯后才作结论。他们认为榫卯造得合乎法度，精密谨严，就是好家具，时代也较早。反之，就不好，时代也较晚。按以此标准来衡量好坏是完全正确的，鉴定早晚就不一定合适，因为谁也不能说早期的工匠手艺都好，而晚期的手艺都坏。不过从二百年来的家具工艺历程来看，明式榫卯的优良传统至清中期已逐渐退化，直到晚期，某些行货，尤其是所谓"京造"，榫卯粗糙之极，到了胶粘便成形，胶开便散架的地步。因而匠师们的看法，并不能说全无根据。另外，某些榫卯在不同时期，也出现多用或少用的情况。例如下端带勾挂垫榫的霸王枨、牙条两端开槽口与腿足上端的挂销拍合的抱肩榫、牙条与束腰一木连做、束腰上皮装入边抹底面的槽口内等的造法，自清中期以后，都日趋式微了。

陆·花　纹

花纹应当是鉴定家具年代的最好依据。一是因为它本身有比较鲜明的时代性，二是

家具上的花纹可与其他工艺品的花纹作对比，而其他工艺品有的是有确切年代的，反过来有助于对家具的断代。

根据花纹判断家具年代，宜采用题材相同或相近的加以排比，这样较易看出它们之间的先后关系。下分龙纹、螭纹、花鸟、麒麟四组，对四组中的各件的时代试作初步的分析和探索。

第一组龙纹家具五件：

（一）戊18.云龙纹铨金朱漆箱〔6·16〕

（二）戊36.嘉靖款双龙纹雕填官皮箱〔6·17〕

（三）丁28.隆庆款雕龙圆角柜〔6·18〕

6·18　明隆庆款圆角柜上的龙纹

6·19　五屏风式镜台上的龙凤纹

6·20　清代衣箱上的龙纹

6·21　圈椅靠背上的螭纹拓本
　　　（明中期或更早）

6·22　扶手椅靠背开光中的螭纹（明中期或更早）

（四）戊31.五屏风式龙凤纹开光镜台〔6·19〕

（五）戊16.云龙纹衣箱〔6·20〕

（一）出土于洪武时入葬的朱檀墓。（二）为明宫旧物，后入清廷，现在故宫博物院。两件均有确切年代，而且是无可置疑的。（三）为柴木制，虽是传世物，解放后才经故宫购藏，据柜的造型制作，木质的老化程度，知其非伪。（四）为黄花梨制，无年款，从龙纹来看，显然晚于隆庆，惟喙吻尖长，鼻端上卷，不类清代雕龙形象，将它定在万历到清初之间当无大误。（五）虽为黄花梨制，箱口起阳线，一如明式，但龙体肥硕，头形方钝，故除非花纹为后刻外，其制作年代可能要晚到乾隆时期。

6·23　折叠式镜台上的螭纹（明中期以后）

6·24　联二橱抽屉脸上的螭纹（明中期以后）

6·25　万历柜券口及栏杆上的螭纹（明中期以后）

6·26　玫瑰椅靠背上的螭纹（明中期以后）

第二组八件家具都有螭纹雕刻：

（一）浮雕螭纹圈椅〔6·21〕

（二）甲76. 浮雕螭纹开光南官帽扶于椅〔6·22〕

（三）戊28. 浮雕螭纹折叠式镜台〔6·23〕

（四）戊10. 浮雕螭纹联二橱〔6·24〕

（五）丁20. 透雕螭纹圈口万历柜亮格柜〔6·25〕

（六）甲68. 透雕螭纹靠背玫瑰椅〔6·26〕

（七）戊35. 浮雕螭纹官皮箱座〔6·27〕

（八）丙7. 浮雕螭纹围子罗汉床〔6·28〕

这八件家具上的螭纹雕刻，又可分为三类。（一）、（二）为第一类，身躯修长，尾多

旋转，体形比较接近蜥蜴，与明早期剔红上的螭纹[1]有相似处，故其时代居三类之首，应流行于明中期或更早。（三）至（六）为第二类。其中虽有浮雕、透雕之别，风格则无二致，而且所刻画的都是螭虎的侧影。明及清前期家具中以此种螭纹最为常见，其流行年代应在开始大量生产硬木家具的明晚期，并延续到清前期。（七）、（八）为第三类。（七）雕在紫檀官皮箱上，（八）雕在榉木床上，二者用料贵贱，花纹巨细，相去悬殊，但螭纹形象显然有相似之处，其年代又晚于第二类，应在清前期。证以这两件家具其他构件的造法，放在这个时期也是合适的。

[1] 指故宫博物院藏盖内有乾隆四十三年（1778年）弘历题诗，底有宣德款的剔红双螭灵芝纹盒，编号107779；宣德款剔红双螭灵芝海水纹椭圆盘，编号107868。

6·27　官皮箱座上的螭纹（清前期）

6·28　罗汉床围子上的螭纹（清前期）

6·29　条案挡板透雕灵芝兔石纹（明前期）

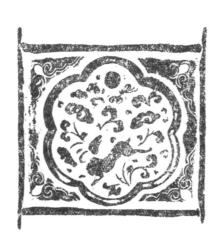

6·30　明初曹氏墓中出土银镜架灵芝兔纹拓本

6·31　紫檀宝座靠背上的莲花纹（明前期）

6·32　紫檀扶手椅靠背开光牡丹纹（明前期）

6·33　镜台靠背上的花鸟纹（16世纪中叶）

6·34　半桌牙条上的花鸟纹（16世纪中叶以后）

6·35a、b　万历柜柜门上的花鸟纹　　　　　　　　　　　　　　6·36　官皮箱上的花鸟纹（清前期）

第三组九件家具以花卉鸟兽为装饰题材：

　　（一）灵芝兔石纹条案挡板〔6·29〕——附银镜架花纹特写〔6·30〕

　　（二）甲100. 莲花纹宝座〔6·31〕

　　（三）甲77. 牡丹纹开光官帽椅〔6·32〕

　　（四）甲98. 花卉纹官帽椅式宝座（见68页）

　　（五）戊30. 花鸟纹宝座式镜台〔6·33〕

　　（六）乙43. 花鸟纹矮桌展腿式半桌〔6·34〕

　　（七）丁20. 花鸟纹万历柜柜门（上下两块）〔6·35a、b〕

　　（八）戊35. 花鸟纹官皮箱〔6·36〕

　　（九）乙134. 花卉纹抽屉桌〔6·37〕

　　（一）灵芝肥枝大叶，刀法丰腴多肉，与嘉靖、万历时期瓷、漆器上常见的灵芝花纹，迥异其趣。下有伏兔，图案与张士诚母曹氏墓出土的银镜架花纹非常相似。条案的制作年代应在明前期。（二）莲花纹回旋得势，圆润而密不露地，使人联想到元末明初名漆工张成剔红、剔黑器上的花纹。（三）紫檀椅开光雕牡丹纹一团，仿佛看到了一件宣德剔红的盒盖，加上牙条洼堂肚轮廓柔婉，管脚枨透榫出头，手法较早，我们认为四具大椅是15世纪的宫廷制品。（四）官帽椅式宝座除靠背以牡丹为主题外，全身透雕灵芝、竹叶，花纹及漆色与嘉靖时期的剔彩完全一致，故可定为嘉靖时制品。（五）宝座式镜台，牡丹双凤，质胜于巧。抽屉脸上折枝花卉，处理手法与嘉靖款雕填官皮箱颇为相似。如为此器断代，放在16世纪

中期似较适宜。（六）黄花梨半桌，凤纹形象显然早于第一组的（四）和本组的（七），侧面牙条上的花鸟，近似万历彩瓷所见。其时代当为16世纪后半叶。（七）万历柜柜门上圆下方的开光，也雕凤穿牡丹，与他例相比，既晚于（五），更晚于（三）。加上圈口透雕螭纹，流行于晚明至清初，因此可能是17世纪初的制品，有可能已入清。（八）紫檀官皮箱有云凤及梨花双燕等浮雕，刀工娴熟快利，制作年代应在清初。（九）抽屉桌上的方、圆两种开光。桌用铁力制成，不及紫檀、黄花梨名贵。两端略带翘头，着刀不多，乡土气息浓郁。这些都足以说明它和以上八例不属同一体系，而是另一阶层的日用家具。正因如此，用以上八例来和它比较衡量，除看出它们的不同外，很难解决或提示其他问题。此桌现在只能说产于明代南方，而一时难定其确切年代。

6·37　抽屉桌抽屉脸上的花卉纹（明）

6·38 圈椅靠背开光中的麒麟纹〔明中期〕

6·39 交椅靠背上的麒麟纹〔明晚期〕

第四组四件均以麒麟为雕刻题材：

（一）甲84. 圈椅靠背开光〔6·38〕

（二）甲93. 交椅靠背板〔6·39〕

（三）戊43. 高面盆架中牌子〔6·40〕

（四）甲72. 扶手椅靠背板〔6·41〕

四件可分为三类。（一）无疑是不同凡响的明代家具雕刻精品。开光以壸门轮廓为外框，麒麟怒吻奋张，鬃鬣竖立，身蹲尾卷，神采奕奕。更以火焰飞动于前，云气点缀于上，把这块装饰刻绘得有声有色。这是作者参酌了元明织物及铜石雕刻中的狻猊形象，加进了个人的想像，找到了适合

表达此兽的雕镂刀法才创造出来的。其时代当在明中期。（二）、（三）两例和（一）相比，应当自惭形秽，它们已经程式化，看不出作者的个性和风格。其时代亦较晚，不能早于万历。（四）是榉木椅上的雕刻，和第三组例（九）有共同之处，都是民间制品。不过麒麟形象臃肿，流云只是填塞空间，漫无意趣，其艺术价值比起纯朴坦率的抽屉花纹来，又大为逊色。惟其时代则未必很晚，可能为明后期。

综上所述，可知我们对明式家具年代鉴定的知识是很不够的。上面讲到了从几个方面来鉴定时代早晚，除了凭借少数家具上的花纹对具体断代多少能提出一些看法外，其余大都只能区分明式和清式，而且有的鉴定标准不一定很可靠，仅有参考价值而已。

我们对明式和清式的区分，应该说是清楚的。凡明显为清式的家具，当然不在本书范围之内。不过某些总的造型还保留着明式，而局部制作已出现清式手法的家具，还是收为实例。对这一部分家具的断代，倒是比较有把握的，反而是对不少纯为明式的家具，断代颇费踌躇。主要是由于形式早不一定时代早的情况每每存在的缘故。

我们当然不满足于现有的一点鉴定年代的知识，这离揭开奥秘，弄清历史真相相去尚远。我们只有进行广泛的调查研究，深入的思考探索，才能摸清规律，总结出一套比较科学的准确断代方法来。

6·40 高面盆架中牌子上的麒麟纹〔明晚期〕

6·41 扶手椅靠背上的麒麟纹〔明晚期〕

乙、关于家具的改制问题

传世的明及清前期家具，有不少经过改制。改制的原因不一，品种和方法各异，时代也有早有晚，目的都是为了得价而易售。现分述如下：

壹·为迎合时代的风尚而改制木色

自清中期以后，由于宫廷及权贵的爱好，紫檀器成为最名贵的家具，其次是红木，形成硬木贵黑不贵黄的一种风尚；于是颜色浅的花梨制品，在木工完成后，即被染刷成深色。就是传世的黄花梨器，有的也不能幸免。颐和园藏的明插肩榫炕案〔乙22〕和清前期雕螭纹半桌〔乙42〕，均呈紫黑色，细看乃是黄花梨。它可能是在清中期以后被染刷，至今尚未还其本来面目。笔者家中旧藏的一具黄花梨翘头案〔乙82〕，铁力面心，民国初年购于北京，亦被刷成深色，目的在顶替红木，兼可掩盖面心和外框用料不一致的缺憾。此案是我自己动手将它退色还原的。据老匠师石惠、李建元称，上述刷深色的情况，到30年代开始变化，那是由于西洋人喜爱有纹理的本色家具，黄花梨器身价骤增，于是鲁班馆等地家具店，不仅将染深的黄花梨器退色还原，就连红木器也要洗刷刮磨，加染黄色，充当黄花梨出售。以上是二百年来硬木家具染色变更的概况，它们虽未大遭斤斧，只是表面染色见新，实际上也是经历了一番改制。

贰·为修整软屉破损而改制

传世硬木家具中的凳、椅、床、榻，有软屉与硬屉之分。软屉指边框打屉眼，用棕、藤、丝线等编织成的屉〔6·42a、b，6·43a、b，6·44a、b〕，软屉四周用木条压边，钉竹钉或木钉固定。有的软屉边框底面还开槽，透眼打在槽内。软屉编成后，槽口用木条填盖〔甲12〕。这样造的软屉，上下都有压边6·45。硬屉指边框打槽装板的屉，装板有的与边框平齐，有的落堂做，稍稍低于边框。软屉是苏州地区的主要造法，自明代一直延续到本世纪。当地虽也造硬屉，但为数较少。近二三十年，因细藤工日少，硬屉才取代了软屉。硬屉是苏州以外地区，主要是广州地区的造法，所见家具，不论时代早晚，除床榻有软屉者外，其他品种，都用装板法制成硬屉。徽州地区的明代椅具，也用硬屉。

软屉藤编细密，坐卧时屉面因受压而下凹，做联结框边的木带呈弯形。它较硬屉舒适，但不耐长期使用，少则数十年，多或百余年，藤屉便破损，须重新编穿新屉。留传在北方的明及清前期家具，多数为苏州地区制品，故十之八九为软屉。原来软屉尚未残破的家具，除故宫、颐和园等处有少数存在外，民间可说百无一二。因此，约半个世纪以来，鲁班馆等家具店收进的软屉家具，藤屉多已

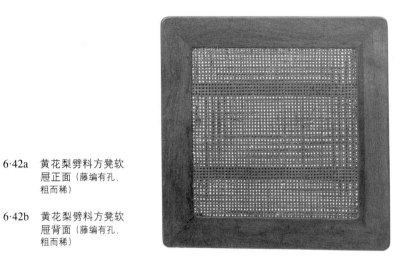

6·42a　黄花梨劈料方凳软
屉正面（藤编有孔，
粗而稀）

6·42b　黄花梨劈料方凳软
屉背面（藤编有孔，
粗而稀）

6·43a　榉木小灯挂椅软屉
正面（藤编不留孔，
较细）

6·43b　榉木小灯挂椅软屉
背面（藤编不留孔，
较细）

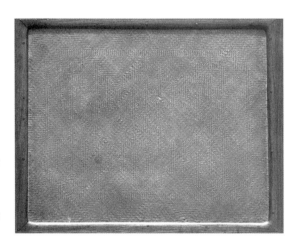
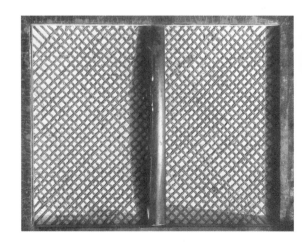

6·44a　黄花梨高扶手南官
帽椅软屉正面（藤
编，极细）

6·44b　黄花梨高扶手南官
帽椅软屉背面（藤
编，极细）

6·45　紫檀方凳软屉藤编
拆去后背面的情况

残破，只有把它修整好才能出售。不过，自清晚期以来，北京细藤工早成绝艺❶，致使软屉无法复原。在不得已的情况下，北京家具店创造出一种用杂木板贴草席来代替软屉的造法。它工料两省，可以获利，外观又洁净悦人，故近年经北京修理的原为软屉的凳、椅、床、榻，尤其是售往国外的，几乎全部被改成这种贴草席面的板屉。

贴席板屉的造法，是先把屉子的四框打开，去掉弯带，另换直带，将软屉残留的藤条棕索去净，把打有屉眼的边框里口踩深，以便容纳贴席的木板。木板因不外露，且要求它质地松软，有利与草席粘合，故不用硬木，而以价廉的松、楸等杂木为宜。木板底面或开带口穿直带；或不开口，只靠直带在下承托。带眼可利用原来的弯带眼，倘不适用则另凿带眼，将原有的弯带眼堵没。木板上面涂刮用猪血料、土粉子或砖灰调成的糊状腻子，按屉面大小裁一方台湾草席，浸湿后趁腻子未干时贴上去，紧紧按压，使其粘着牢固。草席四边仍用木条压盖，匠师称之曰"压席边"，用木钉或竹钉固定。边框背面的穿孔，用腻子填堵。木板背面或刷血料，或刷生漆，掩盖新换木板的痕迹。在上述造法的基础上，后来发展得更为简易。边框只把两根抹头的里口踩深，杂木板两纵端搭在上面，板面与大边的里口齐平，直带则与上面的造法相同。板面和大边的里口涂刮血料腻子，粘贴草席。木板从背面看难免露缝隙，可用贴布条溜缝的办法，将其遮没，最后背面也通体刷血料

或生漆。

据老匠师石惠、李建元等相告，木板贴席，古无此法，是近几十年才有的。用他们的话说："我们修理了几十年硬木器，从未遇到过一件旧的木板贴席活。那些被艾克、杜乐门买去的席面家具，有一大部分就是经我们手改装的，难道我们还不知道底么?!"石、李二位虽没有说出木板贴席的创造者，惟据作者所知，1920 年前后，北京东四南大街路西灯市口附近，以经营官窑瓷器及紫檀家具闻名的古玩铺荣兴祥，铺东束鹿人贾腾云已使用席屉代替软屉。贾某善经营，有巧思，铺中请了一批能工巧匠，还有隆福寺的小器作为他加工，木板贴席大概就是这些人为他琢磨出来的。总之，此法绝非古制，这是北京了解硬木家具者公认的事实。

我们必须指出，木板贴席不是一个好办法。为了改装席屉需去掉原有的弯带，并把边框里口踩深，所以不免"伤筋动骨"，实际上是一种破坏，而不是修复。严格说来，只有恢复藤棕编织，才是修复软屉的惟一正确方法。

说到这里，不能不指出美国埃利华斯在软屉、硬屉问题上的错误认识。在他所写的《中国家具》一书中，第七章专讲椅屉。开宗明义他就说："椅座构造的变更对中国家具的断代有重要的意义。中国硬木家具的椅座有两种基本构造。一种是木板上贴席的硬座，另一种是用藤、棕编织的软座。"他把近几十年才开始有的一种破坏性的修理方

❶ 乾隆十四年纂刊的《工部则例》卷二十一——二十二为《藤作》，此书至嘉庆十四年又重印，仍有《藤作》，推测造办处内此作的衰落，当在清晚期。《藤作》则例见第五章丙部分。

6·46 鸂鶒木小翘头案〔腿
足截短改为炕案〕

法，误认为是中国传统的两种基本构造之一，这是由于他只看到某些现象，没有到中国来调查研究、接触实际，了解其所以然的缘故。至于该书的其他有待纠正之处尚多，这里就不絮及了。

叁·为降低家具的高度而改制

自从我国传统家具得到西洋人的重视并大量购置使用后，许多椅子和桌案被改矮了，这是为了迎合西方人士的生活习惯，以利销售。因为椅子只有降矮其高度，才能加上厚厚的软垫；桌案只有改矮后，才能放在沙发前当沙发桌使用。

椅子改矮的方法是截腿。明式椅子椅盘下多打槽安装券口。我们知道券口打槽到管脚枨上皮而止，是不通到足底的。如腿子截短，管脚枨上移，足底必然露出槽口。即使这里的槽口被填堵，还是能看出痕迹。椅子是原来头还是被人改矮，从有无槽口便可以分辨出来。

桌案改矮，也是截腿，但有从腿下端截和从上端截两种办法。下各举实例：

一、鸂鶒木矮翘头案　从此案现状来看，身甚矮而吊头特长，不成比例，故匠师一望而知是用高形的小翘头案改成的。它从下端把腿截去，因两足之间原有横枨，故不能留得太长，以免留有榫眼痕迹。截短后，原有的托子仍旧安上，乃作今状〔6·46〕。据木工温师傅称，改制时间在1940年前后，是为销洋庄而这样做的。

二、黄花梨条凳　见艾克《图考》图版74上〔6·47〕。按翘头一般用在高形的案形家具上，此器有束腰，为桌形结体，尺寸又矮，故入目即予人一种异常的感觉。细观图版，足底马蹄乃用木片贴补后挖成的，右前足尤为明显。故知它原为高条桌，腿足下端被截去，改成所谓的"条凳"。翘头很可能是硬加上去的。

三、黄花梨矮桌　见埃氏《中国家具》第96、96a〔6·48a、b〕。此为高桌从上端截腿，改成矮桌的例子。高桌为四面平式，腿足上端用圆转角与边、抹相交，故上端截短后，必然欠缺，只有贴补三角形木片，才能造出圆

6·47 黄花梨条凳示意图〔下端截腿贴马蹄〕艾克《中国花梨家具图考》图版74上

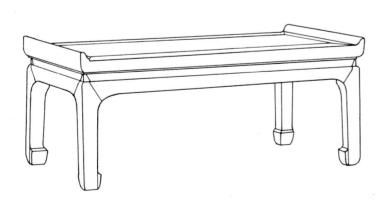

6·48a、b 黄花梨四面平矮桌示意图（原为高桌，因腿足上端截去一截，故必须贴补始能与上面的构件交圈）

婉的转角来。从图版上可以清楚地看出贴补痕迹，其中以96的右前腿、96a的右后腿和左前腿最为明显。

肆·为构件残缺而改制

这里首先谈到的是一件并未看到实物而只见到照片的大椅〔6·49〕，但我们相信它是被人改制过的家具。改制者可能有一件下部残缺而靠背完整的大椅，后来却为它找到了一件尺寸合适的长方大杌凳，就把靠背和扶手安装了上去。它使人看起来很别扭，这主要在它的下部。大家知道，椅子有束腰及马蹄的，在千百件中，也难找到一两件，再加上足底没有管脚枨，因而无法安券口，但它却有霸王枨，如此的实例更从未见过。我们不妨说，这样的造法，只有杌凳有，而椅子是没有的。大椅的鹅脖系另安，与前腿不是一木连做。后腿的造法从照片虽难看清，但推想上下也像是两木分做的。

六足的高面盆架有时因后两足上部的搭脑、挂牙、中牌子等构件残缺，配制耗费工本，故家具商索性将后两足截短，改成六足的矮面盆架出售。

更为常见的改制，是把架子床改成罗汉床，原因是架子床上部的构件多，又可拆卸，故容易散失不全。

罗汉床如系由架子床改制，可从以下几处察觉出来：

一、架子床床屉的大边和抹头，必须凿眼安立柱，如原为有门围子的六柱床，则正面大边距两端一尺多的地方，还会有安门柱的榫眼。改为罗汉床后，在这些安立柱凿榫眼的部位，必然可以看到堵榫眼的痕迹。

二、架子床的床围子三面等高，而罗汉床的围子必然后高旁矮。如看到罗汉床三块围子等高，就可以看出是架子床改的。改制者为了掩盖这一破绽，不是将后围子加高，就是将两旁的围子减矮。但不论是加高或减

6·49 大扶手椅（疑为大杌凳及扶手椅的上部拼凑而成）美国纳尔逊美术馆藏并供稿

6·50 罗汉床（床围子当用
架子床床围子改制）
美国纳尔逊美术馆藏
并供稿

矮，总难做到全无痕迹。

三、架子床原来四角有立柱，两旁围子的边框立材须栽榫和立柱相交。罗汉床因无立柱，两旁围子迎面的一根立材就无栽榫的必要。故凡两旁围子的迎面立材有堵没榫眼痕迹的，就说明它原来是架子床上的围子。

四、架子床改为罗汉床后，两根后柱撤除，后围子必须加长到原来后柱的分位，才能与两旁的围子撞严，并用走马销连接。因此改成罗汉床后，后围子两端可以找到各加长约一寸的痕迹。

下举架子床改为罗汉床两例：

（一）丙11.黄花梨绦环曲尺围子罗汉床，见艾克《图考》图版26。此床三块围子等高；两旁两块围子迎面立材各有两处堵没榫眼的痕迹；三块围子都经拆改，不是加长而是截短，去掉了最后一个⊏形框格，致使绦环图案不复完整。更不合法的是后围子撞到旁围子上，背离了旁围子应该撞到后围子上的常规造法。这一切都说明此床不是"原来头"，而是用架子床改制的。由于围子是去短而不是加长，故很可能床身并非原来的架子床，而是另找到了一具较窄的床身，硬把架子床围子改制后安了上去。

（二）丙12.黄花梨四簇云纹围子罗汉床〔6·50〕，见艾克《图考》图版25。此床现藏美国甘泽滋城纳尔逊美术馆。承馆长史协和先生（L．Sickman）见告，床屉边抹上有堵没床柱榫眼的痕迹。再看两旁围子迎面立材，果有堵没栽销榫眼的痕迹。后围子亦被加长，还添了两根立材作为后围子的抹头，为的是加长到立柱的分位，使两块旁围子能和它撞严。故此床为架子床改制，已无可疑。值得指出的是三块围子却是后高旁矮。经观察，三块围子原来都有亮脚，改制者保留了后围子的亮脚，而去掉了两旁的亮脚，这样就有高矮之分了。家具商之狡谲，亦于此可见。

伍·为实用易售而改制

明及清前期家具中某些品种，由于生活改变，现已失去其实用价值，或因尺寸太大，难得买主，因而被改制。

黄花梨火盆架〔戊45〕，当作者1958年在鲁班馆龙顺成第一次见到它时，面上仍有可将火盆坐入的大圆洞，而支垫火盆的铜泡钉也尚在。待1960年前后，在王府井硬木家具门市部再见到时，已被改成一个大机凳。这当然是由于现代不用火盆取暖，不改制不容易售出的缘故。不过，作为一个博物馆却应收为藏品，保存一件比较罕见的明式家具品种。

黄花梨架几式书案〔乙124〕，鲁班馆张获福于1955年前后在海淀收得，经石惠师傅手修整。据张本人面告，在修理时，将案面截去约二尺，现长192.2厘米。他认为如不截短，书案长度将达2.5米，不论中外买主，都会嫌它太长，于是便将它改短，以图容易脱手。大器改小，我们认为十分可惜，是一

6·51　两屉抽屉桌〔疑用八仙桌等改制〕　　　　　　　　　　6·52　带屉板小翘头案示意图〔屉板为后加〕

种破坏，不过家具商为了经济利益，是难免要这样做的。

陆·为追求罕见品种而改制

　　我们知道，在明式家具中抽屉桌是一个罕见的品种，但抽屉桌可用作书桌，所以又是一个受人欢迎的品种，销洋庄更可以得到善价，这就促使家具商利用半桌、方桌等改制抽屉桌。下举一例：

　　两屉抽屉桌〔6·51〕。改制此桌用的是黄花梨八仙桌的腿足。可能由于黄花梨抽屉只有两具，加起来不够宽，所以将腿足缩进，造出吊头，改成案形结体，桌面两端还加上了翘头。殊不知足下带马蹄是有束腰桌形结体的造法，摆在翘头案下，显得不伦不类。北京的老匠师是深谙明式家具的造型规律的，不过，当店东为了牟利而指使他们胡

拼乱凑时，他们也只好勉为其难了。

　　小条案在明式家具中是常见品种，但条案面板下又带屉板的颇少见。埃氏《中国家具》第71的一件条案〔6·52〕，据称身为黄花梨，屉板则为红木，用料既异，大失法度，且屉板下降太低，背离了此种小案的形式，故不需看实物，凭图片即可断定为拼凑臆造的。

　　以上只就常见的几种改制加以叙述，实际上，家具商配补修改，因器而异，手法多端，难以究诘，如果不是恭恭敬敬，向匠师们请教，承他们手指面授，告知底蕴，往往是不易察觉的。北京鲁班馆的十几家硬木家具店，半个世纪以来，不知修复了多少件明及清前期家具，大量残缺破损的器物得以续命延年，有的还免遭变为秤杆、算珠之厄，他们是立了大功的。不过，为了牟利易售，他们不惜任意拆改，东拼西凑，也破坏了不少有文物价值的家具，这同样是不容否认的事实。

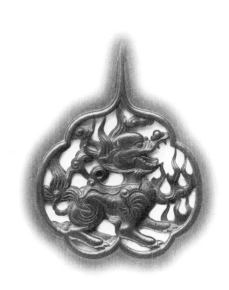

附录一

名词术语简释

说　明

1. 简释所收名词、术语依汉语拼音次序排列，以《新华字典》为据。个别例外，是由于某些字北京工匠有他们习惯的读法。例如：矮老的"矮"，读 ǎi 不读 ǎi；洼面的"洼"，读 wà 不读 wā；委角的"委"，读 wō 不读 wěi。

2. 为了叙述便利，作者在书中使用了少数自己创造的名词，今在其右上角加 *，以资区别。

3. 简释后面的数字编号有三种写法：

　①冠有甲、乙、丙等字样的数字为图版号。

　②有中圆点的数字为插图号。例：3·5，即第 3 章中的第 5 图。

　③斜体数字为页号。

　读者可通过数字编号在书中找到和名词、术语有关的文字或图片。

4. 凡经本书多次使用的名词和术语，没有一一列举其出现的页数，而只选一两处比较能说明问题的文字或图片注明其页号或图号。

A

ǎi	矮火盆架	用以支承取暖炭盆的矮架 x 子，多用一般木材制成。*222*
	矮面盆架	腿足等高的矮形面盆架。戊 40, *219*
	矮形桌案*	几种低矮桌案的总称，包括炕桌、炕几、炕案等。*071, 078*
	矮桌展腿式*	有束腰高桌形式之一。上部有如一张矮桌，一般有雕饰，其下圆足光素，貌若可分，实为一器。乙 43, 乙 59, *094*
ài	矮老	短柱，多用在枨子和它的上部构件之间。甲 8, *024, 246*
àn	案	腿足缩进安装，并不位在四角的家具为案。但有个别例外。*078*
	案形结体*	家具造型采用腿足缩进安装的造法。*104, 127*
	暗抽屉	不安拉手，外表不明显，貌似装板的抽屉。乙 60, 乙 105
	暗回纹	用藤编出的一种十分精细的软屉纹样。4·38b, *280*
	暗锁	钥匙孔被金属饰件遮盖，表面上不明显的锁。戊 23, 戊 37
āo	凹面	即洼面。*261*

B

bā	八宝	源于佛教，以轮、螺、伞、盖、花、罐、鱼、肠为题材的图案。*276*
	八步床	拔步床之异称。*158*
	八仙桌	适宜坐八个人的方桌。乙 45, *095*
bá	拔步床	床前有小廊的架子床。丙 19, 2·33, *158*
bà	霸王枨	安在腿足上部内侧的斜枨。下端用勾挂垫榫与腿足接合，上端承托面板下的穿带。甲 25, 乙 30, 3·37, *246*
bái	白茬	用一般木材造成，不打蜡或上其他涂料的家具。*089*
	白蜡	硬木家具烫蜡时所使用的白色蜂蜡。*301*
	白石	家具上使用的白色变质岩。*280*
	白铜	铜、镍、锌的合金，用以制造家具上的金属饰件。*300*
bǎi	百宝嵌	用多种珍贵物料造成的花纹镶嵌，多施之于硬木家具或漆木器。丁 43, 戊 44, *279*
	百衲包镶	用薄而小的木片或其他物件作为家具的装饰贴面。*134, 277*
bǎn	板凳	日用长凳，多用一般木材制成。*037*
	板足	炕几、条几用厚板造成的足，或虽非厚板而貌似厚板的足。乙 16, 乙 62
bàn	半踩地	《则例》语，花纹与地子约各占一半的浮雕。*269*

	半槽地	北京工匠用语，花纹与地子约各占一半的浮雕。"槽"当为"踩"一音之转。269
	半榫	榫眼不凿透，榫头不外露的榫卯。3·15, 233
	半桌	约相当于半张八仙桌而略宽的长方桌案。乙38, 089
bāo	包角	镶钉在家具转角处的金属饰件。乙10, 4·40c
	包镶	用一般木材造胎骨、薄片硬木造贴面的家具。277
bǎo	宝塔纹	苏州工匠语，指榉木层层叠起的天然纹理。5·6a, 295
	宝座	显示尊贵身份的特殊座具。甲98, 甲99, 068
	宝座式镜台	台上有靠背及扶手，造型如宝座的镜台，一般有高度雕饰。戊30, 210
bào	抱鼓	在墩子上的鼓状物，用以加强站牙，抵夹立柱。戊2, 戊48
	抱鼓麻叶云	《则例》语。墩子上的抱鼓和墩子尽端的鞋履状，其上雕有云纹。戊48
	抱肩榫	有束腰家具腿足上部与牙条接合的榫卯。3·30, 242
bǐ	笔管式棂格	用横竖直材界出仰俯"品"字形的棂格。丙8, 丙15, 丁7
	笔管式鱼门洞	窄而长的开孔，有如横放的笔管，近似炮仗筒鱼门洞，但开孔较窄。乙44, 075
bì	算子	屏风边框内的方格木骨，以便糊纸或织物，多用一般木材制成。戊2
biān	边簧	在装板面心四周踩出的长条榫舌。乙14, 3·24, 239
	边框	用大边及抹头，或用弧形弯材攒成的方形、长方形、圆形或其他形状的外框。239
	边抹	大边与抹头合称边抹，方形的及长方形的边框由此二者构成。262
	边线	沿着构件的边缘造出高起的阳线或踩下去的平线或阴线。甲3, 乙25
biǎn	扁灯笼框	将灯笼框横过来成为扁方形的图案。丙16
	扁圆卡子花	⬭ 形卡子花。316
biào	鳔胶	用鱼鳔制成的胶。301
bīng	冰裂纹	"冰绽纹"的别称。甲64
	冰盘沿	指边框外缘立面各种上舒下敛的线脚。甲8, 261
	冰箱	贮放天然冰的容器。方形撇口，锡里，木板作壁及盖下有几座，多为清代中晚期制品。312
	冰绽纹	模仿天然冰裂的图案，如用短而直的木条做成冰裂状的棂格。甲64
bǐng	饼盘沿	冰盘沿或写作饼盘沿。261
bō	波纹	窗棂图案之一，见《园冶》，也用在家具上。丁8
	波折形	模拟织物下垂或荷叶边弯曲的形状。乙31
bó	博古	以各种文玩器物为题材的装饰图案。乙9
bù	步步高赶枨	椅下分散枨子交接点的造法之一。踏脚枨最低，两侧枨子稍高，后枨最高。甲56, 3·14b, 234
	步步紧	棂格的造法之一。方格逐步向中心收缩。常见于明清建筑的支摘窗及槅扇。丁12

C

cǎi	踩	《则例》及北京匠师用语，可上溯到宋《营造法式》的"采"，有减低或造出之意。如"踩地"，谓将花纹之外的地子去低，使花纹突出。"踩边簧"谓将面心板四周去低，造出边簧，以便装入边框内缘的槽口。乙11, 乙41, 戊15, 3·24
	踩地	见上。

cǎo	跴	《则例》"踩"往往写作"跴"。269
	草龙	程式化龙纹之一，肢尾旋转如卷草。4·26
	草席贴面硬屉	藤编软屉年久破损，细藤工濒于失传，故自20世纪以来，家具店用木板粘贴草席来代替。是一种带破坏性的修配方法。325
cè	侧脚	古建筑用语，相当于北京匠师所谓的"挓"，言家具腿足下端向外挓开。020, 253
chā	插肩榫	案形结体的两种基本造法之一。腿足上端出榫并开口，形成前后两片。前片切出斜肩，插入牙条为容纳斜肩而凿剔的槽。拍合后腿足表面与牙条平齐。甲52, 3·35, 040, 244
	插肩榫变体*	案形结体的一种罕见的造法。剔削腿足外皮上端一段而留做一个与牙条、牙头等高的挂销。牙条、牙头则在其里皮开槽口，与挂销结合。3·35c
	插门	官皮箱、药箱、书箱有时采用此种装置。独扇板门，下边裁榫，插入门口的榫眼内，推着可将门关好。门上一般安锁，或由安在箱顶的金属饰件将门扣牢。戊36
	插屏式围子	罗汉床的五屏风或七屏风围子，安装时正中一扇嵌插到左右两扇的边框槽口内，因与插屏式座屏风相似而得名。丙14
	插屏式座屏风	可装可卸的座屏风。底座立柱内侧有槽口，屏扇两侧有槽舌，可将屏扇嵌插到底座上。戊2, 195
	插销	板条角接合，两条格角相交处都开槽口，插入木销，用以代榫。236
chá	茶几	会客时置放茶盏的高几，入清始流行，当从香几演变而来。乙30, 312
	茶乌	乌木的一种。293
chái	柴木	一般杂木，言其价贱，可作柴烧用。297
chán	缠枝莲纹	有卷转枝叶的莲纹。272
	禅椅	可供僧人盘足趺坐的大椅。甲79, 甲88
chǎn	铲地	用光地作地子的浮雕花纹。光地须用铲刀铲出，故名。甲33, 甲36, 269
cháng	长凳	无靠背狭长坐具的总称。037
	长短榫	腿足上端出两榫，与大边、抹头底面的榫眼相交，因一长一短而得名。3·28—3·31, 241
	长方凳	长方形的杌凳。甲1
cháo	朝衣柜	柜门两旁有余塞板的宽大四件柜，因朝服不用折叠便可放入而得名。丁43
chě	砗磲嵌	用一种名叫砗磲的大贝壳作嵌件的镶嵌。279
chě	扯不断	可无休止延伸的长条图案，如⟋⟍⟋。265
chè	彻	全部用某一种贵重木材制成的家具。如全用紫檀曰"彻紫檀"，全用黄花梨曰"彻黄花梨"。戊22
chéng	枨子	用在腿足之间的联结构件。021, 246
chī	螭虎灵芝	以螭虎及灵芝为题材的图案。甲31, 丙7
	螭虎龙	螭纹的俗称。274
	螭虎闹灵芝	螭虎灵芝纹的俗称，尤指二者纠结在一起的图案。273
	螭纹	从龙纹变出的动物形象。一曰龙无角为"螭"，但有的螭纹有角。甲66, 317
chóng	重叠式棋桌	桌面可以展开并叠起的棋桌。乙131
chōu	抽屉	占用家具内部空间，安装可以推入抽出的容具。乙2, 丁38, 136
	抽屉架	设在柜内或架格上用以支架抽屉的装置。丁23
	抽屉脸	抽屉正面外露的部分，谓如人的脸面。乙24
	抽屉桌	窄长而有抽屉的桌子。乙133, 143
chū	出梢	"梢"，北京匠师读作shào，不作shāo，指面心的穿带，一端较宽，向另一端稍稍窄去。3·2, 229

chú	橱	南方称柜曰橱，是一种主要用以储物的家具。178
chǔ	杵榆	坚桦的别名。296
chuāi	揣揣榫	板条角接合，两条各出一榫的为"揣揣榫"，有如两手各揣一袖。3·18a、b，236
chuān	穿带	贯穿面心背面、出榫与大边的榫眼结合的木条。3·2，229
	穿销	木销贯穿构件的里皮，出榫与另一构件的榫眼结合，常在牙条上使用。3·45，251
	穿衣镜	由独扇的座屏风演变而成，可以照出人体全身的长镜，清中期始渐流行。194
	穿枝过梗	层次多而深的透雕。270
chuàn	串进	《鲁班经匠家镜》语，有两件合成一件之意。如圆桌"串进两半边做"，是说圆桌由两张半圆桌拼合成一张。139
chuāng	窗齿	《鲁班经匠家镜》语。素衣架两根桄子之间的直棂，近似窗棂，故曰"窗齿"。217
chuáng	床	各种卧具的总称。149
	床围子	安装在罗汉床、架子床床面上，近似短墙或栏杆的装置。丙5、丙8、丙15，152
chuí	锤合	在白铜饰件上锤打红铜，造出两色花纹。281，300
chūn	春凳	宽大的长凳。甲53，037，041
chuò	绰幕	《营造法式》大木构件名称。与夹头榫结构腿足上端嵌夹牙条的造法相似。243
cuān	攒尖入卯	《营造法式》语，将格肩的三角尖插入榫卯。即北京匠师所谓的"大格肩"。3·10a、b，232
cuán	攒	用攒接的方法造成一个构件叫"攒"，与"挖"相对。265
	攒边打槽装板	大边及抹头的里口打槽，大边上凿眼，嵌装面心板的边簧及穿带。桌案面及硬屉的凳盘、椅盘等多用此造法。3·24，238
	攒边格角	大边与抹头合口处，各斜切成45度角，以便攒成框，是谓攒边格角。3·23a、b，238
	攒边装板围子	用攒边打槽装板的方法造成的床围子。丙7、丙14
	攒边做	大边出榫，抹头凿眼，攒成边框的造法。3·23a、b，114
	攒斗*	攒接与斗簇两种造法的合称。265
	攒角牙	用攒接方法造成的角牙。乙55、乙75
	攒接*	用纵横或斜直的短材，经过榫卯攒接拍合，造成各种透空图案。甲19、乙93，265
	攒接围子*	用攒接的方法造成的床围子。丙9、丙10
	攒靠背	用攒框分段装板方法造成的椅子靠背。甲67、甲87
	攒框	用攒边方法造成的边框。3·23a、b，239
	攒牙头	用攒接的方法造成的透空牙头。甲19、乙55
	攒牙子	用攒接的方法造成的透空牙子。乙47、乙61、乙100
cuó	矬书架	矮型的书架，约相当于一般架格的一半高度。丁10

D

dā	褡裢桌	书桌的一种，由于中间的抽屉高，两旁低，使人联想到钱褡裢而得名。乙121、乙122，136
	搭板书案	由两个有抽屉的几子支承案面的架几案式书案。乙124，127
	搭脑	椅子后背最上的一根横木，因可供倚搭头脑后部而得名。引而广之，其他家具上与此部位相似的构件也叫"搭脑"。042
dǎ	打槽装板	凡用开槽口的方法嵌装板片的均可称之为打槽装板。甲67

	打洼	"洼"北京匠师读作wà，不作wā。线脚的一种，把构件的表面造成凹面。甲19，4·5a
dà	大边	四框如为长方形，长而出榫的两根为大边。如为正方形，出榫的两根为大边。如为圆形，外框的每一根都可称之为大边。239，261
	大床	《鲁班经匠家镜》指床前有廊，廊两端开门的大型拔步床。北京匠师用此泛指大于罗汉床的架子床和拔步床。158
	大雕填	北京文物业称"款彩"漆器曰"大雕填"。戊3，196
	大方杠箱	《鲁班经匠家镜》语。两人穿杠抬行的大提盒。2·38，208
	大格肩	格肩榫的三角尖插入与它相交的榫眼。3·10a — d，236
	大进小出	榫子前小后大，因而入卯处眼大，露榫子处眼小。3·12，233
	大理石	广义泛指各种变质岩，狭义指云南点苍山出产的大理石。298
	大面	长方形家具正面大于侧面，故正面为大面，侧面为小面。大面亦称"看面"。233
	大琴桌	大条桌的别名。104
	大汕	清初僧，字石濂，善设计硬木家具。011
	大条凳	狭长坐具，常用来承放沉重物品。甲45，037
	大挖	用大料挖制弯形的构件曰"大挖"，一般指挖制鼓腿彭牙的腿足。乙4、乙6
	大挖马蹄	鼓腿彭牙腿足的马蹄。073
	大挖外翻马蹄	三弯腿外翻较多的马蹄。甲25、乙8
	大叶榆	榉木的别名。295
dài	带	联结大边的横木，包括穿过面心板底面的"穿带"，用在软屉下的"弯带"等。3·2，229，233
	带口	在面心板背面，为"穿带"开出的槽口。3·2，233
dān	单矮老	每个矮老之间的距离相等，有别于双矮老、三矮老等的分组排列。095
	单榫	构件一端只出一个榫子。3·11，3·16c
	单银锭榫	闷榫的造法之一，构件一端出一个银锭榫。3·16a、b，235
	丹凤朝阳	以凤及太阳为题材的图案。4·28b
dǎng	挡板	有管脚枨或托子的炕案、条案，在枨子或托子之上两足之间，打槽安装的木板，往往有雕饰。乙21、乙23、乙88
dǎo	倒棱	削去构件上的硬棱，使它柔和。262
dào	倒挂花牙	《鲁班经匠家镜》语，上宽下窄，纵边长于横边的雕花角牙。戊8、戊43
dēng	灯草线	饱满的阳线。甲53、甲77，261
	灯杆	灯台正中上承灯盏的立木。戊47
	灯挂椅	靠背椅的一种，后背高而窄，似南方挂油灯盏的竹制灯挂而得名。甲54，042
	灯笼锦	用斗簇或斗簇加攒接方法造成的方形、圆形等的图案。丙12、丁31，265
	灯笼框	门窗、槅扇常用一种棂格，因似灯笼的框架而得名。丁12
	灯台	底座中植立木，上承灯盏的照明用具。222
dèng	凳	无靠背坐具。020
	凳盘	凳子的屉盘，一般用四根边框中设软屉或木板硬屉造成。甲17
dǐ	底枨	柜子最下一根打槽装底板的枨子。178
	底座	家具底部的座。戊24，203
dì	地栿	座屏风贴着地面的横木。戊1

diàn	地平	室内为安放家具而设的平台，宝座、屏风、拔步床等多有此设置。丙19，戊1
diàn	蜔沙地	用螺蜔屑调漆造成的有细点闪光的漆地。丁4
diāo	雕花衣架	《鲁班经匠家镜》语。有雕饰的衣架。戊38，217
	雕填	漆木家具常见的一种髹漆造法。用填漆或描漆造花纹，再用铲金钩轮廓。即《髹饰录》所谓的"铲金细钩描漆"或"铲金细钩填漆"。丁36
diào	吊牌	吊挂在金属饰件上用作拉手的牌子，常在抽屉及柜门上使用。4·43e，283
	吊头	案形结体家具，腿足缩进安装，案面探出在腿足之外的部分叫"吊头"。038
dié	叠涩	《营造法式》语。须弥座束腰上下依次向外宽出的各层叫"叠涩"。家具上的托腮可溯源至此。254
dīng	丁字形接合	横竖材中的一根一端出榫，另一根身上凿眼，二者接合如"丁"而得名。3·8a—3·13c，231
dǐng	顶柜	四件柜放在立柜之上的一件叫"顶柜"。亦名"顶箱"。184
	顶架	架子床的床顶叫"顶架"。159
	顶球	三弯腿外翻马蹄上的球形装饰。丙11
	顶箱	顶柜的别名。184
	顶箱带座柜	四件柜中的一种。立柜之上，放有带底座的顶箱。丁40
	顶箱立柜	由顶箱和立柜组合成的柜子，即四件柜。184
	顶珠	三弯腿外翻马蹄上的珠状装饰，与顶球之分在大小有别。乙7
dōng	冬瓜桩	圈口的一种造型。四根木条中部都凸出，致使圈口的空当像北方常见的一种冬瓜，如◖◗状。乙105
dǒu	斗拱式	角牙的一种造型。近似明清建筑构件雀替和拱子十八斗。乙42
dòu	斗	斗合、拼凑的意思。家具工艺造法之一。265
	斗柏楠	有旋转花纹的楠木。296
	斗斑楠	有旋转花纹的楠木。296
	斗簇*	用大小木片、木块，经过锼镂雕刻，斗合成透空图案。265
	斗簇加攒接*	用斗簇及攒接两种方法造成的透空图案。267
	斗簇围子*	用斗簇或斗簇加攒接的方法造成的透空床围子。丙12
dū	都盛盘	都承盘的别名。209
	都承盘	盛放各种文具及小件文玩的案头用具。戊26，209
	都丞盘	都承盘的别名。209
	都珍盘	都承盘的别名。209
dú	独板	①指厚板，如椅凳桌案的面，不用攒边法造成，而用厚板。乙64，乙92 ②指整板，如椅子靠背不用攒框分段装板法造成，而用一块整板。甲54，甲91，063
	独板面	条案、架几案等的面板，不采用攒边装板的造法，而用厚板造成。乙64，114
	独板面心	桌案面采用攒边装板造法，但面心板用一块整板造成。乙87
	独板围子	用厚板造成的罗汉床围子。有的椅子和宝座也采用此造法。甲62，丙5
	独眠床	《长物志》语。单人床或榻。149
	独面	独板面的简称。114
	独睡	单人榻。149
duàn	断纹	漆器年久，表面上形成的天然裂纹。乙109，乙120
	椴木	椴树属，学名Tilia。297
dūn	墩子	座屏风、衣架、灯台等底部为树植立木而设的略似

		桥形的厚重构件。戊2
duō	墩座	指墩子本身，或由两个墩子中施横木而构成的底座。戊2，3·43a—c，254
	多宝格	可陈置多种文玩器物、有横竖间隔的清式架格。165
duǒ	朵莲	朵朵不相连属的莲纹。272
	朵云	朵朵不相连属的云纹。乙5
	朵云双螭纹	由朵云及双螭组成的。外形近似如意头的图案，常见于明代椅子靠背上。甲70，甲90
duò	垛边	顺着边抹底面外缘加贴的一根木条，借以增加边抹看面的厚度。多用于裹腿做及一腿三牙罗锅枨式的家具。甲9，乙50，3·44c，025

E

é	鹅脖	椅子扶手下靠前的一根立木，往往与前足一木连做，少数为另木安装。甲69
èr	二人凳	适宜两人并坐的长方凳。甲48，甲49，038

F

fàn	饭橱	苏州地区盛放食物、餐具而有门安透棂的架格为"饭橱"。北方俗称"气死猫"。丁11
	饭桌	炕桌的别名。071
fāng	方材	家具主要构件的断面为方形者称之为"方材"。甲78，044
	方凳	正方形的杌凳。甲2，甲4
	方角柜	上顶方正，四角为90度的柜子。177，184
	方开光	板上开方孔，或方框格内施雕刻，或方形圈口内镶木板或石板，均为"方开光"。178
	方炕桌	桌面为正方形的炕桌。乙14
	方胜	用斜方联结成的图案，如◇◇形，常见于卡子花及铜饰件。甲92，316
	方托泥	方形或长方形家具足下的木框，常见于有束腰家具。甲28，甲86，乙30
	方桌	正方形的桌，包括八仙、六仙、四仙等。乙46，乙49，095
fēi	飞角	《长物志》语，翘头案的翘头。130
fēn	分心花	刻在牙条下缘正中的花纹。丁26，戊9
fēng	封侯挂印	以蜂及猴为题材的吉祥图案。如为马蜂，则又称"马上封侯"。274
	风车式	以◇为主题的棂格图案，取其近似儿童玩的风车。乙1，戊26
fèng	凤穿牡丹	以翔凤及牡丹为题材的图案。丁20，274
fú	扶手	设在坐具两侧，可以扶手及支承肘臂的装置。甲69，甲73，046
	扶手椅	有靠背及扶手的椅子。甲69，甲73，046
	浮雕	表面高起的雕刻花纹。甲22，268
	浮雕透雕结合	浮雕、透雕并用的雕刻花纹。乙16，271

G

gài	盖板	"柜膛盖板"简称"盖板"。丁42
	盖面	线脚名称，即"混面"或"凸面"。261
	盖面刨	用来刨盖面线脚的刨子，刨刃作凹形。261
gān	甘蔗床	榨取甘蔗汁的用具。戊53
gǎn	赶枨	为了椅子腿足的坚实，变换足端横枨、顺枨的高度，使榫眼分散。甲55，3·14a、b，234
gàng	杠箱	《鲁班经匠家镜》语，用穿杠由两人肩抬的大型提

gāo	高拱罗锅枨	中部高起显著的罗锅枨，常见于一腿三牙方桌及酒桌或半桌。乙39, 乙49, 乙128
	高火盆架	高度约与杌凳相等，面心开大圆孔，中坐火盆的取暖用具。戊45, 222
	高丽木	柞木的别称。297
	高面盆架	后足高于前足的面盆架。戊42, 219
	高束腰	束腰较高，能看到壸门台座痕迹的一种形式。乙8, 3·32a、b, 254, 242
gē	搁板	李笠翁语。柜橱内的隔层板。011
gé	槅扇式围屏	造型与槅扇相似的围屏。195
	槅心	槅扇式围屏上相当于格子门上"格眼"的一块，即最高大的一块。195
	格板	架格足间由横顺枨及木板构成的隔层。丁1, 丁2, 165
	格眼	《营造法式》语。宋式格子门上半有透孔的一块。195
	格子门	《营造法式》语。相当于清式建筑外檐装修的格扇门。195
gě	格肩	"格"音gě，北京匠师用作动词，将榫子上端切出三角形或梯形的肩。232
	格肩榫	横材、竖材作丁字形接合，榫子上端切成三角形或梯形的肩，与榫眼相交为"格肩榫"。甲15, 3·9, 232
	格角榫	大边与抹头合口处，造出榫卯，并各斜切45度，是为"格角榫"。3·23a、b, 239
gòng	供案	案形结体的祭祀用案。乙138, 145
	供桌	桌形结体的祭祀用桌。乙137, 145
gōu	勾挂垫榫	用在霸王枨下端与腿足接合的榫卯。3·37, 246
	勾挂接合*	条案纵端的牙条与大面的长牙条作锯齿形的接合。3·7, 231
gòu	构件	现代工程用语。盖指家具中任何一个元件。228, 314
gǔ	鼓钉	坐墩上摹造鼓钉钉帽的装饰。甲33, 033
	鼓墩	①坐墩的别名。甲33, 033
		②桌腿下端鼓墩形的足，近似石柱础。乙43, 033
	鼓腿	向外鼓出的腿足。030
	鼓腿彭牙	有束腰家具形式之一。牙条与腿足自束腰以下向外彭出，腿足至下端又向内兜转，以大挖内翻马蹄结束。甲26, 030
gù	固定式灯台	灯杆固定，不能上下升降的灯台。戊47
guā	瓜棱	模仿瓜形的坐墩棱瓣。甲38
	瓜棱线	腿足分棱瓣的线脚，多见于无束腰方桌及圆角柜等家具上。甲80, 乙50, 丁23
guà	挂灯椅	即灯挂椅，苏州地区或称"挂灯椅"。042
	挂销	腿足上部造来穿挂牙条两端里皮槽口的长条银锭榫。3·30, 241
	挂牙	上宽下窄，纵边长于横边的角牙。即《鲁班经匠家镜》所谓的"倒挂花牙"。乙24, 戊8, 戊43
	挂檐	装在架子床周围的装饰。丙15
guǎi	拐子	拐子纹的简称。273
	拐子龙	一种程式化的龙纹，从龙身生出拐子纹，用以代替肢尾。273
	拐子纹	回纹或主要由方转角构成的图案。甲68, 戊49, 273
guān	官帽椅	扶手椅中的一类，包括"四出头官帽椅"和不出头的"南官帽椅"。046, 050

	官皮箱	一种常见的小型家具。底座上设抽屉，两开门，抽屉上有平盘及箱盖。从造型及其雕饰来看，应为梳妆用具。戊33, 213
	关门钉	榫卯拍合后，为了使其固定而钻眼销入的木钉或竹钉。252
guǎn	管脚枨	贴近地面安装，能把家具腿足管牢的枨子。025, 114
guāng	光地	浮雕花纹以外的地子，不雕锦纹，任其光素。268
guǎng	广石	产于广东的白地黑纹变质岩，清中期以后始大量使用到家具上。298
	广式	广东制的硬木家具，主要指清中期以来用红木、新花梨制的清式家具。015, 314
guī	龟背锦	以六角格子纹为基础的图案，常见于木嵌或螺钿嵌。277
guǐ	鬼面	《格古要论》语。形容黄花梨的天然纹理。5·2e, 289
	鬼子椅	见《扬州画舫录》。椅子造型待考，可能就是"玫瑰椅"。046
guì	柜	以储藏为主要用途的有门家具。165
	柜帮	柜子两侧的立墙。丁29
	柜橱	①柜子的别名。
		②从闷户橱变化出来而把抽屉下的闷仓改装为柜的家具。戊14, 199, 312
	柜底	柜子的底板。178
	柜肚子	柜膛的别名。178
	柜帽	圆角柜柜顶向外喷出的部分。177
	柜塞	独具抽屉的闷户橱，因常摆在两柜之间而得名。戊8, 199
	柜膛	柜门之下到柜底之上一段空间。178
	柜膛板	柜膛正面的立墙。丁25, 178
	柜膛盖板	盖在柜膛之上的板。丁42
gǔn	滚凳	形似脚踏，安有活动轴棍，脚踏滚动，有利血液循环，是一种医疗用具。戊52, 225
guǒ	裹脚枨	裹腿枨的别名。233
	裹腿枨	枨子高出腿足表面，四面交圈，仿佛将家具缠裹起来的一种造法。乙46, 3·13a—c, 233
	裹腿做	采用裹腿枨造法的家具，北京匠师称之为"裹腿做"。其起源当始于模仿竹制家具。甲9, 2·5, 3·29, 245
guò	过桥	厚板透雕，不仅两面有花纹，连透雕纵深的地方也刻纹理，将两面连起来，有如过桥。270
	过桥玲珑	《则例》语。即过桥。270

H

há	蛤蟆肩	采用飘肩造法的格肩榫，因似张口的蛤蟆而得名。3·8c, 232
hǎi	海灯座	佛前供桌上用以承托海灯的座子。戊46, 222
	海南檀	黄花梨学名，经侯宽昭定为"海南檀"(Dalbergia hainanensis)。291
hàn	汉白玉	北京西南房山生产的白色变质岩。298
	旱白玉	汉白玉或写作"旱白玉"。298
hào	耗子尾	一头粗、一头细的构件，如扶手椅扶手下的联帮棍。甲69
hé	荷叶边	波折形构件的边缘，或称"荷叶边"。乙43
	荷叶托	镜架或镜台上承托铜镜的荷叶形木托。戊28

拼音	术语	释义
	合扇	《则例》语，即合页。283
	合页	即铰链。丁19，丁42，283
	合页门	钉有合页的门，多用于方角柜。178
	合叶	合页亦写作"合叶"。283
	合掌式	券口或圈口牙子板条接合方法之一。两条尽端各留半片作榫，合起同一片之厚，因有如两掌相合而得名。3·19b，236
hēi	黑矾	染刷家具的黑色染料。301
héng	横枨	案形结体家具侧面连接两足的枨子。有时泛指连接任何两根立材的横木。甲65，乙81，114
	横拐子	矮面盆架联结中心轴片及可折叠足的短材。戊41
	横楣子	架子床上的挂檐或称"横楣子"。丁37，158
	横顺枨	案形结体家具正面的枨子为"顺枨"，侧面的枨子为"横枨"，合称"横顺枨"。乙85
	衡门	最简易的门，两柱上架一木。丁14
hóng	红豆木	鸂鶒木亦名"红豆木"。292
	红木	有新、老两种。老红木为清中期至本世纪初硬木家具的主要用材。新红木为现代硬木家具用材之一，从东南亚进口。294
hú	壶瓶牙子	《则例》语。即座屏风、衣架等家具上的"站牙"。两块从前后抵夹立柱，外形似壶瓶（即葫芦瓶）而得名。戊2，戊38
	胡床	东汉时从西域传来的交脚座具，乃交杌、交椅的前身。035
	胡椒眼	北京匠师称粗编藤屉的八角形孔目曰"胡椒眼"。甲98，280
	蝴蝶式合页	造型似蝴蝶的合页。4·42b
hǔ	虎爪	雕在家具腿足下端的兽爪。甲87，乙5
	虎爪抓珠	《则例》语。家具腿足下端雕兽爪攫球状物。乙13
hù	护眼钱	安在轴钉帽与家具之间的金属片，一般作圆形，以防磨损钉眼及家具表面。甲40
huā	花斑石	有花纹的变质岩的总称。298
	花梨	学名 Ormosia henryi，清中期以来硬木家具的主要用材之一，亦称新花梨。289
	花榈	明代以前多将花梨写作"花榈"，见《本草纲目》。289
	花匣	北方民间，尤其是回族家庭多用小箱贮放妇女插头的绒花、绢花，故小箱亦名"花匣"。203
	花心	雕刻在牙条中心的花蕊形装饰，或雕刻在两卷相抵之间的花蕾装饰。丁26，戊9
	花牙子	有雕饰的牙子，亦可简称花牙。甲68，乙16
huá	划理	《髹饰录》语。在嵌件表面上再划刻花纹理。277
huà	画案	案形结构，宽于一般条案的无抽屉大案。127，130
	画桌	桌形结构，宽于一般条桌的无抽屉大桌。127
	桦木	产在北方的有旋转花纹的木材，属 Betula 科。296
huái	槐花	染刷家具的黄色染料。301
huáng	黄柏	南柏的别名。297
	黄花梨	明至清前期硬木家具的主要用材。近年经成俊卿定名为"降香黄檀"（Dalbergia oderifera）。289
	黄石	用于家具的黄色变质岩。298
	黄铜	金属饰件用材，清中期以后较多使用。312
	黄杨	学名 Buxus Microphylia，一种质地致密的黄色木材。296
huí	回文	以囗纹为基础的图案，如连接起来可无休止地延长。回文及其变体纹样北京匠师通称"拐子"。乙16，乙98，乙100
hún	混面	线脚的名称，即高起的素凸面，可上溯到《营造法式》。甲1，261
huó	混面起边线	两边为阳线，中夹混面，断面为▢。丁35，262
	混面压边线	两边为平线，中夹混面，断面为▢。丁22，262
	活面棋桌	备有活动桌面的棋桌。揭去桌面，下为棋局。盖上桌面，可作一般桌子使用。乙128
	活扇活	随意可装可卸的扇活，一般有活销装置。丁8
	活销	安在可装可卸活扇活上的木销，如朝衣柜余塞板上的木销，架格活后背上的木销。丁8，丁43
huǒ	火盆架	支承炭火盆的架子，有高、矮两种。戊45

J

jī	几	□形造型的家具，渊源于古代供人凭倚的几。078
	几腿案	《则例》语。即架几案。104
	几腿架格	用两几来支承的架格。丁9
	几形结体*	板足与面板直角相交，保留古代几的基本结构的家具。078
	几子	支承架几案面的方形的或长方形的几子。乙103
	鸡翅木	鸂鶒木或写作"鸡翅木"。291
	鸡舌木	疑即鸂鶒木，见《金史·舆服志》。292
	鸂鶒木	红豆木属中的一种，有紫褐色深浅花纹的硬木。291
jí	吉祥草	用草叶组成的圆形图案，常用于卡子花。316
jǐ	脊线	在构件上高起的线或棱。乙51
jiā	夹头榫	案形结体家具的基本造法之一。腿足上端出榫并开口，中夹牙条、牙头，出榫与案面底面的榫眼相合。3·34a—c，040，243
	加官晋级	以冠冕、戈戟为题材的吉祥图案，冠谐"官"，戟谐"级"。275
jiǎ	假两上	牙条与束腰一木连做。242
	假三上	牙条、托腮及束腰一木连做，或两木分做。乙8，242
jià	嫁底	闷户橱的别称。因过去嫁女多用它来作陪嫁物品的底座而得名。199
	架格	四足中加横板作隔层，具备存放与陈设两种功能的家具。165
	架几案	面板下用两几支架的长案。乙104，125
	架几书案	采用架几案造法的书案。乙124，127
	架子床	床上立柱，上承床顶，立柱间安围子的床。丙15，152，158
jiān	肩	榫头左右各切去一角，留下三角形或梯形部分，插入和它相交的构件的卯眼。由于留下部分上小下大，有如人肩，因而得名。3·8a—c，3·9，3·10a，b，232，236
	坚桦	桦木中较好的一种。296
jiǎn	尖槽	刀口作 V 形的阴文线雕，与圆槽相对而言。261，268
	减地	雕刻术语，减去地子的高度，使花纹高出。乙112
	錽金	效果近似铁错金的一种金工工艺。甲40，063，281，300
	錽银	效果近似铁错银的一种金工工艺。063，281，300
jiàn	剑脊棱	中间起棱，两旁成斜坡，形如宝剑的线脚。《鲁班经匠家镜》曰"剑脊线"。甲5，262
jiāng	江鳔	即鳔胶，见《本草纲目》。301
jiǎng	桨腿	《鲁班经匠家镜》语，即站牙，言其上小下大，近似船桨。戊2
jiàng	降香黄檀	成俊卿将黄花梨定名为"降香黄檀"（Dalbergia oderifera）。291
	降香木	黄花梨产地海南岛，称黄花梨为"降香木"。289
	降真香	古籍称黄花梨与"降真香"相似，黄花梨本有"降香木"之名，故疑二者为一物。291

拼音	词条	释义
jiāo	交圈	不同构件的线和面，上下左右，连贯衔接，浑然一气，周转如圈，是谓"交圈"。263
	交杌	可以折叠的交足杌凳，即马扎。甲39, 035
	交椅	可以折叠的交足椅子。甲89, 甲90, 062
jiǎo	脚床	宋代称椅子或床榻前的脚踏曰"脚床"。164
	脚蹬子	脚踏的俗称。164
	脚踏	床前或宝座前供人踏脚的矮凳。甲98, 丙21, 164
	角牙	安装在两构件相交成角处的牙子。甲26, 甲58, 3·39a—c, 054, 248
jiào	轿箱	搭置在两根轿杠之上，可随轿出行的小箱。戊23, 207
	轿椅	肩舆的一种，椅两旁夹杠，由两人在前后抬行。甲83
jiē	接桌	即半桌。当一张八仙桌不够用时，往往接一张约半张八仙桌大小的长方桌，故半桌又名"接桌"。089
jié	结子花	苏州地区称卡子花曰"结子花"。024
jīn	金漆	家具上常用的金漆为《髹饰录》所谓的"罩金髹"，木胎漆地上贴金箔，上面再罩透明漆。甲95
	金星紫檀	有红黄色鬃眼的紫檀。5·1c
jǐn	锦地	浮雕花纹以外的空隙，刻画锦纹作为地子。4·15a, b, 268
jīng	京造	指晚清、民国时期北京制造的硬木家具。造型庸俗，花纹繁琐，榫卯草率，全靠胶粘，受潮便散，是传统硬木家具的末流。317
jǐng	井字棂格	用"井"字或由此变化出来的图案所造成的棂格。乙1, 戊26
jìng	镜架	木框内设镜架，上放铜镜，可以支起放下的梳妆用具。戊27, 210
	镜台	台座安抽屉，上有铜镜支架，可以支起放下的梳妆用具。戊28, 210
	镜箱	南宋时流行的一种梳妆用具，是"官皮箱"的前身。2·43, 210
jiǔ	酒桌	明代饮膳用的小型长方桌案，多作案形结体，但北京匠师习惯称之为"酒桌"。乙34, 089
jiù	臼窝	容纳木轴门门轴的圆孔。177
jǔ	榉木	学名 Zelkova schneideriana，明式家具主要用材之一，北方称之为"南榆"。014, 295
	榉榆	榉木的别称。295
	椐木	榉木常简写成"椐木"。295
juǎn	卷草	以旋转的蔓草为题材的图案。甲65, 271
	卷球足	卷珠足或称卷球足，尤指珠形之较大者。乙7
	卷书	①几形结体家具，板足到地后向内或向外卷转的部分曰"卷书"。乙16, 079 ②宝座或椅子搭脑正中出现向后卷转的部分亦称"卷书"。甲99
	卷叶	雕刻在三弯腿足端向上翻卷的叶状装饰，常在香几的足上出现。乙25
	卷云纹	形象完整，左右对称而卷转的云纹。乙23, 乙114
	卷珠足	三弯腿内缘起阳线，下至足端，卷转成珠而结束曰"卷珠足"。乙7

K

kāi	开光	家具上界出框格，内施雕刻，或经镂挖，任其空透；或安圈口，内镶文木或文石等，均可称之为"开光"。甲33, 甲58, 078
	开孔	家具上镂孔，挖空或称"开孔"，如挖束腰上的鱼门洞。乙15, 乙46

拼音	词条	释义
kàn	看面	①家具的正面为"看面"，因一般总是正面露在外面。乙78, 乙119 ②构件外露容易被人看见的一面也叫"看面"。乙40, 戊28
kàng	炕案	炕上使用，案形结体的狭长矮案。乙20, 078
	炕柜	炕上使用的小柜。丁21, 丁32, 178, 184
	炕几	炕上使用，几形或桌形结体的狭长矮桌。乙15, 乙17, 078
	炕琴	炕琴桌儿的简称。078
	炕琴桌儿	北方民间称炕几及炕案为"炕琴桌儿"。078
	炕桌	矮形的小长方桌。乙1, 乙2, 071
kǎo	栲栳样	圆靠背的圈椅或交椅，宋代称"栲栳样"。057
kào	靠背	椅子或宝座受人背靠的部分。甲59
	靠背板	椅子或宝座受人背靠的长板。4·30, 042
	靠背条椅	有靠背的大长条凳。甲97, 067
	靠背椅	只有靠背，没有扶手的椅子。甲59, 042
	靠山摆	长案或长几贴着厅堂梢间的山墙摆放曰"靠山摆"。104
kè	刻灰	北京古玩业语，即《髹饰录》所谓的"款彩"。196
	刻漆	南方髹漆行业语，即《髹饰录》所谓的"款彩"。196
kōng	空心十字	用攒接方法造成的图案，花纹透空处形成十字。乙93, 丁6
kuān	宽长桌案*	画桌、画案、书桌、书案四种宽而长的桌案的总称。127
kuǎn	款彩	《髹饰录》语。雕刻漆板，保留花纹的轮廓，铲去轮廓内的漆层，填入彩色油漆，使之呈现图画效果，多用此来装饰围屏。戊3, 196
kuí	葵瓣式	形似莲花但花瓣不出尖的花纹式样。267
	葵花式套环	灯笼锦图案之一，以葵花为基础，用斗簇加攒接的方法造成。丙12
kǔn	壸门	唐宋时常用在须弥座及床座上的开光。253
	壸门案	四面平列壸门的高大桌案，唐代已有，如《宫乐图》中所见。253
	壸门床	四面平列若干个壸门，或每面只有一个壸门的床。甲25, 253
	壸门式轮廓	锼成壸门式形状的轮廓。甲23, 乙36
	壸门式券口牙子	锼成壸门式轮廓的券口牙子。甲76, 044
	壸门牙条	锼出壸门顶尖及曲线的牙条。乙19

L

lā	拉环	金属的环形拉手，多用于抽屉上。乙133, 283
	拉手	家具上金属吊牌及拉环的总称。乙23, 283
lán	拦水线	沿着桌案面的边缘起阳线，借以防止汤水倾仄，流污衣衫。乙14, 089
	栏杆	家具上出现形似栏杆的装置。乙137, 丁6, 戊31
	栏杆式供桌	桌面设有栏杆的供桌。乙137
lǎo	老红木	清中期以后制造硬木家具所大量使用的木材。295
	老花梨	即新花梨。这一名称的使用，意在哄骗顾客，提高售价。289
	老鹳鹆木	即鹳鹆木。292
lào	落堂	装板低于边框的造法叫"落堂"。甲1, 乙58, 丁37
	落堂踩鼓	将装板四边踩下去，使它低于边框，但中部不动，形成高起的小平台，此种造法为"落堂踩鼓"。甲34, 丁39
lēi	勒水	《鲁班经匠家镜》语，即牙子。139
	勒子	起阳线或造混面的工具。取一段钢条或钢板，依线脚

		的需要开刃，不装刨床而手持向怀内的方向勒刮。261
léng	棱瓣	线脚上各种棱、瓣的总称。乙50
lèng	愣	北京匠师语，用以形容家具造得不自然，不合乎法度，看起来不舒服。乙19
lǐ	里皮	构件朝里的表面。戊15
	里刷槽	攒边装板，为了将板心装入槽口，把板心背面的四周去薄。178
	里外刷槽	攒边装板，把板心正、背两面的四周去薄，装入槽口。178
	李渔	清康熙时人，在所著《笠翁一家言全集》中讲到家具的设计和改革。011
lì	立柜	四件柜中顶箱下面的柜子为"立柜"。184
	立面	横材露在外面，可见其厚度的一面为"立面"。乙63
lián	镰刀把	扶手椅的联帮棍又名"镰刀把"。甲69，甲70
	联帮棍	扶手椅扶手之下，鹅脖与后腿之间的一根立材。它下植在椅盘上，上与扶手联结。甲69
	联二橱	有两个抽屉的闷户橱。戊9，198
	联二橱式炕案	形似联二橱而短足的炕上用具。乙24
	联二柜橱	形如联二橱，但把抽屉下的闷仓改为两开门的柜子。199
	联三橱	有三个抽屉的闷户橱。戊12，戊13，198
	联三橱式炕案	形似联三橱而短足的炕上用具。乙23
	联三柜橱	形如联三柜，但把抽屉下的闷仓改为两开门的柜子。199
	莲瓣纹	形似葵花，但花瓣出尖。丁44
	莲纹	各种莲花纹的总称。272
liáng	凉床	《鲁班经匠家镜》语，指"拔步床"。158
liǎng	两卷相抵*	将构件镟成⌇状，常用在角牙或条案的圈口。乙116，乙132
	两面做	正面背面刻工相同的雕刻。戊38，269
	两上	即"真两上"。242
	两炷香	腿足正面起两道阳线，多见于条案。乙36，263
liàng	亮格	架格的格，因没有门，敞亮于外而得名。173
	亮格柜	部分为亮格、部分为柜的家具。丁14，173
	亮脚	椅子靠背板底部、围屏底部的透空装置。甲67，2·37，195
liè	列屏式	扶手椅、宝座后背及罗汉床围子分扇类似屏风的造法。甲99
líng	棂格	窗户边框以内的格子，并用作家具类似装置的名称。甲64，乙1，265
	菱形花纹	软屉丝绒编织花纹的一种。甲99
	玲珑过桥	即"过桥"。乙98，270
	灵芝纹	以灵芝为题材的花纹。乙111，272
liū	溜沟刀	变刃刻刀，可以一刀划出 V 形口的阴文线路。268
liú	刘源	字伴阮，清康熙时工艺美术家，善设计家具。011
	鎏金	在铜饰件上镀金，匠师称为"鎏金"。281
liù	六方材	主要构件的断面为六方形的家具。乙17
	六方凳	凳面为六方形的杌凳。032
	六方椅	椅面为六方形的椅子。甲80
	六方桌	由两张扇面桌拼成的六方桌。139，140
	六件柜	每具立柜上有两具顶箱，成对柜子由六件组成的大柜。丁44，184
	六抹围屏	每扇屏风由六根抹头构成的围屏。2·37，195
	六仙	中等大小的方桌，尺寸在八仙、四仙之间。095
	六柱床	苏州地区称有门柱的架子床为六柱床，因床面共有六根立柱而得名。丙16，158
	溜缝	用腻子将家具上的缝隙堵没，或用长条织物将缝隙糊

		好，或二者并用。325
lóng	龙凤榫	拼两块长木板用的榫卯。3·1b，229
	龙凤纹	以龙凤为题材的花纹。戊31
	龙纹	以龙为题材花纹的总称。275，317
	笼	箱之深者为"笼"，见《六书故》。戊17
lú	栌木	可以冒充乌木的一种黑色木材。293
lù	露明	构件未被其他构件遮没，显露在外部分。075
	盝顶箱	盖上有平顶，四面有斜坡的箱子。戊18
lǜ	绿石	用于家具上的绿色石或绿色变质岩。298
luó	螺钿	①从贝壳取得的镶嵌材料。279 ②嵌螺钿的简称。4·36a、b，278
	罗汉床	三面安装围子的床。丙5，149，152
	罗锅枨	中部高起的枨子。甲5，022
	罗锅枨加矮老	中部高起的枨子，上加短柱。甲8，024
	罗锅枨加卡子花	中部高起的枨子，上加有装饰的木块。甲18，024
luò	落地枨	安装在腿足下端靠近地面的枨子。甲21，025
	落花流水	以水面漂落花为题材的花纹。乙98

M

má	麻叶云	《则例》语，雕在墩子两端的云纹。戊48
mǎ	马上封侯	以马蜂及猴为题材的吉祥图案。274
	马蹄	①腿足下端向内兜转或向外翻出的增大部分。戊52，027 ②石板面心的边造出斜坡以便装入边框。此斜坡叫"马蹄边"，或简称"马蹄"。243，316
	马蹄边	石板面心装入边框，须将石板周围磨成下舒上敛的斜坡，使边框能咬住石板。此斜坡的边叫"马蹄边"。239
	马扎	交机的俗称。035
mò	抹头	①边框如作长方形，短而凿眼的两根为"抹头"；如作正方形，凿眼的两根为"抹头"。甲69，238 ②门扇及围屏边框，联结两根大边的各根横材为"抹头"。195 ③厚板的纵端，为了防止它开裂及掩盖其断面木纹而加贴的木条亦称"抹头"。3·4，230
mǎn	满面葡萄	《格古要论》语，指布满细密圆形花纹的楠木瘿子。296
	满罩式架子床	床身以上造成一具完整花罩的架子床。158
méi	玫瑰椅	扶手椅的一种，体形较小，后背与扶手与座面垂直。甲62，046
měi	美人床	只有后背及一侧有围子的小床，清代始流行。甲53
	美人肩椅子	《则例》语，疑即灯挂椅。042
mén	门凳	放在大门道内粗笨而长大的凳子。甲46，037
	门户橱	闷户橱或写作"门户橱"，疑误。198
	门围子	架子床门柱与角柱之间的两块方形的围子。丙17，158
	门围子架子床	有门围子的架子床。丙16，158
	门罩	架子床正面造成门式的花罩。158
	门轴	木轴门上下出头纳入臼窝的部分。177
	门柱	六柱架子床安在正面中部的两根柱子。丙17，158
mèn	闷仓	闷户橱抽屉之下可以密藏物品的空间。乙24，戊7，198
	闷葫芦儿	闷户橱的俗称。198
	闷户橱	抽屉下有闷仓家具的总称，包括联二橱、联三橱等。198
	闷户鲁儿	闷户橱的俗称。198

拼音	词条	释义
miàn	闷榫	隐藏不外露的榫卯。3·5、3·16a—c, 230, 235
	面盆架	支架面盆的架子。219
	面条柜	圆角柜的俗称。178
	面心	嵌装在边框之内的板片。3·24
	面叶	金属构件的一部分，钉在箱、柜正面或抽屉脸上的叶片。丁16、丁42、戊15, 283
míng	明抽屉	装有拉手，明显可见的抽屉。乙23
	明榫	外露可见的榫卯。3·6a、b, 231
mó	磨光	嵌件与家具表面平齐，经过打磨光滑便算完工的镶嵌造法。277
mǒ	抹角	切去90度角，使转角处作⊓状。乙31
mǔ	牡丹纹	以牡丹花为题材的花纹图案。甲77
mù	木钉	签订软屉、硬屉压边木条用的木制销钉。有时"关门钉"也用木钉。252, 323
	木梳背	搭脑下安多根直棖的靠背椅。甲61, 042
	木楔	①垫塞在霸王枨勾挂垫榫之下的楔子。②安在升降式灯台上可以调整灯杆高度的楔子。戊49, 246
	木轴门	用木轴作开关转枢的门，多用于圆角柜。177
	木轴门柜	圆角柜或称"木轴门柜"。178

N

nán	南柏	学名Thuja orientalis，即侧柏。乙41, 297
	南官帽椅	搭脑扶手不出头的官帽椅叫"南官帽椅"。甲73, 046, 050
	南榆	北方称榉木曰"南榆"。295
	楠木	学名Phoebe nanmu。295
	楠木瘿子	从大楠木根部或结瘿处取得的有旋转纹理的楠木。296
	枏	同"楠"。295
nèi	内翻马蹄	足端向内兜转的马蹄。甲15
ní	泥鳅背	混面的俗称。264
nì	腻子	用猪血料与土粉子或砖灰调成的糊，用以填堵家具缝隙及往硬屉上粘草席的粘贴剂。325
níng	拧麻花	绳纹俗称"拧麻花"。丙13
niú	牛毛断	漆器年久，在漆面自然生成的微细裂纹。乙15
	牛头式椅	搭脑出头向后弯，使人联想到牛头的一种靠背椅。甲59
niǔ	钮头	箱、柜等金属饰件上高起有孔的装置，可以直接上锁，或横贯有孔穿钉，在钉的一端上锁。丁16, 283

P

拼音	词条	释义
pāi	拍	拍合的意思。将凿眼的构件安装到出榫的构件上去，因须拍打，故曰"拍"。例如厚板纵端加贴木条，叫"拍抹头"。231
	拍子	箱具金属构件的一部分，因外形像一把拍子而得名。戊15, 283
	拍子式镜架	折叠式镜架的别称。210
	拍子式镜台	折叠式镜台的别称。210
pǎo	跑马挓	家具正面的侧脚，言其像奔马的前后足向外岔开。020
pào	炮仗筒	南方匠师语。鱼门洞的开孔如横着的爆竹。近似笔管式而开孔较宽。乙44
pēn	喷面	向外探伸的桌面。乙57
	喷面式方桌	有束腰方桌形式之一，桌面四边向外喷出。乙57

拼音	词条	释义
péng	彭牙	随着鼓腿向外彭出的牙子。030
	棚牙	彭牙或写作"棚牙"。030
	蓬牙	彭牙或写作"蓬牙"。030
pī	披水牙子	座屏风上连接两个墩子的前后两块倾斜如八字的牙子。戊2
	劈料	在构件上造两个或更多的平行混面线脚。甲7
pí	皮	构件上的面。如某构件的里皮、外皮、上皮、下皮，即该构件的里、外、上、下四个面。乙60, 232
	皮条线	比灯草线宽而扁的阳线。乙37, 261
	皮条线加注儿	高起的皮条线中部又稍注下。261
piāo	飘肩	"蛤蟆肩"的肩，其下空虚，有飘举之势，故曰"飘肩"。3·8c, 232
piě	撇腿	①即"香炉腿"，腿足下端向外微撇，故名，常见于条案。乙86 ②腿足下端向侧方撇出。乙21
pǐn	品字	攒接图案的一种。笔管式围子分两层安直棖，上下相错，出现"品"字形的空格。丙8、丙15
píng	屏风	各种屏风的总称。193
	屏风式镜台	台座设抽屉，上设座屏风式装饰的镜台。戊31, 210
	屏扇	独扇屏风及多扇屏风的每一扇均可称之为"屏扇"。195
	屏心	座屏风边框内安装算子的一块，或围屏相当于槅扇槅心的一块。戊2, 195
	平地	浮雕花纹中光而平的地子，即素地或光地。269
	平屉	箱口之下形如深口平盘的装置。戊33
	平头案	无翘头的条案。乙81, 114
	平镶	①装板不落堂，与边框平齐。甲1 ②用卧槽法镶铜饰件，镶毕与家具表面平齐。丁16
	平装	装板不落堂，与边框平齐，亦称"平镶"。甲1

Q

qī	漆里	木制家具里面所刷的漆曰"漆里"。丁25, 301
	漆木家具	现代考古用语，木胎外髹漆的家具。甲95
	七屏风式	宝座的靠背及扶手、罗汉床的围子，由七扇组成。152
qí	齐肩膀	两材丁字形接合，出榫的一根只留直榫，不格肩，外形如⊢为"齐肩膀"。3·11, 233
	齐头碰	齐肩膀的别名。甲16, 233
	齐牙条	有束腰家具的形式之一。牙条不格肩，两端与腿足直线相交。甲16、乙12、乙13、3·31, 242
	麒麟送子	吉祥图案名称，以小儿及麒麟为题材，寓喜送麟儿之意。戊43
	麒麟纹	以麒麟为题材的图案。甲84, 276, 322
	棋桌	桌内设有棋盘或双陆局的桌子，一般有活桌面，可装可卸。乙128, 140
qǐ	骑马挓	家具侧面的侧脚，言像骑马人那样两腿岔开。020
	起边线	沿着构件的边缘造阳线。乙35
	起棱	在构件上造出高起的棱。乙4
	起线	在构件上造出高起的线。甲33
	杞梓木	鸂鶒木或写作"杞梓木"。291
qì	气死猫	存放食物用的柜橱，为了通风，门及两侧装透空棂格，一般用柴木制成。丁11
qiǎ	卡子花	用在矮老等部位的雕花木块。3·44b、c, 095, 246
qiān	千拼台	原藏苏州西园用小片硬木包镶的大画案有"千拼台"之称。014, 132, 277
qiàn	嵌瓷	①以瓷砖作桌凳的面或镶罗汉床的围子。甲31 ②用特制的瓷片镶嵌花纹。278

拼音	术语	释义
	嵌玳瑁	用玳瑁作镶嵌花纹。279
	嵌骨	用兽骨作镶嵌花纹。279
	嵌夹式	券口或圈口牙子板条接合的方法之一，竖片开口嵌夹横片。3·19a，236
	嵌螺钿	用贝类壳片作镶嵌花纹。278
	嵌木	用不同于家具本身的木材作镶嵌花纹。277
	嵌石板围子	嵌装石板的罗汉床围子。158
	嵌犀角	用犀角作镶嵌花纹。279
	嵌牙	用象牙作镶嵌花纹。279
qiāng	腔壁	坐墩的鼓腔形圆壁。甲 38
qiáng	蔷薇木	学名 Pterocarpus indicus，即紫檀。288
qiáo	荞麦棱	阳线而有锐棱者。甲 5，乙 20，261
qiào	翘头	家具面板两端的翘起部分，多出现在案形结体的家具上。乙 82，114
	翘头案	有翘头的条案。114
qiè	怯	北京匠师对手法不高明、带有土气的家具的形容词。甲 72，016
qín	琴凳	《鲁班经匠家镜》语，厅堂中用的大长凳，包括靠背长椅。甲 97
	琴桌	广义指不同尺寸的条桌，狭义指专为弹琴而制的桌案。乙 132，142
qīng	青石	用于家具的青色石料或青色变质岩。298
	蜻蜓腿	香几上细而长的三弯腿。乙 25
qiū	楸	即梓木，其属名为 Catalpa。297
qiú	毬文格眼	《营造法式》语，宋代格子门上的毬纹透空格眼。265
qū	曲尺式	棂格图案名称。《园冶》称之为"尺栏"。丙 9
	曲曲	凡用金属条两头对弯，中部形成圆圈，以备穿锁或勾挂拉手或吊牌，而两头又并在一起，穿透家具构件，用盘头的方法与家具牢固结合的，统称"曲曲"。199
qú	蕖花瓣	抱鼓上花瓣状的纹样。戊 48
quān	圈口	四根板条安装在方形或长方形的框格中，形成完整的周圈，故曰"圈口"。乙 86，3·18a，114，168，236
	圈椅	圆后背的椅子。圆后背交椅除外。甲 81，057
quàn	券口	三根板条安装在方形或长方形的框格中，形成拱券状，故曰"券口"。甲 54，甲 65，168
	券口牙子	构成券口的三根板条，尤指安在椅盘以下者。甲 54，3·19，044
què	雀替	古建筑用语。额枋与柱相交处，自柱内伸出，上承额枋的构件。少数家具的牙条与它有相似之处。乙 42
qún	裙板	围屏槅心下最大的一块装板。195

R

拼音	术语	释义
ràng	让榫	为了构件的坚固，错开来自不同方向的构件的榫眼，即采用避让的方法来达到不使榫眼过分集中的目的。3·15a，b，234
rú	如意担子	即如意柄。指清式坐墩上近似如意柄的腿足。313
	如意头	三弯腿外翻马蹄上有时出现的云头状雕刻花纹。6·15a
	如意头抱鼓蕖花站牙	《则例》语。墩子两端雕如意头，其上为雕蕖花瓣抱鼓，此后为站牙。座屏风、灯台等多采用此种造法。戊 5
ruǎn	软屉	用棕藤、丝绒或其他纤维编织的家具屉面。甲 6，甲 79

S

sān	三矮老	三根排成一组的矮老。095
	三接	圈椅扶手用三根弯材接成的叫"三接"。057
	三抹门	门扇分两段装板，共用抹头三根的为"三抹门"。178
	三屏风	由三扇屏风组成的座屏风又叫"三屏风"。194
	三屏风式	宝座的靠背及扶手、罗汉床围子皆由三扇组成。152
	三圈	三接扶手的圈椅。057
	三上	牙条、托腮、束腰分三次装成的叫"三上"，亦即"真三上"。242
	三弯车脚	《鲁班经匠家镜》语，箱子下有弯曲弧线的底座。203
	三弯腿	略具 ∫ 形的腿足。甲 25，甲 87
	三阳开泰	以三只羊为题材的吉祥图案。274
	三炷香	腿足正面起三道阳线，多见于案形结体的家具上。263
sǎo	扫膛刨	刨刃下宽上窄，略具半个银锭形，使开出的槽，底宽于口。开龙凤榫槽口用此工具。229
shān	山字形座屏风	座屏风中间一扇高，两旁的两扇低，形如"山"字，故名。戊 1
	杉木	软性木材，学名 Cunninghamia sinensis。297
shàn	扇活	"活"有活计之意，等于工作成品。每件成扇的成品如屏风、门窗等均可称为"扇活"。甲 64，丙 16，戊 39
	扇面式凳	凳面作扇面形的杌凳。032
	扇面式椅	椅面作扇面形的椅子。甲 77
	扇面桌	桌面作扇面形的桌子。多成对，两张可以拼成一张六方桌。139，140
shàng	上皮	构件的上表面。乙 64，251
	上箱下柜	立柜上承有向上掀盖的箱子，而不是两开门的顶柜。丁 41
	上下压边	软屉在边框的底面开槽，透眼打在槽口内，棕及藤均由此穿过。软屉编成后，除正面用木条压屉边外，底面也用木条堵压槽口，故曰"上下压边"。323
	上折式交杌	用一对木框作杌面，可以向上提起折叠的交杌。甲 42
shēng	升降式灯台	灯杆可以上下升降的灯台。戊 49
shéng	绳纹	构件本身或浮雕花纹造成两股绳索拧绞状，俗称"拧麻花"。丙 13
shī	狮子纹	以狮子为题材的图案。274
shí	实肩	榫子格肩后不开口，其下不虚，故曰"实肩"，与"虚肩"相对而言。3·10a，232
	十字枨	交叉如十字的枨子。甲 20，戊 40，3·20a，236
	十字栏杆	用攒接法造成的十字形栏杆。丁 6
	十字连方	用十字连接方框构成的棂格图案。265
	十字连环	用十字连接圆环构成的棂格图案。267
	十字绦环	用斗簇造成绦环，再用十字连接构成的图案。棂格的造法之一。丙 16
	石板	用在家具上的板片石材。丁 27，280
	石盐	铁力木的别称。293
	食格	《鲁班经匠家镜》语，即提盒。208
shòu	兽面	兽面花纹，常雕在桌子腿足的肩部。乙 10，乙 13
	寿字	用"寿"字作题材的吉祥图案。275
shū	梳妆台	梳妆用具，包括镜架、镜台、官皮箱等。210
	书案	案形结体的，或架几案式的，有抽屉而面板较宽的案子。127
	书橱	中形的圆角柜，苏州地区称之为"书橱"。178

shù	书格	架格或称"书格"。165	
	书桌	桌形结体,有抽屉而比较宽大的桌子。127	
	树皮纹	模仿天然树皮的装饰花纹。276	
	束绦纹	以绾结绦带为题材的花纹。乙16	
	竖柜	立柜又名"竖柜"。184	
shuā	刷色	①颜色较浅的家具,染刷深色,充替深色硬木家具。乙22,301	
		②硬木家具修配后,刷色以求得颜色一致。323	
shuān	闩杆	两扇柜门之间的立柱。178	
shuāng	双矮老	两根成为一组的矮老。甲17,095	
	双笔管式	用两层直棍界出"品"字形的棂格。见《园冶》。丙8	
	双凤朝阳	以双凤及旭日为题材的图案。乙43	
	双混面	线脚的一种,造成两个平行的混面。甲7,乙41	
	双陆桌	桌内有双陆棋局的桌子。乙128,乙129,乙130	
	双如意式	两端作如意头形的图案,有时鱼门洞开成此形状。乙83,丙13	
	双丝	福建称鹨鶒木曰"双丝",按即"相思"之谐音。292	
	双榫	构件顶端造出两个同样的榫子。3·33,3·34b	
	双套环卡子花	∞或⊂⊃形的卡子花。甲10,乙102,丙15,3·44b,316	
	双银锭榫	构件顶端造出两个同样的银锭榫。3·16b,235	
shùn	顺枨	桌案正面联结两腿的枨子。乙84	
sī	丝绒	编织软屉用的蚕丝纤维。甲98	
sì	四出头	"四出头扶手椅"或"四出头官帽椅"的简称。046	
	四出头扶手椅	"四出头官帽椅"亦称"四出头扶手椅"。046	
	四出头官帽椅	扶手椅的形式之一。搭脑两端及两个扶手的一端均出头,故曰"四出头"。046	
	四簇云纹*	用板片锼挖或用木片锼挖后斗合而成的四个云纹聚簇的图案。丙12	
	四件柜	一对四件柜由两具立柜、两具顶箱组成,因共计四件而得名。184	
	四面平	家具造型之一,自上而下四面皆平直,故曰"四面平"。乙78,乙79,033,243	
	四抹门	门扇分三段装板,共用抹头四根的叫"四抹门"。丁28,178	
	四抹围屏	每扇用四根抹头造成的围屏。195	
	四腿八挓	家具腿足四面都带"侧脚"的叫"四腿八挓"。020	
	四仙	小形方桌,每面只宜坐一人。095	
	四柱床	有四根角柱的架子床。丙15,158	
sōng	松木	学名 Pinus,种族甚繁。297	
sōu	锼角牙	用锼挖方法造成的雕花角牙,亦称"挖角牙"。乙56,乙74	
	锼牙头	用锼挖方法造成的雕花牙头,亦称"挖牙头"。乙97,乙114,265	
	锼牙子	用锼挖方法造成的雕花牙子,亦称"挖牙子"。乙90,乙127	
sū	苏木	学名 Caesalbinia sappan,用来染刷家具的红色颜料。301	
	苏式	①指明至清前期的苏州地区制造的明式家具,在传统家具中达到了最高的水平。	
		②指清代中期以后到民国的该地区的硬木家具,造型庸俗繁琐,与明式大异。北京匠师言"苏式"多指后者。316	
sù	素地	即"平地"或"光地"。269	
	素牙头	无雕饰的牙头。乙34,乙81	
	素衣架	《鲁班经匠家镜》语,不施雕饰的衣架。217	
suān	酸枝	广东称红木曰"酸枝"。294	

sūn	孙枝	"酸枝"或写作"孙枝"。294	
sǔn	榫槽	长条的卯眼,如为造龙凤榫而刨成的长条槽口。3·1b	
	榫卯	榫子与卯眼的合称,泛指一切榫子和卯眼。228	
	榫舌	长条的榫子,如龙凤榫及面心板四周的"边簧"。3·1a,b,229,230,239	
	榫头	即"榫子"。南方工匠称"榫子"曰"榫头"。228	
	榫销	构件本身不造榫,用他木造成另行栽入或插入的榫子或木销。251	
	榫眼	受纳榫子的卯眼亦称"榫眼"。230,233	
	榫子	即"榫头"。北方工匠称"榫头"曰"榫子"。228	
suō	束腰	家具面板与牙子之间的向内收缩的部分。226	
suǒ	锁鼻	闷户橱抽屉面叶上可以穿锁的鼻曰"锁鼻"。或称"曲曲"。199	
	锁脚枨	"管脚枨"亦称"锁脚枨"。025	
	锁销	抽屉金属饰件的一部分,可以上推作为锁舌,插入大边底面的孔中,将抽屉关住。多见于闷户橱。199	

T

tā	塌腰	桌案因跨度太大,或用料单薄,因承重过多,致使面板中部下垂,北京工匠称之曰"塌腰"。104	
tà	挞涩	《营造法式》语,"叠涩"或写作"挞涩"。按即北京工匠所谓的"托腮"。254	
	榻	只有床身,床面别无装置的卧具曰"榻",一般比床小。149	
	榻橙木	"橙"音闶,见《篇海》。《则例》语。座屏风、衣架、灯台等用厚木造成的墩子叫"榻橙木"。戊5	
	踏步床	"拔步床"的别名。158	
	踏床	宋代称脚踏曰"踏床"。交椅上的脚踏或称为"踏床"。甲41,甲92,164	
	踏脚枨	椅子正面可以踏脚的一根枨子。如是杌凳,则四面的四根枨子均可称为"踏脚枨"。甲54	
	楂头	《营造法式》语,相当于清代所谓的"雀替"。243	
tái	台座	家具下部有一定高度的底座。乙29	
	台湾席	用台湾草编成的席。近代将软屉改为硬屉,多用它作为贴面的材料。300,325	
tǎng	躺椅	可供人伸足躺卧的椅子。甲96,057	
tàng	烫蜡	白蜡加温,擦在家具表面,再用力拿干布将家具擦出光亮来。301	
tāo	绦环板	用在家具不同部位,以家具构件为外框的板片,一般都有雕饰。甲72,乙8	
tè	特腮	"托腮",《则例》或写作"特腮"。255	
téng	藤床	《鲁班经匠家镜》称四柱的架子床曰"藤床"。158	
	藤皮	藤子的外皮,劈成细长条,有如竹篾,用以编织软屉。280,300	
	藤屉	用藤材编成的软屉。300	
tī	剔红	即红色雕漆,传世有明代年款的剔红家具,至清代更为流行。甲94,乙139	
tí	提盒	有提梁的分层箱盒。戊24,208	
	提盒式药箱	造成提盒外形的多抽屉箱具。戊22	
	提环	安在箱子两侧的金属拉手。戊15	
tì	屉板	架格或柜橱内横向分隔空间的木板。丁23	
	屉盘	坐具、卧具受人坐卧的平面,由边框中设软屉或硬屉构成。314	
	屉眼	软屉边框内缘周匝为穿系棕藤编织而钻的透眼。325	

拼音	词条	释义
tiān	天禅几	"天然几"或写作"天禅几",见《三才图会》。130
	天平架	悬挂天平的架子。戊37, 216
	天然几	明代称有翘头的大画案曰"天然几",见《长物志》。现苏州地区仍用此名称。130
	天圆地方	椅子腿足一种常见造法。椅盘以上为圆材,椅盘以下为方材,或外圆里方,因曰"天圆地方"。3·38a, b, 247
tián	填嵌	家具表面依嵌件式样挖槽剔沟,再把嵌件填入粘牢。277
	甜瓜棱	圆足或方足起棱分瓣线脚的总称。262
tiáo	条案	窄而长的高案。104, 114
	条凳	窄而长的凳子。037
	条几	由三块厚板造成的,或貌似由三块厚板造成的窄而长的高几。104
	条形桌案*	条几、条桌、条案、架几案几种窄而长的桌案的总称。104
	条桌	腿在四角的窄而长的高桌。104
tiē	贴	沿着一个构件的边缘再附加一条木材曰"贴"。乙16
	贴面	包镶家具粘贴在表面的一层木材为"贴面"。277
tiě	铁棱	铁力木的别名。293
	铁梨	铁力或写作"铁梨"。293
	铁栗	铁力或写作"铁栗"。293
	铁力	学名Mesua ferrea,一种近似鹨鹏木但颜色较深,纹理较粗的硬木。293
	铁饰件	铁制的家具饰件,如铁錽金、铁錽银饰件等。甲93, 281, 300
tóng	童柱	《则例》语,大木梁架上的短柱。024
	铜活	各种铜饰件的总称。281
	铜泡钉	钉在火盆架上支架火盆的圆帽铜钉。戊45
	铜饰件	铜制的家具饰件。戊15, 281, 300
tóu	骰柏楠	《格古要论》语,有细斑点花纹的楠木。296
tòu	透雕	镂空的雕刻。269
	透格柜	门扇装一部分透格的柜子。丁31
	透格门	部分或整扇装有透格的柜门。丁31, 丁39
	透光	透空的开光。乙63
	透棂架格*	部分或全部装有透棂的架格。丁11
	透榫	榫眼凿通,榫端显露在外的榫卯。233
tū	突起	镶嵌的嵌件高出家具表面,上施雕刻,造成浮雕花纹。277
	凸面	即"盖面"或"混面"。261
	秃	欠缺或不完整的意思,对家具的整体或某一部分或一构件的贬辞。乙19
tǔ	土粉子	调腻子用的添加剂,即粗制的大白。325
	土玛瑙	山东兖州地区产的一种有花斑的变质岩。乙39, 298
tuán	团螭纹	用螭纹构成的圆形图案。4·36a
	团凤纹	程式化的圆形凤纹。戊39
	团寿字纹	用寿字组成的圆形图案。4·32
tuō	拖尾	《长物志》语,指本式桌案足端微撇。130
	托带	安在边框上,承托石板面心的"带"。243
	托角牙子	角牙或称"托角牙子"。甲84
	托泥	承托家具腿足的木框,多见于有束腰家具,或四面平式。乙28, 3·41a, b, 3·42, 253, 249
	托腮	牙条和束腰之间的台层。甲87, 254
	托子	承托案形结体家具腿足的两根横木。乙90, 乙91, 3·40, 114
tuǒ	椭圆凳	凳面作椭圆形的杌凳。032

W

拼音	词条	释义
wā	挖	用锼挖的方法造成一个构件叫"挖",与"攒"相对而言。乙21, 081
	挖角牙	用锼挖的方法造成雕花的角牙,亦称"锼角牙"。乙56, 乙74
	挖缺	方足内向的一角,切去约四分之一,断面作曲尺形(⌐),比一般的马蹄足更多地保留了壸门台座或壸门床的痕迹。乙77, 丙14
	挖缺做	腿足采用挖缺造法的家具称为"挖缺做"。乙73, 乙76, 262
	挖绦环	开透孔的绦环板。戊2
	挖牙头	用锼挖方法造成的雕花牙头,亦称"锼牙头"。乙97, 乙114
	挖牙子	用锼挖方法造成的雕花牙子,亦称"锼牙子"。乙90, 乙127
	挖烟袋锅	横竖材角接合,横的一根尽头造成转项之状向下弯扣,中凿榫眼,状似烟袋锅,故名。甲60, 3·16
wà	洼儿	起阳线,线之正中又略向下凹。甲4, 乙30, 261
	洼面	即凹面。261
	洼面刨	造洼面线脚用的刨子。261
	洼堂肚	牙条中部下垂,成弧线形。常见于椅子上的券口牙子。甲30, 甲77, 6·9
wài	外翻马蹄	三弯腿足下端向外兜转的马蹄。甲87
	外皮	构件的表面。甲16
	外刷槽	攒边装板,为了把板心装入槽口,将板心正面的四周去薄。落堂踩鼓多采用此法。丁20, 戊28
	外圆里方	腿足朝里的两面平直,朝外的两面做成弧形,断面作⌒状。椅、凳及圆角柜腿足常用的线脚。甲3, 262
wān	弯材	开成弧形的材料,如圈椅的扶手,圆形家具的边框及托泥等。甲70
	弯带	联结软屉大边的带,中部向下弯,以便屉面承重后于垂时,不致因有带而妨碍坐卧。常用于软屉的椅、凳及床榻。甲3, 238
wǎn	碗橱	饭橱,苏州地区亦名"碗橱"。丁11
wàn	万历格	万历柜亦名"万历格"。173
	万历柜	亮格柜的一种,上为亮格,中为柜子,下有矮几。丁14
	卍字	家具中出现的卍、卐两种图案,匠师均称之曰"万字"。乙89, 丙10
	卍字不到头	由卍或卐相连而成的图案,可以无休止地延伸。丙10
wàng	望柱	栏杆的柱子,多树立在两块栏板之间。丁19, 152
wéi	围屏	多扇可以折叠的屏风。195
	围子	安在椅子、宝座、罗汉床、架子床后背及两侧,近似栏板的装置。甲62, 152
wén	文木	有旋转花纹的瘿木。亦可用作各种纹理华美的木材的总称。259
	文石	有花纹的变质岩。298
	文椅	江浙地区称玫瑰椅曰"文椅"。046
wō	委角	直角向内收缩如⌐状。甲3
	委角方形	方形四角收缩如◠状或◻状。4·5a, 262
	委角方形透光	圈口内的透光作委角方形。丁5
	委角线	在构件的直角上造出阴文线,使直角变成委角。甲19
wò	卧槽	即平镶。在家具上按金属饰件的大小和厚薄挖槽安装。安装完毕后,表面平齐。丁16
	卧棂栏杆	用横木构成栏板的栏杆。265

	衣箱	有底有盖，可以存放衣物的箱子。戊16，203
	一封书	方角柜形式之一。无顶箱，外形有如一套线装书。丁34，184
	一鼓一洼	一个凹面与一个凸面平行的线脚。263
	一块玉	《则例》语。条案或架几案面用独板厚材造成的叫"一块玉"。114
	一面做	透雕只正面加工细刻的为"一面做"。269
	一木连做	两个或更多的构件由一块木料造成。甲15
	一统碑	靠背椅的一种。靠背方正垂直像一统石碑。042
	一腿三牙	每根腿足与左右的两根牙条和一个角牙相交，故曰"一腿三牙"。097
	一腿三牙罗锅枨	方桌常见形式之一。每根腿足与左右两个牙条及一个角牙相交，其下还有罗锅枨，故名。乙50，乙110，097
	一炷香	腿足正面起一道阳线。多见于案形结体家具的腿足上。乙37，263
	繄木	乌木的别名。293
yǐ	椅	有靠背及有靠背兼有扶手的都可称之为椅。041
	椅盘	椅子的屉盘，一般由四根边框，中设软屉或硬屉构成。甲54
	椅披	披搭在椅子靠背上的丝织品。042
	椅圈	圈椅上的圆形扶手。057
yīn	阴刻	阴文的线雕。戊16，268
yín	银锭榫	形似半个银锭的榫子。3·16a、b，235
	银锭楔	形似一个银锭的木楔。3·3d，230
	银杏	学名Ginkgo biloba，俗称白果树。010
yìn	印匣	盛放印玺的箱子，一般为盝顶式。戊20，205
yǐng	影木	瘿木或写作"影木"。288
	瘿木	树生瘿节处的木材为瘿木，有细密旋转的花纹。259
	瘿子	北京匠师称有细密花纹的木材曰"瘿子"。259
yìng	应龙	生翼的龙。戊11
	硬挤门	没有闩杆的柜门叫"硬挤门"。由两扇门硬挤到一起而得名。丁22，178
	硬亮	家具烫蜡后，再用力将浮在表面上的蜡擦去，使其光亮莹澈。301
	硬木	各种硬性木材的统称，与柴木相对而言。286
	硬屉	攒边装板的屉及软屉改为木板贴席的屉，均为硬屉。甲26，323
yóu	油桌	一种案形结体的长方高形桌案，为家庭及店肆的常备家具。089
yǒu	有束腰	面板和牙条之间有收缩部分的家具。027，241，253
yú	余塞板	门扇与门框之间的装板，或设有装板的扇活。丁43
	鱼鳔	即鱼脬，制造鳔胶的原料。301
	鱼门洞	绦环板或束腰上的开孔。此称见于《则例》，但南方较流行。甲51，乙46
yǔ	禹门洞	鱼门洞或写作"禹门洞"。乙46
yù	玉堂富贵	以玉兰、海棠、桂花、牡丹等为题材的吉祥图案。274
yuán	原来头	北京匠师称未经修配改制的古老家具曰"原来头"。311
	圆材	主要构件的断面为圆形的家具，亦泛指一般断面为圆形的木料。甲79，乙65，044
	圆槽	刀口底槽圆缓的阴文线雕，与"尖槽"相对而言。268
	圆凳	凳面为圆形的杌凳。甲31，032
	圆雕	四面着刀的立体雕刻。271

	圆后背交椅	后背和圈椅相似的交椅。甲90，063
	圆角方透光	透光的轮廓作圆角方形或圆角长方形，常见于条案及架格上的圈口。丁9，168
	圆角柜	柜帽圆转角的柜子，多为木轴门，侧脚显著。丁21，177
	圆开光	圆形界格内施雕刻，或圆形圈口内镶瘿木、石板等，或圆形的透光，均可称为"圆开光"。178
	圆球	造在腿足下端，落在地面或落在托泥上的圆球。乙27
	圆托泥	圆形家具足下的圆形托泥。乙25，3·42，250
	圆椅	《三才图会》语，即圈椅。057
	圆桌	由两张月牙桌拼成的圆桌。139
yuè	月洞式架子床	门罩开圆门的架子床。丙18
	月亮门	架子床门罩上的圆门。丙18，158
	月牙扶手	《则例》语，即圈椅上的圆形扶手。057，237
	月牙桌	即半圆桌，两张可以拼成一张圆桌。乙125，乙126，139
yún	云鹤纹	以仙鹤及云为题材的图案。甲72
	云龙纹	以龙及云为题材的图案。戊16，272
	云头纹	完整而左右对称的云纹。272
	云纹	各种云纹的总称。272

Z

zā	扎榫	苏州地区称"走马销"曰"扎榫"。252
zá	杂宝	以银锭、方胜、珠、钱、珊瑚等为题材的图案。276
	杂木	一般木材，与"柴木"意义相近，尤指一件家具使用了几种一般木材。297
zāi	栽榫	构件本身不出榫，另取木块栽入构件作榫。甲18，3·44，230，251
zàn	錾花	用錾凿法在金属饰件上造出花纹来。281
zào	灶火门	壶门式轮廓。因民间灶门多保留壶门式轮廓而有此名。戊9
zhà	挓	即侧脚，谓腿足下张上收，如拇指与食指张开而成挓。020
zhàn	站牙	立在墩子上，从前后抵夹立柱的牙子，即《则例》所谓的"壶瓶牙子"，《鲁班经匠家镜》所谓的"桨腿"。戊1
zhāng	樟木	学名Cinnamomum camphora。可以防虫，宜作箱柜的非硬性木材。297
zhàng	障水板	《营造法式》语，相当于围屏上的"裙板"。195
zhào	罩盖式	匣、盒的形式之一。上盖将下底罩住。205
zhé	折叠床	《长物志》语，可以折叠的床。150
	折叠式面盆架	腿足可以折叠的面盆架。戊41
	折叠式镜架	支镜装置可以折叠的镜架。戊27
	折叠式镜台	支镜装置可以折叠的镜台。戊28，210
	折叠榻	榻身及腿足可以折叠的榻。丙4
	折叠椅	《三才图会》语，即直后背交椅。甲89，2·13，062
	摺柱	"折柱"或写作"摺柱"。乙27，024
	折枝花卉	不与根或本相连的花卉图案。乙134
	折柱	《则例》语，即"矮老"。024
zhēn	真两上	牙条与束腰由两木分做。242
	真三上	牙条、托腮、束腰由三木分做。乙9，乙27，242
zhěn	枕凳	可用作枕头的小凳。戊51
	枕屏	放在床榻上的小座屏风。193
zhěng	整挖	即厚板透雕。269
	整挖过桥	即"玲珑过桥"。270
zhèng	正卍字	方正的卍字图案，与斜卍字相对而言。丙17

zhí	直枨	平而直的枨子，与罗锅枨相对而言。022	zhuō	桌	腿足位在四角的为"桌"，有个别品种例外。078
	直棍围子	边框内安直棍的围子。丙 8		桌形结体*	采用桌形结构的家具，即腿足位在四角的家具。
	直后背交椅	后背如灯挂椅的交椅。甲 89，062			104，127
	直棍	古代窗棂多用直棍，故直棍又称"直枨"。	zhuó	着地管脚枨*	条案腿足的造法之一。管脚枨下降到地面，与腿足下
		甲 37，甲 63，乙 94			端格角相交。乙 99，乙 100
	直棍加圆套方	攒接图案的一种。丁 39	zǐ	紫石	用于家具的紫色石料或变质岩。298
	直牙条	用直材造成的牙条，或在直材上锼曲线，无下垂牙头		紫檀	学名 Pterocarpus santalinus。硬木中最名贵的一种深
		的牙条。甲 57，315			色材料。286
	直栅横跗案	以多根直枨为足，下有横木的案子。敦煌隋唐壁画中		紫檀瘿子	有旋转纹理的紫檀木。259
		常见此种高案，其源可上溯到战国的矮形几		紫榆	即老红木，又名"酸枝"，见《舟车见闻录》。294
		案。乙 94		子口	箱具等的盖与口，里外各去一半，使能上下扣合。
	直足	无马蹄，直落到地的腿足。253			戊 15
zhōng	中抹	门扇或围屏居中一根连接两根大边的横材。丁 39		仔框	大边框内的小框。戊 2
	中牌子	安装在衣架中部的扇活，或高面盆架搭脑下方形有装	zōng	鬃眼	木面上细小的点形或线形的纹理或凹痕。293
		饰的部分。戊 38，戊 39，戊 42，217		棕绷	用棕绳编成的软屉。300
zhōu	周制	百宝嵌的别名，因周翥善制百宝嵌而得名。279		棕绳	编软屉用料。藤屉之下多先用棕绳穿编打底。300
	周柱	周翥或写作周柱。279		综角榫	"棕角榫"或写作"综角榫"。245
	周翥	明末制百宝嵌名家。279	zòng	棕角榫	三根方材接合于一角的榫卯，以似粽子的一角而得
zhóu	轴钉	交杌或交椅上贯穿前后两足的铁轴钉。甲 40，戊 41			名。3·36，乙 61，031，245
zhū	猪血料	以猪血制成的调制腻子用的稀料。325	zǒu	走马销	栽榫的一种。榫子下大上小，由卯眼开口大处插入，
	侏儒柱	《营造法式》语，即短柱。024			推向开口小处，榫卯扣牢时，构件恰好安装到
zhú	烛台	即灯台。222			位。如要取下构件，仍须退还到入卯处，才能
	竹钉	钉在屉盘压边木条上的竹制销钉。252，323			分开。3·46，252
	竹节纹	在家具上刻出竹节作为装饰花纹。		走马楔	走马销又名"走马楔"。252
		甲 85，乙 67，276	zú	足	指家具的整条腿足，亦指安在托泥之下的小足。
zhù	柱顶	家具上模仿栏杆望柱柱顶的部分。戊 39，戊 42，戊 53			乙 127
zhuān	砖灰	调制腻子用的砖瓦粉末。325	zuì	醉翁椅	《三才图会》语，指交椅式躺椅。甲 96
zhuǎn	转角花牙	沿着家具构件转角安装的雕花牙子，尤指自下而上，	zuò	坐墩	造型近似木腔鼓的坐具。033
		花纹有连续性，与一般的角牙，不尽相同。丁 16		座面	家具上可供人坐的平面。凳盘、椅盘皆得称为座面。
zhuāng	装板	边框的里口打槽，将板心四周的榫舌嵌装入槽为"装			甲 1
		板"。甲 88		座屏风	有底座的屏风，与围屏相对而言。193
zhuàng	撞	南方称提盒的屉层曰"撞"，如三层，曰"三撞"。		柞木	学名 Ouercus dentata，属槲树科。297
		戊 24			

明式家具的"品"与"病"

约当15—17世纪之际，中国家具发展到了它的历史高峰。由于其制作年代历明入清，不受朝代的割裂，故一般称之为"明式家具"。这一时期的制品有很高的艺术价值，不仅为我国人士所喜爱，世界各国也十分重视。家具设计者乞灵借鉴，甚见成效，一受沾溉，往往使他们的制品隽永耐看，面目常新。中外研究明式家具的也颇有人在，三四十年来已有不少人写出论文和专著。

近来有朋友问道："你老说明式家具好，我也同意。它的木料好，结构榫卯好，有的也颇为实用，这些都好说。不过你总说它的品格高、神态妙，如何如何美等等，这些就比较抽象了。你能不能说得更具体一点，并举些实例来说明呢？还有事物总是一分为二的，明式家具难道件件都好，我就不信！有哪些你认为不好的也应该介绍，对今天的设计人员同样有参考价值。如果你只讲好的，不说坏的，只能说明对明式家具有偏爱。"

被朋友一问，倒有点为难了。因为品评工艺品，尤其牵涉到它的艺术价值，既不容易讲得很具体，更难免有主观成分。而且欣赏、审美能力有高有低，见仁见智，必然有分歧。因此某一个人的看法，未必能为他人所接受。

既如上述，是不是对明式家具的品评就不可说了呢？却又不然。尽管个人的看法难免主观片面，又不太容易表达，但仍不妨说出来供人评议，看看是否多少能讲出点道理来。如果说得不对，还可以得到批评指正。

采用什么方法来品评明式家具呢？使人想起古代的文艺批评来。唐司空表圣(图)写过《诗品二十四则》，清黄左田(钺)曾仿表圣之作著《画品廿四篇》。凡是他们所列的"品"，都是好的，故"品"是褒词。至于贬呢？古代往往称之为"病"。梁沈约论诗创"八病"之说，明李开先《中麓画品》也列出了"四病"。现在品评家具，姑且因袭前人，用"品"和"病"来区分好和坏。因此试把这篇小文题名为：《明式家具的"品"与"病"》。

统计一下，得"品"十六，它们是：（一）简练，（二）淳朴，（三）厚拙，（四）凝重，（五）雄伟，（六）圆浑，（七）沉穆，（八）秾华，（九）文绮，（十）妍秀，（十一）劲挺，（十二）柔婉，（十三）空灵，（十四）玲珑，（十五）典雅，（十六）清新。得"病"八，它们是：（一）繁琐，（二）赘复，（三）臃肿，（四）滞郁，（五）纤巧，（六）悖谬，（七）失位，（八）俚俗。下面将为十六品、八病各举实例，并试作阐述和剖析。所用术语多为北京工匠习惯使用的，除在文中已经说明外，请参阅本书正文及《名词术语简释》。

明式家具十六品

明式家具十六品又可分为五组：

第一组包括（一）简练至（七）沉穆等七品。

明式家具的主要神态是简练朴素，静穆大方，这是它的主流。以上七品可以说同属这一类型。它们大都朴质无华，或有亦不多。也正因如此，被选作简练的实例每兼有淳朴之趣，被选作淳朴的实例或颇具沉穆之神。不过如仔细分辨，还是能看出它们所具的神态以何为主，并依其主要的来定品。这一点似应在此说明，否则就难免有巧立品目之嫌了。

第一品　简练

丙5、紫檀独板围子罗汉床（明）

197.5×95.5厘米，通高66厘米

这种榻北京匠师通称罗汉床，由于只容一人，故又有"独睡"之称。

床用三块光素的独板做围子，只后背一块拼了一窄条，这是因为紫檀很难得到比此更宽的大料的缘故。床身无束腰，大边及抹头，线脚简单，用素冰盘沿，只压边线一道。腿子为四根粗大圆材，直落到地。四面施裹腿罗锅枨加矮老。

此床从结构到装饰都采用了极为简练的造法，每个构件交代得干净利落，功能明确，所以不仅在结构上是合理的，在造型上也是优美的。它给予我们视觉上的满足和享受，无单调之嫌，有隽永之趣。

第二品　淳朴

乙109、紫檀裹腿罗锅枨加霸王枨

黑漆面画桌（明）

190×74厘米，高78厘米

这是一张式样简单但又极为罕见的画桌。它没有采用无束腰方形结体的常见形式——直枨或罗锅枨加矮老（可参阅"简练"例罗汉床），而是将罗锅枨加大并提高到牙条的部位，紧贴桌面，省去了矮老。这样就扩大了使用者膝部的活动空间。正因为罗锅枨提高了，腿足与其他构件的联结，集中在上端。这样恐它不够牢稳，所以又使用了霸王枨。霸王枨一头安在腿子内侧，用的是设计巧妙的"勾挂垫榫"，即榫头从榫眼的下半开口较大处纳入，推向上半开口较小处，下半垫楔，使它不得下落，故亦不得脱出，一头承托桌面。它具备传递重量和加固腿子的双重功能。又因它半隐在桌面之下，不致于搅乱人们的视线，破坏形象的完整。罗锅枨的加大并和边抹贴紧，使画桌显得朴质多了，其效果和用材细而露透孔的罗锅枨加矮老大不相同。加上桌心为原来的明制黑漆面，精光内含，暗如乌木，断纹斑驳，色泽奇古，和深黵的紫檀相配，弥觉其淳朴敦厚，允称明代家具上品。

第三品　厚拙

乙27、铁力高束腰五足香几（明）

面径61厘米，肩径67厘米，

托泥径64厘米，高89厘米

香几用厚达二寸的整板作面，束腰部分，露出腿子上截，状如短柱。短柱两侧打槽，嵌装绦环板并镂凿近似海棠式的透孔。如用清代《则例》的术语来说，便是"折柱绦环板挖鱼门洞"的造法。束腰下的托腮宽而且厚，一则为与面板厚度及其冰盘沿线脚配称，以便形成须弥座的形状；二则因托腮也须打槽嵌装绦环板，所以不得不厚。彭牙与鼓腿用插肩榫相交，形成香几的肩部，此处用料特别厚硕。足下的托泥也用大料造成。尽管此几绦环板上开孔，使它略为疏透，足端收杀较多，并削出圆珠，施加了一些装饰，其主调仍是厚重朴拙。

类此的香几很少见，可能不是家庭用具而是寺院中物。今天如设计半身塑像或重点展品的台座，还是可供借鉴的。

第四品　凝重

甲77、紫檀牡丹纹扶手椅（明）

椅盘前75.8厘米，后61厘米，深60.5厘米，
座高51.8厘米，通高108.5厘米

这种搭脑和扶手都不出头的扶手椅，北京匠师又称"南官帽椅"。

椅足外挓，侧脚显著。椅盘前宽后窄，相差几达15厘米。大边弧线向前凸出，平面作扇面形。搭脑的弧线向后凸出，与大边的方向相反。全身光素，只靠背板上浮雕牡丹纹一团，花纹刀法与明早期剔红相似。椅盘下三面设"洼堂肚"券口牙子，沿边起肥满的"灯草线"。管脚枨不但用明榫，且出头少许，坚固而不觉得累赘，在明式家具中不多见。它应是一种较早的手法，还保留着大木梁架榫头突出的痕迹。此椅气度凝重，和它的尺寸、用材、花纹、线脚等都有关系。但其主要因素还在舒展的间架结构，稳妥的空间布局，其中侧脚出挓起了相当大的作用。有的清代宝座，尺寸比它大，用材比它粗，但并不能取得同样的凝重效果。

第五品　雄伟

甲99、黄花梨嵌瘿木五屏风式宝座
（明或清前期）

107×73厘米，座高50厘米，通高102厘米

围子五屏风式，后背三扇，两侧扶手各一扇。后背正中一扇，上有卷书式搭脑，下有卷草纹亮脚，高约半米。左右各扇高度向外递减，都用厚材钻框，打双槽里外两面装板造成。再用"走马销"将各扇联结在一起。中间三扇仅正面嵌花纹，扶手两扇则里外均嵌花纹。花纹分四式，但都从如意云头纹变化出来，用楠木瘿子镶嵌而成，故又有它的一致性。宝座下部以厚重的大材做边抹及腿，宽度达10厘米，也用楠木瘿子作镶嵌，花纹取自青铜器。座面还保留着原来用黄丝绒编织的菱形纹软屉，密无孔目，因长期受铺垫的遮盖保护，色泽犹新。整体说来它装饰富丽，气势雄伟，设计者达到了当时统治者企图通过坐具来显示其特殊身份的要求。

第六品　圆浑

甲33、紫檀四开光坐墩（明）

面径39厘米，腹径50厘米，高48厘米

坐墩又称鼓墩，因为它保留着鼓的形状；腹部多开圆光，又有藤墩用藤条盘圈所遗留的痕迹。

此墩开光作圆角方形，沿边起阳线。开光与上下两圈鼓钉之间，各起弦纹一道。鼓钉隐起，绝无刀凿痕迹，是用"铲地"的方法铲出而又细加研磨的。四足里面削圆，两

端格肩，用插肩榫与上下的构件拍合，紧密如一木生成，制作精工之至。

将此墩选作圆浑的实例，虽和它的体形有关，但更主要的是它的完整、囫囵、圆熟、浑成的风貌。不吝惜剖大材、精选料，简而无棱角的线脚，精湛的木工工艺，以至古旧家具的自然光泽（包浆亮），都是它得以形成这种风貌的种种因素。

第七品　沉穆

乙15、黑漆炕几（清前期）

129×34.5厘米，高37.2厘米

不浮曰沉，沉是深而稳的意思，是浮躁的反面。穆是美的意思。故沉穆是一种深沉而幽静的美。在明式家具中，能入简练、淳朴、厚拙、凝重诸品的，必然兼具幽静的美。今举黑漆炕几作为此品的实例，因其更饶沉穆的韵趣而已。

此几用三块独板造成，糊布上漆灰髹退光，不施雕刻及描绘。两侧足上开孔，弯如覆瓦，可容手掌。几面板厚逾寸。几足板厚二寸，上半铲剔板的内侧，下半铲剔板的外侧，至足底稍稍向外翻转，呈卷曲之势。通体漆质坚好，色泽黝黑，有牛毛纹细断，位之室内，静谧之趣盎然，即紫檀器亦逊其幽雅，更非黄花梨、鸂鶒木等所能比拟。从式样看，并非明式家具常见的形制，当出清早期某家的专门设计，然后请工匠为他特制。设计者审美水平颇高，对家具造型是深得个中三昧的。

第二组包括（八）秾华、（九）文绮、（十）妍秀三品。

简练朴素，静穆大方，只是明式家具神态的主要一面，但绝不能说是它的全貌。有的明式家具有精美而繁缛的雕刻花纹。这三品属于装饰性较强的一组，与第一组形成鲜明的对比。

第八品　秾华

丙18、黄花梨月洞式门罩架子床（明）

247.5×187.8厘米，高227厘米

床上安围子和立柱，立柱上端支承床顶，并在顶下安横楣子的叫"架子床"，而正面又加门罩，做成月洞式（或称"月亮门式"）的，又是架子床中造法比较复杂的一种。

此床门罩用三扇拼成，连同围子及横楣子均用攒斗的方法造成四簇云纹，其间再以十字连接，图案十分繁缛。由于它的面积大，图案又是由相同的一组组纹样排比构成的，故引人注目的是规律、匀称的整体效果，而没有繁琐的感觉。

床身高束腰，束腰间立短柱，分段嵌装绦环板，浮雕花鸟纹。牙子雕草龙及缠枝花纹。横楣子的牙条雕云鹤纹。它是明式家具中体形高大又综合使用了几种雕饰手法的一件，豪华秾丽，有富贵气象。

第九品　文绮

乙111、紫檀灵芝纹画桌（明）

171×74.4厘米，肩180×85厘米，高84厘米

文绮一品，花纹虽繁，但较文雅，不像秾华那样富丽喧炽。这里以灵芝纹画桌为例。

先说一说画桌的形式结构：桌面攒框装板，有束腰及牙子，这些都是常见的造法。惟四足向外弯出后又向内兜转，属于鼓腿彭牙一类。足下又有横材相连，横材中部还翻出由灵芝纹组成的云头，整体造型实际上是吸取了带卷足的几形结构。这样的造法在画桌中是变体，很难找到相同的实例。

画桌除桌面外遍雕灵芝纹，刀工圆浑，朵朵丰满，随意生发，交互覆叠，各尽其态，与故宫所藏的紫檀莲花纹宝座，同臻妙境。晚清制红木花篮椅，也用灵芝纹，斜刀铲剔，锋棱毕露，回旋板刻，形态庸俗。可见家具装饰，同一题材，由于表现手法的不同，美妙丑恶，竟至判若云泥。

此桌在本世纪初为牛街蜡铺黄家故物，后归三秋阁关氏。觯齐郭葆昌曾重金仿制，因缺少紫檀大料，尺寸比例多不合。雕刻后虽用大量磨工，终难肖似。

第十品　妍秀

乙 43、黄花梨花鸟纹半桌（明）

104×64.2 厘米，高 87 厘米

类似大小的长方桌，北京叫"接桌"，又叫"半桌"。上部造成矮桌式样，下连圆足，又是半桌中常见的造法。不过造型、雕饰造得如此成功的却不多见。

桌面起拦水线。束腰造成蕉叶边，起伏卷折，如水生波，有流动之致。牙条轮廓圆婉，正面雕双凤朝阳，云朵映带，宛如明锦；侧面折枝花鸟，有万历彩瓷意趣。牙子以下安龙形角牙，回首上觑，大有神采。足内安灵芝纹霸王枨。枨势先向上提，然后又远远探出。这样不仅可以把枨上的花纹亮出，而且巧妙地填补了角牙内露出的空间。此下圆足光素，着地处用鼓墩结束，上下繁

文素质，对比分明。整体用材较细，比例匀称，线条优美，花纹生动，有妍秀轻盈、面面生姿之妙。

第三组有（十一）劲挺、（十二）柔婉两品。

二品神态迥别，刚健婀娜，各臻其极，但互呈妙趣，异曲同工。有一点二者却又相同，即整体各个构件都比较细。言其细，主要是造得细，不是下料细。劲挺和柔婉，尤其是后者，必须用很大的料才能造出来。若就其"细"而言，它们和构件比较粗的淳朴和厚拙两品又形成对比。

第十一品　劲挺

乙 51、黄花梨一腿三牙罗锅枨方桌（明）

98×98 厘米，高 83 厘米

"一腿三牙罗锅枨"是明式方桌中的一种常见形式。所谓"一腿三牙"是指四条腿中的任何一条都和三个牙子相交。三个牙子即两侧的两根长牙条和桌角的一块牙头。所谓"罗锅枨"即安在长牙条下面的枨子。不过此桌虽属此式，四足直立，不用侧脚，比例权衡，花纹线脚也与一般常见的不同，其风貌也别具一格。

方桌用料不大。桌面喷出不多，所以安在桌角的牙头既薄又小。腿子线脚不是常见的由混面或加阳线构成的"甜瓜棱"，而是别出心裁刨出八道凹槽。使人一眼就看到的是各道凹槽之间的脊线，条条犀利有力的锐棱，由地面直贯桌面。牙条不宽，起皮条线加洼儿，边棱干净利落。罗锅枨上起作用的又是枨上的那几条"剑脊棱"线脚。这些棱线的突出使用，它们又造得那样的峭拔精神，使方桌显得骨相清奇，劲挺不凡。

第十二品　柔婉

甲70、黄花梨四出头扶手椅 (明)

58.5×47厘米, 高119.5厘米

这具扶手椅尺寸并不小, 构件却很细; 弯转弧度大, 更是它的一个特点。

搭脑正中削出斜坡, 向两旁微微下垂, 至尽端又复上翘。靠背板高而且薄, 自下端起稍稍前倾, 转而向后大大弯出, 到上端又向前弯, 与搭脑相接。如果从椅子的侧面看, 宛然看到了人体自臀部至颈项一段的曲线。后腿在椅盘以上的延伸部分, 弯转完全随着靠背板。扶手则自与后腿相交处起, 渐向外弯, 借以加大座位的空间, 至外端向内收后又向外撇, 以便就坐或起立。联帮棍先向外弯, 然后内敛, 与扶手相接, 用意仍在加大座位空间。前腿在椅盘以上的延伸部分曰"鹅脖", 先向前弯, 又复后收, 与扶手相接。以上几个构件几乎找不到一寸是直的。椅盘以下的主要构件没有必要再出现弧线, 但迎面的券口牙子, 用料窄而线条柔和, 仍和上部十分协调。

明式家具构件的弯转多从实用出发, 这也是它的可贵之处。以上所述也可以说是明式扶手椅造法的一般规律。不过为了取得弧度, 不惜剖割大料, 而又把它造得如此之细, 却不多见。也正因为如此, 才能把构件造得如此柔婉, 竟为坚硬的黄花梨, 赋予了弹性感。

第四组有 (十三) 空灵、(十四) 玲珑两品。

二品仿佛相近, 实不相同。空灵靠间架空间处理得当才能取得效果, 玲珑则仗各个部位的透空雕刻予人灵巧剔透之感。玲珑必然有高度而精美的雕饰, 若就此而言, 它又和第二组属于同一类型。

第十三品　空灵

黄花梨靠背椅 (明)

51×44厘米, 通高95厘米

(据艾克《中国花梨家具图考》图版100绘制)

这是一具比灯挂椅稍宽, 接近"一统碑"式的靠背椅。直搭脑, 靠背板上开正圆、下开海棠式透光, 沿透光边起阳线。中部嵌镶微微高起的长方形瘿木片。椅盘以下采用"步步高"赶枨, 只踏脚枨下施窄牙条。四面不用常见的券口牙子或罗锅枨加矮老的造法, 而只安八根有三道弯的角牙。正由于它比一般的灯挂椅宽, 后腿和靠背板之间出现了较大的空间。透光的镂挖, 使后背更加疏朗。

作为坐具的椅子, 为了予人稳定感, 下半部总以重实一些为宜, 否则会有头重脚轻之憾, 一般不使用角牙正是为此。但这具椅子由于上部间架开张, 透光疏朗, 下部用角牙却非常协调匀称, 轻重虚实, 恰到好处, 整体显得格高神秀, 超逸空灵。

第十四品　玲珑

戊2、黄花梨插屏式座屏风 (明或清前期)

足底150×78厘米, 通高245.5厘米

插屏式座屏风是明式屏风中的一种。屏座在两个雕有鼓形的木墩上树立柱, 立柱前后用站牙抵夹。两副墩柱之间施两道横枨及披水牙子将它们联成一个整体。柱内侧打槽, 嵌插可装可卸的独扇屏风。取此与明刊本《鲁班经》中的屏风图式相比, 它们基本相同。若用清代匠作《则例》的术语来说, 屏座为"榻橙木雕做抱鼓蒸花瓣, 立柱壶瓶牙子成做"。

屏座及边框用材粗硕, 如果不在所有的绦环板上施加透雕的话, 屏风是不会使人觉

得玲珑剔透的。明清之际流行的螭纹是一种非常有意思的图案（清中期或更晚的螭纹不在此例），利用尾部的分歧卷转，任何空间都能被它填布得那样圆满妥帖。在直幅的空间中，螭虎可以叠罗汉似的任意叠下去。在横幅的空间中，正中加一个图案化的寿字，两旁又可以用螭虎摆出对称而又生动的纹样来。由于在装饰构图上有许多方便之处，难怪螭纹成了当时的工艺品，尤其在黄花梨家具，可说是最常用的图案题材之一。

或许有人问，玲珑的效果既然由透雕的绦环板取得，那么是否只要是透雕，不管什么图案都行呢？回答曰："否！"玲珑首先必须在视觉上予人美的感觉，因此和图案的好坏有直接关系。试想这具屏风如采用晚清民初的"子孙万代"（葫芦）、"蝙蝠流云"之类图案作透雕，恐将不知何以名之，至少是庸俗琐碎而不是玲珑了。

第五组有（十五）典雅、（十六）清新两品。

典雅言其有来历而不庸俗，清新言其大胆创新，悉摈陈腐。二者乍看似乎大相径庭，实际上有一致的一面，即都要有超然脱俗的面目才能入品。如果有来历而只是墨守成规，平淡无奇，那么可称典雅的家具未免太多了。它必须是确有来历但又罕经人道，真正做到了推陈出新。如果说大胆创新，悉摈陈腐，但却是故弄新奇，矫揉造作，那又安得入清新之品，只不过罹怪诞之病而已。

第十五品　典雅

戊39、黄花梨衣架残件中牌子部分（明）

扁方框 144.5×29.4 厘米

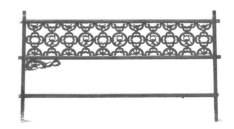

明式衣架上有搭脑，下有立柱支承。立柱下端植入墩座，并用站牙抵夹。衣架中部四木构成扁方框，横材出榫与立柱交接。这一组构件北京匠师称之曰"中牌子"。它在衣架中占有重要地位，两副墩柱仗它来联结，衣衫要有它才能披搭，同时又是施加雕饰的主要部位。

有雕饰的衣架，一般是在中牌子的扁方框内立短柱两根，嵌装三块透雕的绦环板。这具中牌子却采用攒斗的手法造出非常优美动人的图案。纹样是每一组四簇云纹间隔一窠团花。中间一层花纹是完整的，上下两层则各用其半。一般的四簇云纹都是用四枚云纹斗簇，再用裁榫来固定，这件中牌子的四簇云纹和团花是大片木板镂刻出来的。修长的凤眼，卷转的高冠，犀利的阳纹脊线，两侧用双刀刻出的"冰字纹"，完全是从古玉环、璧上的龙凤花纹变化出来的。它避开了明式家具的传统图案，因而看起来新颖醒目，又由于它植根于更久远的艺术传统，而且善于吸收运用，故能优美动人。推陈出新是新与陈合理的统一，典雅二字实寓有此意。

第十六品　清新

甲80、黄花梨六方扶手椅（明）

椅盘最宽 78 厘米，纵深 55 厘米，通高 83 厘米，座高 49 厘米

六方椅在明式家具中极罕见。少的原因除费工耗料外，更由于容易显得呆笨，很难造得美观耐看。这具六方椅尺寸竟大于一般的扶手椅，又采用了比较复杂的线脚，不能不说是一个大胆的创新。大胆创新并不难，难在把六方椅制作得如此成功。

椅盘以下为六方形结构，不过六方不是

等边的，而是前后两边长，其余四边短。这样后背自然宽了，座位面积也大了，垂脚坐或盘足跌坐都相宜，既美观又实用。如椅盘为等边六方形，后背只能造得很窄，有如胖人戴小帽，一定很难看。椅盘以下，只正面施券口牙子，余五面均用牙条。如每面都施券口牙子，等于每足都要加宽两条边，下部分量就会过重而显得呆笨闷滞。六足外面起瓜棱线，另外三面是平的。椅盘边抹采用双混面压边线，管脚枨劈料做。椅盘以上，搭脑、扶手、鹅脖、联帮棍等都用甜瓜棱。通体使用了分瓣起棱的线脚，对上下的完整和谐并借以破除呆笨起一定的作用。一般说来，甜瓜棱习惯用于比较粗的直材，如桌（如一腿三牙式）、柜（如圆角式）的腿子上。此例用于靠背及扶手，显得新颖脱俗。

靠背板攒框打槽分三段装板。上段雕云纹，中段光素，下段镂出云纹亮脚。出人意想的是又一反常例把上段造得格外长，云纹压得很低，为火焰似的长尖留出空位，锋芒上贯，犀利有力，格外精神。这又是装饰上的创新。

对此椅的观察分析，感到它从结体到雕饰都有大胆创新的地方，但创新是建立在周密的意匠经营的基础上的，否则的话就是粗制滥造，炫异矜奇。看来家具设计只有付出辛勤劳动，才能创造出不落窠臼、悦目清新的作品来。

明式家具八病

家具的某一病往往是某一品的反面，但又不得与另一品仿佛有些相近而混淆起来，它们之间是有明确分界的。例如繁琐和赘复都是简练的反面，但它们不得与秾华相混。臃肿乃是劲挺的反面，滞郁乃是空灵的反面，但不得与厚拙相混。纤巧是淳朴、凝重的反面，但不得与构件比较细的劲挺、柔婉相混。悖谬、失位的病源每出于标新立异，逞怪炫奇。俚俗一般是不成功的来自某一地区的乡土制品。它们常使用南榆、柞木等较软木材，制作手法，别成体系，与习见的黄花梨、紫檀器等风格不同。民间作品有的非常淳朴，即使粗糙一些，也稚拙可喜。俚俗只是这类家具中的下下品而已。

第一病　繁琐

甲87、黄花梨高束腰带托泥雕花圈椅（明）

60.5×45.4厘米，座高55.5厘米，通高112厘米

圈椅是明式椅子中常见的一种，有的结构简练，朴质无纹，格调颇高，而此椅是截然相反的一例。

椅子的靠背板攒框打槽分四段装板，它们自上而下的纹饰是：壸门开光中雕兽面，委角长方框中雕牡丹竹石，变体海棠式几何纹，云纹亮脚。靠背板及后腿两侧均有多折而起边线的长牙条。椅盘上加透雕花卉的三面短墙，仿佛成栏杆模样。椅盘下四角安竹节纹矮柱，托腮肥厚，几与边抹同大，嵌装在此处的束腰雕龙纹。托腮下的牙子为齐牙头式，腿上雕兽面，三弯腿，马蹄做成虎爪落在托泥上。托泥下还设起边线的牙条。

首先说它的结构。束腰和托泥在一般的圈椅上是根本不存在的，而此椅用的是高束腰和厚托泥。椅盘上雕花短墙和长牙条更为累赘，它们侵占了扶手下的空间，使本来颇为空灵的圈椅造型遭到破坏。为什么要塞进这些多余的构件呢？主要的意图只是为雕花多增添一些地位。再说它的雕饰，几乎是漫

无节制地布满全身，内容芜杂，花卉、兽面、龙纹、卷草等，饾饤堆砌，任意拼凑。它不像某些雕饰虽繁的明式家具，花纹有间歇，有呼应，可以看到它的连续性和统一性。再加上刀法冗弱，没有一组花纹是耐人观赏的。因此这样的圈椅说它从结构到装饰都陷入了繁琐的泥潭，似不为过。

第二病　赘复

甲24、黄花梨壶门牙子罗锅枨加矮老方凳（明）

48×47.7厘米，高54厘米

有束腰三弯腿方凳，在明式家具中并不常见，但也曾寓目十来件。它们的造法有的四面牙子锼出壶门轮廓和腿子交圈，牙子下更无其他构件。有的在四足内角安霸王枨。有的在壶门牙子下加直枨。至若此凳壶门牙子下设罗锅枨加矮老，更为罕见。

机凳凡是采用壶门牙子的，它与腿子相交处转角是圆的，因而牙子两端的斜线比一般直牙条方转角的斜线要长一些，和腿子肩部的接触面要大一些，故比较牢固，牙子下不必再加枨子。如果加了，即使是直枨，也会损害壶门的曲线轮廓。壶门牙子的桌、凳往往采用比较隐蔽的霸王枨，就是为了保留壶门曲线的完整。此例则不但用罗锅枨，而且加矮老。矮老上端的格肩插入壶门曲线的转折处，这样就彻底破坏了壶门的轮廓，看起来很不舒服。此种在功能上是叠床架屋，在造型上是画蛇添足的造法，可以说是中了赘复之病。

第三病　臃肿

黄花梨螭纹台座（明或清前期）

面49×49厘米，肩部最宽57.5×57.5厘米，高141厘米

这是一件用途还不太清楚的家具，其造型似受石雕台座的影响，可能原为寺院中用

来置放铜磬或法器的，但花纹又不类似。今姑名之曰台座。

其构造上部近似方台，四壁凹入，浮雕双螭捧寿，用栽榫与下面的大方几联结。大方几外貌似分两截，上截像一具鼓腿彭牙的雕花矮方几，惟牙子下挂，锼出垂云。此下又造成三弯腿落在托泥上。实际上两截相连，四腿都是一木连做。四面腿间空间随着腿子的曲线打槽装板，浮雕螭纹。论其制作，可谓不惜工本，下料之大，用材之费，耗工之多是惊人的。不过令人惋惜的是实效证明台座的设计是失败的，制者昧于木器不宜仿石器的道理，以致既不凝重，也不雄伟，而只落得笨拙臃肿，不堪入目。

第四病　滞郁

鸂鶒木一腿三牙罗锅枨加矮老画桌（清前期）

177×80厘米，高85.5厘米

（据艾克《中国花梨家具图考》图版69绘制）

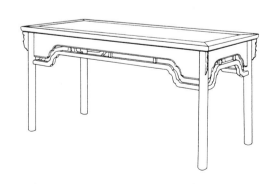

一腿三牙罗锅枨方桌多数造型优美，并颇具特点。其特点是四足有明显的"侧脚"，即北京匠师所谓的"四腿八挓"，故形象开张而稳定。既有侧脚，四足下端斜出，

上端必然收进。但它必须与大边、抹头相交，因此边抹要有相当的宽度。边抹既宽，便不宜厚，以免用材多而过于笨重。不过边抹薄了又会与方桌的整体不相称，所以边抹多在它底面的边缘附加一条木材来解决这个矛盾，即所谓"垛边"的造法。有了垛边，它必然会遮掩长条牙子的一部分，减少它露在外面的宽度，这样就突出了罗锅枨和牙子之间的空间或嵌夹在二者之间的雕花饰件——"卡子花"，使方桌显得舒朗美观。以上是一腿三牙方桌各个构件之间相互牵连、彼此制约的关系。

做长方桌也可以采用一腿三牙式，但不容易造得像方桌那样好看，这具鸂鶒木画桌就是一例。设计者忽视了此种形式应有的特点，边抹用料薄而又没有加垛边，和整体比例失调。最大的毛病出在牙子上，造得太宽了，牙头部分尤为显著。如此之宽的牙子又没有垛边为它遮掩，致使画桌形象显得滞郁不宣，予人闷窒饱满的感觉。

第五病　纤巧
乙26、黄花梨五足香几（晚明或清前期）
面径38.5厘米，肩部最大径48厘米，
足部最小径25厘米，高106厘米

这具香几舍得用料，不惜费工，却是一件弄巧成拙的例子。

它采用的是鼓腿彭牙，足端又向外翻出成为三弯腿的形式，在明人小说及清代匠作《则例》中有"蜻蜓腿"之称。此种形式上下的一舒一敛，应当有较大的差别，但也不宜做过了头。此几上部径为48厘米，下部径为25厘米，相差几乎是二与一之比，这样就造成头重脚轻，失去了平衡。

在线脚和雕饰上使人感到过于雕琢的是半圆形的混面束腰和起棱多层的托腮。实际上这里所需要的只是老老实实的直束腰和线脚比较简单的托腮。就是几面的冰盘沿造得也不够理想，不如用常见的"一枭一混"为宜。圆束腰上造出椭圆的浮雕花纹，更与通体的纹饰不协调。看来香几的作者追求的是俊俏的造型和精细的雕饰，但所收到的是纤巧而不自然的效果。

第六病　悖谬
乙101、黄花梨攒牙子翘头案（清前期）
153.7×35.6厘米，高85.7厘米

我们知道凡属案形结体的家具，也就是四足缩进安装，不是位在四角的桌案，正规的造法只有两个——夹头榫和插肩榫。结构见本书插图3·34a、3·35b。

二者外貌有别，夹头榫腿子高出牙条和牙头的表面，插肩榫则腿子与牙条表面平齐。不过最基本的一点它们却是相同的，都是把紧贴在案面下的长牙条嵌夹在四足上端的开口之内。夹头榫和插肩榫大约是晚唐、五代之际，高桌开始使用，匠师们受到了大木梁架柱头开口中夹绰幕的启发而运用到桌案上来的。由于直材（腿子）和横材（牙条）的合理嵌夹，加大了二者的接触面，搭起了牢稳的底架，再由四足顶端的榫子和案面结合，构成了结构合理的条案。千百年来，夹头榫和插肩榫经受了实用的考验，直至今日还在广泛使用。

现在来看这具翘头案，是用木条攒框的办法造成透空的牙条和牙头。它无法和四足嵌夹，而只靠几个栽榫来联结，其坚实程度是无法和夹头榫或插肩榫相比的。这是抛弃千锤百炼的好传统，不顾违反结构原理，去使用一种在外貌上似是而非的悖谬造法。

第七病　失位

乙 89、黄花梨夹头榫管脚枨平头案（清前期）

162.5×51厘米，高 85 厘米

（据艾克《中国花梨家具图考》图版 88 绘制）

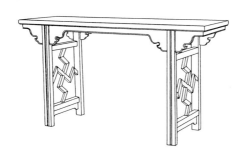

　　某一个构件或某一种装饰在哪一种家具的哪一个部位上出现及如何出现是有规律可循的。如果用得合适，符合规律，看起来就很舒服，甚至根本没有去理会它，认为本应如此。如果用在不合适的地方，违反了规律，看起来就很别扭，它也仿佛在家具中呆不住，从整体形象中要跳出来似的。

　　举例来说，用横竖材攒斗成卍字，明式家具一般都是若干个联在一起，或斜行几排组成图案，用在罗汉床的床围子上或透空的柜门上，疏透面齐整，颇为美观。单独一个卍字，虽曾在架子床的门围子上见过，但效果并不佳，不如连续使用。现在来看这具夹头榫平头案，挡板的部位竟单独用了两个大卍字，非常刺目，使人感到不伦不类。此案把卍字用在不该用的地方，故名之曰"失位"。

第八病　俚俗

甲 72、南榆四出头扶手椅（明）

63×48厘米，座高 50 厘米，通高 120 厘米

　　椅用南榆制成，是次于紫檀、黄花梨、

鸂鶒木但为明式家具常用的一种木材。靠背板分三段攒成，自上而下分别透雕云鹤、麒麟及双龙。最下一段亮脚特高，比例失调。鹅脖在椅盘抹头上凿眼另安，不与前腿一木连做。椅盘下三面加横枨，枨上装绦环板，正面透雕花卉，侧面平列云纹三朵。这样就不得不将下面的券口压低，致使优美的壶门曲线无地施展。联帮棍旋作葫芦形；形象恶劣，曾疑是后配，经细审其木质、色泽及使用程度，知确为原制。

　　此椅雕饰繁琐，刀工疲沓，动物形象欠佳，头小而身躯臃肿的麒麟尤为显著。它从造型到装饰都带几分"土"气，用北京匠师的口语来说就叫"怯"。可以看出它与精制的紫檀、黄花梨家具并非出于同一流派的工匠之手，而是某一地区的中小城市或乡镇的木工为当地的地主乡绅特制的家具。当时的木工确实在精心细制，极力迎合定制者的趣味和要求。不过越是这样就越增加了它的俚俗之态。

　　本文曾在香港《美术家》1980 年 4 月第 13 期及 8 月第 15 期发表。1987 年夏略作修改。收于《锦灰堆》。

付录二 明式家具的「品」与「病」

《鲁班经匠家镜》
家具条款初释

壹·问题的提出

《鲁班经》的流传已有五六百年,是我国仅存的一部民间木工营造专著。刘敦桢先生曾对此书的现知最早版本《鲁班营造正式》及其后的几个增编、翻刻本进行了比较研究,并撰文[1]阐述其流传演变,把这部工匠古籍的不同时代面貌,作了科学的勾画。1977年,郭湖生先生编写《中国建筑技术史》,承将第十二章第三节《鲁班营造正式评述》油印稿见示。他对此书几个版本的承袭关系、内容异同和历史价值,作了进一步的分析研究。

此书的明万历间增编本改名为《鲁班经匠家镜》。所谓"匠家镜",就是说它像工匠家的一面镜子,有"指南"或"手册"的意思。这次新增的主要内容,编入了不少有关家具条款和图式。刘、郭两位对这份家具材料,都给予高度的评价[2]。

如果说关于房屋营造的传世图书有《营造法式》、《工程做法》那样文图对照、卷帙繁浩的皇皇巨著的话,关于家具,有文有图的古籍,恐怕只有这薄薄一册的《鲁班经匠家镜》了[3]。它的增编年代在万历间,正是明式家具具有高度成就的时候。当时图式的绘制和雕刊者都有相当高的水平,比较真实地描绘了各种家具的形态。这都是此书值得重视的原因。万历以后的崇祯增编本和清代的若干翻刻本,不仅图式越翻越劣,文字讹误也有增无减,其价值自比万历本远逊了。

万历本《鲁班经匠家镜》是1961年初,经文物事业管理局搜集到的一部残本,其中有关家具部分幸尚完整。尽管这个珍本前此从未发现过,《鲁班经》中的家具材料,早已受到我国学者的重视,就是国外学人在有关的著作中也曾引用[4]。这个珍本被发现至今已有二十多年,现在似乎更应当有人为它作比较详细的探索研究。刘敦桢先生早就提出过:"推求书中所述各种做法术语,进而校订文字图样,加以注释,……是研究我国建筑史应做的工作之一。"[5]他所说的是对《鲁班经》作全面的科学的注释研究,自然也包括家具材料在内。

贰·《初释》是怎样写成的?

对《鲁班经匠家镜》中的家具条款作探索研究,存在着不少问题,刘先生也已在文中指出:"一是文字讹误太多,二是所用术语已有不少改变。"[6]因此,想一举把这些条款全部读通,实属不太可能的事。何况有的家具有文无图,有的文和图又有出入,这就更增添了理解上的困难。因限于水平,现在只能先做一次试探性的初释,以就教于关心古代家具、特别是对古今家具有专业知识的同道,希望能引起他们的兴趣,作进一步的深入研究。

这次《初释》是这样写成的:

一、采用的版本为文物局藏的《鲁班经匠家镜》明万历间刊本。

[1][5][6] 刘敦桢:《鲁班营造正式》,载《文物》1962年第2期,页9—11。

[2] 同[1],刘敦桢先生称:"《鲁班经匠家镜》所绘桌椅诸图,与现存明代遗物几无二致,乃异常宝贵的资料。"郭湖生则称:"插图以万历本最佳,是研究明代家具的重要资料。"见《鲁班营造正式评述》,1977年油印本,页21。

[3] 前代有几种与家具直接或间接有关并附插图的古籍,如《梓人遗制》、《燕几图》、《蝶几图》、《三才图会》、《碎金》等。但它们或因传本只存格子门及木制机械部分,或只讲某种特殊设计的家具,或只是类书、辞书的插图,故从研究家具的角度来看,其重要性无法和《鲁班经匠家镜》相比。

[4] 如德人艾克所著《中国花梨家具图考》。

❶ 五十二条依原书次序抄录如下。未释的十七条，在各条之后的括弧内作简略的说明。1.屏风式，2.围屏式，3.牙轿式。4.衣笼样式，5.大床，6.凉床，7.藤床式，8.禅床式（与寺观殿堂上下土木相连的长木炕，只能算是室内装修），9.禅椅式，10.镜架势（式）及镜箱式，11.雕花面架式，12.桌，13.八仙桌，14.小琴桌式，15.棋盘方桌式，16.圆桌式，17.一字桌式，18.折桌式，19.案桌式，20.搭脚仔凳，21.风箱样式（烧火鼓风用的风箱），22.衣架雕花式，23.素衣架式，24.面架式，25.鼓架式（架木腔蒙皮鼓的架子），26.铜鼓架式（又名乳锣的铜鼓架），27.花架式（放在室外院子中的花盆架），28.凉伞架式（仅仪 执事一类器物的架子），29.校椅式，30.板凳式，31.琴凳式，32.杌子式，33.大方扛箱样式，34.衣橱样式，35.食格样式，36.衣折式（折叠衣服用的一种木制宝剑），37.衣箱式，38.烛台式，39.圆炉式（圆炉的座子），40.香炉式（香炉的座子），41.方炉式（方炉的座子），42.香炉样式（香炉的座子），43.学士灯挂（一种挂灯），44.香几式，45.招牌式（店铺的招牌），46.洗浴坐板式（坐着洗澡用的一块木板），47.药橱，48.药箱，49.火斗式（灯的一种），50.柜式，51.象棋盘式（一尺四寸长而接近方形的象棋盘），52.围棋盘式（一尺四寸多见方的围棋盘）。

二、此本的家具条款及图式在卷二，自页十三下起，至页三十六下止，共二十五页。除去其中夹杂着纯属封建迷信的《逐月安床设帐吉日》一条和应属殿堂建筑的《诸样垂鱼正式》、《驼峰正格》两条外，共计五十二条❶。图式大者占半页，小者只占两三行，共十九幅。不过严格说来，五十二条中真正能算家具的，只有三十五条。《初释》即以此三十五条为限。现将它们编为1—35号。

三、《初释》内容分以下几项：

1. 录文：分条录原文，并试加标点。

2. 校字：错字、脱字、多余字均用不同符号标出〔录文中改正字外加（　），脱字外加〈　〉，衍文夹在◁▷中间〕。因为此书无法找到更佳版本和它勘校，有时只得就本书中的不同写法，择善而从之，也就是用本书来校本书。有时则凭个人的理解或通过制图校核，作一些更改，其中难免有主观臆测的成分。

3. 释辞：对术语、名词试作解释。

4. 释条：对整条文字试作解释。

5. 附图：根据文字尺寸，参考图式及明式家具实物或其他形象材料，试制草图。

叁·家具条款初释

1. 屏风式

录文：

"大者高五尺六寸，带脚在内，阔六尺九寸。琴脚六寸六分大，长二尺。雕日月掩（卷）①象鼻格奖（桨）②腿，工（二）③尺四分高，四寸八分大。四框一寸六分大，厚一寸四分，外起改竹圆，内起棋盘线，平面六分，窄面三分。绦环上下俱六寸四分，要分成单。下勒水花〈牙〉④分作两孔，雕四寸四分。相屋阔窄，余大小长短依此，长仿此。"

校字：

①"掩"与"卷"字形相近，故疑为"卷"之误。31条有"转鼻带叶"，转与卷义亦相通。②"奖"据20条改为"桨"，详下。③"工"为"二"之误。屏高五尺余，桨腿高二尺余是合理的。④此处当脱"牙"字，有16、24等条可证。

释辞：

琴脚：或称"下脚"，见21条。着地的两根木墩，按即清代《则例》所谓的"榻榫木"，北京匠师所谓的"墩子"。

日月卷象鼻格：桨腿上有圆形和卷转的花纹雕饰。

桨腿：两片成对，上锐下丰，略呈直角三角形，用以从相对的方向抵夹立柱，多用于屏风、衣架等家具上。清代《则例》称之为"壶瓶牙子"，言其两片相合，形似一件壶卢瓶。壶卢瓶即葫芦瓶。北京匠师则称之为"站牙"。本书往往写作"奖腿"，其义费解。20条中作"桨腿"，乃悟因其形似船桨而得名，故从之。

改竹圆：一种混面的线脚，当与"泥鳅背"相似。"改竹圆"有可能即19条中的"厅竹圆"，亦可能"改"为动词，并非术语。究以何为是，待进一步考证。

棋盘线：当为常用于棋盘边框的一种线脚。

绦环：即绦环板，北京匠师仍用此称。在此指嵌装在屏风座上的有雕饰的花板。

勒水花牙：即牙条。在屏风上则为绦环板下带斜坡的长条花牙，北京匠师或称"披水牙子"，言其像墙头上斜面砌砖的披水。

孔：本书的常用语，有"部分"的意思。"中分两孔"即指分为两部分或两半。11条"或分三孔、或两孔"有三份或两份的意思。

释条：

此为带底座的、不能折叠的屏风，亦称座屏风。

附图：

据文字并对照页十三下图式并参考实物，试制草图二：图一、页十三下图式中的屏风。图二、屏风草图（正面、侧面）。

图一、页十三下图式中的屏风

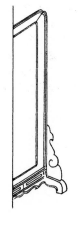

图二、屏风草图之正面和侧面

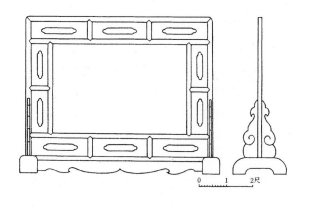

图三、页十三下图式中的围屏

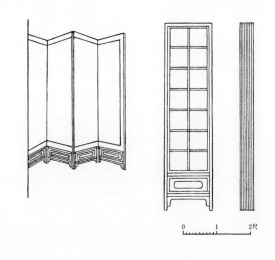

图四、八片围屏（局部）与田字格结构及折叠后之示意图

2. 围屏式

录文:

"每做此行用八片、小者六片，高五尺四寸正。每片大一片（尺）①四寸三分零。四框八分大，六分原（厚）②，做成五分厚，算定共四寸厚。内较（交）③田字格，六分厚，四分大。做者切忌碎框。"

校字:

①"片"为"尺"之误。②"原"为"厚"之误。③"较"为"交"之误。

释辞:

行用:曾疑"行"为"大"之误。因下有"小者"字样。但"行用"可作"通行"或"流行"讲，未敢擅改。

四框八分大，六分厚，做成五分厚，算定共四寸厚:此数语是说屏风每片的边框，六分下料，做成后实厚五分。八片折叠在一起时，共厚四寸。

田字格:由纵横木楞构成的方孔格子，形如"田"字。参见 34 条抽屉内的分格。此处指糊在屏风纸绢之下的方格龙骨，北京匠师称之曰"算子"。

释条:

按此为多扇的、可以折叠的屏风，亦称围屏。

附图:

据文字及页十三下图式，试制草图二：图三、页十三下图式中的围屏。图四、八片围屏、田字格结构及折叠后示意图。

3. 牙轿式

录文:

"宦家明轿倚（椅）①下一尺五寸高，屏一尺二寸高，深一尺四寸，阔一尺八寸。上圆手一寸三分大，斜七分（寸）②才圆。轿杠方圆一寸五分大。下踭（梢）③带轿二尺三寸五分深。"

校字:

①"倚"为"椅"之误。②"分"疑为"寸"之误。③"踭"为"梢"之误。"梢"字在本书一再出现，见 13、16、28 等条,其义有尽端之意。"踭"，跳也，于义难通。

释辞:

牙轿:牙即牙门，通称衙门。条中有宦家字样，可知牙轿即官署用轿。

明轿:页十四下图式靠下一轿，全部露明，是为明轿，与有遮围的暖轿相对而言。

屏:即椅子的靠背板。

圆手:当为"圆扶手"的简称，即用圆材造成的圈椅或轿椅的扶手。清代《则例》称为"月牙扶手"。北京匠师据其为三段接成或五段接成，称之为"三接扶手"或"五接扶手"。或简称为"三圈"、"五圈"。

斜七寸:圈椅扶手前低后高，斜七寸可能指前后高低相差的尺寸。其意是否如此，尚待进一步研究。

方圆:本书的常用语，有大小或纵宽的意思，并不一定指又方又圆的东西的尺寸。如 14 条棋盘方桌之"方圆二尺九寸三分"，乃

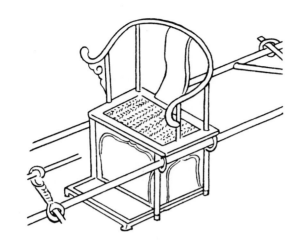

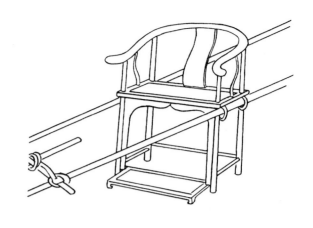

图五、页十四下图式中的明轿　　　　　　　　图六、明轿草图

指纵宽各二尺九寸三分。

下梢：此处指轿椅下的底盘和椅前的脚踏。

释条：

此为轻巧简便、近似四川所谓滑竿的小轿。

附图：

据文字及页十四下图式，试制草图二：图五、页十四下图式中的明轿。图六、明轿草图。

4. 衣笼样式

录文：

"一尺六寸五分高，二尺二寸长，一尺三寸大。上盖役九分，一寸八分高。盖上板片三分厚，笼板片四分厚，内子口八分大，三分厚。下车脚一寸六分大，或雕三弯。车脚

上要下二根横横仔（子）。此笼尺寸无加。"

释辞：

衣笼：即衣箱。宋戴侗《六书故》："今人不言箧笥而言箱笼。浅者为箱，深者为笼也。"与 30 条衣箱相比，基本相似而略大，同为长方形，无显著差异。

役：本书的常用语。如 10 条"每落墨三寸七分大，方能役转"。32 条"脚一尺三寸长，先用六寸大，役做一寸四分大"。似指加大放料，以期成品后达到设计要求。据此，"上盖"有加大九分之意。这样解释是否正确，以及加大应如何加，均待再研究。

车脚：着地的木框，即托泥或底座。页三十二上图式中的箱下有车脚。据宋李诫《营造法式》卷九"佛道帐"，"帐坐……下用龟脚，脚上施车槽……"（据石印丁氏本。陶氏校刊本"脚上"之"上"，误作"下"，不可从。）故车脚之名，似来源于"车槽"与"龟脚"。车脚乃由"车槽"与"龟脚"二者合并而成，遂有车脚之名。

三弯：车脚上弧线线脚。

横横子：本书"横"与"框"有时通用。此处指安在车脚上，上托箱底，起纵向联结作用的两根带或托枨。

释条：

按此即衣箱。惟上盖仅高一寸八分，矮于一般的衣箱盖颇多，疑尺寸有误。

附图：

据文字，参照页三十二上图式，试制草图二：图七、页三十二上图式中的衣箱。图八、

图八、衣笼草图及车脚与横横子之示意图　　　　　　图七、页三十二上图式中的衣箱

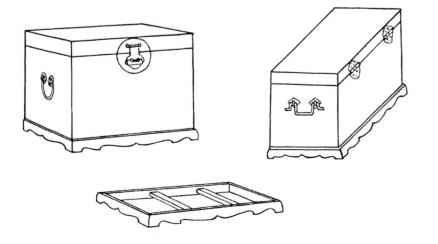

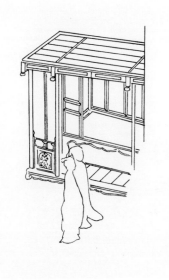

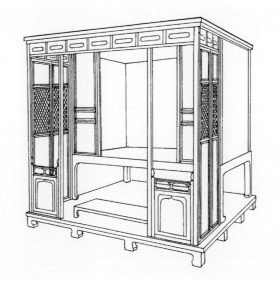

图九、页十五下图式中的大床　　　　　图十、大床草图之正面

衣笼草图及车脚与横横子示意图。

5．大床

录文：

"下脚带床方共高式（二）①尺二②寸二分正。床方七寸七分大，或五寸七分大。上屏四尺五寸二分高。后屏二片，两头二片。阔者四尺零二分，窄者三尺二寸三分，长六尺二寸。正领（岭）③一寸四分厚，做大小片。下中间要做阴阳相合。前踏板五寸六分高，一尺八寸阔。前楣带顶一尺零一分。下门四片，每片一尺四分大。上脑板八寸，下穿藤一尺八寸零四分，余留下板片。门框一寸四分大、一寸二分厚。下门槛一寸四分，三接。里面转芝门九寸二分，或九寸九分，切忌一尺大。后学专用记此。"

校字：

①"式"为"式"之误。"式"即"二"。②"二"，原书作"一"，但一横在下，上半漫漶缺笔，故知当为"二"。③"领"疑为"岭"之误。

释辞：

床方：即床面方框，由大边及抹头各两根构成。7 条藤床床方"起一字线好穿藤"，可证床方即床面方框。

上屏：床上的围屏。据其高度当从床方直到床顶。

后屏二片，两头二片：均指上屏。即上屏由床后沿的两片、两侧沿各一片，共计四片构成。

正岭："岭"有居高之意，床岭即床顶。正岭当为正面床顶。

阴阳相合：指床顶天花应用阴阳榫扣合，以防尘土下落。

前踏板：床前的脚踏。

前楣：安在床顶前檐的横楣子。

下门四片：据页十五下图式，当为床前廊子两端状如槅扇的四扇门。

上脑板八寸，下穿藤一尺八寸零四分，余留下板片：上述状如槅扇的门，由三部分构成：上脑板、中部穿藤条（可以透气，类似糊窗纱的槅扇心）、下部装板片。

转芝门：可能指位在床前沿两头门围子部位的两扇门。

释条：

按此为大型的拔步床，等于一间上有房顶、前有走廊、后用板墙围成的小屋。

附图：

据文字并参照页十五下图式，试制草图三：图九、页十五下图式中的大床。图十、大床草图（正面）。图十一、大床草图（侧面）。

6．凉床式

录文：

"此与藤床无二样，但踏板上下栏杆要下长柱子四根，每根一寸四分大。上楣八寸大，下栏杆前一片左右两二（个）①万（卍）②字，或十字。挂前二片，止作一寸（尺）③四分（寸）④大，高二尺二尺（寸）⑤五分。横头随踏（梢）⑥板大小而做无误。"

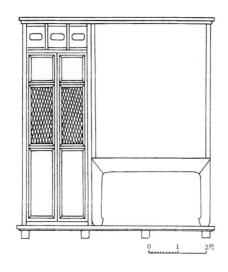

图十一、大床草图之侧面

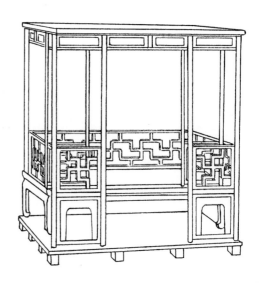

图十二、明潘允征墓出土明器拔步床

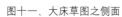
0   1   2尺

校字：

①"二"疑为"个"之误。②"万"为"卍"。③"寸"疑为"尺"之误。④"分"疑为"寸"之误。⑤"尺"为"寸"之误。⑥"蛸"为"梢"之误。

释辞：

凉床：凉有透风凉爽之意，床顶由木框造成，便于安挂蚊帐。与四壁有如小屋、上顶由木板造成的大床不同。

上楣：即挂在床檐上的横楣子。

梢板：承托全床的木板平台。北京或称"地平"。

释条：

按此床前踏板上有柱子四根，并有卍字或十字装饰构件，可知前有小廊，廊上设立柱，柱间安栏杆，即所谓"拔步床"（一名八步床。据《通俗常言疏证》引《荆钗记》："可将冬暖夏凉描金彩漆拔步大凉床搬到十二间透明楼上"，并称："今乡村人尚云拔步床，城市人反云踏步床，非也"）。此床与明潘允征墓出土的明器拔步床颇相似，所不同的是，本条并未讲到床上有两块"门围子"。

附图：

据文字并参照页十七下图式中的"架子床"及潘墓明器，试制草图二：图十二、明潘允征墓出土明器拔步床。图十三、凉床（拔步床）草图（正面、侧面）。

图十三、凉床（拔步床）草图之正面和侧面

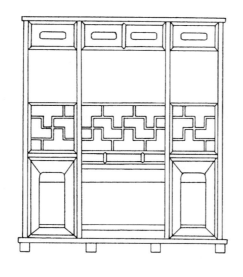

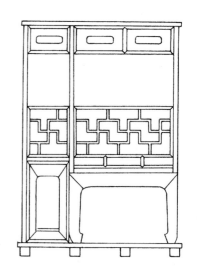

0   1   2尺

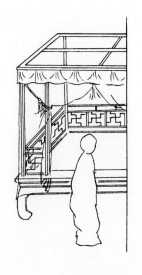

图十四、页十七下图式中的架子床　　　　　图十五、藤床〔架子床〕草图

7. 藤床式

录文：

"下带床方一尺九寸五分高，长五尺七寸零八分，阔三尺一寸五分半。上柱子四尺一寸高，半屏一尺八寸四分高。床岭三尺阔，五尺六寸长。框一寸三分厚。床方五寸二分大，一寸二分厚，起一字线好穿藤。踏板一尺二寸大，四寸高。或上框做一寸二分后〔厚〕①。脚二寸六分大，一寸三分厚，半合角记。"

校字：

①"后"为"厚"之误。

释辞：

藤床：此床床面穿藤，故曰"藤床"。实际上此称亦未必合理，因明式拔步床、罗汉床等多数都穿藤。

上柱子：立在床四角，上承床顶的柱子。

半屏：即床围子。因其高不到床顶，约当其半，故曰半屏。

床岭："岭"有居高之意，即床顶。

一字线：沿床方的大边及抹头内侧打槽一道并打眼，以便穿棕绳及藤条。

半合角：脚踏四角榫卯的一种造法，具体结构待考。

释条：

按此为北京匠师所谓的不带门围子的架子床，但本书称之为藤床。

附图：

据文字并参照页十七下图式及明式实物，试制草图二：图十四、页十七下图式中的架

子床。图十五、藤床（架子床）草图。按明式架子床一般顶下均有横楣子。惟本条文字未讲有此设施，故图亦从缺。

8. 禅椅式

录文：

"一尺六寸三分高，一尺八寸二分深，一尺九寸五分深（大）①。上屏二尺高，两力（扶）②手二尺二寸长。柱子方圆一寸三分大。屏，上七寸、下七寸五分，出笋（榫）③三寸（分）④，斗枕头下。盛脚盘子，四寸三分高，一尺六寸长，一尺三寸大，长短大小仿此。"

校字：

①"深"为"大"之误。②"力"疑为"扶"之误。③"笋"应作"榫"。④"寸"疑为"分"之误。出榫三寸实太长。

释辞：

禅椅：一般指僧人打坐用的椅子，比较矮而大。

枕头：椅子搭脑中部往往尺寸加大，并削出斜坡，以便枕靠。搭脑的这一部位名枕头。

盛脚盘子：即脚踏。盛脚即放脚或承脚之意。

释条：

按此为可以盘足坐而前面又带脚踏的椅子。页十八下图式绘僧人及其坐具，当为禅椅，但未画枕头和盛脚盘子。

附图：

据文字并参照页十八下图式及明式椅子实

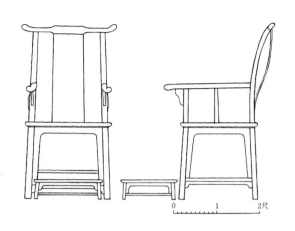

图十六、页十八下图式中的禅椅　　　　　图十七、禅椅草图之正面和侧面

物,试制草图二:图十六、页十八下图式中的禅椅。图十七、禅椅草图(正面、侧面)。

9. 镜架势（式）^①及镜箱式

录文:

"镜架及镜箱有大小者。大者一尺零五分深,阔九寸,高八寸零六分。上层下镜架二寸深,中层下抽相(箱)^②一寸二分,下层抽相(箱)^③三尺(寸)^④,盖一寸零五分,底四分厚。方圆雕车脚。内中下镜架七寸大,九寸高。若雕花者,雕双凤朝阳,中雕古钱,两边睡草花,下佐(做)^⑤连(莲)^⑥花托。《此》^⑦大小依此尺寸退墨无误。"

校字:

①"势"为"式"之误。②③"相"为"箱"之误。④"尺"为"寸"之误。⑤"佐"为"做"之误。⑥"连"应作"莲"。⑦"此"字疑衍。

释辞:

镜架、镜箱:古代家具中,有的是单独

的镜架,有的是镜架设在箱具之内,名曰镜箱。本条从标题看,似乎涉及镜架、镜箱两种家具,但实际上只讲了镜箱。

抽箱:即抽屉。

古钱:即古老钱。将此图案放在镜架正中,钱中的方孔可容铜镜的镜钮及穿系镜钮的丝绦。

睡草花:镜架上的雕刻图案。"睡"有可能为"垂"之误。未敢肯定,待再考。

莲花托:雕成莲花形,上承铜镜的木托。

释条:

按此为纵深大于面宽的镜箱。箱盖之下设可以折叠的镜架,此下有两层抽屉,其形制近似明式家具中常见的"官皮箱"。页二十九下图式绘有镜架,但为列屏式,是明式镜架中的另一种形式,与此镜箱不同。

附图:

据文字并参照明式官皮箱实物,试制草图二:图十八、官皮箱示意图。图十九、镜箱草图。

图十九、镜箱草图

图十八、官皮箱示意图

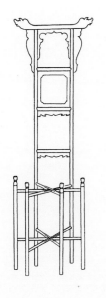

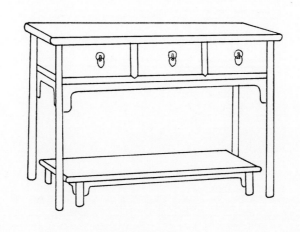

10. 雕花面〈盆〉①架式

录文：

"后两脚五尺三寸高，前四脚二尺零八分高②。每落墨三寸七分大，方能役转，雕刻花草。此用樟木或南（楠）③木，中心四脚折进，用阴阳笋（榫）④，共阔一尺五寸二分零。"

校字：

①此处似脱"盆"字。②此处疑有大段文字脱落。明式高面盆架后两脚上部一般均有搭脑及雕花的中牌子等，而此条无一语道及。"落墨三寸七分大，方能役转，雕刻花草"等语，极似指搭脑的尺寸及造法而言。③"南"应作"楠"。④"笋"应作"榫"。

释辞：

折进：同折叠，即架子的四脚可以折并到一起。按明式六足矮面盆架或鼓架有折叠的造法，但高面盆架最多只能折前两足。1980 年冬，在皖南黟县屏山村民居，曾见到两具六足高面盆架，前两足可折叠，折拢后与中两足贴着平行。

阴阳榫：安在折叠足上的横枨开口，是为阴榫。它与安在固定足横枨上的木片相交，木片为阳榫。二者还须用铆钉贯穿相联，方能防止腿足脱落并可自由折叠。

释条：

按此应即明式家具中常见的六足雕花高面盆架。页十九下图式中有四足雕花面盆架，

但与此不同。

附图：

据文字并参照明式实物，试制草图一：图二十、面盆架草图。

11. 桌

录文：

"高二尺五寸，长短阔狭看按（案）①面而做，中分两孔，按（案）②面下抽箱，或六寸深，或五寸深。或分三孔，或两孔。下踃（踏）③脚方与脚一同大，一寸四分厚，高五寸。其脚方员（圆）④一寸六分大，起麻横线。"

校字：

①②"按"为"案"之误。③"踃"为"踏"之误，可据 18 条《案桌式》改正。④"员"为"圆"之误，可据 18 条《案桌式》改正。

释辞：

踏脚：放在桌下四足之间，可供踏脚的装置。

麻横线：线脚名称，具体形态待考。

释条：

按此为抽屉桌，不是一般的桌子。本书图式未见有此种抽屉桌（页十九下及页二十七下图式中所绘带抽屉家具接近"联二橱"或"联三橱"，不是抽屉桌）。

附图：

据文字并参照实物，试制抽屉桌草图，如：图二十一、桌（抽屉桌）草图。

365

12．八仙桌

录文：

"高二尺五寸，长三尺三寸，大二尺四寸，脚一寸五分大。若下炉盆，下层四寸七分高，中间方员（圆）①九寸八分无误。勒水三尺七分大。脚上方员（圆）②二分线。桌框二寸四分大，一寸二分厚。时师依此式大小，必无一误。"

校字：

①②"员"为"圆"之误。

释辞：

八仙桌：明、清均指可围坐八人的方桌，一般宽、长各三尺余。故"八仙"为方桌的一种，无可置疑。今此条所开尺寸乃是长方桌，疑条名有误。

炉盆：当指可供取暖的炭盆。清初李渔即制暖椅，中置炭盆，见《笠翁一家言》。

下层四寸七分高，中间方圆九寸八分：当指炉盆座子的尺寸。

二分线：疑文字有误。如系线脚名称，可能指明式家具方形脚足常用的沿边起两道阳线的线脚，断面作"◡"形。

释条：

从文字看，此为桌下可以放炉盆的有束腰带马蹄足的长方桌。但何以名为八仙桌，待考。

附图：

据文字并参考明式家具实物，试制草图一：图二十二、八仙桌（长方桌）草图（正面、

侧面）。

13．小琴桌式

录文：

"长二尺三寸，大一尺三寸，高二尺三寸，脚一寸八分大，下梢一寸二分大，厚一寸一分上下。琴脚（桌）①勒水二寸大，斜斗六分。或大者放长尺寸，与一字桌同。"

校字：

①"脚"当为"桌"之误。从全条文字看，此为有束腰、四足位在四角的小琴桌。此种琴桌，和桌面伸出足外，即所谓带吊头的条案不同。带吊头的条案，足下有时有琴脚（即托子）。四足位在四角的条桌，足下未见有带琴脚的做法。故知"脚"当为"桌"之误。

释辞：

下梢：即下端，并有收缩的意思。琴桌腿子上端做榫并与牙条交接，故脚上端较大，为一寸八分；下端较小，为一寸二分。北京匠师称穿带一头小、一头大曰"出梢"，即收煞之意，与此处用法相通。可见此语尚在流行。

斜斗六分：指勒水（即牙条）鼓出六分，与腿子上端交接扣合。因为此具琴桌有束腰，故牙条必须鼓出，才能和腿子相交。

一字桌：即桌面伸出足外的平头案，详16条《一字桌式》。

释条：

按此为有束腰的小琴桌，与页十八下图图式中所见者大体相似。

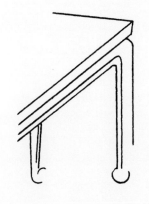

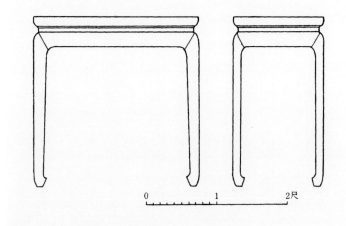

图二十三、页十八下图式中的小琴桌　　　　图二十四、小琴桌草图之正面和侧面

附图：

据文字并参照页十八下图式试制草图二：图二十三、页十八下图式中的小琴桌。图二十四、小琴桌草图（正面、侧面）。

14. 棋盘方桌式

录文：

"方圆二尺九寸三分，脚二尺五寸高，方员（圆）①一寸五分大，桌框一寸二分厚，二寸四分大。四齿吞头四个，每个七寸长，一寸九分大，中截下绦环脚或人物，起麻櫊出色线。"

校字：

①"员"为"圆"之误。

释辞：

棋盘方桌：可以有两种解释：1. 堪供对弈，带有棋盘的方桌。2. 并无棋盘，只是桌面方方正正，形似棋盘的一般方桌而已。

明式家具中有双陆桌，有棋桌，也有双陆桌兼棋桌。桌形或方或长方，一般都另加活动桌面；加盖时，可作一般方桌使用。今以1960年在北京韩姓家中所见的一具为例：桌如一般八仙桌大小，桌面揭去后，露出约二尺见方的棋盘，两面分刻围棋、象棋棋局。棋盘拿掉后，下露低陷约四寸深的双陆盘。盘面用兽骨作镶嵌。盘两侧设边箱，用木轴门作盖，内放双陆子。围棋、象棋子则放在位于桌面四角的箱盒中。

本条文字简略，无一语道及棋盘、箱盒等设置。因而所谓的"棋盘方桌"，很可能不是真正棋桌，而只是一般方桌。

四齿吞头：是何构件，不详。如将"四齿"解释为方桌上的矮老（短柱），七寸则太长；如解释为霸王枨，七寸又太短。或认为"四齿吞头"是"一腿三牙式"方桌上的四个角牙。尺寸虽然差不多，但条中未提到该式所应有的长形牙条及直枨或罗锅枨，故此说也难成立。

中截下绦环脚或人物：可能指四齿吞头上的雕刻花纹。

麻櫊出色线：线脚的一种。当指四齿吞头上所用的线脚。

释条：

本条文字可能有大段脱落，名辞亦有费解者，均待进一步探索研究。

附图：

暂缺。

15. 圆桌式

录文：

"方〈圆〉①三尺零八分，高二尺四寸五分，面厚一寸三分，串进两半边做，每边卓（桌）②脚四只，二只大，二只半边做，合进都一般大。每只一寸八分大，一寸四分厚，四围三弯勒水。余仿此。"

校字：

①此处脱"圆"字。②"卓"古通"桌"。但依明清习惯写法，"卓"应作"桌"。

释辞：

圆桌:明式桌多造成两张半圆桌(亦称"月

图二十五、半圆桌草图　　　　　　　　图二十六、两具半圆桌拼成圆桌示意图

牙桌")拼成一张圆桌。

串进：拼合的意思。

合进：合拢的意思。

释条：

本条与传世的明代实物，完全吻合。我们现在有时见到的月牙桌，实即残存的半张明式圆桌。因明式圆桌多由两张成对的半圆桌拼成，它们不容易同时保存下来，如仅传其半，就成了半圆桌了。

明式半圆桌不论三足或四足，其位在直边的两足都只有位在圆边的桌足的一半宽度。当两张半圆桌拼合在一起成为圆桌时，一半宽度的各足，经过合进拼拢，恰好与其他桌足同大。

我们曾经观察半圆桌桌面的直边，一般都凿有榫眼。有的虽经堵塞，但眼痕宛在。这说明当时曾用栽销将两张半圆桌联结在一起，使它们成为圆桌。

附图：

本书图式无圆桌或半圆桌。今据文字并参照明式月牙桌实物，试制草图二：图二十五、半圆桌草图。图二十六、两具半圆桌拼成圆桌示意图。

16．一字桌式

录文：

"高二尺五寸，长二尺六寸四分。阔一尺六寸，下梢一寸五分，方好合进。做八仙桌勒水花牙，三寸五分大。桌头三寸五分长，框一寸九分大，一寸二分厚。框下关头八

分大，五分厚。"

释辞：

下梢：下梢即下端，与侧脚有关。28条衣橱"其橱上梢一寸二分"是说橱足上端比下端收缩一寸二分。一字桌"下梢一寸五分"，则是说足下端比上端放出一寸五分。二者都是侧脚的上下差别。明式家具有许多在正面和侧面都有侧脚。北京匠师对正面的侧脚叫"跑马挓"，侧面的侧脚叫"骑马挓"。上面所讲的上梢和下梢都属于"跑马挓"。

桌头：即案面探出足外的部分，北京匠师称之曰"吊头"。

框下关头：即平头案两纵端的牙条。因为桌案面抹头之下，须有牙条将大边之下的两根长牙条（本书称之为"勒水花牙"）连接起来，交成整圈。它有将桌案两头边框下的缺口关闭起来的作用，故有"关头"之称。

释条：

按此为平头案。因为它有吊头，桌案伸出足外，形象突出，仿佛"一"字，故有"一字桌"之称。

附图：

参照明式家具实物及本书页十五下、页二十二上图式中的平头案，试制草图二：图二十七、页二十二上图式中的一字桌。图二十八，一字桌草图（正面、侧面）。

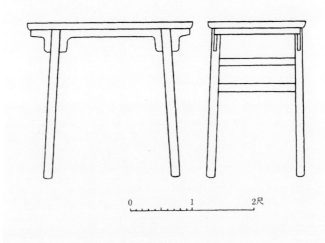

图二十七、页二十二上图式中的一字桌　　　　图二十八、一字桌草图之正面和侧面

17. 折桌式

录文：

"框一寸三分厚，二寸二分大，除框脚高二尺三寸七分正。方圆一寸六分大，下要梢去些。豹脚五寸七分长，一寸一分厚，二寸三分大，雕双线赶双钩（钩）[1]。每脚上要二笋（榫）[2]斗，豹脚上要二笋（榫）[3]斗，豹脚上方稳，不会动。"

校字：

①"钩"为"钩"之误。②③"笋"应作"榫"。

释辞：

折桌：腿子可以折叠的桌子。

下要梢去些：即桌腿下端比上端要细些的意思。

豹脚："豹"与"抱"谐音，疑"豹脚"即"抱脚"，取腿足弯转如人臂弯抱之意。本书炉座四条（圆炉、看炉、方炉、香炉），均用豹脚。一般传世炉座多为弯腿，可以为证。豹脚（抱脚）可能为弯腿的统称，包括三弯腿或鼓腿。

双线赶双钩：起双线的卷转花纹。

释条：

按此为腿足可以折叠的桌子。惟本书既无图式，本条又未标明桌框的长度，故无法知道它是方桌还是长方桌。框下脚高二尺三寸七分，此下又有豹脚长五寸七分，计有腿两截。这两截究竟是都能折叠，还只是其中的一截能折叠，文字亦未言明。由于上述种种情况不明，绘制草图有困难，

只得暂缺。

按明式家具确有可折叠的造法。1960年前后，鲁班馆张获福家具店存有浮雕花鸟纹黄花梨折叠榻，长208厘米、宽155厘米、高49厘米，后为故宫博物院收购，现存库房中。榻由形的两足支架和可对折的榻身构成。位在榻四角的四条三弯式腿足，可以折叠后卧入牙条之内。腿足用方材（8.5×8.5厘米）分两截造成。下截上端留大片榫舌，略如手掌。舌根两侧又各留长方形小榫。舌片上有两孔，上为长圆形，下为圆形。上截在朝内一角开深槽，容纳下截的舌片。槽两侧凿长方形榫眼，容纳舌片两侧的小榫。腿足上截亦有两孔，均为圆形，与下截舌片的两孔相对。上一孔为穿轴棍之用，下一孔为穿销钉之用。穿钉后可将上下两截固定。拔出穿钉后，下截腿足方可折叠，卧入牙条之内。当上下两截腿足对正合严时，舌旁小榫已插入榫眼，也起固定下截腿足的作用。如要折叠，在拔出穿钉后，还需将下截腿足拉开少许，使舌旁小榫脱出槽眼，才能卧倒。因此，下截穿轴棍的孔，不是圆的，而是长圆形的。其长度恰好略长于榫舌两侧小榫的高度。此榻的腿足构造见丙4各图，对理解折桌可能有帮助。

18. 案桌式

录文：

"高二尺五寸，长短阔狭看按（案）[1]面而做，中分两孔，按（案）[2]面下抽箱，或六寸深，

369 ●

图二十九、页二十三上图式中的仔凳

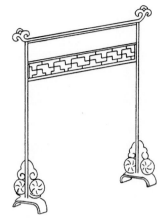

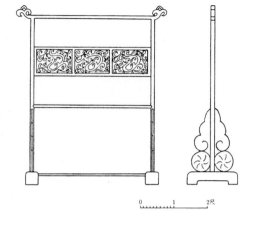

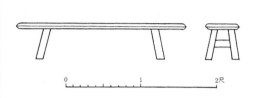

图三十、搭脚仔凳草图之正面和侧面

图三十一、页二十六上图式中的衣架

图三十二、雕花衣架草图之正面和侧面

或五寸深。或分三孔，或两孔。下踏脚方与脚一同大，一寸四分厚，高五寸。其脚方圆一寸六分大，起麻槵线。"

校字：

①②"按"为"案"之误。

按此条文字与11"桌"完全相同，只"踏"、"圆"两字不误，可据此来改正11"桌"条中的错字。

两条重出，注释及附图均见11"桌"。

19. 搭脚仔凳

录文：

"长二尺二寸，高五寸，大四寸五分〈大〉①。脚一寸二分大，一寸一分厚。〈四〉②面起钗春（剑脊）③线，脚上厅竹圆。"

校字：

①"大"疑衍。②此处疑脱"四"字。因脚上线脚既已言明为厅竹圆，则剑脊线只能用在面板的四边，而不可能用于面板的正面。③"钗春"为"剑脊"之误。

释辞：

搭脚仔凳：即踏脚的小凳，或小型的脚踏。

剑脊线：中间高、两旁有斜坡的线脚，以形似宝剑的线棱而得名。现北京匠师称之曰"剑脊棱"。

厅竹圆：圆混面的线脚，疑与1屏风的改竹圆相同。

释条：

按此为窄长的矮凳。

附图：

据文字及页二十三上图式，试制草图二：图二十九、页二十三上图式中的仔凳。图三十、搭脚仔凳草图（正面、侧面）。

20. 衣架雕花式

录文：

"雕花者五尺高，三尺七寸阔。上搭头每边长四寸四分。中绦环三片。桨腿二尺三寸五分大（高）①，下脚一尺五寸三分高（长）②，柱框一寸四分大，一寸二分厚。"

校字：

①"大"乃"高"之误。有1屏风"桨腿二尺四分高"可证。②"高"乃"长"之误。有21素衣架"下脚一尺二寸长"可证。

释辞：

上搭头：或简称"搭头"，亦称"上搭脑"，或简称"搭脑"。指家具最高处一根横木，如靠背椅、衣架等都有。"搭脑"一名，现北京匠师仍使用。

释条：

按此为中牌子部分嵌装三块绦环板的雕花衣架。页二十六上图式中有雕花衣架，但中牌子部分为攒接的卍字图案，不用绦环板，故与本条文字不符。

附图：

据文字并参照明式实物，试制草图二：图三十一、页二十六上图式中的衣架。图三十二、雕花衣架草图（正面、侧面）。

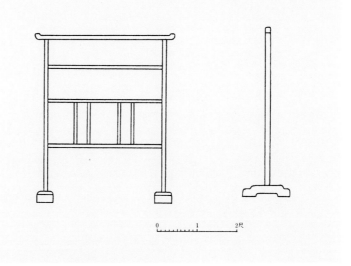

图三十三、明潘允征墓出土衣架明器　　　图三十四、素衣架草图之正面和侧面

21．素衣架式

录文：

"高四尺零一寸，大三尺，下脚一尺二寸长，四寸四分大，柱子一寸二分大，厚一寸。上搭脑出头二寸七分，中下光框一根，下二根，窗齿每成双做，一尺三分高。每根齿仔八分厚，八分大。"

释辞：

光框：光素的横枨。

窗齿：本书常用名词，如猪棚、鹅鸭鸡栖、鸡仓等条中均有，可以理解为窗棂直木。此处写明"成双做"，又近似明式家具中的"矮老"（即短柱）。不过，它比桌案板凳上的矮老要长一些而已。

释条：

按此为结构简单、不施雕饰的衣架。

附图：

本书无素衣架图式。据文字并参照明潘允征墓出土衣架明器，试制草图二：图三十三、明潘允征墓出土衣架明器。图三十四、素衣架草图（正面、侧面）。

22．面〈盆〉①架式

录文：

"前两柱一尺九寸高，外头二寸三分。后二脚四尺八寸九分，方员（圆）②一寸一分大。或三脚者，内要交象眼，除笋（榫）③画进一寸零四分，斜六分，无误。"

校字：

①此处脱"盆"字。②"员"为"圆"之误。③"笋"应作"榫"。

释辞：

外头：指前两足上端的"净瓶头"。净瓶头见 210 页大方杠箱样式。

交象眼：指承托面盆的三根枨子互交如"象眼"，作"Y"形。

斜六分：象眼的三根直材皆斜交，故须斜六分画线。

释条：

本条讲到四足及三足两种面盆架。四足面盆架后两脚既然高于前两脚，理应有搭脑及中牌子等构件，但文中未提到，似被遗漏。页十九下图式有四足面盆架，但前两足不出头，下部为抽屉箱，似可放炭盆，保持面盆内的水温，与本条文字不符。三足面盆架本条未标尺寸，书中亦无图式。

附图：

据文字并参照实物，试制草图三：图三十五、页十九下图式中的四足面盆架。图三十六、四足面盆架草图。图三十七、三足面盆架草图。

23．校（交）①椅式

录文：

"做椅先看好光梗（硬）②木头及节，次用解开，要干枋（方）③才下手做。其柱子一寸大，前脚二尺一寸高，后脚式（三）④尺九寸三分高。盘子深一尺二寸六分，阔一尺六

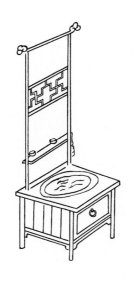
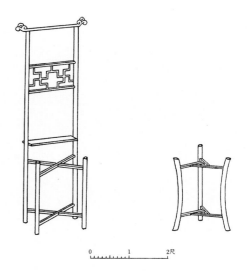

图三十五、页十九下图式中的四足面盆架　　　图三十六、四足面盆架草图　　　图三十七、三足面盆架草图

寸七分，厚一寸一分。屏，上五寸大，下六寸大。前花牙一寸五分大，四分厚。大小长短依此格。"

校字：

①"校"应为"交"之误。②"梗"应为"硬"之误。③"枋"应为"方"之误。④"式"应为"三"之误。三，俗可写作"弎"，与"式"字相似。按靠背椅，后脚多与靠背一木连做，其通高一般约四尺。如二尺多则太矮。故此处"式"应为"弎"之误，而非"式"之误。

释辞：

交椅：指足部相交，可以折叠的椅子。交椅可分两种：一种是直靠背交椅，一种是形似圈椅的圆靠背交椅。

柱子：指靠背两侧的两根立材，实际上是腿子向上的延伸。

盘子：北京匠师或称"椅盘"，一般指由四根边框（即两根"大边"和两根"抹头"）构成的椅座。交椅能折叠，因而只有两根大边而没有抹头。这里标明盘子的尺寸，只能理解为交椅支平后椅面的尺寸，即一尺二寸六分深，一尺六寸七分阔。

屏：靠背正中的靠背板。

前花牙：交椅与一般椅子不同，椅盘之下无花牙，常见的造法只是在椅面横材（即迎面的一根大边）的立面施加卷草纹等一类雕饰。这里讲到前花牙，只能指交椅脚踏上的一条花牙，它的位置正好在交椅的正前方。

释条：

此交椅为直靠背交椅，不是圆靠背交椅。

附图：

本书无直靠背交椅图式。今据文字并参照明代版画、明式实物试制草图二：图三十八、明本《水浒传》插图❶中的直靠背交椅。图三十九、

图三十八、明本《水浒传》插图中的直靠背交椅

图三十九、直靠背交椅草图

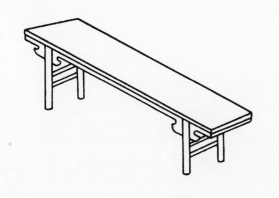

图四十、页三十上图式中的板凳

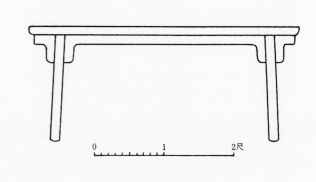

图四十一、板凳草图

直靠背交椅草图。

24. 板凳式

录文：

"每做一尺六寸高，一寸三分厚，长三尺八寸五分。凳头三寸八分半长，脚一寸四分大，一寸二分厚，花牙勒水三寸七分大。或看凳面长短及〈大小〉①。粗凳尺寸一同。余仿此。"

校字：

①此处疑脱"大小"两字，或"阔窄"两字。

释辞：

凳头：凳面伸出凳足的部分，即北京匠师所谓的"吊头"。

粗凳：指形式与此相同，但比较粗糙的板凳。一般牙头光素，不雕花纹。

释条：

此为最常见的夹头榫式的长凳，腿子缩进，凳面探出带吊头。具体尺寸无一定规格，往往视凳面材料的尺寸来定，故曰"或看凳面长短及……"

附图：

据文字并参照页三十上图式及明式实物，试制草图二：图四十、页三十上图式中的板凳，图四十一、板凳草图❷。

25. 琴凳式

录文：

"大者看厅堂阔狭浅深而做。大者高

一尺七寸，面三寸五分厚，或三寸厚，即歃（软）①坐不得。长一丈三尺三分。凳面一尺三寸三分大，脚七寸〈?〉②分大，雕卷草双钓（钩）③花牙四寸五分半。凳头一尺三寸一分长。或脚下做贴仔，只可一寸三分厚，要除矮脚一寸三分才相称。或做靠背凳，尺寸一同。但靠背只高一尺四寸则止。橫仔做一寸二分大，一尺（寸）④五分厚。或起棋盘线，或起钔眷（剑脊）⑤线。雕花亦而（如）⑥之。不下花者同样。余长短宽阔在此尺寸上分，准此。"

校字：

①"歃"应即"软"。②此处脱一数目字，无法确知原为多少。③"钓"为"钩"之误。④"尺"为"寸"之误。⑤"钔眷"为"剑脊"之误。⑥"而"为"如"之误。

释辞：

软坐：似为颤动之意。意思是凳面虽长，只要厚达三寸五分或三寸，坐上去就不至于被压得颤动。

卷草双钩：带双钩的卷草纹。

贴仔：安在足端的木托。两根直材分别与两足纵向相连。北京匠师称之曰"托子"，或"托泥"。带吊头的条案、长凳等往往有此装置。

橫仔：即框子。

释条：

按所谓琴凳为厅堂中用的大长凳，也是夹头榫结构。其形制接近过去北京宅第大门道中的门凳。本条规定足端或不安贴仔（即

❷因本条无宽度尺寸，故只画正面草图。

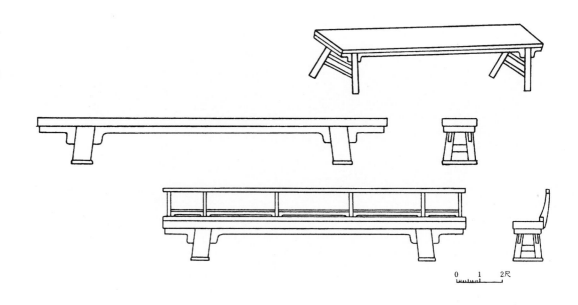

托子），或安贴仔。如安贴仔，其高不得超过一寸三分，而且应将这一高度包括在琴凳规定的通高之内，即高一尺七寸。靠背椅实物，曲阜孔府有一对，放在大堂二堂之间的走廊上，即相传严嵩曾坐过的所谓"阁老凳"。它虽与琴凳的结构不尽相同，可供参考。

附图：

据文字并参照明式实物，试制草图三。图四十二、页三十上图式中的长凳。图四十三、琴凳草图（正面、侧面）。图四十四、靠背椅（正面、侧面）。依琴凳尺寸，参考曲阜孔府的"阁老凳"的靠背绘制。

26. 杌子式

录文：

"面一尺二寸长，阔九寸或八寸，高一尺六寸。头空一寸零六分昼（画）①眼。脚方圆一寸四分大，面上眼斜六分半。下横仔一寸一分厚，起钊脊（剑脊）②线，花牙三寸五分。"

校字：

①"昼"为"画"之误。②"钊脊"为"剑脊"之误。

释辞：

下横仔：杌面之下，纵向联结两足的桄子。

释条：

按此为侧脚显著的长方杌凳，近似北京匠师所谓的"四腿八挓"杌凳而较窄小，与页三十上图式所见的两具属于同类，但凳面为厚板，而不是像图式所画的那样为四框攒边做。由于凳子的侧脚大，凳面的透榫眼须斜凿，故曰"面上眼斜六分半"。

附图：

据文字并参照页三十上图式及明式实物，试制草图二：图四十五、页三十上图式中的杌

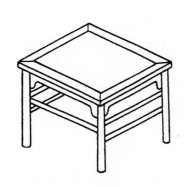
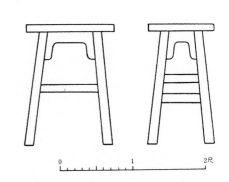

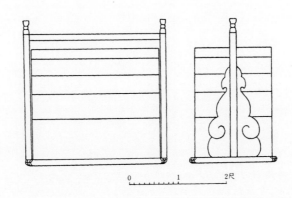

图四十七、明人《麟堂秋宴图》中的杠箱　　图四十八、大方杠箱草图之正面和侧面

子。图四十六、杌子草图（正面、侧面）。

27．大方杠箱样式

录文：

"柱高二尺八寸。四层：下一层高八寸，二层高五寸，三层高三寸七分，四层高三寸三分。盖高二寸，空一寸五分。梁一寸五分，上净瓶头共五（三）[1]寸。方（各）[2]层板片四分半厚，内子口三分厚，八分大。两根将军柱一寸五分大，一寸二分厚。奖（桨）[3]腿四只，每只一尺九寸五分高，四寸大。每层二尺六寸五分长，一尺六寸阔。下车脚二寸二分大，一寸二分厚。合角斗进，雕虎爪双钓（钩）[4]。"

校字：

[1]"五"当为"三"之误，乃据尺寸算得。按柱高二尺八寸，四层及盖的高度，再加盖上的空当及梁，共高二尺五寸。故知柱上净瓶头当为三寸，而不是五寸。[2]"方"疑为"各"之误。[3]"奖"为"桨"之误。[4]"钓"为"钩"之误。

释辞：

净瓶头：颈细而长的瓶叫"净瓶"，或"净水瓶"，观音像旁中插柳枝的瓶多作此形。因柱头形状似"净瓶"，故曰"净瓶头"。

将军柱：立柱的别名。

合角斗进：指车脚，即杠箱的托泥，四角采用45度格角榫卯结构的造法。

虎爪双钩：托泥四角雕出虎爪纹样。

释条：

此为出行、郊游携带馔肴酒食，或馈送礼品所用的杠箱，可以穿杠由两人肩扛抬运。

附图：

本书无杠箱图式。今参照明人绘画中的杠箱及页三十一上图中的食格（与杠箱相似而小）试制草图二：图四十七、明人《麟堂秋宴图》中的杠箱。图四十八、大方杠箱草图（正面、侧面）。

28．衣橱样式

录文：

"高五尺零五分，深一尺六寸五分，阔四尺四寸。平分为两柱，每柱一寸六分大，一寸四分厚。下衣横一寸四分大，一寸三分厚。上岭一寸四分大，一寸二分厚。门框每根一寸四分大，一寸一分厚。其橱上梢一寸二分。"

释辞：

衣橱：即衣柜。

柱：即柜足。

下衣横：柜门之下的横枨。

上岭：大床有正岭（见本文5），藤床有床岭（见本文7），所指均为床顶部分。故此处上岭当指柜橱上顶的"柜帽"部分。

上梢一寸二分：柜足有侧脚，下大上小，即柜足上端的宽度比柜足下端的宽度小一寸二分。

释条：

按此为有柜帽的圆角柜，即明式柜中常见的侧脚显著的木轴门柜，北京通称"面

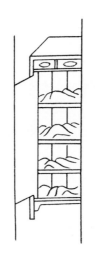

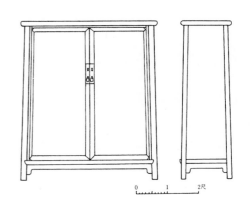

图四十九、页三十一上图式中的衣橱　　　　图五十、衣橱（圆角柜）草图之正面和侧面

条柜"。页三十一上图式中有衣橱，画出两门之上有横楣子式的绦环板，但本条文字并未提到。

附图：

据文字并参照页三十一上图式及明式实物，试制草图二：图四十九、页三十一上图式中的衣橱。图五十、衣橱（圆角柜）草图（正面、侧面）。

29. 食格样式

录文：

"柱二根，高二尺二寸三分，带净平（瓶）[1]头在内。一寸一分大，八分厚。梁尺（八）[2]分厚，二寸九分（一寸一分）[3]大。长一尺六寸一分，阔九寸六分。下层五寸四分高，二层三寸五分高，三层三寸四分高，盖二寸高。板片三分半厚，里子口八分大，三分厚。车脚二寸大，八分厚。奖（桨）[4]

腿一尺五（二）[5]寸三分高，三寸二分大。余大小依此退墨做。"

校字：

① "平"为"瓶"之误。② "尺"为"八"之误。③ "二寸九分"当为"一寸一分"之误。因提梁尺寸应与立柱同大。④ "奖"为"桨"之误。⑤ "五"疑为"二"之误。因提盒的桨腿（即站牙）高度，一般在盒盖之下。如一尺五寸三分则太高，减去三寸方合适。

释条：

按食格形制与大方杠箱相似而较小。页三十一上图式中有食格，但柱端不出净瓶头而与提梁直角相交，故与本条文字不合。

附图：

据文字及页三十一上图式，参照明式实物，试制草图二：图五十一、页三十一上图式中的食格。图五十二、食格草图（正面、

图五十一、页三十一上图式中的食格

图五十二、食格草图之正面和侧面

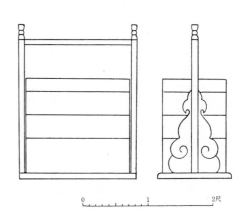

付录三　《鲁班经匠家镜》家具条款初释

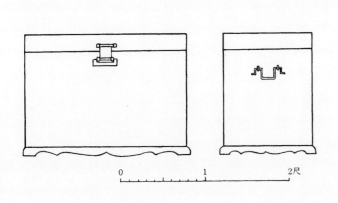

图五十三、衣箱草图之正面和侧面

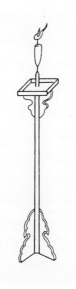

图五十四、页三十二上图式中的烛台

图五十五、烛台草图

侧面)。

30.衣箱式

录文：

"长一尺九寸二分，大一尺六分，高一尺三寸，板片只用四分厚。上层盖一寸九分高，子口出五分或〈?分〉①。下车脚一寸三分大，五分厚。车脚只是三湾(弯)②。"

校字：

①此处脱一数目字及"分"字。

②"湾"应作"弯"。

释条：

此箱与4衣笼相似而较小。

附图：

据文字并参照页三十二上图式试❶制草图一：图五十三、衣箱草图（正面、侧面）。

31.烛台式

录文：

"高四尺，柱子方圆一寸三分大。〈分〉①上盘仔八寸大，三分倒挂花牙。每一只脚下（下脚）②交进三片，每片高（一尺）③五寸二分，雕转鼻带叶。交脚之时，可拿板片画成，方员（圆）④八寸四分，定三方（片）⑤长短，照墨方准。"

校字：

①"分"字似衍。②"脚下"可能为"下脚"之误。下脚即琴脚，见21素衣架式。③既曰"脚下交进三片"，则所说的片乃是

桨腿，即清代《则例》所谓的"壶瓶牙子"，或北京匠师所谓的"站牙"。据实例如烛台高四尺，则桨腿当高一尺半左右，不可能只高五寸二分。故疑此处脱"一尺"二字。④"员"为"圆"之误。⑤"方"疑为"片"之误。

释辞：

上盘仔：即插蜡烛的盘。烛台为了光线照射均匀，烛盘多作圆形。正因如此，所以烛盘下的倒挂花牙不妨用三片。如果烛盘为方形，则三片倒挂花牙便无法安装妥适。页三十二上图式中的烛台上盘仔作方形，乃因画手没有按照文字作插图而误绘。如果确为方形烛盘，那么花牙不可能用三片，而应该是四片。

倒挂花牙：即宽头在上，窄头在下，倒着安装的角牙。北京匠师称之曰"挂牙"。

交进：即安装之意。

转鼻带叶：桨腿上的花纹名称。1屏风有"日月卷象鼻格桨腿"，当与此图案相近。

板片画成：此指交脚时可先在圆形样板上将360度分成三等份，把角度定好，再在立柱下端开槽嵌安桨腿。方圆八寸四分指桨腿下端所占圆形面积的直径。

释条：

按此为立柱式，上有圆烛盘和挂牙、下有桨腿的高烛台。

页三十二上图式中的高烛台有两处似误绘：①上盘仔不应作方形而应作圆形，说已见前。②立柱下端，桨腿三片直落地面，疑误。

❶见本文4."衣笼样式"条图七。

图五十六、香几示意图

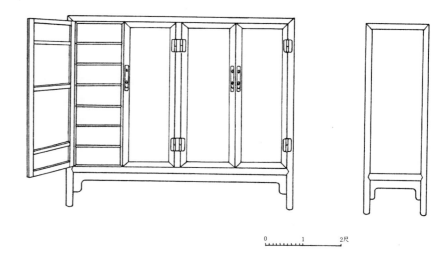

图五十七、药橱草图之正面和侧面

桨腿下边如不与其他构件接合，只凭垂直一边与立柱榫卯相交，不可能坚牢不脱，而且也从未见过此等造法的实例。

此种烛台按明式的常见造法，立柱应树植在下脚（本书亦称"琴脚"，见1屏风式。北京匠师则称之为"墩子"）之上，桨腿下边也应嵌入下脚的槽内，这样才能稳定而坚牢。惟实物多为十字形墩子，用四片桨腿（站牙）抵夹立柱。人字形墩子，用三片桨腿抵夹立柱的实例，甚为罕见。

附图：

据文字并参照明式实物，试制草图二：图五十四、页三十二上图式中的烛台。图五十五、烛台草图。

32. 香几式

录文：

"凡佐（做）①香九（几）②，要看人家屋大小若何而〈定〉③。大者上层三寸高，二层三寸五分高，三层脚一（二）④尺三寸长。先用六寸大，役做一寸四分大。下层五寸高。下车脚一寸五分厚，合角花牙五寸三分大。上层栏杆仔三寸二分高，方圆做五分大。余看长短大小而行。"

校字：

①"佐"为"做"之误。②"九"为"几"之误。③此处当脱"定"字。④"一"字疑误。几足不可能如此之矮，当为"二"之误。

释条：

按此为结构比较繁复的香几，虽讲到自上而下分几层，但尺寸恐有误，也未说明是圆形的还是方形的，或其他形状的，更未讲到每一层的造法。本书亦无图式。从传世实物来看，明式香几圆形的多于方形的。

附图：

据文字并参照明式香几实物，试制草图一：图五十六、香几示意图。

33. 药橱

录文：

"高五尺，大一尺七寸，长六尺，中分两眼。每层五寸，分作七层。每层抽箱两个。门共四片，每边两片。脚方圆一寸五分大。门框一寸六分大，一寸一分厚。抽相（箱）① 板四分厚。"

校字：

①"相"应作"箱"。

释辞：

两眼：与"两孔"相同，即两部分或两半之意。

释条：

此为有四扇门的药柜，共有药抽屉二十八个。本书无图式。

附图：

据文字并参照实物，试制草图一：图五十七、药橱草图（正面、侧面）。

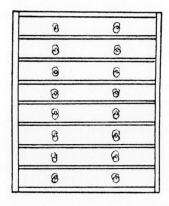

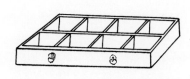

0　　　　　　　1　　　　　　2尺

图五十八、药箱草图之正面和侧面

图五十九、药箱抽屉内田字格示意图

八、药箱草图（正面、侧面）。图五十九、药箱抽屉内田字格示意图。

34. 药箱

录文：

"二尺高，一尺七寸大，深九〈寸〉①。中分三（八）②层，内下抽相（箱）③只做二寸高。内中方圆交佐（做）④已（几）⑤孔，如田字格样，好下药。此是杉木板片合进，切忌杂木。"

校字：

①此处脱"寸"字。②"三"疑为"八"之误。如依原文"分三层"，下抽箱又"只做二寸高"，则上两层将各高八九寸，与一般药箱、箱柜抽屉多等高或相差有限的造法不合，贮放或抓取药物均不方便。今姑按抽箱一律高二寸计算，二尺高的空间，连同分层屉板可容抽屉八层。以上假定是否可以成立，尚待进一步研究。③"相"当作"箱"。④"佐"为"做"之误。⑤"已"为"几"之误。

释辞：

杉木板片：李时珍《本草纲目》卷三十四《杉》条："辛，微温，无毒。"当因杉木性温无毒，故宜用以制药箱。杂木恐与药物有违碍，故切忌。

释条：

按此应是由多层抽屉造成的药箱，抽屉内还分隔成方格，以便分放各种药品。传世的实物有的抽屉前还装有门扇。

附图：

据文字并参照实物试制草图二：图五十

35. 柜式

录文：

"大柜上框者二尺五寸高（深）①，长六尺六寸四分，阔三（四）②尺三寸。下脚高七寸，或下转轮斗在脚上，可以推动。四住（柱）③每住（柱）④三寸大，二寸厚，板片下叩框方密。小者板片合进，二（一）⑤尺四寸高（深）⑥，二尺八寸阔，长五尺零二寸，板片一寸厚。板此及量斗及星迹各项谨记⑦。"

校字：

①"高"当为"深"之误。因大柜的高（即长，南方方言往往称高为长）、阔、深三个尺寸，这里只缺一个深的尺寸。大柜绝不可能只有二尺五寸高，故知高字有误，而二尺五寸只有作为大柜的深度才合理。②"三"应为"四"之误。因一般传世的大柜，宽度不小于四尺，足下安转轮的大柜而只宽三尺余，实太窄，故疑"三"为"四"之误。③④"住"为"柱"之误。⑤"二"应为"一"之误。如大柜深二尺五寸，小柜不应只差一寸。小柜深一尺四寸，与其宽度二尺八寸，比例较为合适。⑥"高"为"深"之误，理由同①。⑦此句文义费解，疑有错字或脱文。

释辞：

大柜上框者：此处"上"是动词，意思是

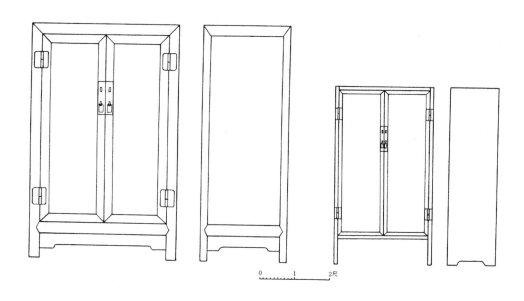

图六十、大柜草图之正面和侧面

图六十一、小柜草图之正面和侧面

大柜而采用"上框"造法的，也就是说采用方材作为柜框的。它实与下文的"小者板片合进"相对而言。板片合进者不用方材造柜框，而只用一寸厚的板片来合成。

下脚：即柜脚。其高七寸，言从地面到大柜最下的一根横框，其高七寸。

转轮：安在足端的转轮，可以推动，以免大柜过于笨重，移动困难。惟此种足上有轮的柜子，实例尚待发现。

四柱：即作为柜子立框的四根方材，其下端即柜足。

板片下叩框方密：这是说做柜框的方材要有一定的宽度和厚度，以三寸大、二寸厚为宜，这样在立材上打槽装嵌柜帮板才能拍合得严密牢固。

小者板片合进……板片一寸厚：只用板片合进的造法见前。它因不用方材作框架，故板片不可太薄，要厚达一寸。

释条：

本条讲到大、小两种不同造法的柜子。大者用方材造柜框，打槽装帮板。小者不用方材造柜框，而只用板片合成。后者属于民间的一种简易的造法。

一般讲到明式大柜，我们都会想到上有顶箱、下有立柜的所谓"四件大柜"。但从本条文字中看不出讲的是四件柜，而可能是一般的方角柜，或称"一封书"柜。荷兰鲁克斯先生则认为脚上装转轮的不是柜而是箱，他的看法似更为合理。不过转轮究竟如何与箱底结合，安装后箱可前后移动还是左右移动，尚存在不少疑问。一切有待发现实物始能得到解决。

附图：

本书无方角柜图式。今据文字，参照实物，试制草图二：图六十、大柜草图（正面、侧面）。图六十一、小柜草图（正面、侧面）。

肆·结语

通过这次初释，对《鲁班经匠家镜》有了一些初步认识。

它是现知仅存的、出于工匠之手、图文兼备、有关木工的一部古籍。尽管家具部分只有二十多页，它在以下几方面为我们提供了可贵的或值得注意的材料。

1. 它记录了古代工匠叙述家具造法的、成套而有一定程序的语言。

2. 开列了多种家具名称及其常规尺寸。

3. 讲到了家具部位、构件、线脚、雕饰及工艺造法的名称、术语。

4. 书中图式比较真实地描绘了当时家具的形象。

5. 提出了传世稀少、现在很难遇到的明代家具品种和造法。如：整体像一间小屋的大床，四足安装转轮的大柜，足部可以折叠的桌子，用藤条编成透空槅扇心的床门，四扇门的药柜，有靠背的大长凳，全部用板片制成的柜子等。尤其是板制柜子，真诚地反映了民间的简易造法，更值得我们注意。

6. 提出了用材选料的要求，如药箱必须用杉木，做交椅的材料要硬而干，看好有无节疤等等。

7. 图式描绘了当时木工操作情况及木工工具。

8. 家具条款和本书其他条款一样，也反映了封建迷信的东西。如大床的转芝门可以宽九寸九分，但"切忌一尺大"。这一分之差，竟至如此之非同小可，一定是有什么吉凶、禁忌的讲究。

当然，仅就本书的家具条款而言，也存在着不少缺点和不足之处：

1. 对家具未作分类，从各条排列次序也看不出有什么规律，能说明什么问题。

2. 叙述家具造法的语言不够谨严周密。各条详略不一，多数过于简略，有的连主要构件都漏掉了，或提到了，但没有尺寸。有的家具名称、构件尺寸显然是错误的。

3. 图式与文字不一致，或有文无图，或有图无文，或虽图文兼备，但文中所述和图中构件又不一致。看得出条款与图式并非出于一人之手，而是先有条款，后请画工配图。画工不是木工，自难做到精确无误地按照条款绘制图式。

4. 本书作者、编者均不止一人，文化水平不高，错别字较多。条款格式前后也不一致（如"烛台式"以上，每条名称低二格，上有圆圈。自"圆炉式"起，每条名称顶格）。

各条当经多次传抄积累而成，因而次序未免凌乱，甚至有整条重出者（如11 桌与18 案桌式重复）。

不过，无论如何，《鲁班经匠家镜》是有关古代家具仅存的一份重要材料，对明代家具研究者来说，更是一部必读之书。

本文曾在《故宫博物院院刊》1980 年第3 期及1981 年第1 期发表。1986 年秋修改补充，收于《锦灰堆》。

荷兰学者鲁克斯（Klaas Ruitenbeek）1993 年出版了关于《鲁班经》研究的专　著（*Carpentry and Building in Late ImperialChina — A Study of the Fifteenth – CenturyCarpenter's Manual Luban Jing*），在该书151 页提到他基本上都同意本文的释文及附图，惟有第35"柜式"一条除外。他指出此条所谓的"柜"当是与箱近似的家具而不是有竖开门的立柜，引用明刊本《新编对相四言》一书中的"柜"图式及Rosy Clarke 所著《日本古代家具》（*Japanese Antique Furniture*, Weatherhill,1983）中有安转轮的箱具为证据，上述资料他试画草图。其设想予人很大的启发，对《鲁班经》研究做出了贡献。惟箱的造型构造和转轮安装，现在只能臆测，有待发现实物，始能知其究竟。

1993 年12 月 **王世襄**再识

明 式 家 具 实 例 增 补

拙著《明式家具研究》（以下简称《研究》）于1989年在香港出版❶，共收实例359件。本文所举16件为《研究》出版之后所看到的部分实例，它们在品种、造型乃至装饰上皆属《研究》缺少之例，故补记于下：

❶ 王世襄：《明式家具研究》，香港三联书店，1989年7月。

1、黄花梨二人凳

16世纪晚期—17世纪早期

115×33cm，高46cm

❷ 参阅本书附录二。

凳为四面平式，腿足上端与凳面边框粽角榫相交，未采用四足与牙子构成架子、架子上再安凳面的做法。直枨四根，枨上安素直券口牙子。四足直落到地，无马蹄。凳面原为藤编软屉，破损后改为黄花梨板屉，弯带也改为直带。此凳的特点在尺寸既长于一般的二人凳，用材又特别粗硕，处处棱角方正，不仅为拙著所未有，且可为拙文《明式家具的"品"与"病"》的"厚拙"一品增添一件实例。❷

值得附带提到的是见于苏富比拍卖图册（Salev6185□366）的一对黄花梨二人凳（86.3×48.2cm，高52cm），亦为四面式，但四足与牙子构成架子，凳面为另安，牙子下有贴着的罗锅枨一道，四足有马蹄。用材也很粗硕，尤其是凳面、牙子、枨子贴着在一起，显得格外宽厚实在。据此两对，可知明式二人凳确有风貌厚拙的一种。惟后一对尺寸较短，不及前者那样雄浑稳重。

2、黄花梨梅花式凳

方形、长方形、圆形以外的杌凳，在50年代曾见清早期的六方形和海棠式的，因残缺太甚，当时未拍照并留记录。待1986年再次为拙作补充实例时，竟连残缺的也未能找到，而不得不采用《酏美图》所绘的形象作为插图〔2·7〕。这就足以说明这件黄花梨梅花式凳是多么难能可贵。

它有束腰、三弯腿，用插肩榫和牙子及凳面接合。五根枨子，每根都两端出榫，枨身凿眼，把腿子牢牢地连接在一起。这种做法也能在五足的矮面盆架上见到。牙子雕宽而扁的卷草纹，腿足上端雕云头纹。不同于一般杌凳的是凳面用厚板拼成。这是因为如用攒边装板的做法，梅花式凳面须用五根大边，不仅凿榫及装板需用许多工，而且远不及厚板面来得结实。看来凡是尺寸较小而造型又比较复杂的家具，其面板采用厚板是一种合理的做法。

面径42.2cm. 高44.4cm

3、黄花梨藤编靠背扶手椅

60×46.4cm. 高111.2cm

这是从未见过的一种扶手椅造型。椅盘之上，把靠背大大加宽，将木板改成藤编的软屉，它也就成了椅子的后背。由于搭脑弯而厚，不宜在上面打孔穿藤加压边，所以另加了一根横材作为软屉的边框。在此之上又用立材将空间分隔为二，打槽装海棠式开孔绦环板。这样就仿佛使人看到一头两目炯炯有神的猫头鹰凝视着前方。搭脑两端上翘是它的耳朵，立材下端的格肩榫尖是它的嘴。猫头鹰善捕鼠，已被公认为吉祥之鸟，这一形态增添了这对椅子的情趣。两侧扶手交代在靠背的大边上。鹅脖退后安装，不与椅子的前足一木连做。藤编靠背如何与椅盘交代，有待进一步的观察。大边下端出

榫，纳入椅盘上的榫眼，乃至椅盘上打槽，将靠背的抹头嵌入都是合理的结构。

再说椅子的下部，由于四足都不穿过椅面，所以实际上就是一具有束腰带马蹄足的长方凳，只是四根枨子不在同一高度上，有别于一般的凳子而已。

椅子有马蹄，十分罕见。曾见数例，都有束腰，有的还有托泥，因为在传统家具中，束腰伴随马蹄，似乎是一种规律。不符合这一规律的只能视为变体。

总之，这对椅子不同寻常之处甚多，这也正是值得重视并深入研究的原因。

4、黄花梨交椅式躺椅

72.1×91cm. 高101.3cm

16世纪晚期—17世纪早期

局部

方形靠背交椅式躺椅是比圆后背交椅更为稀少的一个品种。我最初是从版画（明刊本《三才图会》[1]）和绘画（明仇英《梧竹草堂图》〔2·16〕[2]）中看到它的形象的。当时我曾想：要看到一件实物恐怕不容易。不料过了约二十年，在南京博物院的库房中看到来自苏州东山的黑漆躺椅，就是印在本书中〔甲96〕的那一件。那时我又想：黑漆躺椅用软性木材制成，要看到一件硬木制的恐怕不可能了。不料又过了约二十年，在文艺复兴镇中国古典家具博物馆看到这件精美绝伦的黄花梨躺椅。

黄花梨躺椅和黑漆的那件有许多不同之处。首先是两根扶手是弯的而不是直的，使座位有更大的空间。靠背上部用两截短材分界成三格，嵌

装绦环板开壶门式透孔，后镶白质黑章的大理石。色泽的跳跃，一下子把人们的注意力吸引到这里。靠背上荷叶式枕托也和黑漆躺椅完全不同。这一切都显示了黄花梨躺椅经过精心的设计，要比软木制的考究得多，不仅更为舒适，而且优美动人。值得指出的是一个微小的局部：搭脑不用格肩榫与腿足相交，而采取下弯的挖烟袋锅榫，在垂扣处又向内挑出一个小钩。左右两个小钩破除了绦环匀整的重复，竟为躺椅大大增添了情趣。同时它们又不只是装饰性的，而自有其存在的意义。小钩增加了直纹木材的长度，使它不易断裂，对嵌夹绦环板也能起作用。总之，黄花梨躺椅是我多年曾萦梦寐的家具，一旦相见，为我带来出乎意料的喜悦。

[1] 明王思义《三才图会》器用十二卷什器类，明刊本。

[2] 明仇英《梧竹草堂图》，见《支那名画宝鉴》图575，日本珂瑍版本。

5、黄花梨折叠式炕桌

16世纪晚期—17世纪早期

在朱家溍先生和我合编的《中国美术全集·竹木牙角器》中，收了两件折叠式炕桌❶，但时代都晚于此件。勿庸置疑，此件也是我有待补充的实例。不过伍嘉恩女士已有专文详细论及，刊登在1991年1月的*Oriental Art*上，故不再多作重复。不过在这里拟介绍一件早期的折叠案，说明其渊源所自。

❶ 朱家溍、王世襄：《中国美术全集·竹木牙角器》图164、165，文物出版社，1987年。

72.5×48cm，高28cm

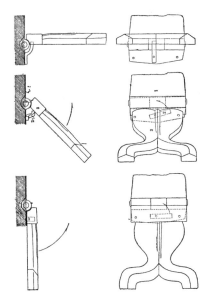

图一、西汉折叠案足示意图（一）

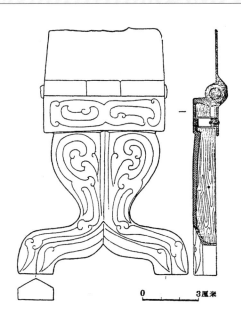

图二、西汉折叠案足示意图（二）

折叠案早在席地而坐时期已有十分精美的制品。1968年从河北满城西汉中山靖王刘胜（死于公元前113年）墓发掘出来的漆木镶铜构件的案❷，尽管木质已经腐朽，还仍可以看出它的制作和构造。

案足铜质刻流云纹鎏金，包镶在漆案木足的外侧。它的上端和铜合叶的枢纽相连。合叶的大块铜板则钉在案面之下，故案足可以向内折叠。为了使案足立直后固定不动，

❷ 中国社会科学院考古研究所、河北省文物管理处：《满城汉墓发掘报告》上册页145—148，文物出版社，1980年。

合叶铜板上钉有一根铜支撑。它由一枚铜钉钉住，故可以旋转。案足折叠时，支撑与合页的枢纽是平行的。可卧进案足里侧在木胎上为它剔挖的一个槽口内。案足立直后，旋转支撑，其顶端可将案足顶住。这时支撑和合页的枢纽成90度直角。如要折叠，仍须将支撑转回到原处。

两千多年前已有折叠案，可见中国家具的源远流长。

付录四 明式家具实例增补

6、黄花梨折叠式平头案

16世纪晚期—17世纪早期

从结构来看，是一件前所未见的平头案。

由于设计者要保留明式家具中最标准的夹头榫条案的形式，故不能采用上面讲到的折叠式炕桌的做法，即把四足卧入牙子之内的空间而必须另辟蹊径。其设计是平头案每一侧的两足各用三根横枨相连，形成两个"月"字形的架子。最上一根横枨和案面下的一根穿带贴着，各凿透眼，用活销将它们联结起来。腿足上端的开口则和一般夹头榫腿足一样，可以嵌夹牙头。这样腿足就

成为两个可装可卸的构件。不过问题还有待解决，那就是两根带牙头的长牙条必须能卧倒，才能把平头案所占空间压缩到理想的程度。聪明的匠师将案面两端下面的短牙条加厚，用榫卯牢牢地和案面的抹头联结在一起。牙条两端里侧凿圆孔，作为臼窝，受纳长牙条两端留出的圆轴，这样长牙条就可以立起和卧倒了。实际上匠师是将圆角柜木轴门的门轴移到此处，只不过把立轴变为横轴而已。

208.6×63.5cm，高85.8cm

以木轴作枢纽用在木门上，早在西周的铜鬲上已有反映[3]。战国木椁墓也发现用木轴门来间隔墓室[4]。又一次证明中国木工源远流长及和家具的密切关系。

[3] 容庚：《商周彝器通考》下册图一七三"西周蹲兽方鬲"、图一七四"西周季贞方鬲"拓本，哈佛燕京学社，1941年。

[4] 湖北省博物馆等：《湖北江陵太晖观50号楚墓》，《考古》1977年第1期。

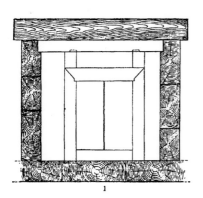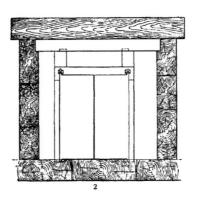

图三、战国木椁墓木轴门示意图

7、黄花梨高束腰供桌

115×70cm，桌高76cm，通高97.2cm

15世纪

此件在硬木供桌中堪称孤例。它采用高束腰桌式造型，故无翘头。四足上截露明，正面短柱两根，将束腰分界成三格，嵌装落堂踩鼓绦环板，板上突起委角长方，沿边起阳线。两侧面分界成两格，每面利用一块绦环板作为抽屉脸，供桌共有两具约与桌面同长的抽屉，为的是可以存放燃烧几个时辰的长香，是供桌、供案常见的做法。牙子挖成壸门式轮廓，和三弯腿上部圆婉相接。足端雕卷草纹花叶，底部削成大圆球，落在台座上。台座宛然是一具须弥座，束腰、托腮及立柱的界分与供桌完全一致，所以显得格外和谐而稳重。

供桌用材之硕大可谓得未曾有，以腿足而言，恐需20厘米见方或更大的材料才能挖出三弯腿，并镂雕出肥厚而透空的卷转花叶。壸门轮廓的牙子也需很宽的材料才能做成。

卷转的花叶特别引人注目。这组雕刻主要由三个肥大的旋卷组成，外缘再衬以叶片。整个花叶背面经过精心的剔凿，和腿足之间镂出一定的空间，因而它虽十分丰满肥腴，雍容华美，却又玲珑剔透。看到它会使人想到北京西郊石景山法海寺内的铜钟架、法器座上的木刻花纹及城内禄米仓智化寺转轮藏须弥座上的石刻花纹。它们有的是透雕，有的是浮雕。即使是木刻透雕（如木鱼座），由于用的是软木，不可能雕得像供桌腿足那样精美，但其风格也是丰满肥腴，颇有相似之处。法海寺建于正统四年（1439年），智化寺建于正统九年（1444年）。从供桌的雕刻风格来看，似可定它为正统时期的制品。

图五、法海寺钟架雕刻花纹

图四、法海寺法器座雕刻花纹

付录口 明式家具实例增补

388

8、 瀂鷘木台座式榻

17世纪

我们知道，唐宋时期的家具极少用坚实耐久的硬木制成，到明代才多起来。我们又知道，流行于唐宋时期的四面平列壸门的台座式榻，入明已被四足的床榻所取代。因此硬木制的台座式榻传世绝少，这件瀂鷘木台座式榻可谓绝无仅有的一具了。经取元王振鹏《维摩不二图》❶中所见的榻与此对比，并据刻在榻上的杂宝，本人曾将它定为15世纪的制品，并撰文刊登在美国中国古典家具学会会刊上。❷ 不过后来有机会对实物作仔细观察，发现其用材及制作都较晚，不能只凭造型定年代。现在本人认为其年代不能早于17世纪。

❶ 元王振鹏《维摩不二图》，美国纽约大都会美术馆藏。

❷ *Journal of the Classical Chinese Furniture Society*, Spring，1991.

9、 黄花梨门围子架子床

16世纪—17世纪

有门围子六柱架子床传世实物尚不能算十分稀少。四簇云纹和灯笼锦加十字的床围子也能看到实物，而此床之罕见则在门楣子和四面挂檐的透雕上。各块透雕都采用较厚的板片，经过落堂踩鼓，再在突起的部位施锼镂。其技法虽一，花纹却大不相同，显然分三种。一般的架子床可能会顾虑到风格不一致而不敢如此设计，而花纹风格多样化却成了此床的特色。两侧挂檐的绦环板锼出斜方中加斜卍字，背面的则锼出四簇及三簇云纹，借云尖引申出来的长条将各组连接在一起，一齐而直，一圆而婉，各异其趣。门楣子在枝条回转中两龙蜷身相对，左右为花卉化了的灵芝，上面是梅花和仙桃，疏朗秀丽，使人联想到民间剪纸，而这一风格十分特殊，在明式家具中一时还举不出相同的实例。至于床的年代，只能从龙的形象来推断。细头长喙，自然接近明代龙的体态。其准确年代尚有待作细微的观察和研究。

223×145cm，高224cm

有束腰，三弯腿，马蹄上有近似云纹的雕饰。牙子浮雕卷草纹，与束腰一木连做。

10、铁力有束腰长脚踏

16世纪晚期—17世纪早期

157.2×30.3cm，高22.9cm

图六、《禅真逸史》版画中的脚踏

古代图像，床前画有脚踏的，多到不胜枚举。惟罗汉床前有长脚踏的，虽非绝无(如元《事林广记》中所见)，毕竟十分罕见，绘画或版画中所见的长脚踏总是放在架子床或拔步床前面的。试举两例：明刊本《禅真逸史·桂姐遗腹诞佳儿》❶及《西湖二集》第二十七回的插图❷。

长、短脚踏在过去生活中的使用，不难知其大略。罗汉床不挂帐子，便于中设炕桌，两人隔着炕桌对坐，所以床前放一对短脚踏非常合适，中间倘有脚踏，等于虚设。架子床和拔步床都挂帐子，有的六柱床还有

门围子，中间较宽的一段是上下床或垂足坐的地方。所以床前放一具长脚踏才适用。

架子床和拔步床要占有室内很大的空间，由于社会、生活的变革，它们最容易遭到拆毁和改制。一旦床之不存，长脚踏会成为碍手碍脚的物件，不像短脚踏还可用来作箱子的支架。这是长脚踏传世绝少的一个原因。

❶ 方汝浩：《禅真逸史·桂姐遗腹诞佳儿》，明天启间刊本。

❷ 周楫：《西湖二集》第二十七回插图，明刊本。

11、黄花梨顶箱带座大四件柜

16世纪晚期—17世纪早期

小型的黄花梨顶箱带座四件柜，艾克《图考》❸（第134）及本书〔丁40〕各收一例。大型的只于50年代在禄米仓智化寺见过数具，顺着大殿山墙摆，一般木材制成，外髹黑漆。硬木制的未见过，甚至认为即使有此实物也未必能保存下来。因为顶箱有座，容易被当作一件独立的家具而和下面的立柜分散。故见到此器使我感到格外兴奋。

这一造型的成功之处在顶箱稍稍缩进，增添了整体的稳定感；底座上的浮雕和立柜牙子上的浮雕呼应而产生和谐；大型四件柜比小型的更能体现上述的效果。

❸ G. Ecke: *Chinese Domestic Furniture*, Peking: Editions Henri Vetch, 1944.（北京法文图书馆，1944年。）

83.5×48.5cm，高174.7cm

付录口

明式家具实例增补

12、黄花梨灵芝纹衣架

16世纪晚期—17世纪早期

　　有的家具越看越耐人寻味，越看越能体会到匠师的意匠经营，终而为之欢喜赞叹。灵芝纹衣架就属于这样的器物。

　　衣架尺寸较小，用材也不大，匆匆一过，容易等闲视之。待一留意，便会发现制者大有新意。衣架中牌子分装三块透雕绦环板是常规的做法，而此架用由仰俯山字变化出来的棂格。下部用两根底枨，中加短柱，嵌装三块开孔的绦环板，上虚而下稍实，比重恰到好处。搭脑翘头雕灵芝纹，在高面

盆架上颇为常见。如果说这是有法可循的话，四块站牙也巧妙地用灵芝蟠错成纹则纯属匠师的创造。因为当时有大量的经工匠使用过的螭龙纹可供选择，可以说俯拾即是。至于中牌子以下的牙条起阳线，到两端又成了灵芝的茎柄更是出人意想。匠师完全可以不用心思，在这里垂下两个素牙头，而他偏不肯放过，要使这一主题在微细处再现。从这些地方着眼，如果说造型艺术和音乐乐曲也有相通之处，或许会有人同意的。

13、黄花梨高火盆架

16世纪

造型宛然是一具十字枨大方凳。牙子与束腰一木连做，挖出壸门式轮廓，沿边起皮条线，与腿相交处透锼卷云一朵。皮条线顺腿而下，形成内翻卷珠足，足底承圆珠。四足外角还从下抽出三叶花叶，叶尖一直通到束腰部位。

火盆架的抱肩榫做法比较特殊。常规做法是左右牙子和腿足集中在束腰之下，在腿的肩部相交，此则将相交点上移到束腰之上。为什么要这样做，有不同的解释：或以为牙子开料，两端各可缩短一寸有余，四块牙子加起来节省木料不少；或以为三者相交之处，既薄且尖，容易损伤，上移至束腰部位相交，可以藏在边框之下，得到保护。惟本人以为其目的仍在保留三叶浮雕的完整。如在腿足肩部相交，浮雕叶尖将被切断，不复完整。证以齐牙头炕桌，不也是改变牙条两端的形状，易斜为直，借以保留腿足肩部浮雕兽面的完整吗？

拙作《研究》只收了一件清前期的高火盆架〔戊45〕，今喜见明代的实例。对比之下，其年代孰早孰晚，是一目了然的。

61×61cm，高60cm

14、黄花梨三足灯台

16世纪晚期—17世纪早期

宽33cm，高162cm

图七、《丹桂记》版画
中的灯台

图八、《灵宝刀》版画
中的灯台

❶ 明周朝俊：《丹桂记·鬼
辩》插图，万历宝珠堂刻
本。

❷ 明李开先：《灵宝刀·青
楼乞赦》插图，万历三十
六年陈氏刊本。

　　传世灯台以两个厚重墩子相交为底座，上
植灯杆及吸取座屏风结构，造型狭而高，中插灯
杆较为常见，后者还往往可升降其高度。三足或
四足着地的灯台十分罕见。明代版画虽有描绘，
如《丹桂记》插图中三足的一具❶，《灵宝刀》
插图中四足的一具❷，但都细而高，不难看出非
铁制便是铜制，不是木器家具。现在喜见中国古
典家具博物馆所藏的一件，为三足着地灯台提供
了实例。

　　经初步观察，灯杆要穿过三角形和圆形的两
块板片。三角形板片与三足榫卯相交，十分牢
固。圆形板片则未见有坚实的榫卯与三足相交，
故借助于錾花的铜饰件来把三足联结钉牢。由于
只见此一例，故不知这是否是此类灯台常用的做
法。不过据个人臆测，聪明的工匠是会设计出全
凭榫卯联结而勿须铜饰件来加固的办法。姑记之
于此，以俟后验。

15、黄花梨骡马鞍

清

　　此种硬木骡马鞍是清代轿车上的用具。但其
雕饰，一为双狮，一为螭纹，尚具明代风格。过
去由于它是车具，《研究》未收。现在海外人
士，每有入藏，惟对其用法殊少言及。

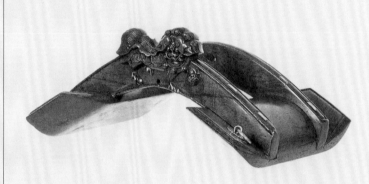

33×26.9cm. 高15cm　　　　　　　　黄花梨狮纹骡马鞍

35×28cm. 高14cm　　　　　　　　黄花梨螭纹骡马鞍

图九、清代的轿车

图十、山西民间画《回娘家》中的轿车

由于轿车绝迹已久，其使用方法很少有人能道其详，而不得不向农村兽力车的驾驶者及郊区出售车具的商店调查询问。农村兽力车与清代轿车在考究的程度上虽差距很大，但其设置基本一致，故通过调查，对硬木骡马鞍的使用方法也能知道一个大概，并能了解到车上其他设置的名称和用途。以下为初步采访所得：

此种鞍具北京农村称之曰"鞍桥"，言其像一座拱桥。牲畜背上先要搭三层屉。第一层叫"汗屉"，作用在吸牲畜的汗水；第二层叫"炕屉"，内塞荞麦皮，为的是避免磨伤背部；第三层最大，叫"盖屉"。盖屉之上才放鞍桥。鞍桥前后高，有如两峰。中凹处搭一根宽而扁的带子，名曰"搭腰"。搭腰两端和车辕相连。鞍桥前峰之外有两个铜环，为穿缰绳而设。缰绳前与笼头相连，后部握在驾驶者的手中。鞍桥后峰正中靠下有一透孔，伸出钩环和牲畜臀上的一个三角形设置的前角相连。其余两角有绦索左右分垂，和兜在牲畜股后的一根带子相连。这根带子北京称之曰"坐鞦"（"鞦"有多种写法，可作"鞧"，或"緧"，皆音秋）。坐鞦两个前端用绳索和车辕相连。坐鞦在倒车时起重要作用，牲畜向后坐时，它可以倒推车辕使车后退。在下坡时它还起闸的作用。"緧"在《周礼·考工记》中已经出现（《辀人》："必緧其牛后"），可见这一车具历史之悠久。

其他车具还有夹在牲畜脖子上的两根木棍，名曰"夹板"（清代轿车夹板用硬木制造），夹板上下两端扎牢，中部打透眼穿带子，名曰"夹抹托"。夹抹托下端与车辕相连。牲畜拉车主要靠夹板曳车前进。紧贴着夹板有一个充塞饱满略似救生圈的设置，名曰"套包子"。其作用在支垫夹板，不使它磨伤牲畜的脖子。

从北京农村所用车具和清代轿车图片上所见车具对照，可以知道二者是基本相同的。但关于轿车车具的具体情况，尚待作进一步的调查。

本文于1991年9月在香港中国古典家具国际座谈会上用英语宣读。曾被删节，在香港英文杂志《东方美术》（Orientations）1992年第1期上刊出。此为未经删节的中文本原稿，1992年6月又略作修改补充，收于《锦灰堆》壹卷。

美国加州
中国古典家具博物馆

从美国加州三藩市（San Francisco）驱车西北，约三小时的行程，经过田野果园、尤巴河桥（Yuba River Bridge），进入林木葱茏的丘陵地区，来到地图上并无标志而由当地聚居者取名的文艺复兴（Renaissance）山庄。

这里是一个基督教组织（Fellowship of Friends）总部的所在地。总部以收藏欧洲名画为世所知，旋因发现中国古典家具的静穆纯真和其教旨相合，转而专事搜求明式家具。六七年来所藏已逾百件，并成立了迄今尚属首创的中国古典家具博物馆。

笔者曾两度应邀参观该馆藏品，认为不论在质量上还是数量上都已超过美国任何一家博物馆的中国家具。其中有的十分精美，艺术价值极高；有的传世稀少，在品种上可以增补拙作《明式家具珍赏》、《明式家具研究》之缺。今选一部分试予述评，作为介绍。

1、黄花梨无束腰长方凳

无束腰直足是明式机凳最基本形式之一。凳面藤编软屉已换成贴席硬屉。凳盘混面压边线，腿足外圆里方，方圆相交处起边线。正面直枨一根，侧面两根。素牙子，起边线，牙头有小小委角。用材粗硕，骨架开张，神态淳朴而稳重，在同类机凳中，它是用料最充裕，比例最协调，制作最精美的一种。取艾克（G.Ecke）《中国花梨家具图考》[1]中的两件（第74、75）相比，显然此凳更能焕发出明式家具奕奕动人的神采。

凳盘背面有两根横带，中用桥形木方连成一体，使它更为牢固。这种刻意求坚实、甚至有人会认为是多余的设置，恰好显示明代匠师执著、诚恳、一丝不苟的精神。正是这种精神才得以将当时的家具工艺推到历史的顶峰。

[1] 同页390[3]。

16世纪

凳面51.5×40.5cm，高51.3cm

此类无束腰机凳宋代已基本定型，画例见宋人《春游晚归图》[2]〔2·2〕。不过我们相信入明以后，经过使用珍贵硬木的多次实践，造型和结构都有较大提高而终于制造出如此精美的器用来。

[2] 郑振铎等编：《宋人画册》，中国古典艺术出版社，1957年，图71。

2、黄花梨有束腰长方凳成对

藤编软屉凳面也已改为贴席硬屉。内翻马蹄，牙子与束腰一木连做。罗锅枨，退后安装，不与腿足格肩相交。无雕饰，只沿牙子、腿足起边线而已。

有束腰内翻马蹄为明式杌凳又一基本形式，历年过目，当以百计。但直足者多，弯足者少。足略弯而用材细者尚可见，弯度大而用材粗，且造型、制作并臻佳妙者千百中不一二见。良以用材不粗，无以见其凝重朴质，而腿直少弯，线不流畅，又无以从凝重朴质中见其优美。试取此凳与拙作《珍赏》第15〔甲16〕相比，虽同为有束腰内翻马蹄加罗锅枨，其神采、品质高下，相去讵可以道里计！

杌凳形式繁多，不论该馆今后能访求到多少种，两对基本形式之最佳者终将位居首席。

凳面56×47cm，高51.3cm

宽69.2cm，深45.7cm，高79.5cm

16世纪

3、黄花梨圆后背交椅

黄花梨圆后背交椅传世甚稀，在所见的十数件中，此具堪称上乘。今试列举，殆有四美。

（一）整体协调匀称。交椅最引人注目的构件是椅圈，必须粗细大小，圆弧弯曲，倾斜高低，无不合度，才能和其他部位协调，取得整体匀称的效果。例如英国维多利亚·艾尔伯特美术馆的明剔红交椅[1]〔甲94〕，显然椅圈太小。加拿大多伦多美术馆的一件[2]，也不够舒展。这都有损于整体的形象。此椅的这一重要构件则制作得十分完美。

（二）花纹优美新颖。靠背板界成三段。上段一窠浮雕，乃从双螭纹变出，但全无动物形象而近似卷草，圆婉有致。中段端立一鼎三足，实为图案化的"寿"字。其上大小两螭，顾盼有情。下卧一螭，翻滚欲起。图案上下左右，全不对称，寓变化于整饬，新颖脱俗。

（三）金属饰件华美。交椅由于结构特殊，需要金属饰件加固，铜制者自不及铁鋄银珍贵。宽者锤缠枝莲，窄者锤香草纹，黑地白章，灿然夺目。脚踏上用铁帽钉固定镂有古老钱、犀角等杂宝长片，尤饶古趣。着地两根长材与后足相交处用纯银錾花饰件，为迄今仅见一例。

（四）保存良好。交椅不时折叠移动，比其他椅具更难保存完好。脚踏可装可卸，容易散失，故常有后配。埃利华斯《中国家具》刊出一件[3]，从图片即可断定脚踏非原件。此椅通体完整，现况良好。

❶ Craig Clunas: *Chinese Furniture*, London: Bamboo Publishing Ltd., 1988, Figure 13.

❷ R.H. Ellsworth: *Chinese Furniture*, New York: Random House, 1970, p. 137, No.28.

❸同❷页88。

4、黄花梨五足带台座香几

几面边框立面稍稍内敛，上下有凹线，中部打洼，类此冰盘沿少见。束腰分五段，刻海棠式窄长凹槽，嵌装在露而不高的腿足上截侧面槽口内，有托腮，故为高束腰式。

五足之间是五个正顶出尖的壸门轮廓，柔婉修长，仿佛是五个大莲花瓣。启示人去思考壸门也起源于自然物象——印度随处可见的莲花。

此几之妙在线之运用。牙子上起的阳线至腿足之肩汇到一起，以下便隐而不见。但其意不断，顺腿面依然下行，至足端而再见。待及圆球，又歧分为二，抱球向后兜转，遂又隐而不见，惟意仍不断，复沿腿足背面而上行。匠师假有形无形、忽隐忽现的线条把上下脉络，周环贯通，比有形的所谓"交圈"又艺高一筹，不禁使人叫绝。

足底为了避免重复，不再用圆球支承而代以双层木方。有台座香几已属罕见，此又具有诸多特点，自是难能可贵。

17世纪

面径41cm，高97cm

5、黄花梨折叠式带抽屉酒桌

桌面91.35×57cm，高85.8cm

17世纪

❹ The Dr. S. Y. Yip Collection of Classic Chinese Furniture, Hong Kong, 1991, p.79, Plate 26.2. 参见本书附录四之6。

酒桌采用夹头榫结构，绿石面心，腿足用材粗硕，做成四个混面，铜包足。其尺寸与外形悉如常式，却可以拆卸折叠，且有抽屉一具，在明式案形结体家具中尚难举出第二例。

酒桌的具体做法是每一侧的两足各用四根枨子相连，形成一对支架。最上一根枨子和桌面下邻边的一根托带贴着，各凿透眼，用活销联结，使支架可装可卸。第二根枨子凿眼两个，容纳Ⅱ形抽屉架上的榫子。三四两枨及腿足上端开口和一般夹头榫酒桌做法无异。

酒桌正面的牙条分三段。正中一段用作抽屉的前脸。左右两段靠外一端出圆轴，纳入侧面牙条上的窠臼中。靠里一端开口，骑在栽入大边背面的一个扁形木楔上。木楔的地位正在夹头榫两个卯眼之间。牙条和木楔都打眼，穿金属轴棍时将二者联结起来，使牙条两端有轴，可以立起或卧倒。牙条立起，安上腿足，其里端便嵌夹在腿足上端的长口内，形成半个夹头榫。如卸下腿足，牙条卧倒，可贴在桌子背面的大边上。至于酒桌背面牙条，则是通长的一根，两端出轴，纳入两侧牙条的窠臼，和不带抽屉折叠式案的牙条做法相同❹。藏抽屉于牙条之后，隐关捩于榫卯之中，故酒桌功能增益而外貌依然。可谓设计巧妙，备见匠心。

6、瀺鶒木翘头案

17世纪

案面179×43cm. 高88cm

案独板面，小翘头，透雕牙头，双凤相背，冠高卷，眼修长，喙尖与牙条上的阳线相接。凤身婉转，翼尾衍成卷草。龙之纹样，有"草龙"一称，此不妨名之曰"草凤"。

腿足正面起两炷香阳线，下有托子。挡板透雕灵芝，大朵居中，小朵分布四角，枝蔓旋卷，组成有韵律的图案。选材甚精，面板木纹尤为绚丽，纤密迷离，映日浮动，真如锦鸡彩羽。难怪"瀺鶒"往往被人写作"鸡翅木"。圆材大料须斜剖始能有此纹理，而斜剖必然耗费增多。不惜耗费以求美材，制成自然身价十倍。

7、黄花梨门围子架子床

近年以来，过去不为人知的架子床不断出现，数量在十具以上，其中当推此床为第一。

床为高束腰式，托腮上安竹节纹短柱，分段嵌装浮雕两螭相对的束腰。牙子稍稍退后，与四足直线相交，使腿足肩部的兽面更加突出。足底雕虎爪攫球。从这里更可以体会到齐牙条的使用意在避免45度斜切线的出现，借以保持兽面的完整。牙子正中雕卷草灵芝，左右螭龙张吻伸爪相向。花纹宽而平，似用以衬托床面以上的透雕花纹，取得对比。

门围子用两根横材分隔成三截。下截装透雕螭纹绦环板。中截在海棠式开光内雕异兽，祥云瑞日，山石灵芝，组配成图。上截只中安圆形卡子花一朵。由于门围子接近正方，乍看未能领会到如此处理的意图。待看到床围子四面交圈，门围子的三截分隔也运用到三面长大的围子上，才悟出上述设计的优美合理。下截遍用短柱装绦环板，对三面围子的加固起重要作用。中截透雕寿字圆光，间以旋卷多姿的螭龙，予人一种欢快跳跃感。上截仍是稀疏的卡子花。四面周匝都是下实上虚，丰满富丽，活泼明朗，无不具备。

在门楣子下的花牙子，将两螭相对改为长尾居中，转身回顾，是有意识的变化。挂檐绦环板又回到两螭相对中加海棠式寿字纹开光，是对全床浮雕、透雕花纹的呼应。

架子床制作精细繁缛，而只觉得其堂皇富丽，仪象雍容，并无雕饰太过，重复堆砌之嫌。如归属于明式家具的"品"，堪称"秾华"的典型范例。它可以证明尽管简练朴质是明代家具的主流，但高度装饰，豪贵华美却又典雅不俗的作品也同时存在，如果排斥或否定它就难免失诸片面。"淡妆浓抹总相宜"，明式家具之使人欢喜赞叹，也在于此。

8、黄花梨乌木栏杆架格

17世纪

付录五

美国加州中国古典家具博物馆

架格为四层全敞式。上三层设栏杆，有活销，可以装饰。栏杆以黄花梨作外框，正面用立材界成三格，每格内套乌木仔框，安卡子花一朵。侧面不加立材，也套乌木仔框，安卡子花两朵。卡子花扁而长，两端突出，略似机梭，造型罕见。

第二层格板下安扁而宽的抽屉两具，乌木作前脸，壶形白铜吊牌。最下一层不设栏杆，下有素牙条。四足镶铜套。

架格栏杆之矮，抽屉之扁，均有殊常式。当借此以求空灵疏朗。乌木家具传世不多，与黄花梨配合，黝黑浓黄，相映成趣，一见令人醒目。

9、黄花梨券口带栏杆亮格柜

17世纪

宽97.5cm，深49cm，高184cm

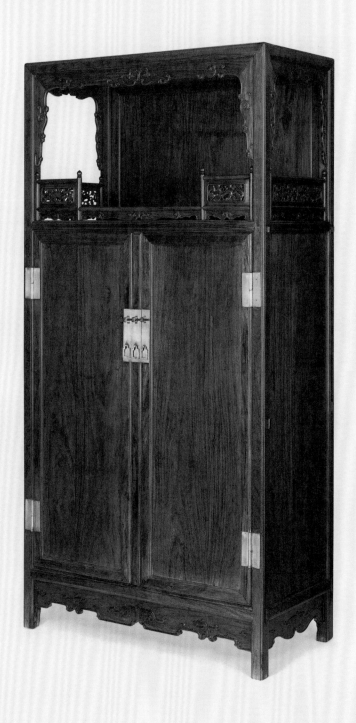

　　亮格柜在亮格上设券口栏杆，为数不少。但迎面栏杆中间开敞，仿佛是一座小舞台，美观而便于陈列，却十分稀有，令人想起北京故宫博物院所藏的一对万历柜〔丁19〕；在这一点上二者是相同的。

　　先说亮格柜的构造。引人注目的是每一具的侧面都有六个出头的榫子。这在椅具上已属罕见，柜子更难举出实例。因成对的柜具适宜并着摆放，侧面出榫会妨碍两具挤紧靠严。那末何以亮格柜要在侧面出榫呢？

　　经观察亮格柜里外构件，发现亮格和柜子的后背都由可装可卸的"扇活"做成。柜内的底板

也是活的。如果把上述构件连同柜门取下，锤打伸出的六个榫头，可较容易地将柜子拆卸成侧面两扇和若干部件而不致有何伤损。看来榫子出头是为了便于拆卸而故意留的。

　　再看雕饰，可谓精美绝伦。券口、栏杆上的花纹均为两面做，柜格少有。狮子神态各异，用灵活圆转的螭纹连缀起来。券口轮廓弯卷较多，柔婉而有弹性感。卷草纹繁而不紊，装饰性甚强。图案的设计与刀工都达到很高的水平。

　　据亮格柜的构造和雕饰，使人感到它是明代后期传统家具发展到十分成熟时期的制品。

10、黄花梨镶大理石插屏式座屏风

17世纪

宽181cm. 深105cm. 高214cm

❶王世襄：《明式家具珍赏》页226第150。

在传世的明式家具中，大型的屏风可能是最少的一种。北京故宫博物院保存着大量的明清宫廷遗物，但屏风多为清式。当年笔者为编写《珍赏》，走遍故宫庭院、库房，只发现一具明式插屏式座屏风❶〔戊2〕。在造型上和此件十分相似，都由两块厚木作墩子，上竖立柱，以站牙抵夹。立柱间安枨子两根，中用短材界分，嵌装透雕螭纹的绦环板。枨下安八字形披水牙子，浮雕螭龙。屏风插入立柱里侧槽口，可装可卸。它以边、抹作大框，中用仔框隔出屏心，上下左右留出地位嵌狭长的绦环板，也透雕螭纹。制作手法之相似，使人相信它们是同一地区、同一时代，甚至是同一作坊的产品。

两件之间也存在着差异，主要是：

（一）故宫座屏风整体用黄花梨制成，此件墩子为铁力木。

（二）故宫座屏风高出此件约30厘米，但宽与深均小于此件约30厘米。在气势上此件显得更加开张雄伟。

（三）故宫一件屏心镶玻璃油画彩绘仕女，乃清代后配。此件镶云南点苍山灰褐两色大理石，花纹如高山大川，信是原装。

（四）两件均透雕螭纹，惟此具绦环板用材较厚，不仅两面做，而且接近圆雕，物象纵深处也着力，正是清代匠作《则例》所谓的"玲珑过桥"，故更以丰腴饱满见胜。

以上（二）、（三）、（四）三点都足以说明此件比故宫所藏的有过之而无不及，是稀有重器。

付表五
美国加州中国古典家具博物馆

11、黄花梨龙纹官皮箱

约1595年

官皮箱门上开光，四瓣出尖，似由柿蒂纹与壶门顶部弧线结合而成。内浮雕云龙，五爪张挈，矫健有力，下为海水。开光外为螭纹，俯首下窥，躯肢与卷草纠结，布满四角。图案布局实即匠作《则例》所谓的"梭花岔角"，明清两代广泛用之于宫门照壁乃至多种工艺品。盖墙雕草龙，底座上双螭尤圆熟可爱。官皮箱其他三面及盖顶皆光素。按木制家具以五爪龙为饰者远远少

于漆绘家具。此件与"大明隆庆年御用监制"款圆角柜〔丁28〕，同为罕见实例。

北京故宫博物院藏有"大明万历乙未年制"款（1595年）剔红双龙纹方盘[2]。取与此箱对比，龙头的造型，双角、发鬃、身躯、鳞片的处理，龙爪攫捉之势，龙睛努出之状，尾鳍如掌之形，无不相似。据此，不仅可知官皮箱亦为明代宫廷用具，且可断定其年代亦为万历时物。

[2] 杨新等：《龙的艺术》，紫禁城出版社，1989年。

宽40cm，深28.5cm，高35cm

12、黄花梨轿箱

17世纪

宽75.2cm, 深17.3cm, 高13.6cm

清陈枚
《清明上河图卷》
（局部）

❶ *A City of Cathay*, Taipei:
The National Palace
Museum, 1980, Plate 26.

轿箱选用纹理绚丽的黄花梨制成，正面立墙有流水行云之致。箱盖四角镶白铜云纹饰件，立墙转角均包铜叶加固，一律卧槽平镶，工艺整洁精到。在近年所见十来件轿箱中此是较好的一具。

轿箱侧端底部有缺口，为了将它扣搭在轿杠上随行，故有此特殊造型。乘轿者多为官绅，出门有人随行。乘者上轿，轿箱摆好才启程。到达后将轿箱取下，以便乘者下轿。这些都是随行者的事。乾隆元年（1736年）陈枚等绘制的《清明上河图卷》有一段画出了送客上轿的情景❶：府邸外、牌楼前，躬身作揖者是送客的主人。客人前行，回身拱手告别。舆夫二人，在轿后的已将轿杠抬起，使前端着地，以便乘者上轿。随行小厮二人，其一从轿侧掀卷轿帘，另一双手持捧的正是轿箱，待乘者坐好再摆上。画家对上轿前人物活动的描绘，使我们看到轿箱不再静止，而是被人使用着的家具。

中国古典家具博物馆所藏佳器尚多，限于篇幅，只能述及其中的一部分。

该馆现有专业人员十多人，担任访求搜集、保管陈列、修复摄影诸事。投入人力更多的是成立中国古典家具学会，编印学会季刊。除了撰文征稿、设计编辑外，收集资料、中英文的迻译等也颇为繁重，据悉已从台湾、欧洲请来两位中译英的人员。他们还在积极筹备兴建一座宋元厅堂与明代民居结合的新馆，由著名古建筑家傅熹年先生设计绘图。落成后，依山面水，瓦宇粉墙，将是美洲最具有浓郁中国古典风格的一处园林建筑。

加州中国古典家具博物馆已经是收藏、研究明式家具的一个中心。可以预见，它将越来越以其精美专一的馆藏，认真深入的研究，优美典雅的环境闻名于世。

原载台北《故宫文物月刊》总第122期。收于《锦灰堆》壹卷。本文家具图片由美国加州中国古典家具博物馆提供。

附记：本人在发表此文之前，曾与美国加州中国古典家具博物馆主任柯·艾弗斯先生（Mr. Curtis Evarts）合编一本英文图册，名曰Masterpieces from the Museum of Classical Chinese Furniture。合编的方法是两人为每件家具各写一篇说明，分别印在同一页的左右两栏中。此书于1995年出版。此后中华艺文基金会认为英文之外更应该出版一个中文本。恰好本人认为英文版家具的分类不甚合理，实物局部特写应当补充，参考线图的遴选与绘制亦有待提高。于是我和荃猷重编了一个中文本，名曰《明式家具萃珍》，1997年1月在香港出版，印数不多，不久即售罄，于是2005年11月又由世纪出版集团上海人民出版社推出新版，在图版设计、分色制版等方面都有较大的提高。末附重华写的《王世襄先生与中国古典家具博物馆》一文也是新增的。

王世襄识 2006年1月

山西民间家具三种

马君可乐1999年《山西传统家具》[1]一书，共收百四十多件，是他十年来从买到的若干千件中选出来的，而买到的若干千件又是从他过目的若干万件中选出来的。

山西民间家具可分为两大类。其一和明式硬木家具的品种、造型、结构完全相同，或基本相同，只是全用杂木，神采自然无法和明式硬木家具相比。其二则形形色色，众态纷呈，不受传统束缚，我行我是，出人意

想，甚至显露叛逆精神。因而山西民间家具和明式太相似的或太离奇的都不宜用来补充《研究》一书的实例。翻遍马君全书，只有三个品种值得入选，即栏杆榻、供桌和长交椅。它们和书中已有实例不相同，但又显然有传承演变的关系。[2]

栏杆榻、供桌、长交椅是流行于晋、陕的三个品种。称之曰"品种"是因为并非只出现一件两件，而是有多件流散出来。

[1] 《可乐居选藏山西传统家具》（英文本），即：C. L. Ma Collection: Traditional Chinese Furniture from the Greater Shanxi Region, Hong Kong, 1999.

[2] 请参阅著者为《山西传统家具》一书写的序《未经沧海难为水》，见《锦灰二堆》壹卷页61—70。

1、栏杆榻

17世纪—18世纪

榻三面设栏杆。有的正面两端还各设一段方形栏杆。榻身案形结体，腿足缩进安装，直者多于弯者，用插肩榫与榻面连接。

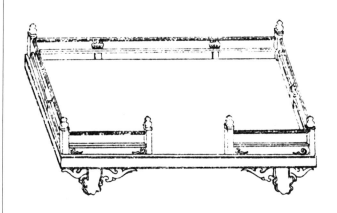

图三、山西襄汾洪武墓出土栏杆床

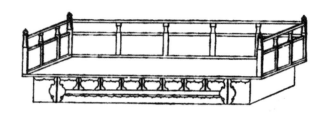

图一、内蒙古解放营子辽墓出土栏杆床

图二、山西大同阎德源金墓出土栏杆床

❶ 翁牛特旗文化馆等：《内蒙古解放营子辽墓发掘简报》，《考古》1979年第4期，页332，图四。

❷ 大同市博物馆：《大同金代阎德源墓发掘简报》，《文物》1978年第4期，图版壹，5。

❸ 陶富海：《山西襄汾县出土明洪武时期的木床》，《文物》1979年第8期，页25，图一。

栏杆床榻，可上溯到信阳长台关、荆门包山战国楚墓发现的大床。惟年代邈远，很难说和民间还在使用的有何直接的联系。不过只要注意到在内蒙古解放营子辽墓❶、大同阎德源金墓❷、襄汾明墓❸发现的殉葬器物，就会看到它们之间的渊源关系，并相信栏杆床在山西南北一带至少已流行上千年了。

2、黄花梨供案

17世纪

在黄花梨家具中，供桌罕见，供案恐更难逢。晋、陕一带流出的则是腿足缩进安装的供案。面板以下界成长方格，格内装绦环板或设抽屉。此下有长牙条。腿足上截垂直，内缘贴着长方格，外缘与案面形成直角，安挂牙。此下腿足向外鼓出大弯后，向内回收，至足底又向外卷转。外鼓的内侧及外卷的上端雕镂卷草纹饰。有的还利用腿内边材做成竹节纹立柱。足底削出圆球落在须弥座式台座上。台座立柱分格装镂透孔的绦环板。

上述类型供案，南北各地均曾发现实物或形象材料。拙作《明式家具研究》即收有遵义宋墓石刻浮雕，武当山金殿明铸铜供案和明朱檀墓出土杂木供案等〔乙138〕。北京西郊法海寺也有类此实物，只是未见有黄花梨制者。

3、长交椅

长交椅是一个很特殊的品种，两具、三具乃至四具相连，可供人并坐。椅面进深浅，用料不大，便于搬动及存放。脚踏做法与圆后背交椅相同。椅背横材之间加荷叶式卡子花，形制颇古，接近宋元栏杆和楼梯扶手所见。

长形有靠背坐具，《鲁班经匠家镜》有琴凳，实为靠背长凳。长交椅只流行于晋南地区，据闻用于观剧。把单只的交椅连起来，当然也是一种创造，它始于何时，不详。早期实物和形象材料尚有待发现。

背面

明铁力翘头长供桌

去秋张君德祥来访，出示铁力长供桌巨帧照片，气势雄伟，讶为重器，藏者为广州周坚先生。惟未见实物，翘头、牙条、四足是否有修配，足底有无朽蚀补接，均不可知。适德祥又有广州之行，烦其详细审视，俾知究竟。返京后告我再次观察，确均完好无损。

供桌尺寸为长3.68米，宽0.5米，高0.91米，独板厚面。经展开全形及局部照片，反复观看，发现与历年所见供桌有不同之处，阐述如下：

（一）据此器之超常长度，庄严厚重，定在厅堂正中靠两后金柱之间的屏门陈置；如无屏门则靠后墙陈置。屏门或后墙悬道释画像；桌上供祖宗神龛。故其功能极似大案。惟其四足位在面板四角，按家具分类，此器实为"桌"而非"案"。

倘溯家具渊源，矮形之案，不论宽窄、长短，在席地而坐时期，始终大量存在。其足或四，或多于四，多者往往弯曲，下有横跗，考古学家称之为"曲栅横跗式案"。上述各式案足大都不在案面四角而是缩进安装。目的在减小案面下跨度，增强案面承重功能。唐宋以还，起居改用高座，"桌"乃流行，命名取卓然高立之意，其四足多在器之四角。明清家具，一直沿袭古制，至今工匠仍据四足所在位置之不同分别名之曰"桌"与"案"。凡足在四角者曰"桌"；四足缩进安装，面板探出足外者曰"案"。案之结构用"夹头榫"者最常见，其次用"插肩榫"。二者均在腿足上端开口，嵌装牙条、牙头，与案面榫卯联结，使上下及四周连成一体，实为长条形家具最合理的结构。案之长大者，更罕有不用四足缩进安装结构者。独讶此器如此超长，竟用足在四角之桌形结体，突破常规，出人意想，诚属此器之显著特点。

（二）正因此器超长又未采用四足缩进之案形结体，故不得不用非常粗壮之腿足来支承面板。从三弯腿上端之硕大及上下弧度之圆婉自如来看，非用直径逾尺之大料镂挖不能达到既负重又美观之效果。此器四足之精心制作堪称又一特点。

（三）此器两块长牙条之造型及雕刻均不相同。其一牙条之下边缘平直，正中雕"寿"字图案，左右各雕草龙两尾。另一牙条下边缘镂出壸门式弧线，正中为壸门式顶尖，中雕垂云，左右各雕草龙一尾。两块牙条之不同，造器者不啻在设计时已告人此案前后有别，一边为正面，一边为背面。毫无疑义，雕"寿"字一边为正面，雕垂云一边为背面。在厅堂陈置时，自然"寿"字一边面南置放。曾经过目之大案（包括条桌）不计其数，极难见到有两面制作不同的实例。

据周先生称，广州旧家具商多年前得此供桌于合浦地区，原出祠堂或庙宇已不详。因有"寿"字，出自祠堂的可能性较大。制地为岭南当无误。可贵在年代久远，造型特殊，用料长大，气势不凡，自然是一件值得保护、研究的重器。

收于《锦灰三堆》

求知有途径　无奈老难行

我最早问世的一本家具书是1985年出版的《明式家具珍赏》。实际上到1989年才出版的《明式家具研究》（香港三联书店版）那时早已经完成。这两本书的内容是我四十年的积累。此后明式家具很快便成为收藏家和海外博物馆的重点收购文物，大量实物被倒爷们从全国各地发掘出来，价格增长也有一日千里之势。我也因此能多看到一些值得研究、著录的实物，写了几篇文章如《明式家具实例增补》[1]等。此外还为美国加州中国古典家具博物馆藏品编了一本图录——《明式家具萃珍》[2]。该馆在短短几年内便收集到一百多件有价值的明式家具，正说明它适逢其盛，大量实物涌现出来。但好景不长，此后不久明式家具很快就被倒卖完了。明式硬木家具被倒卖殆尽之后，转到倒卖民间杂木家具。大量实物从山西、陕西、河南等省运到北京。除被国内商家或收藏者购买外，也大量出口。现在民间的旧家具也快被倒卖完了。以上都可以说明事物的发展变化是多么迅速。一个主要推动力是我国经济的高速发展，很多人先富起来，收藏文物包括古旧家具的购买力大增，这也直接影响到家具的用材、修复、仿制、造伪等各个方面。其发展之快，变化之大，使我们清醒地认识到过去积累的知识已远远落后于时代，对许多市面上出现的家具已经不会鉴定，不敢轻易发言了，必须重新学习，重新调查研究，弄清事物的真相，否则难免开口便错，被人耻笑。我相信自己完全知道如何再学习，用新知识来补充修正旧知识。过去不就是下功夫才学到的吗？现在也没有别的方法，还是只有刻苦下功夫调查研究才能得到。

我想了一下，如想改正、补充落后于时代的知识，至少要在以下四个方面下功夫。

（一）由于中国经济的发展，近几年来，很多木材从东南亚输入，有些木材的品种我根本不认识，从来没见过。如果连原料都说不上来，做成家具，刷点色，上点蜡，就更看不出来了。因此，现在搞家具研究的人首先要研究新的进口材料，把木料来源、不同类型或同一类中不同的名称都弄清楚。现在有好些像紫檀又不是紫檀的木材，说不出它的名称。不像从前家具的用材比较容易分辨。家具摆在那里，离我二三十米，我就知道是黄花梨还是紫檀，大致不会错。因为从它的造型、它的做法就能看出它是什么木材。现在家具市场已经乱了套，加上仿制品，更说不清用的是什么木材，所以只有敬谢不敏了。现在研究家具，一定要先辨认木材的种类，特别是新出现的品种及其产地。如认真研究需要向木材行业请教，不仅是国内的，还有国外的，向他们索取木样，如能出国考察则更好。至于科学的分类、辨认则需求助于木材学的专业人员，技法和设备都要经过专门的训练才能掌握和使用。研究家具要深入到木材学这一区域就更难了。

（二）目前仿古家具的制作和修复，好坏差异非常大，作坊遍地开花。古典家具的鉴定有时候就和判断瓷器、玉器一样，初看

[1] 参阅本书附录四。

[2] 《明式家具萃珍》，美国中华艺文基金会，1997年1月；上海人民出版社，2005年11月。

认为不错，仔细观察就不对了！因为现在古典家具价值很高，仿古者通常在一些缺胳膊断腿的老家具上精工细做，不惜出高价买一根或一块适合修配的材料装上去，然后磨出包浆来，往往不容易发现是后配。我们常说"知己知彼，百战不殆"，新的仿古做法很多，要知道真假就必须去实地深入研究才能知道它的制作、修配新方法。

据悉有几家肯下功夫研究制作和修配的作坊，联合起来，新方法互通有无，对外则绝对保密。他们是集体钻研，而调查者多为孤军作战，未免寡不敌众。要了解他们的新方法、新技术也不是绝对不可能，但必须下功夫和他们真诚地交往接触，待他们相信你不会对他们的业务有大妨害时才有可能。

举例来说，家具的金属饰件，尤其是黄花梨交椅，考究的用铁铄金或铁铄银（《锦灰二堆》壹卷页215有铄银铁饰件彩图）来加固木构件的交接处。这一工艺现在国内已无人会做。60年代初，我从清代匠作则例中查到制作铄金、铄银的五道工序：一、"发路"，在铁片整个表面剁出网纹；二、"铄罩"，将金丝或银丝锤着到网纹上去；三、"烧研"，铁片放入火中烧一下，用研子将金、银花纹赶研光滑牢实；四、"钩花"，用小錾子沿花纹修整一遍；五、"点漆"，将花纹以外的地方涂漆，突出纹样。后来在通州金银花丝厂访问到一位能做铄金的老师傅王文栋，请他操作示范一次。他将金丝或银丝的一端绕在一根立柱上，另端绕在左手的小指上，拇、食二指夹住錾子把金丝或银丝压向铁片的表面，右手握小锤锤打錾子顶端。我曾撰文刊登在《文物参考资料》1963年第7期上，后又写入有关则例一文（见《锦灰堆》壹卷页343）。后来香港的修复工人在《文参》上发现了我的文章，用心钻研，恢复了铄金、铄银的复制方法。因为一件明代交椅如饰件残缺，价值比完整的要低许多。所以不惜下功夫研究仿制。这等于是向我学习。待他们做出了仿旧的铄金以后，如何分辨新旧铄金饰件的差异，我又必须向他们学习了。其他任何新出现的修复、修配方法也无不如此。

（三）近些年来，中外图书发表了大量明清家具。但根据我的考察经验，图片和实物时常存在着差距。如果使用这些新发现的实物来写书，难免有两个问题：一是版权问题。要写信给藏者是否同意发表实物图片和你对它的评述，往往费了许多事而没有结果。二是如何判断真伪和改造的问题。眼见为实，否则就不能做出真伪的判断，何况往往眼见也未必敢下结论。未见实物就随便发表个人的看法，显然是不负责任的。只有仔细观察实物，追溯来源，对这些年来发表的大量明清家具进行仔细考察、辨别真伪，对改制、修理、补配等问题做审慎的研究，才能提高补充过去的研究成果。总之，过去的知识都是从调查研究得来的。新发现的实物也必须经过调查研究才敢写入书中。

（四）以前的家具倒爷们只倒黄花梨、

紫檀等贵重家具，可是由于这些材质的家具越来越少，古典家具的经营转向杂木家具。如果我们把家具作为一个整体来看，作为人民生活必需品来看，民间家具实在十分重要。其重要性可能超过只有少数人才能使用的珍贵硬木家具。家具研究者岂能不把民间家具研究作为一个重要的课题。除了做宏观研究、统计其品种、阐述其使用情况和地区特色外，还应选出其精萃，编成图录。后者比前者工作更为繁重。因为好的实在不多，要从多少万件中才能选出来。

在过去几年中从山西、陕西、河南等地运往北京的民间家具每天有一百多辆卡车，数量可谓惊人。它们有的和明式家具造型基本相同，有的则别出心裁，颇有新意，因为它更少受到礼教和制作成规的束缚。其新颖可取之处也往往在此。我曾看到在艺术杂志上刊登的广告，实物就是一件山西家具，或漆或木，造型与制作，确实值得欣赏。我认识开店销售家具的马君可乐，已由经营明式家具转为民间家具。他出版了一本图册，我为写序，名曰《可乐居选藏山西传统家具》，选印了一百多件。他还有陈列室，摆的都是认为比较有价值、一时不愿意出售的家具。它们是从马君曾经过目的几十万件民间家具中选出来的。但我认为如果精选的话，恐只能保留其中的十分之一。可见精选真是沙里淘金。仅此就可想像到研究民间家具的难度——要消耗多少精力才能从千百万件中把真正有代表性和材美工良的实物选出来。只有年富力强、精神充沛的人才能做到。

不言而喻，假如我还年轻，三四十岁，自然可按照上面述及的四个方面努力一番，补充、修正已有的知识，使自己跟上时代的发展。哪怕是六七十岁，也尚可一贾余勇，多少增加一些知识。对于九十衰翁，有杖难行，就只能望洋兴叹了。

总之，"长江后浪推前浪"，事物新知益旧知，是社会发展的规律。为了求知，必须身体力行，不劳而获是不会有的。这也是真理。

收于《锦灰三堆》

图 版 检 索

甲 · 椅 凳 类

乙·桌案类

图反金案

乙·桌案类

编码	名　称	收藏者	时代	备　注	页码	编码	名　称	收藏者	时代	备　注	页码
乙64	攒框板足条几	费伯良	明		106	乙102	罗锅枨加卡子花带托子小平头案	王世襄	清	《明式家具珍赏》105	125
乙65	无束腰罗锅枨加矮老条桌	龙顺成	明		106	乙103	素直圈口架几案几子	纳尔逊美术馆	明		125
乙66	无束腰直枨加矮老攒方框条桌			线图	107	乙104	架几案			线图	126
乙67	无束腰竹节纹条桌		清前期	据福开森照片绘制	107	乙105	架几案			线图	126
乙68	无束腰罗锅枨条桌	北京市硬木家具厂	明	《明式家具珍赏》94	108	乙106	明抽屉加卡子花角牙架几案几子	龙顺成	清前期		126
乙69	一腿三牙罗锅枨条桌			线图	108	乙107	厚板透雕架几案几子	避暑山庄	清前期	《中国美术全集·竹木牙角器》189	126
乙70	一腿三牙裹腿罗锅枨条桌	颐和园	清前期		109						
乙71	一腿三牙条桌	故宫博物院	清前期	《明式家具珍赏》96	109	**柒·宽长桌案（画桌、画案、书桌、书案）**					
乙72	有束腰马蹄足直枨条桌			线图	110	乙108	无束腰罗锅枨加矮老画桌	王世襄	清前期		127
乙73	有束腰马蹄足霸王枨条桌	陈梦家夫人	明	《明式家具珍赏》98	110	乙109	无束腰裹腿罗锅枨加霸王枨画桌	王世襄	明中期	《明式家具珍赏》108	128
乙74	有束腰马蹄足挖角牙条桌			线图	111	乙110	一腿三牙罗锅枨加矮老画桌			线图	128
乙75	有束腰直足攒牙条桌			线图	111	乙111	有束腰几形画桌	故宫博物院	明	《明式家具珍赏》110	129
乙76	高束腰马蹄足挖缺做条桌	北京市硬木家具厂	明	《明式家具珍赏》99	112	乙112	四面平加浮雕画桌	浙江省博物馆	明	《明式家具珍赏》109	129
乙77	高束腰加矮老装绦环板条桌			据埃氏《中国家具》图64改画	112	乙113	夹头榫小画案	南京博物院	1595年		130
乙78	四面平条桌			线图	113	乙114	夹头榫云纹牙头小画案	王世襄	明	《明式家具珍赏》111	130
乙79	四面平霸王枨条桌			线图	113	乙115	夹头榫画案	故宫博物院	明	《中国美术全集·竹木牙角器》190	131
乙80	四面平直枨加卡子花条桌			线图	114	乙116	夹头榫管脚枨小画案	故宫博物院	明	《明式家具珍赏》113	131
乙81	夹头榫平头案	纳尔逊美术馆	明		115	乙117	夹头榫带托子大画案	故宫博物院	明		132
乙82	夹头榫翘头案	王世襄	明	《明式家具珍赏》100	115	乙118	插肩榫漆面嵌螺钿画案		明	据纽约大都会美术馆照片绘制	133
乙83	夹头榫平头案			线图	116	乙119	插肩榫大画案	王世襄	明	《明式家具珍赏》115	134
乙84	夹头榫带顺枨平头案			线图	116	乙120	插肩榫一边喷面小画案	扬州市博物馆	1745年		136
乙85	夹头榫带屉板平头案	陈梦家夫人	明	《明式家具珍赏》101	116	乙121	褡裢式三屉书桌			线图	137
乙86	夹头榫管脚枨翘头案			线图	117	乙122	褡裢式五屉书桌			线图	137
乙87	夹头榫管脚枨大平头案	王世襄	明	《明式家具珍赏》104	117	乙123	三屉书案	吴县东山施姓	清前期		138
乙88	夹头榫管脚枨平头案			线图	118	乙124	架几案式书案	北京市文物商店	明	《明式家具珍赏》116	138
乙89	夹头榫管脚枨平头案			据艾克《图考》图版88绘制	118	**捌·其他桌案（月牙桌、扇面桌、棋桌、琴桌、抽屉桌、供桌、供案）**					
乙90	夹头榫带托子翘头案	刘讷	明		119	乙125	无束腰直足月牙桌			线图	139
乙91	夹头榫带托子翘头案	王世襄	明	《明式家具珍赏》103	119	乙126	有束腰月牙桌			线图	139
乙92	夹头榫带托子翘头大案		1640年	据故宫博物院照片绘制，《中国美术全集·竹木牙角器》183	120	乙127	有束腰带托泥月牙桌	龙顺成	明		140
乙93	夹头榫带托子翘头案			线图	120	乙128	酒桌式活面棋桌			线图	140
乙94	夹头榫带托子平头案	王世襄	明	《明式家具珍赏》102	121	乙129	半桌式活面棋桌			线图	141
乙95	插肩榫平头案			据艾克《图考》图版50改画	121	乙130	方桌式活面棋桌			线图	141
乙96	插肩榫平头案	纳尔逊美术馆	明		122	乙131	重叠式棋桌	故宫博物院	明		142
乙97	插肩榫独板面翘头案	王世襄	明	《明式家具珍赏》107	122	乙132	双层面琴桌	陈梦家夫人	明	《明式家具珍赏》118	143
乙98	插肩榫板足透雕大翘头案（板足部分）	故宫博物院	明		123						
乙99	夹头榫着地管脚枨平头案			线图	123						
乙100	攒牙子着地管脚枨平头案	陈梦家夫人	明	《明式家具珍赏》106	124						
乙101	攒牙子翘头案	纳尔逊美术馆	清前期		124						

图版总索

乙·柜架类

编码	名　称	收藏者	时代	备　注	页码	编码	名　称	收藏者	时代	备　注	页码
丁12	直棖步步紧门透棂架格	故宫博物院	清前期		172	丁27	五抹门圆角柜	北京市文物局	明	《明式家具珍赏》143	181
丁13	三面直棖透棂架格	陈梦家夫人	明	《明式家具珍赏》135	173	丁28	四抹门圆角柜（通体雕龙）	故宫博物院	明隆庆		182
贰·亮格柜						丁29	五抹门大圆角柜	吴县东山某家	晚明或清初		183
						丁30	变体圆角柜	王世襄	明	《明式家具珍赏》144	183
丁14	上格全敞亮格柜			线图	174	丁31	透格门圆角柜			线图	184
丁15	上格加券口亮格柜	维多利亚·艾尔伯特美术馆	明		174	**肆·方角柜**					
丁16	上格双层亮格柜	故宫博物院	明	《明式家具珍赏》138	175	丁32	方角炕柜			线图	184
丁17	上格双层亮格柜	北京木材厂	明		175	丁33	方角柜	北京市文物局	清	《明式家具珍赏》145	185
丁18	上格券口带栏杆万历柜	北京市文物商店	明	《明式家具珍赏》136	176	丁34	方角柜			线图	185
丁19	上格券口带栏杆万历柜	故宫博物院	明		176	丁35	大方角柜	天津市文物商店	明	《明式家具珍赏》147	186
丁20	上格券口带栏杆万历柜	黄胄	明	《明式家具珍赏》137	177	丁36	方角柜	故宫博物院	明宣德	《中国美术全集·竹木牙角器》203	186
叁·圆角柜						丁37	方角柜（装板落堂）			线图	187
						丁38	方角药柜	故宫博物院	明万历	《中国古代漆器》67、127	187
丁21	圆角炕柜	陈梦家夫人	明	《明式家具珍赏》139	178	丁39	透格门方角柜	懋隆	清		188
丁22	硬挤门圆角柜			线图	179	丁40	顶箱带座小四件柜			线图	188
丁23	无柜膛圆角柜	纳尔逊美术馆	明		179	丁41	上箱下柜			线图	189
丁24	无柜膛圆角柜（方材）			线图	180	丁42	大四件柜			线图	189
丁25	有柜膛圆角柜	王世襄	明	《明式家具珍赏》142	180	丁43	大四件柜（朝衣柜）	故宫博物院	清	《明式家具珍赏》149	190
丁26	有柜膛圆角柜			线图	181	丁44	大六件柜			线图	191
						丁45	四件柜顶箱透格门	龙顺成	清前期		192
						丁46	亮格柜顶箱透格门	梅兰芳	清前期		192

戊·其他类

编码	名　称	收藏者	时代	备　注	页码	编码	名　称	收藏者	时代	备　注	页码
壹·屏风						戊8	雕花闷户橱	天津某处	明		200
戊1	山字式座屏风			据杜邦《中国家具》二集图版35改画	194	戊9	带翘头联二橱	维多利亚·艾尔伯特美术馆	明		200
戊2	插屏式座屏风	故宫博物院	明	《明式家具珍赏》150	195	戊10	雕花联二橱	王世襄	明	《明式家具珍赏》154	201
戊3	围屏（汉宫春晓图）	中国历史博物馆	清前期		197	戊11	带翘头雕花联二橱	北京市硬木家具厂	明	《明式家具珍赏》155	201
戊4	嵌大理石小座屏风	懋隆	清前期		197	戊12	带翘头素联三橱	天津市历史博物馆	明	《明式家具珍赏》156	201
戊5	小座屏风	王世襄	明	《明式家具珍赏》151	198	戊13	带翘头雕花联三橱			线图	202
戊6	插屏式小座屏风	王世襄	明	《明式家具珍赏》152	198	戊14	带翘头二屉柜橱	维多利亚·艾尔伯特美术馆	清前期		202
贰·闷户橱（包括联二橱、联三橱）、柜橱											
戊7	素闷户橱	王世襄	明	《明式家具珍赏》152	199						

编码	名　　称	收藏者	时代	备　注	页码	编码	名　　称	收藏者	时代	备　注	页码
叁·箱（小箱、衣箱、印匣、药箱、轿箱）						柒·天平架					
戊15	素小箱	王世襄	明	《明式家具珍赏》157	203	戊37	天平架			线图	216
戊16	线雕云龙纹衣箱	故宫博物院	清		204	捌·衣架					
戊17	素衣箱			线图	204	戊38	雕花衣架	王世襄	明	《明式家具珍赏》166	217
戊18	龙纹铦金朱漆顶衣箱	山东省博物馆	明洪武	朱檀墓出土。《中国古代漆器》47	204	戊39	雕花衣架(中牌子残件)	王世襄	明	《明式家具珍赏》167附复原线图	218
戊19	缠莲八宝纹描金紫漆衣箱	王世襄	明万历		205	玖·面盆架					
戊20	素印匣			线图	205	戊40	四足矮面盆架			线图	219
戊21	方角柜式药箱	北京市硬木家具厂	明	《明式家具珍赏》158	206	戊41	六足折叠式矮面盆架	王世襄	明	《明式家具珍赏》168	219
戊22	提盒式药箱	北京市硬木家具厂	明	《明式家具珍赏》159	206	戊42	六足高面盆架	陈梦家夫人	明	《明式家具珍赏》169	220
戊23	素轿箱	潘祖尧	明	所附线图，乃另一器	207	戊43	六足高面盆架	王世襄	明	《明式家具珍赏》170	220
肆·提盒						戊44	六足高面盆架	故宫博物院	清前期	《明式家具珍赏》171	221
戊24	素提盒	王世襄	明	《明式家具珍赏》160	208	拾·火盆架					
戊25	雕漆提盒	故宫博物院	明前期	《中国古代漆器》56	209	戊45	高火盆架	龙顺成	清前期	被改制成机凳	222
伍·都承盘						拾壹·灯台					
戊26	栏杆式都承盘	王世襄	明	《明式家具珍赏》161	209	戊46	海灯座	王世襄	明	"文革"期间散佚	223
陆·镜架、镜台、官皮箱						戊47	固定式灯台	纳尔逊美术馆	清前期		223
						戊48	固定式灯台			线图	223
戊27	折叠式镜架	曲阜孔尚任家	清前期		210	戊49	升降式灯台	纳尔逊美术馆	清		224
戊28	折叠式镜台	王世襄	明	《明式家具珍赏》162	211	戊50	升降式灯台	龙顺成	清		224
戊29	宝座式镜台	刘讷	清前期		211	拾贰·枕凳					
戊30	宝座式镜台	王世襄	明中期	《明式家具珍赏》163	212	戊51	枕凳	王世襄	清	《明式家具珍赏》174	225
戊31	五屏风式镜台	故宫博物院	明	《中国美术全集·竹木牙角器》211	212	拾叁·滚凳					
戊32	五屏风式镜台	北京市硬木家具厂	清	《明式家具珍赏》164	213	戊52	有束腰马蹄足滚凳	王世襄	明	《明式家具珍赏》172	226
戊33	素官皮箱	北京市硬木家具厂	明	《明式家具珍赏》165	214	拾肆·甘蔗床					
戊34	透雕门官皮箱			线图	214						
戊35	浮雕官皮箱	懋隆	清前期		214						
戊36	插门式官皮箱	故宫博物院	明嘉靖		215						
						戊53	有束腰马蹄足滚凳	王世襄	清	《明式家具珍赏》173	226

附录四　明式家具实例增补

编码	名　称	收藏者	时代	页码	编码	名　称	收藏者	时代	页码
1	黄花梨二人凳		16世纪晚期—17世纪早期	383	10	铁力有束腰长脚踏	叶承耀	16世纪晚期—17世纪早期	390
2	黄花梨梅花式凳	叶承耀	16世纪晚期—17世纪早期	384	11	黄花梨顶箱带座大四件柜	叶承耀	16世纪晚期—17世纪早期	390
3	黄花梨藤编靠背扶手椅	叶承耀	16世纪晚期—17世纪早期	384	12	黄花梨灵芝纹衣架	叶承耀	16世纪晚期—17世纪早期	391
4	黄花梨交椅式躺椅	美国中国古典家具博物馆	16世纪晚期—17世纪早期	385	13	黄花梨高火盆架	美国中国古典家具博物馆	16世纪	392
5	黄花梨折叠式炕桌		16世纪晚期—17世纪早期	386	14	黄花梨三足灯台	美国中国古典家具博物馆	16世纪晚期— 17世纪早期	392
6	黄花梨折叠式平头案	叶承耀	16世纪晚期—17世纪早期	387					
7	黄花梨高束腰供桌	徐展堂	15世纪	388	15	黄花梨骣马鞍	叶承耀	清	393
8	木台座式榻	美国中国古典家具博物馆	17世纪	389		黄花梨螭纹骣马鞍	美国中国古典家具博物馆	清	392
9	黄花梨门围子架子床	美国中国古典家具博物馆	16世纪—17世纪	389					

附录五　美国加州中国古典家具博物馆

编码	名　称	时代	页码	编码	名　称	时代	页码
1	黄花梨无束腰长方凳	16世纪	395	8	黄花梨乌木栏杆架格	17世纪	400
2	黄花梨有束腰长方凳成对	16世纪	396	9	黄花梨券口带栏杆亮格柜	明后期	401
3	黄花梨圆后背交椅	16世纪	396	10	黄花梨镶大理石插屏式座屏风	17世纪	402
4	黄花梨五足带台座香几	17世纪	397				397
5	黄花梨折叠式带抽屉酒桌	17世纪	397	11	黄花梨龙纹官皮箱	约1595年	403
6	鸂鶒木翘头案	17世纪	398	12	黄花梨轿箱	17世纪	404
7	黄花梨门围子架子床	17世纪	399				

附录六　山西民间家具三种

编码	名　称	收藏者	时代	页码	编码	名　称	收藏者	时代	页码
1	栏杆榻	马可乐	17—18世纪	405	3	长交椅	马可乐		407
2	黄花梨供案	马可乐	17世纪	406					

附录七　明铁力翘头长供桌

编码	名　称	收藏者	时代	页码
	明铁力翘头长供桌	周　坚	明	408

插 图 目 录

第三章　明式家具的结构与造型规律

第四章 明式家具的装饰

后 记

我在学校读书时即对传统家具感兴趣。抗战期间，离京入川，在中国营造学社工作，接触到《营造法式》中的小木作和清代《匠作则例》中的装修作，启发我去研究古代细木工和家具。1945年回到北京，开始从家具实物、匠师技法及图书文献等方面搜集材料。1949年游美归来，着手编写，到1960年草成《中国古代家具—商至清前期》一稿，得到朱桂辛先生前辈的勉励，并为题写书签。1961年应中央工艺美术学院之邀，讲授《中国家具风格史》，曾用此稿作教材，惟深知必须经过修改补充，始敢问世。

1962年虑及前稿包罗的时代太长，不如集中精力先研究其中某一段落。于是截取明至清前期部分重新改写。当时作此决定是由于传统家具的最高成就出现在这一时期；传世精品不少，故古为今用，可资借鉴之处亦最多；本人对明式家具有特殊爱好，也是重要原因之一。到1982年初改写完成。正待付印，香港三联书店有为编著家具图册之请，拍照撰写，历时两载有余，《明式家具珍赏》一书遂于1985年秋出版。此后对本稿又作了一些修改补充，并名之曰《明式家具研究》。

尽管改写的时间拖得很长，但所研究的主要是艺术价值较高的硬木家具，而且大都是苏州地区的制品。至于全国各地的、不同民族的家具，以及其使用情况，则很少述及。读者倘把本稿作为一本明清家具史来要求，必将感到欠缺和失望。

传统家具于明至清前期达到历史高峰。要知何以故，只有从时代背景去寻找答案，而展现时代背景又须靠历史文献和传世图画来提供材料。我自己感到做得很不够的是浩如烟海的明清著作，诸如笔记、小说、稗史、杂著，只查阅了很小一部分。同样是图绘木刻，尤其是一些民间风俗画，因非名家之笔，反而更难看到。不可避免的是本稿第一章显得单薄浅隘，未能将时代背景清晰地勾画出来，全面而令人信服地说明何以在这一时期迎来了传统家具的黄金时代。

家具不同品种和形式的搜求，经历了一段艰苦辛劳，同时又欢喜激动的漫长岁月。现在收入的只有359例，比起我曾经寓目的实在太少太少了。未能多收的原因主要是造型相同的，只收一例。但也曾多次遇到品种或形式属于罕见，而竟失之交臂，徒唤奈何。例如扛在"窝脖"（北京往日用项顶肩扛来取送贵重物品的搬运工）肩头及捆扎在排子车上正在运输途中的家具；在鬼市（又名晓市，在黎明前进行交易的旧货集市）及木料摊上见到而随即被人买去的家具，既不容许画图，更不可能拍照，即使进一步追踪，也十九空手而回。更令人愤惋的是多年拍摄到的照片和绘制好的草图，经过十年浩劫，有的丢失，有的霉坏，不得不据模糊的照片重画线图，而记有尺寸的草图一旦失去，重画的线图只能作为示意图了。仅此一端就为老妻增添了大量工作，冬御重棉，夏旋电扇，灯下伏案，往往达旦。当然不论是搜求、拍照、制图，以及商榷研讨，都是苦中有乐。知者自知，不待絮言。

结构一章，由于榫卯不断增加，不得不五易其稿，全书苦写，无复逾此，但去详备，自知甚远。匠师有言，一生修复旧器，年已古稀，尚不时发现前所未见的结构。况是分解边、抹、枨、足，审验榫、卯、销、楔，总数不过百数十器。又绘制结构图，须明透视法，老妻从未攻读此学，只能手持构件，反复谛视，相度其前后向背，交接受纳，屡画屡改，以期如实。间有不许拆卸者，只有请求匠师，用柴木仿制，乃至切削萝卜，模拟榫卯，试图于纸。我辈非木工，而欲强为木工之事。故此章文字、线图，均难免有误，读者谅之。

自己感到特别惭愧的是明式家具的准确断代问题未能很好解决。不要说断定一件家具制于明代某朝难以做到，就是明确地列举出明代早、中、晚及清前期四个时代的家具特征，制定出一把可靠而有效的断代标尺也有待进一步努力。我们不承认有人已经解决了这个问题，在其著作中，家具年代大多数定得过早，而且还很细，往往标明为某一世纪，或某一世纪的早、中、晚，甚至把显然是清式的家具也定为明代。为了做古董生意自然需要如此，但广告宣传代替不了学术研究，这样做只能制造混乱，使问题更加复杂化。

家具不同于某些类文物，准确断代比较困难有其客观原因，但并不是不可知的。如有人兼具敏锐的观察目光和缜密的分析头脑，经过对元明以来各种美术品、工艺品的深入研究，再来和家具作仔细的比较，我相信准确断代问题会首先在线脚、雕饰较繁的家具上有突破，随后可能得到全面的解决。能有这样的成就，其贡献自远远超过本人所做的工作。今将本稿公诸于世，正是希望能起到抛砖引玉的作用。

在约四十年的工作中，得到多方面的支持和帮助。除承蒙朱桂辛先生前辈及刘敦桢、梁思成两位先生的指导、鼓励外，惠我最多的是北京鲁班馆的几位老匠师，尤其是石惠、李建元、祖连朋三位师傅。

我感谢故宫博物院、中国历史博物馆、南京博物院、上海博物馆、浙江省博物馆、山东省博物馆、苏州市博物馆、扬州市博物馆、常州市博物馆、天津市艺术博物馆、天津市历史博物馆、婺源县博物馆、北京市文物局、颐和园管理处、曲阜文物管理委员会、中国佛教图书文物馆、中央工艺美术学院、北京市文物商店、天津市文物商店、北京木材厂、北京硬木家具厂等单位允许我发表他们的藏品。感谢美国堪萨斯市纳尔逊美术馆、英国伦敦维多利亚·艾尔伯特美术馆同意我使用他们的照片。感谢各位家具收藏者不厌搬动之烦，允许我拍照，谨将芳名载入《图版检索》。

在多次的调查采访中，得到各地友好的热情指导和关注。在制图、摄影过程中，先后得到杨乃济、许以僖、傅大卣、李大江、胡德生、张振华、董建国、孙克让、罗扬、张平、杨树森等的支援，谨一并在此致谢。摄影师刘光耀不辞辛劳，拍下了许多现已无法寻觅踪迹的家具，可惜他已不及见此书之成。

蒙王天木兄赐题书名，启元白兄赐题扉页书签，大为拙作增色，弥感光爱。

朱家兄有通家之谊，契总角之交，又是我研究家具的一贯支持者，对编写本稿经过，知之颇审，承为撰写序言，衷心铭感。

王世襄　1988 年 7 月

《后记》甫写就，忽报《明式家具珍赏》英文本（*Classic Chinese Furniture—Ming and Early Qing Dynasties*）荣获香港市政局颁发的 1986 — 1987 年度香港最佳印制英文书籍奖。窃以为英文本之获奖，应归功于中文本编印之完美，而中文本之完美，执行编辑黄天先生和设计者与有力焉。今本书之刊行，又蒙黄先生主其事。由于文、图较繁，又有诸般目录、表格、简释、附录等等，故编印之难，超逾《明式家具珍赏》何止倍蓰！惟经黄先生之周详擘画，惨淡经营，竟使拙稿繁而不紊，次第井然，实非襄初料所及。欣忭之余，谨向黄天先生及参与出版此书的全体人员，致最诚挚的感谢。

王世襄又记　1988 年 11 月

再 版 后 记

本书初版用繁体字，现改为简体。文字、图版原分订两册，再版为免除读者翻阅对照之劳，将图版插入文中，合成一册。家具用材及尺寸，初版列入《图版检索》，再版将二者提出，放在图版页家具名称之下。注释初版列在各章之末，再版提到正文页旁。

家具说明可分两类：一为对某件家具的说明，一为对数件类似家具的论述，具综述性质。初版时两类说明未作分区，再版将后者用横线区隔，以清眉目，字号大小亦略有不同。

《图版检索》初版收甲、乙、丙、丁、戊五大类家具的图版。再版将木材、尺寸从检索表格中提出后，为保留"收藏者"、"时代"、"备注"三项供参考，另制表格。

附录一至附录三初版已收入书中。附录四至附录八再版始加入。编写目的主要为补充实例，原盼增多后，重新编排，使《研究》改观。惟自1985年《珍赏》中外文本及1989年《研究》问世后，明式家具立即受到香港、海外藏家及博物馆重视，大量外流。1991年秋叶承耀医生在港举办展览，承邀主持开幕式，故得一一观察展品，有十余件入选《明式家具实例增补》（即附录四）。自1991年开始，三次应邀赴美国加州参观中国古典家具博物馆藏品，并与馆员艾弗斯先生（Cartis Evarts）合编出版英文馆藏图录；此后又出版由我编写的中文本《明式家具萃珍》，并同意我选精品十余件，撰文刊登在台湾出版的《故宫文物月刊》第122期（即附录五）。随后获知欧美藏家和博物馆有新增明式家具，亦在访求之列。但拍摄彩片、鉴定工料、估计时代、

审验修配等，也须亲诣其所，请求许可，始能如愿。惜每因工作羁身，不能成行。恰于此时发现传统观赏鸽有濒临绝灭之厄，为宣传鸽文化，呼吁保护，影印故宫珍藏画册编印《明代鸽经 清宫鸽谱》一书。汇辑自选集《锦灰堆》、俪松居长物志《自珍集》，我和荃猷又付出大量精力。顾此失彼，以致影响家具资料收集。重编《明式家具研究》愿望，亦感到不易实现。

附录八最后写成。至此早已认识到社会经济发展，事物定随之改变。仅就家具而言，对多种过去从未进口木材之辨认、仿制、修配，新技术、新材料之探索使用等，竟有茫然之感。可见家具知识，已落后于时代。即使依循往日求知之道补充知识，奈老矣，耄耋之年，实已无能为力。以上坦率陈词，出自内心，实无强调客观，借以解嘲之意。

去年初，蒙北京三联书店不弃，有再版本书之意。深愧近年搜集资料不多，只增补三十余例，愧言廓展。幸当年初版责任编辑黄天先生对全书内容周详擘画，惨淡经营，繁而不紊，井井有条，早为再版打下坚实基础。再版设计师为宁成春先生，不惮繁琐，以便利读者为主旨，故又见新意。倘读者认为研究明式家具，尚宜备有一册供随手翻阅之需，皆黄、宁两先生之功，不敢掠美也。书末有田家青先生关于再版此书意义一文，言过其实，至深渐恧。又蒙提供较标准木样，替换下初版木样纹理不甚清晰者，特一并致谢。

二〇〇五年十一月
王世襄时年九十有一，
荃猷逝世已逾两载，痛哉！

作者简历

著者简历

王世襄，号畅安，祖籍福建，1914 年在北京出生。母亲金章，是著名的鱼藻画家。

1938 年　获燕京大学文学院学士。

1941 年　获燕京大学文学院硕士。

1943 年　在四川李庄任中国营造学社助理研究员。

1945 年 10 月　任南京教育部清理战时文物损失委员会平津区助理代表，在北京、天津追还战时被劫夺的文物。

1946 年 12 月—1947 年 2 月　被派赴日本任中国驻日代表团第四组专员，交涉追还战时被日本劫夺的善本书。

1947 年 3 月　任故宫博物院古物馆科长。

1948 年 5 月　由故宫博物院指派，接受洛克菲勒基金会奖金，赴美国、加拿大参观考察博物馆一年。

1949 年 8 月　先后在故宫博物院任古物馆科长及陈列部主任。

1953 年 6 月　任中国音乐研究所副研究员。

1961 年　在中央工艺美术学院讲授《中国家具风格史》。

1962 年 10 月　任文物博物馆研究所、文物保护科学技术研究所副研究员。

1969 年 7 月—1973 年 7 月　咸宁文化部五七干校。

1973 年 7 月　文化部文物局古文献研究室副研究员。

1980 年 10 月　文化部文物局古文献研究室（后更名中国文物研究所）研究员，至 1994 年退休。

1983 年—1992 年　第六、第七届中国人民政治协商会议委员。

1994 年至今　任中央文史馆研究馆员。

2003 年 10 月　获荷兰克劳斯亲王基金会最高荣誉奖。

2003 年 12 月　获文化部、《光明日报》、中国网等主办评选的"年度杰出文化人物"奖。

2005 年获中国工艺美术学会终身成就奖。

主要编著（依出版时间为序）：

《髹饰录解说》　1958 年自印本；文物出版社，1983 年 3 月、1998 年 11 月增订再版。

《广陵散》（书前说明明部分）　人民音乐出版社，1958 年 6 月。

《明式家具珍赏》　香港三联书店，文物出版社，1985 年 9 月；1986 年英文版、法文版；1989 年德文版；文物出版社，2003 年 9 月第 2 版。

《中国古代漆器》　文物出版社，1985 年 10 月；外文出版社，1987 年 12 月英文版。

《明式家具研究》　香港三联书店，1989 年 7 月繁体版，1990 年英文版。

《说葫芦》　香港壹出版社，1993 年 8 月中英文双语版。

《蟋蟀谱集成》　上海文艺出版社，1993 年 8 月。

《竹刻鉴赏》　台湾先智出版公司，1997 年 9 月。

《明式家具萃珍》　美国中华艺文基金会，1997 年 1 月；上海人民出版社，2005 年 1 月。

《中国葫芦》上海文化出版社，1998 年 11 月。

《锦灰堆》（三卷）　生活·读书·新知三联书店，1999 年 8 月。

《金章》（中国近代名家书画全集·31）　香港翰墨轩，1999 年 11 月。

《北京鸽哨》辽宁教育出版社 2000 年 4 月中英文双语版。

《清代匠作则例》（八卷）　大象出版社，2000 年 4 月（已出四卷）。

《明代鸽经 清宫歌谱》 河北教育出版社，2000 年
    6 月。

《中国画论研究》（六册） 1939 年—1943 年写成，广
    西师范大学出版社 2002 年七月影印出版。

《自珍集——俪松居长物志》 生活·读书·新知三联
书店，2003 年 1 月。

《锦辉二堆》（二卷） 生活·读书·新知三联书店，2003
    年 8 月。

《锦辉三堆》（一卷） 生活·读书·新知三联书店，2005
    年 7 月。

制图者简历

袁荃猷，王世襄夫人（王世襄，袁荃猷于 1945 年 12
    月 10 日在北京结婚），祖籍江苏松江，1920
    年在沈阳出生。曾从汪孟舒先生习画，从管
    平湖先生学琴。

1943 年　获燕京大学教育系学士学位。

1943 年 9 月—1946 年 1 月　任北京辅仁附中语文教
    员及辅仁大学教育系创办的实验小学教员。

1954 年—1988 年　在中国艺术研究院音乐研究所工
    作，主要从事音乐图像的搜集和研究。

1969 年—1974 年　天津团泊洼文化部五七干校。

1987 年　评为音乐研究所研究馆员。

1988 年　在音乐研究所退休。

1988 年　退休后音乐研究所返聘编著《中国音乐
    文物大系·北京卷》，至 1993 年 3 月完成。
    1995 年秋又作修改补充，1996 年 12 月由大
    象出版社出版。

主要著作（依出版时间为序）：

《神奇秘谱指法集注》 人民音乐出版社，1956 年。

《聂耳》（画册，向延生、袁荃猷合编） 人民音乐出版
    社，1982 年。

《冼星海》（画册，齐毓怡、袁荃猷合编） 人民音乐出
    版社，1983 年。

《中国音乐史参考图片》第十辑（古琴专辑） 人民音
    乐出版社，1987 年 12 月。

《中国古代音乐史图鉴》（刘东升、袁荃猷、张振华、董
    建国合编） 人民音乐出版社，1988 年。

《中国音乐文物大系·北京卷》 大象出版社，1996 年
    12 月。

《游刃集—荃猷刻纸》 生活·读书·新知三联书店，
    2002 年 6 月。

《明式家具研究》
再版的意义

王世襄先生编著的《明式家具研究》1989 年由香港三联书店出版，迄今已逾 15 年，北京三联书店即将修订再版。作为王世襄先生的学生，我有幸看到了付印前的清样。再版本不仅在内容上有所增补，且将文字与图版合成一册，大大方便了读者，使这部被称为"大俗大雅"的皇皇巨著，以更加完善的面貌呈现于世。

《明式家具研究》是中国古典家具学术研究领域举世公认的一部里程碑式的奠基之作。它的三项主要贡献是：创建了明式家具研究体系；系统客观地展示了明式家具的成就；从人文、历史、艺术、工艺、结构、鉴赏等角度完成了对明式家具的基础研究。

在一般人的心目中，王世襄先生是一位"大玩家"，而且玩出了大名堂和大学问。说到"玩儿"，难免有人把它与随心所欲、轻松愉快联系起来，以为王先生的一切成就都是轻而易举玩出来的。毋庸置疑，对于艺术品的收藏与鉴赏，王先生的确是乐此不疲地玩儿了一辈子，凭着"天分"和"眼力"，玩到了最高境界；而在治学与研究方面，王先生可是"一丝不苟"、"严谨至极"，凭着"傻劲儿"和"狠劲儿"（"傻劲儿"和"狠劲儿"是杨乃济先生数年前送给王先生的评语），将其学术成就玩"到了出类拔萃的高度。王先生的玩儿"艺术，"玩儿"学术，不仅在国内玩成了"中国文化名人"（2003 年与巴金等人同时当选年度杰出文化人），而且玩到获得了荷兰克劳斯亲王基金会的最高荣誉奖，前此还没有中国人获此殊荣。然而，在世人仰慕辉煌成就的背后，有多少人能够体会到王先生毕生付出了超乎常人想像的艰辛和努力呢。

王先生曾多次提到："研究古代艺术品，若想有所成就，需要实物考察、工艺技法和文献印证三方面相结合，缺一不可。"细想起来，三者想要兼备于一身，谈何容易。我们知道，文博领域有三类不同人士分别担任着不同职务：第一类，博物馆、大学和研究机构中的研究人员，他们娴熟于历史文献，善于总结，在理论研究中做出重要贡献，但随着近年来文物作伪猖獗，不时也传出职业研究人员乃至知名学者认伪作真且不能自拔。第二类，文物市场、艺术品拍卖机构的从业人员，他们的优势在于器物鉴赏，皆因身处于一个错了赔不起的行当中，金钱的力量造就出了一双双火眼金睛，对于器物的辨伪与市场价值总能有接近准确的判断。第三类，从事艺术品制作与修复的技师工匠，动手用心的实践使他们积累了丰富的经验，甚至具有独特的理解，但往往心里明白说不出来。屈指数来，能够既是学术领域备受推崇的学者、行业里公认的专家，又被工匠称为"行家"的，王先生是当之无愧的。仅以创建明式家具名词术语体系为例：中国古代家具的设计与制作，自古都是由匠人们世代口传身授，沿袭至今，流传下来的术语支离破碎，没有完整统一的语言描述体系。王先生在研究清代匠作《则例》、校译《鲁班经匠家镜》和广泛收集整理工匠口头术语的基础上，结合大量传世家具的观察与研究，划时代地建立了一套完整的明式家具专业术语体系（包括对家具造型、用料的命名、构件的命名、榫卯结构的命名以及制作工艺和图案的术语等共计一千余条），汇编成《名词术语简释》，以浅显的语言逐条解释，通俗易懂。在这一千多条术语中，有不少是王先生创定的名称。自《明式家具研究》出版之后，因为这些名词术语定义明确合理、易于上口、便于记忆，又有夫人袁荃猷精制的数百幅线图相印证，很快被不同业界认同，在海内外专业领域和出版物中普遍沿用。从此明式家具有了统一的语言和文字叙述标准。这项功德无量之举，显然不是只凭学者、专业人士或工匠任一单方面可以完成的。

王先生早年从事中国古代绘画研究，特定的时代和家庭背景，使他享有得天独厚的机会接触代表中国绘画史上最高成就的宋元古画。他同时涉猎的还有漆器、雕塑、竹刻等格调高雅的文人艺术品，其见识、修养、品位及感悟力显然是常人难以企及的。上世纪40年代初期王先生就完成了专著《中国画论研究》。其时，当明式家具进入他的视野，王先生敏锐的艺术感悟力与明式家具所具有的人文和艺术魅力产生了共鸣，从此涉足这块艺术圣地而一发不可收。就艺术而言，明式家具与绘画、雕塑、竹刻一样，都可以承载人的思想，表现深刻的内涵，给人以艺术的震撼与美的享受。但相比之下，绘画、雕塑、竹刻等艺术形式更偏于纯艺术范畴，属于鉴赏器；而明式家具不仅可观赏，还有使用功能，更贴近人，更融入生活，从这一角度着眼，家具艺术比纯艺术作品更加现实。只是世人受鉴赏力的局限，世俗观念的影响，很少有人领会明式家具之真谛，而王先生却慧眼识珠，独辟蹊径，步入了艰辛的耕耘历程。直到上世纪80年代，倾注了数十年心血的《明式家具珍赏》与《明式家具研究》相继出版，才在中国艺术史上第一次成功地以理论与实物相结合的方式将明式家具全面系统地展示于世，令多少人为之倾倒。20年来，从中国大陆到世界各地，涌现出了无数中国古典家具迷，引发了世界范围的明清家具收藏与研究热潮。

毫无疑问，它将成为艺术史上浓重的一笔。

其实，研究明式家具的意义远远超出对具体器物及其艺术性的鉴赏范畴，明式家具的核心哲理对当今社会的人文环境与道德观念仍不失为一种深刻的启迪。明式家具的文人气质和艺术品位对我们多年来匮乏美育的社会无疑是一种很好的教材，让人们看到中国文化不只是雕龙画凤的宫廷气象、花花绿绿的"唐人街"装饰。明式家具注重内涵、摈弃浮华，当功能与形式无法两全时，形式要让位于功能；明式家具的制作讲究法度，推崇严谨的榫卯结构，一招一式不仅是技艺，同时也是职业道德的体现；明代工匠惜料如金，不事奢靡，崇尚朴实，善待自然，想来不都是当今社会应当重拾的美德吗？仅以本书的版式为例，原版分为两册，一册为文字卷，一册为图版卷，两册放在一个套盒内，形式上整齐美观，阅读时却因对照而来回翻阅，十分不便。此次再版，采用图文合编，尽量使相关的图版、线图、文字、注释等编排在一起，大大方便了读者。新版虽增加了内容，因两册合一，还减少了全书的页数，设计师注重功能、不辞辛劳的版式设计，与本书所研究的明式家具的精神相契合，正体现了当今应该提倡的务实精神。

《明式家具研究》不仅是一本研究明式家具的专著，不同的人可以从不同的层面、不同的角度去阅读和理解，从而获得不同的感悟。作为一本出版物，《明式家具研究》严谨的学术研究态度，科学的治学方法，简明洗练的文风，隽永的语言，翔实的考据引证，明确的注释出处，一招一式，包括对他人的尊重（书中的家具凡不是王先生亲自获得的照片，都经王夫人之手制成线图，而不是直接引用他人的图像资料），无不为学人树立了榜样。如果你舍得暂时远离浮躁不安、追逐名利的尘世，静下心来，让自己徜徉于明式家具静穆的氛围之中，细细地品味一下《明式家具研究》丰富的内涵，你一定会有别样的收获。而这更是此书再版的意义所在。

田家青 2005年12月